Informatik – Fachberichte

Band 1: Programmiersprachen. GI-Fachtagung 1976. Herausgegeben von H.-J. Schneider und M. Nagl. (vergriffen)

Band 2: Betrieb von Rechenzentren. Workshop der Gesellschaft für Informatik 1975. Herausgegeben von A. Schreiner. (vergriffen)

Band 3: Rechnernetze und Datenfernverarbeitung. Fachtagung der GI und NTG 1976. Herausgegeben von D. Haupt und H. Petersen. VI, 309 Seiten. 1976.

Band 4: Computer Architecture. Workshop of the Gesellschaft für Informatik 1975. Edited by W. Händler. VIII, 382 pages. 1976.

Band 5: GI – 6. Jahrestagung. Proceedings 1976. Herausgegeben von E. J. Neuhold. (vergriffen)

Band 6: B. Schmidt GPSS-FORTRAN, Version II. Einführung in die Simulation diskreier Systeme mit Hilfe eines FORTRAN-Programmpaketes, 2. Auflage. XIII, 535 Seiten. 1978.

Band 7: GMR – GI – GfK. Fachtagung Prozessrechner 1977. Herausgegeben von G. Schmidt. (vergriffen)

Band 8: Digitale Bildverarbeitung/Digital Image Processing. GI/NTG Fachtagung, München, März 1977. Herausgegeben von H.-H. Nagel. (vergriffen)

Band 9: Modelle für Rechensysteme. Workshop 1977. Herausgegeben von P. P. Spies. VI, 297 Seiten. 1977.

Band 10: GI – 7. Jahrestagung. Proceedings 1977. Herausgegeben von H. J. Schneider. IX, 214 Seiten. 1977.

Band 11: Methoden der Informatik für Rechnerunterstütztes Entwerfen und Konstruieren, GI-Fachtagung, München, 1977. Herausgegeben von R. Gnatz und K. Samelson. VIII, 327 Seiten. 1977.

Band 12: Programmiersprachen. 5. Fachtagung der GI, Braunschweig, 1978. Herausgegeben von K. Alber. VI, 179 Seiten. 1978.

Band 13: W. Steinmüller, L. Ermer, W. Schimmel: Datenschutz bei riskanten Systemen. Eine Konzeption entwickelt am Beispiel eines medizinischen Informationssystems. X, 244 Seiten. 1978.

Band 14: Datenbanken in Rechnernetzen mit Kleinrechnern. Fachtagung der GI, Karlsruhe, 1978. Herausgegeben von W. Stucky und E. Holler. (vergriffen)

Band 15: Organisation von Rechenzentren. Workshop der Gesellschaft für Informatik, Göttingen, 1977. Herausgegeben von D. Wall. X, 310 Seiten. 1978.

Band 16: GI – 8. Jahrestagung, Proceedings 1978. Herausgegeben von S. Schindler und W. K. Giloi. VI, 394 Seiten. 1978.

Band 17: Bildverarbeitung und Mustererkennung. DAGM Symposium, Oberpfaffenhofen, 1978. Herausgegeben von E. Triendl. XIII, 385 Seiten. 1978.

Band 18: Virtuelle Maschinen. Nachbildung und Vervielfachung maschinenorientierter Schnittstellen. GI-Arbeitsseminar. München 1979. Herausgegeben von H. J. Siegert. X, 230 Seiten. 1979.

Band 19: GI – 9. Jahrestagung. Herausgegeben von K. H. Böhling und P. P. Spies. (vergriffen)

Band 20: Angewandte Szenenanalyse. DAGM Symposium, Karlsruhe 1979. Herausgegeben von J. P. Foith. XIII, 362 Seiten. 1979.

Band 21: Formale Modelle für Informationssysteme. Fachtagung der GI, Tutzing 1979. Herausgegeben von H. C. Mayr und B. E. Meyer. VI, 265 Seiten. 1979.

Band 22: Kommunikation in verteilten Systemen. Workshop der Gesellschaft für Informatik e.V.. Herausgegeben von S. Schindler und J. C. W. Schröder. VIII, 338 Seiten. 1979.

Band 23: K.-H. Hauer, Portable Methodenmonitoren. Dialogsysteme zur Steuerung von Methodenbanken: Softwaretechnischer Aufbau und Effizienzanalyse. XI, 209 Seiten. 1980.

Band 24: N. Ryska, S. Herda, Kryptographische Verfahren in der Datenverarbeitung. V, 401 Seiten. 1980.

Band 25: Programmiersprachen und Programmentwicklung. 6. Fachtagung, Darmstadt, 1980. Herausgegeben von H.-J. Hoffmann. VI. 236 Seiten. 1980

Band 26: F. Gaffal, Datenverarbeitung im Hochschulbereich der USA. Stand und Entwicklungstendenzen. IX, 199 Seiten. 1980.

Band 27: GI-NTG Fachtagung, Struktur und Betrieb von Rechensystemen. Kiel, März 1980. Herausgegeben von G. Zimmermann. IX, 286 Seiten. 1980.

Band 28: Online-Systeme im Finanz- und Rechnungswesen. Anwendergespräch, Berlin, April 1980. Herausgegeben von P. Stahlknecht. X, 547 Seiten, 1980.

Band 29: Erzeugung und Analyse von Bildern und Strukturen. DGaO – DAGM Tagung, Essen, Mai 1980. Herausgegeben von S. J. Pöppl und H. Platzer. VII, 215 Seiten. 1980.

Band 30: Textverarbeitung und Informatik. Fachtagung der GI, Bayreuth, Mai 1980. Herausgegeben von P. R. Wossidlo. VIII, 362 Seiten. 1980.

Band 31: Firmware Engineering. Seminar veranstaltet von der gemeinsamen Fachgruppe „Mikroprogrammierung" des GI Fachausschusses 3/4 und des NTG-Fachausschusses 6 vom 12. – 14. März 1980 in Berlin. Herausgegeben von W. K. Giloi. VII, 289 Seiten. 1980.

Band 32: M. Kühn, CAD Arbeitssituation. Untersuchungen zu den Auswirkungen von CAD sowie zur menschengerechten Gestaltung von CAD-Systemen. VII, 215 Seiten. 1980.

Band 33: GI – 10. Jahrestagung. Herausgegeben von R. Wilhelm. XV, 563 Seiten. 1980.

Band 34: CAD-Fachgespräch. GI - 10. Jahrestagung. Herausgegeben von R. Wilhelm. VI, 184 Seiten. 1980.

Band 35: B. Buchberger, F. Lichtenberger: Mathematik für Informatiker I. Die Methode der Mathematik. XI, 315 Seiten. 1980.

Band 36: The Use of Formal Specification of Software. Berlin, Juni 1979. Edited by H. K. Berg and W. K. Giloi. V, 388 pages. 1980.

Band 37: Entwicklungstendenzen wissenschaftlicher Rechenzentren. Kolloquium, Göttingen, Juni 1980. Herausgegeben von D. Wall. VII, 163 Seiten. 1980.

Band 38: Datenverarbeitung im Marketing. Herausgegeben von R. Thome. VIII, 377 pages. 1981.

Band 39: Fachtagung Prozeßrechner 1981. München, März 1981. Herausgegeben von R. Baumann. XVI, 476 Seiten. 1981.

Band 40: Kommunikation in verteilten Systemen. Herausgegeben von S. Schindler und J.C.W. Schröder. IX, 459 Seiten. 1981.

Band 41: Messung, Modellierung und Bewertung von Rechensystemen. GI-NTG Fachtagung. Jülich, Februar 1981. Herausgegeben von B. Mertens. VIII, 368 Seiten. 1981.

Band 42: W. Kilian, Personalinformationssysteme in deutschen Großunternehmen. XV, 352 Seiten. 1981.

Band 43: G. Goos, Werkzeuge der Programmiertechnik. GI-Arbeitstagung. Proceedings, Karlsruhe, März 1981. VI, 262 Seiten. 1981.

Informatik-Fachberichte

Herausgegeben von W. Brauer
im Auftrag der Gesellschaft für Informatik (GI)

83

Software-Fehlertoleranz und -Zuverlässigkeit

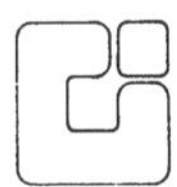

Herausgegeben von
F. Belli, S. Pfleger und M. Seifert

Springer-Verlag
Berlin Heidelberg New York Tokyo 1984

Herausgeber

Fevzi Belli
Hochschule Bremerhaven, Systemanalyse
Columbusstraße 2, 2850 Bremerhaven

Silvia Pfleger
GMD, Institut für Systemtechnik
Postfach 1240, 5205 St. Augustin
und
Siemens AG
Otto-Hahn-Ring 6, 8000 München 83

Manfred Seifert
IBM, Wissenschaftliches Zentrum
Tiergartenstraße 15, 6900 Heidelberg

CR Subject Classifications (1982): C.1.3, C.4, D.2.4, D.2.5, D.4.5

ISBN-13:978-3-540-13383-4   e-ISBN-13:978-3-642-69705-0
DOI: 10.1007/978-3-642-69705-0

CIP-Kurztitelaufnahme der Deutschen Bibliothek. Software-Fehlertoleranz und -Zuverlässigkeit / hrsg.
von F. Belli . . . – Berlin; Heidelberg; New York; Tokoy: Springer, 1984.
(Informatik-Fachberichte; 83)
ISBN-13:978-3-540-13383-4

NE: Belli, Fevzi [Hrsg.]; GT

Vorwort

Im vorliegenden Bericht über Software-Fehlertoleranz und -Zuverlässigkeit wird
ein Problemkreis aus dem weitgefächerten Themenkomplex der Fehlertoleranz in
Rechensystemen aufgegriffen, der in den letzten Jahren zunehmend an Bedeutung
und Interesse gewonnen hat.
Während in der Vergangenheit ein Schwerpunkt der Fehlertoleranz-Konzepte und
-Realisierungen darin lag, die Zuverlässigkeit von Rechensystemen durch
Maßnahmen gegen den Ausfall von Hardware-Komponenten zu erhöhen, wächst
zusehends der Bedarf, auch Software in diese Bemühungen mit einzubeziehen.

Mit dem Einsatz von Rechensystemen in verschiedensten Bereichen steigen auch
die Zahl und das Ausmaß kritischer Anwendungen und somit die Anforderungen an
die Zuverlässigkeit der eingesetzten Software. Techniken, die es gestatten,
fehlerfreie, fehlertolerante und robuste Software zu erstellen, kommt daher
eine neue Schlüsselfunktion für zukünftige Systeme zu.

Bevor man jedoch spezielle Fragestellungen der Software-Fehlertoleranz und
Software-Zuverlässigkeit angeht, erscheint es wichtig, den Stand der Technik
in Theorie und Praxis zu erfassen und eine Bestandsaufnahme von laufenden
Aktivitäten zu versuchen.
Dieser Band gibt einen ersten Überblick und will eine Basis für weitere
Diskussionen schaffen. Er entstand im wesentlichen aus Beiträgen zu einem
Workshop an der Hochschule in Bremerhaven.

Ziel des Workshops war der Informationsaustausch und die Diskussion zum oben
erwähnten Problemkreis und zu verwandten Themen. Es nahmen 63 Fachleute aus
den Bereichen Lehre, Forschung und Industrie teil.
Alle drei Bereiche waren jeweils mit 8-9 Beiträgen beteiligt. Die Beiträge
deckten eine ganze Reihe von Themen ab, angefangen von grundsätzlichen
methodischen und konstruktiven Aspekten, über einzelne Techniken der
Fehlervermeidung und Fehlerbehandlung (auch in kommerziell verfügbaren
Systemen), bis hin zur Bewertung von Methoden.

Der Workshop wurde gemeinsam von der Hochschule Bremerhaven, der Gesellschaft
für Mathematik und Datenverarbeitung mbH Bonn, und der Gesellschaft für
Informatik e.V./ Fachgruppe 3.1.1 'Fehlertolerierende Rechensysteme',
veranstaltet.
Für die finanzielle Unterstützung danken wir der Firma Siemens AG, München,
der Firma Nixdorf Computer AG, Paderborn, und dem Verein zur Förderung der
Hochschule Bremerhaven.
Im Organisations-Ausschuß wirkten F. Belli, HS Bremerhaven, E.Best, GMD Bonn,
S. Pfleger, GMD Bonn/Siemens München, und M. Seifert, IBM Heidelberg, mit,
örtlich unterstützt durch Studentinnen und Studenten der HS Bremerhaven.

Unser Dank gilt besonders den Autoren, die durch ihre Arbeiten die
Voraussetzungen für den Workshop, die Diskussionen und diesen Band geschaffen
haben.
Dem Springer-Verlag danken wir für die Unterstützung, die Thematik einem
breiten Interessentenkreis näher zu bringen.

Bremerhaven, Bonn, Heidelberg, im Mai 1984

        F. Belli   E. Best   S. Pfleger   M. Seifert

Inhaltsverzeichnis

Methodik

Konstruktive Aspekte

Verteilte Systeme

Wiederaufsetztechniken

Diversität und Votieren

Existierende Systeme

Rechnerunterstützung

Bewertung

Abschlußdiskussion

<u>FORMALE METHODEN ZUR ERSTELLUNG ROBUSTER SOFTWARE</u>

Eike BEST

GMD-F1P
Schloß Birlinghoven
<u>5205 St.Augustin 1</u>

<u>Kurzfassung:</u>   Ein Programm wird korrekt genannt, wenn es seiner Spezifikation ge-
nügt. Üblicherweise wird dabei die Annahme gemacht, daß die Umgebung des Programms
(z.B. die Hardware) sich wohlverhält. Wenn diese Annahme wegfällt, so muß darauf ge-
achtet werden, daß ein Programm sich auch mit unerwartetem Fehlverhalten seiner Umgebung abfinden kann (Robustheit).

Ziel dieser Arbeiten ist es, streng formale Methoden für die Erstellung robüster Programme nutzbar zu machen. Wir geben eine denotationelle Semantik für robuste Programm-
me, welche auf dem Prinzip beruht, einem Programm mehrere Ausgangpunkte zuzuordnen.
Dadurch wird einerseits die Validation robuster Programme ermöglicht, andererseits
die praktische Erstellung solcher Programme unterstützt. Wir gehen auf den Entwurf
des "Fehlerteils" eines Programms sowohl theoretisch als auch anhand eines einfachen
Beispiels ein.

1. Einleitung

Gegen den Einsatz formaler Methoden zur Erstellung korrekter Programme werden von

Praktikern immer wieder zweierlei Einwände erhoben. Erstens seien diejenigen Programm-

me, deren Korrektheit bewiesen werde, oft nur "Spielprogramme", klein und schwer ver-

gleichbar mit den in der Praxis anfallenden großen Systemen. Zweitens mache die Masse

von Fallunterscheidungen, Spezialfällen, Tests auf Grenzüberschreitungen etc. die

algorithmische Struktur großer Systeme undurchsichtig und damit die Anwendung "schö-

ner" Korrektheitstheorien so gut wie unmöglich.

Die vorliegenden Arbeiten sind in Zusammenarbeit mit Flaviu Cristian entstanden [3 ,

4 , 6] und bezwecken die Erweiterung formaler Methoden, damit auch fehlertolerante

Programme, deren Standardfunktionen und Fehlertoleranzfunktionen scheinbar unentwirr-

bar miteinander zusammenhängen, einer rigorosen Analyse zugänglich gemacht werden

können. Dazu begreifen wir die Fehlerbehandlung (exception handling) keineswegs als

etwas "Unschönes", das sowohl aus der Theorie als auch aus der Praxis möglichst zu

verbannen wäre, sondern im Gegenteil als ein auf einer befriedigenden Semantik ge-

gründetes programmiersprachliches Hilfsmittel zum sauberen strukturierten Programmie-

ren.

Betrachten wir als Beispiel eine einfache Programmieraufgabe. Die Addition a:=a+b sei

unter der realistischen Bedingung durchzuführen, daß die maschinenrepräsentierbaren

Zahlen m der Ungleichung MIN≤m≤MAX mit MIN≤O≤MAX genügen müssen.

<u>1. Lösung:</u>   <u>if</u> (b≥O∧MAX-b<a)∨(b<O∧MIN-b>a) <u>then</u> done:=<u>false</u>

              <u>else</u> <u>begin</u> a:=a+b; done:=<u>true</u> <u>end</u>

          <u>fi</u>.

Nach der Beendigung dieses Programms gibt "done" an, ob die Addition ausgeführt wurde oder ob sie wegen Grenzüberschreitung nicht ausgeführt werden konnte. Man beachte, daß der eigentliche Algorithmus, d.h. die Addition, inmitten einer Fehlertoleranzzwecken dienenden *if*-Anweisung steckt. Dies ändert sich in der 2. Lösung:

2. Lösung: $add(a,b,a)[ov \to E]$,

> wobei die +-Funktion durch die folgende Prozedur gegeben ist:
> *proc* $add(x,y,z)$: *begin* $[(y \geq 0 \wedge MAX-y < x) \vee (y < 0 \wedge MIN-y > x) \to ov]$;
> $$z := x+y$$
> *end*.

Die eckigen Klammern sollen den "Fehlerteil" (exception handling) darstellen. $[ov \to E]$ soll heißen, daß, falls die Prozedur "add" eine Grenzüberschreitung ov signalisiert, das Hauptprogramm daraufhin einen Fehler namens E signalisiert. Die genaue Semantik wird in Abschnitt 2 gegeben.

Im Vergleich mit der 1. Lösung liegen die Vorteile der 2. Lösung auf der Hand. Zum einen läßt sich die algorithmische Struktur des Programms besser aus seinem hierarchischen Aufbau erkennen. Zum anderen macht die Trennung von Standardteil (Addition) und Fehlerteil nicht nur das Programm durchsichtiger, sondern ermöglicht auch getrennte Programmbeweise. Für Korrektheitsaussagen ist der Standardalgorithmus maßgebend; wie wir sehen werden, gilt, daß jedenfalls das Programm ohne Fehlerteil korrekt ist, sofern nur das entsprechende Programm mit Fehlerteil auch korrekt ist. Es ist daher möglich, den Fehlerteil einfach wegzulassen, falls von vornherein garantiert werden kann, daß keine fehlerhaften Eingaben vorkommen. In Programmen des Typs 1 (vor allem, wenn es sich um kompliziertere Programme handelt) ist ein solches Auseinanderziehen von Standardteil und Fehlerteil nicht so einfach.

In diesem Papier diskutieren wir einige Aspekte der Frage: Wie können formale Korrektheitsmethoden für Programme mit Fehlertoleranz nutzbar gemacht werden? In Abschnitt 2 geht es zunächst darum, die Semantik solcher Programme als Grundlage für Korrektheitsaussagen möglichst "elegant" anzugeben. In Abschnitt 3 definieren wir die Korrektheit und die Robustheit eines Programmes; letzteres garantiert, daß mögliche Fehlerfälle jedenfalls nicht zu unkontrolliertem Verhalten des Programms führen, sondern "abgefangen" werden. In Abschnitt 4 wenden wir uns dem Entwurf des Fehlerteils eines Programms zu, und insbesondere der Frage, wie die Robustheit garantiert werden kann. Abschnitt 5 enthält einige abschließende und weiterführende Gedanken.

2. Syntax und Semantik

Aus Platzgründen können wir nur eine vereinfachte Syntax und auch nicht die vollständige Semantik geben. Der Leser sei dazu auf [4 ,6] verwiesen.

Syntax: $\quad$ PROG $\quad = \quad$ *prog* $P[E_1, \ldots, E_m]$; DECL; C *endprog*
$\qquad\quad$ DECL $\quad = \quad$ *var* V_1:$range_1$ (*init* $EXPR_1$), $\ldots$, V_n:$range_n$ (*init* $EXPR_n$)
$\qquad\quad$ C $\qquad = \quad$ A $\mid$ A$[E_1 \to H_1 \square \ldots \square E_k \to H_k]$ $\mid$ $[B \to H]$

$$H \;=\; C \;\mid\; \phi F \;\mid\; \triangleright F$$

$$E \;=\; \underline{ov} \;\mid\; \underline{div} \;\mid\; ID$$

$$F \;=\; ID$$

$$A \;=\; skip \;\mid\; V:=EXPR \;\mid\; \underline{begin}\; C_1;\ldots;C_1\; \underline{end}$$
$$\underline{if}\; B\; \underline{then}\; C_1\; \underline{else}\; C_2\; \underline{fi} \;\mid\; \underline{do}\; B{\rightarrow}C\; \underline{od}.$$

Nach dem Programmnamen P folgt eine Liste von "deklarierten Ausgängen" $E_1,\ldots,E_m$. Die Absicht ist, daß P entweder normal terminiert, oder einer der Ausgänge $E_1,\ldots,E_m$ genommen wird. In der Deklaration wird zu jeder Variablen V_i ihr Wertebereich $range_i$ (von dem wir fordern, daß er eine endliche Menge sei) und ihr Anfangswert $EXPR_i$ angegeben (von dem wir fordern, daß er in $range_i$ liegt). Ein Kommando C ist entweder ein einfaches Kommando A, oder ein solches mit angefügtem Fehlerteil, oder ein einzelner Fehlerteil. Die E_i in $A[E_1{\rightarrow}H_1\Box\ldots\Box E_k{\rightarrow}H_k]$ können als "Marken" (labels) verstanden werden, die angesprungen werden, wenn in A ein $\triangleright E_i$ ausgeführt wird. Die "Marken" $\underline{ov}$ und $\underline{div}$ sind systemdefiniert und bedeuten "overflow" bzw. "divergence". Falls E_i angesprungen wird, wird der entsprechende Programmteil H_i ausgeführt, der entweder einen weiteren Sprung $\triangleright F$ enthalten kann, oder ohne Sprung endet, was bedeuten soll, daß das auf $A[\ldots]$ folgende Kommando als nächstes ausgeführt wird. Man beachte, daß H rekursiv ist, wir lassen also geschachtelte Fehlerteile zu.

Die entscheidende Idee in der semantischen Definition dieser Sprache ist die der Ausgangspunkte (exit points). Ein Kommando C kann, per definitionem, mehrere Ausgangspunkte haben: einen "Standard"-Ausgangspunkt, den wir stets mit ";" bezeichnen wollen, und eventuell mehrere "Ausnahme"-Ausgangspunkte (exceptional exit points), das sind alle solche E, für die $\triangleright E$ in C vorkommt, aber kein textuell umfassendes $[E{\rightarrow}\ldots]$ in C. Wir sammeln alle möglichen Ausgangspunkte in einer Menge $EP(P) = EP(C) = \{";",\underline{ov},\underline{div}\} \cup \cup \{F \mid \triangleright F \text{ kommt in C vor}\}$. Für die Menge $DEP(P) = \{E_1,\ldots,E_m\}$ der deklarierten Ausgangspunkte von P fordern wir, daß $DEP(P)\cap\{";",\underline{ov},\underline{div}\}=\emptyset$, aber keineswegs müssen $EP(P)$ und $DEP(P)$ in irgendeiner Beziehung stehen. Ein Zustand s ist wie üblich eine Funktion der Variablen in ihre Wertebereiche. S sei die Menge aller Zustände; S ist endlich, da alle $range_i$ endlich sind.

Üblicherweise wird die Semantik eines sequentiellen deterministischen Programms C durch eine (partielle) Resultatfunktion $r(C):S{\rightarrow}S$ angegeben, die zu einem Anfangszustand einen Endzustand liefert. Wir betrachten neben $r(C)$ auch noch eine Ausgangspunktfunktion $e(C)$ (beide Funktionen jetzt total), die zu einem gegebenen Anfangszustand den zugeordneten Ausgangspunkt liefert: $r(C): S{\rightarrow}S$ und $e(C): S{\rightarrow}EP(C)$. Die Semantik von C kann dann auf streng denotationelle Weise, d.h. durch Induktion über die Syntax von C, angegeben werden. Wir betrachten nur einige Fälle und lassen hier insbesondere die Schleife, deren Definition den Ausgangspunkt $\underline{div}$ verwendet, außer Betracht. Siehe dazu [6].

$\underline{C = V:=EXPR:}$ $e(C,s) = \underline{if}\; def(EXPR,V,s)\; \underline{then}\; ";"\; \underline{else}\; \underline{ov}\; \underline{fi}$
$$r(C,s) = \underline{if}\; def(EXPR,V,s)\; \underline{then}\; s_V^{EXPR}\; \underline{else}\; s\; \underline{fi},$$

wobei $def(EXPR,V,s)=\underline{true}$ gdw der Wert von EXPR in s in $range(V)$ liegt.

(Es ist leicht möglich, die Definition von def(EXPR,V,s) unter Benutzung der Syntax von EXPR zu präzisieren [4].) Die Definition von r(C) zeigt, daß wir für die Zuweisung eine Alles-oder-nichts-Eigenschaft postulieren: entweder ist der Endzustand der durch Ersetzung von V durch EXPR resultierende, oder der Anfangswert ändert sich nicht (die Grenzüberschreitung wird dann aber durch e(C,s)=ov angezeigt).

$C = C_1;C_2$: e(C,s) = if e(C_1,s)=";" then e(C_2,r(C_1,s)) else e(C_1,s) fi

r(C,s) = if e(C_1,s)=";" then r(C_2,r(C_1,s)) else r(C_1,s) fi

$C = A[E{\rightarrow}H]$: e(C,s) = if e(A,s)=E then e(H,r(A,s)) else e(A,s) fi

r(C,s) = if e(A,s)=E then r(H,r(A,s)) else r(A,s) fi,

wobei für H = ⊄F:

e(H,s) = if e(C,s)=";" then F else e(C,s) fi, r(H,s) = r(C,s).

Beispiel: prog P[OVF]; var x:{-2,...,+2}(init O);

begin x:=x+2[ov→▷OVF]; x:=x*x[ov→x:=x-2▷OVF] end

endprog.

e(P,x=O) = e(x:=x+2[ov→▷OVF]; x:=x*x[ov→x:=x-2▷OVF],x=O)

= e(x:=x*x[ov→x:=x-2▷OVF],x=2)   (weil e(x:=x+2[...],x=O)=";")

= e(x:=x-2▷OVF,x=2)   (weil e(x:=x*x,x=2)=ov und
                              und r(x:=x*x,x=2)=(x=2)!)

= OVF.

r(P,x=O) = r(x:=x*x[ov→x:=x-2▷OVF],x=2)

= r(x:=x-2▷OVF,x=2) = r(x:=x-2,x=2) = (x=O).

P implementiert also eine Alles-oder-nichts-Operation $x:=(x+2)^2$.

Man beachte, daß der Begriff "Nichtterminierung" in dieser Semantik wegfällt. Alle Programme terminieren an einem gewissen Ausgang (nicht notwendigerweise ";") und in einem wohldefinierten Zustand.

Sowohl das Dijkstra'sche wp-System [7] als auch das Hoare'sche Beweisregelsystem [8] können entsprechend erweitert werden. Üblicherweise ist wp(C) eine Funktion PRED→PRED, die ein Ausgabeprädikat Q über S in das zugeordnete schwächste Eingabeprädikat P=wp(C,Q) transformiert. P beschreibt die Menge aller Anfangszustände, die die Terminierung von C in einem Endzustand, der Q erfüllt, garantieren. Wir erweitern wp um ein zusätzliches Argument: wp(C): PRED×EP(C) → PRED. Für x∈EP(C) bedeutet wp(C,x,Q) die Menge aller Anfangszustände, die die Terminierung von C am Ausgangspunkt x und mit Q garantieren. Der übliche wp geht geht hieraus als Spezialfall wp(C,Q) = wp(C,";",Q) hervor. Wir geben einige Definitionen:

$C = V{:=}EXPR$: wp(C,x,Q) = (x=";" ∧ def(EXPR,V) ∧ Q[V←EXPR]) ∨

∨ (x=ov ∧ ¬def(EXPR,V) ∧ Q),

wobei def(EXPR,V) alle s∈S mit def(EXPR,V,s)=true beschreibe.

$C = C_1;C_2$: wp(C,x,Q) = (x≠";" ∧ wp(C_1,x,Q)) ∨ wp(C_1,";",wp(C_2,x,Q)).

(Der erste Summand bedeutet, daß C_2 nicht mehr zu betrachten ist, falls

5

C_1 schon anders als standardmäßig terminiert; der zweite Summand beschreibt die übliche Hintereinanderausführung.)

$\underline{C = A[E{\rightarrow}H]}:$ $\quad wp(C,x,Q) = (x{\neq}E \wedge wp(A,x,Q)) \vee wp(A,E,wp(H,x,Q)).$

(Der erste Summand bedeutet, daß der Fehlerteil nicht zu beachten ist, falls er nicht "angesprungen" wird, während der zweite Summand den "Sprung nach E beschreibt.)

Wir gehen noch kurz auf die Definition des Beweisregelsystems ein. Es bedeute die Formel $\{P\}C:x\{Q\}$, daß, vom Anfangsprädikat P ausgehend, C am Ausgang x mit Q terminiert. Die Beweisregel für $C = C_1;C_2$ lautet beispielsweise:

$$\frac{\{P\}C_1:x\{Q\}\ (x{\neq}";")}{\{P\}C_1;C_2:x\{Q\}} \qquad und \qquad \frac{\{P\}C_1:";"\{R\},\ \{R\}C_2:x\{Q\}}{\{P\}C_1;C_2:x\{Q\}}$$

Für die anderen Fälle wird der Leser auf [4] verwiesen.

Es kann gezeigt werden, daß die drei Semantiken äquivalent sind. Die folgenden beiden Sätze, die den Zusammenhang zwischen der e,r-Semantik und der wp-Semantik aufzeigen, wurden in [6] bewiesen:

$\underline{Satz\ 1:}$ $\quad wp(C,x,Q) = \{s\epsilon S \mid e(C,s)=x \wedge r(C,s)\epsilon Q\}.$

$\underline{Satz\ 2:}$ $\quad e(C,s)=x \wedge r(C,s)=t \quad gdw \quad s\epsilon wp(C,x,\{t\}).$

Die Äquivalenz zwischen der wp-Semantik und dem Beweisregelsystem wurde in [4] gezeigt:

$\underline{Satz\ 3:}$ Die Beweisregeln sind aus der wp-Semantik beweisbar (Konsistenz).

$\underline{Satz\ 4:}$ Jede beweisbare Aussage ist durch die Beweisregeln herleitbar (Vollständigkei

Die durch die Sätze 1-4 gegebene Äquivalenz ist eine vollständige, anders als im üblichen Falle sequentieller Programme ohne Fehlerteil, wo die Unterscheidung zwischen partieller und totaler Korrektheit eine Rolle spielt.

3. Korrektheit und Robustheit

Gewappnet mit der Semantik von P können wir uns nun an die Definition der hier interessierenden Eigenschaften von P begeben. Wir definieren die Korrektheit von P bzw. C in Bezug auf eine formale Spezifikation G (für "goal"). G wird als Relation $G{\subseteq}S{\times}S$ aufgefaßt mit der Festsetzung, daß eine intendierte Implementation von G für Anfangszustände in dom(G) (dem Vorbereich von G, definiert durch $dom(G) = \{s'\epsilon S \mid \exists s\epsilon S: (s',s)\epsilon G\}$ terminieren und einen Endzustand s liefern soll, so daß $(s',s)\epsilon G$. Zustände außerhalb dom(G) interessieren zunächst nicht, da ja G für solche Zustände keine Aussage macht.

Für eine beliebige Spezifikation $G{\subseteq}S{\times}S$ und ein beliebiges Programm P läßt sich der Implementationsbereich von P bezüglich G definieren als

$$idom(P,G) = \{s'\epsilon S \mid e(P,s')=";"\ und\ (s',r(P,s'))\epsilon G\}.$$

Die Menge idom(P,G) liefert genau jene Anfangszustände, für die P tatsächlich G implementiert. Natürlich kann idom(P,G)=$\emptyset$ sein; doch ist leicht zu sehen, daß stets idom(P,G)$\subseteq$dom(G) gilt. P heißt <u>korrekt</u> bezüglich G, falls idom(P,G) = dom(G), falls also P die Spezifikation G auf deren gesamtem Vorbereich implementiert.

Die Menge exdom(P,G) = $S\backslash$idom(P,G) spielt eine Rolle als diejenige Menge von Anfangszuständen s', für die entweder G nicht korrekt durch P implementiert wird (s' in dom(G)$\backslash$idom(P,G)) oder für die keine Spezifikation vorliegt (s'$\in$S$\backslash$dom(G)). Wir nennen ein Programm robust, falls es sich auf exdom(P,G) "wohlverhält", das heißt in jedem Falle einen in DEP(P) deklarierten Ausgang nimmt (und nicht etwa mit <u>ov</u> stehenbleibt, wenn <u>ov</u> nicht in DEP(P) vorkommt). Die Robustheit garantiert, daß P entweder normal mit einem korrekten Resultat, oder aber an einem von vornherein einkalkulierten Fehlerausgang endet, daß also in allen Fällen das Programm sauber terminiert. Formal heiße P <u>robust</u> bezüglich G, wenn $\forall$s'$\in$exdom(P,G): e(P,s')$\in$DEP(P).

Von besonderem Interesse ist der Fall, daß P sowohl korrekt als auch robust in Bezug auf G ist. Die Robustheit bedeutet in diesem Fall insbesondere, daß P sich für Zustände außerhalb des Spezifikationsvorbereichs dom(G) wohlverhält. Wir haben den Robustheitsbegriff gegenüber [4] etwas weiter gefaßt, um auch inkorrekte Programme in die Betrachtung mit einbeziehen zu können. Robustheit bedeutet hier also sowohl Toleranz gegenüber fehlerhaften Programmen (wenn z.B. ein Teil der Spezifikation zunächst nicht interessiert) als auch Toleranz gegenüber von der Spezifikation nicht erfaßten Eingaben. Daß Korrektheit und Robustheit orthogonale Begriffe sind (daß also keiner den anderen impliziert) wird sich der Leser leicht an Beispielen klarmachen können.

4. Entwurf des Fehlerteils

Wir betrachten hier nur den einfachen Fall einer vorgegebenen Spezifikation G und einer sequentiellen Dekomposition C = C_1;C_2 von C (wir unterscheiden nicht mehr zwischen P und dem Rumpf C von P). Ziel ist es, zwischen C_1 und C_2 einen Fehlerteil [B$\rightarrow$H] einzuschieben, sodaß das neue Programm C' = C_1;[B$\rightarrow$H];C_2 sowohl robust in Bezug auf G ist, als auch die Korrektheit von C (falls vorhanden) nicht verlorengeht. Letzteres soll, genauer gesagt, bedeuten, daß idom(C',G) = idom(C,G) sein soll. Offenbar spielt das Aussehen von H eine untergeordnete Rolle, es muß nur sichergestellt sein, daß H mit $\triangleright$F endet und daß F$\in$DEP(C') ist. Wir nehmen F$\notin$DEP(C) an. Wir wenden uns dem Entwurf des Tests B zu, durch den ja genau die "schlechten" Zwischenzustände herausgefiltert werden sollen. Zunächst gilt allgemein:

<u>Satz 5</u>: idom(C',G) $\subseteq$ idom(C,G).

<u>Beweis</u>: Falls s'$\in$idom(C',G), dann wird B=<u>false</u> für r(C_1,s') wegen e(C',s')=";"$\neq$F.

       Also ist r(C',s')=r(C,s'), und wegen (s',r(C',s'))$\in$G auch (s',r(C,s'))$\in$G,

          d.h. s'$\in$idom(C,G). $\qquad\qquad\qquad\qquad\qquad\qquad\qquad\qquad$ $\square$

Satz 5 besagt, daß die Korrektheit von C' jedenfalls die Korrektheit von C impliziert. Die Umkehrung braucht nicht zu gelten. (Z.B. wird die triviale Wahl B=<u>true</u> idom(C',G)=$\emptyset$ nach sich ziehen, auch wenn idom(C,G)$\neq\emptyset$.)

Wir geben nun eine Bedingung für B an, sodaß C' die gewünschten Eigenschaften hat:

<u>Satz 6:</u> C' ist robust und $\mathrm{idom}(C',G) = \mathrm{idom}(C,G)$

genau dann, wenn $(*)$ $r(C_1) \wedge \neg \mathrm{wp}(C_2,G) = r(C_1) \wedge B$.

Die Bedingung $(*)$ bedarf einer Erläuterung. Funktionen und Relationen über S können in kanonischer Weise als binäre Prädikate aufgefaßt werden, und unäre Prädikate (wie z.B. B) sind davon ein Spezialfall. Die wp-Funktion läßt sich auf binäre Prädikate als letztes Argument ausdehnen und ist dann selbst ein binäres Prädikat bzw. eine Relation. Wir müssen den Leser auf [3] verweisen, wo diese Zusammenhänge im Detail dargestellt sind. Die $\wedge$-Verknüpfung in $(*)$ ist also wohldefiniert. Die Bedingung $(*)$ besagt, daß B für einen erreichbaren Zwischenzustand t genau dann wahr sein soll, wenn von t ausgehend die Erreichung von G durch C_2 nicht gesichert ist.

<u>Beweis von Satz 6:</u>

$(\Rightarrow)$: Wir beweisen zunächst $r(C_1) \wedge \neg \mathrm{wp}(C_2,G) \Rightarrow r(C_1) \wedge B$.

Sei $t=r(C_1,s')$ und $(s',t) \notin \mathrm{wp}(C_2,G)$; dann ist mit $s=r(C,s')$ entweder $(s',s) \notin G$ oder $e(C,s') \neq ";"$ (oder beides).

Falls $\neg B(t)$ und $(s',s) \notin G$, dann Widerspruch zu $\mathrm{idom}(C',G)=\mathrm{idom}(C,G)$.

Falls $\neg B(t)$ und $e(C,s') \neq ";"$, dann Widerspruch zur Robustheit von C'.

Also $B(t)$, w.z.b.w.

Wir beweisen dann $r(C_1) \wedge B \Rightarrow r(C_1) \wedge \neg \mathrm{wp}(C_2,G)$.

Sei $t=r(C_1,s')$ und $B(t)$.

Dann $s' \notin \mathrm{idom}(C',G)$ und nach Vor., $(s' \notin \mathrm{idom}(C,G)$.

Es folgt, daß $(s',t) \notin \mathrm{wp}(C_2,";",G)$, w.z.b.w.

$(\Leftarrow)$: Wegen Satz 5 müssen nur die Robustheit und $\mathrm{idom}(C,G) \subseteq \mathrm{idom}(C',G)$ bewiesen werden.

Robustheit: Sei $s' \in \mathrm{exdom}(C',G)$ und $t=r(C_1,s')$.

Falls $B(t)$, dann $e(C',s')=F$.

Falls $\neg B(t)$, dann $(s',t) \in \mathrm{wp}(C_2,G)$ wegen $(*)$, also $s' \in \mathrm{idom}(C',G)$, Widerspruch.

$\mathrm{idom}(C,G) \subseteq \mathrm{idom}(C',G)$: Sei $s' \in \mathrm{idom}(C,G)$.

Dann $t=r(C_1,s') \in \mathrm{wp}(C_2,G)$.

Also $\neg B(t)$ wegen $(*)$, also auch $s' \in \mathrm{idom}(C',G)$, w.z.b.w. $\square$

Satz 6 besagt, daß die zwischen C_1 und C_2 einschiebbaren Tests, welche sowohl die Korrektheit erhalten als auch C' robust machen, genau die sind, die $(*)$ erfüllen. $(*)$ ist also ein Verifikationskriterium für Robustheit und kann auch ein Entwurfshilfsmittel sein, wie jetzt an einem Beispiel gezeigt werden soll.

Sei ein Vektor $A(0..N-1)$ gegeben, $N>0$, mit Werten $A(j) \in \{0,1\}$ für $0 \leq j \leq N-1$. Die Spezifikation sei

$$G = (0 \leq j \leq N-1 \wedge A'(j)=0 \wedge A(j)=1 \wedge A(i)=A'(i) \text{ für } i \neq j).$$

Dabei bezeichne A' die Anfangswerte von A. Es soll also ein $A(j)$ von 0 auf 1 gesetzt werden. Wir betrachten als erste Lösung das folgende Programm:

$$C = \underbrace{j:=0;\ \underline{do}\ (j<N-1 \wedge A(j)=1) \rightarrow j:=j+1\ \underline{od};}_{C_1}\ \underbrace{A(j):=1}_{C_2}$$

Das Programm ist zwar korrekt, gibt aber keine geeignete Fehlermeldung für Anfangszustände in exdom$(C,G) = (\forall i : A(i)=1)$. Da der Ausdruck für exdom(C,G) eine Quantifizierung enthält, wird der Fehlerteil $[B{\to}H]$ für C sinnvollerweise entweder in oder nach der Schleife angebracht, z.B. zwischen $C_1 = $ j:=0; <u>do</u> $(j{<}N{-}1{\wedge}A(j){=}1){\to}$j:=j+1 <u>od</u> und $C_2 = $ A(j):=1. Formel $(*)$ liefert eine Methode, ein geeignetes B zu finden; dazu berechnen wir $r(C_1)$ und wp(C_2,G) und bilden die Differenz $r(C_1)\backslash$wp(C_2,G) : wp$(C_2,G) = (0{\leq}j{\leq}N{-}1 \wedge A(j){=}0 \wedge A(i){=}A'(i)$ für $i{\neq}j)$ und $r(C_1) \Rightarrow (0{\leq}j{\leq}N{-}1 \wedge A(i){=}A'(i)$ für $i{\neq}j)$. Daher gilt $r(C_1)\backslash$wp$(C_2,G) = r(C_1){\wedge}(A(j){\neq}0)$, und wir finden das robuste Programm

$$C' = \text{ j:=0; } \underline{\text{do}} \ (j{<}N{-}1{\wedge}A(j){=}1) \to \text{ j:=j+1 } \underline{\text{od}}; \ [A(j){\neq}0{\to}F]; \ A(j):=1,$$

das nach Satz 6 auch korrekt ist.

An diesem Beispiel kann übrigens durchexerziert werden, was geschieht, wenn der Test B die Bedingung $(*)$ nicht erfüllt. Falls in C' statt $[A(j){\neq}0{\to}F]$ etwa der Fehlerteil $[\underline{\text{true}}{\to}F]$ eingefügt würde, dann ginge die Korrektheit verloren; der Test wäre zu schwach. Falls aber z.B. $[\underline{\text{false}}{\to}F]$ eingefügt würde, so ginge die Robustheit verloren; dieser Test wäre zu stark.

Für die Durchrechnung größerer Beispiele sei der Leser auf $[\,3\,,\,5\,]$ verwiesen. $[\,3\,]$ gibt auch zu $(*)$ analoge Verifikationsbedingungen an, wenn der Fehlerteil $[B{\to}H]$ an anderer Stelle im Programm eingefügt werden soll. Daß dies sinnvoll sein kann, zeigt die folgende Alternative zur obigen Lösung:

$$C'' = \text{ j:=0; } \underline{\text{do}} \ A(j){=}1 \to [j{=}N{-}1{\to}F]; \ \text{j:=j+1 } \underline{\text{od}}; \ A(j):=1$$

Wiederum ist C'' korrekt und robust gegenüber G. Man kann sogar argumentieren, daß C'' vorzuziehen ist, weil der Fehlertest j=N-1 direkt in Verbindung mit der Veränderung der getesteten Variable j angebracht ist. Es ist ein interessantes Problem, Entwurfsrichtlinien zu entwickeln, die dem Programmierer die Wahl der Teststellen erleichtern könnten.

Auch über Heuristika zur Programmierung des Fehleralgorithmus H ist noch wenig bekannt. Falls C_1 ein umkehrbares Programm ist, so kann die Wahl $H = C_1^{-1}$ einen Allesoder-nichts-Effekt implementieren (dies kann trivialerweise durch Rettung der Anfangszustände geschehen). Dies ist manchmal nützlich, im Allgemeinen aber zu restriktiv. Es ist daher auch sinnvoll, für jeden deklarierten Ausgang $E{\in}$DEP(P) eine eigene Benutzerspezifikation zuzulassen $[\,4\,]$. Das Aussehen von H hätte sich dann nach dieser Spezifikation zu richten, und für die Programmierung von H werden ähnliche Regeln gelten wie für die Programmierung des Standardteils.

5. Schlußbemerkungen

Wir haben drei semantische Systeme (relationale Semantik, wp-Semantik und Regelsystem) für Programme mit exception handling gegeben und behaupten, daß diese Systeme sowohl vom Standpunkt der Klarheit als auch was ihre Anwendbarkeit betrifft, befriedigen können. Die Äquivalenz der drei Systeme wurde bewiesen. Trotzdem ist es für **Beweis-**

zwecke angebracht, alle drei zur Hand zu haben. Wir haben außerdem eine Formalisierung des Robustheitsbegriffs vorgeschlagen. Eine Verifikationsbedingung für robuste Programme wurde angegeben und an einem einfachen Beispiel erläutert.

Die Semantik von Abschnitt 2 ist im Wesentlichen eine "schöne" denotationelle Semantik für eine bestimmte Klasse von Vorwärts-Sprüngen (gotos). Die Idee der Ausgangspunkte wurde schon von anderen als tragfähig zur semantischen Beschreibung von Sprüngen erkannt [1 , 9]. Die Frage der Beziehung der verschiedenen semantischen Systeme untereinander wurde jedoch unseres Wissens vorher noch nicht im gleichen Detail wie hier addressiert. Außerdem befriedigt uns die hier definierte Semantik durch ihre relative Einfachheit.

Es lassen sich zwei Schwerpunkte möglicher zukünftiger Arbeit finden. Erstens wäre es, wie schon gesagt, sinnvoll, den Entwurf größerer robuster Programme weiter zu untersuchen und eine Anzahl genereller auf den hier definierten formalen Grundlagen aufbauender Entwurfsrichtlinien zu entwickeln. Zweitens wäre zu untersuchen, ob sich die Fehlertoleranzsemantik auf nichtdeterministische und parallele Programme erweitern läßt. Hier sind wir optimistisch, eine Verbindung zur Kontrollsequenzsemantik von [2] herstellen zu können, denn die Kontrollsequenzen beschreiben in gewissem Sinn gerade die Abfolge der in einer Programmausführung durchlaufenen Ausgangspunkte.

Literatur

[1] R.J.Back: Exception Handling with Multi Exit Statements. Report IW125, Mathematisch Centrum, Amsterdam (1979). Also IFB 52, Springer Verlag, pp.71-82.

[2] E.Best: Relational Semantics of Concurrent Programs (with some Applications). Formal Description of Programming Concepts II (ed. D.Bjørner), pp.431-452 (1983).

[3] E.Best and F.Cristian: Systematic Detection of Exception Occurrences. Science of Computer Programming, Vol.1(1), pp.115-144 (1981).

[4] F.Cristian: Correct and Robust Programs. IEEE Transactions on Software Engineering (1984).

[5] F.Cristian: A Rigorous Approach to Fault-Tolerant System Development. Research Report RJ3754, IBM San José (1983).

[6] F.Cristian and E.Best: Consistent Relational and Predicate Transformer Semantics of a Sequential Deterministic Language Supporting Exception Handling. Arbeitspapiere der GMD, Vol. 20 (1983).

[7] E.W.Dijkstra: A Discipline of Programming. Prentice Hall (1976).

[8] C.A.R.Hoare: An Axiomatic Basis for Computer Programming. CACM Vol. 12 (1969).

[9] A.Wang: An Axiomatic Basis for Proving the Total Correctness of Goto-Programs. BIT 16, pp.88-102 (1976).

Studieren geht über Probieren
oder
Didaktik und Methodik der fehlerpräventiven Programmentwicklung
Bleicke Eggers
Institut für Angewandte Informatik
Technische Universität Berlin

Inhalt

<u>Zusammenfassung</u>

<u>1. Zitate</u>

<u>2. Ausgangspunkt und Problemstellung</u>

<u>3. Pragmatische Systematik der Didaktik und Methodik</u>
   fehlerpräventiver Programmentwicklung

<u>4. Ausblick</u>

<u>Literatur</u>

<u>Zusammenfassung</u>

Es werden acht Prinzipien der fehlerpräventiven Programmentwicklung vorgestellt. Dabei wird erläutert, daß jede Theorie der Programmierung Funktionen von Menschen zum Gegenstand haben muß, die es zu erschließen gilt.

<u>1. Zitate</u>

- Programs attributed to Wirth and Misra for generating the prime numbers up to a specified limit are investigated. It is shown that Wirth's program is incorrect according to three increasingly weak criteria, and a composite number is exhibited that the program accepts as prime. This is the smallest known counterexample, and could not have been found by the usual method of program testing -the program would run for trillions of years on the fasted computer before reaching it! Closely related counterexamples are given to a conjecture of Misra concerning his program.[10]
- Neben der selbstverständlichen Garantie der Korrektheit und Zuverlässigkeit dieser Produkte sollen -...- auch die Handbücher einem hohen Qulitätsanspruch genügen. [12]

2. Ausgangspunkt und Problemstellung

Im Rahmen des Studiengangs Informatik der TU Berlin wird der drei-
semestrige Zyklus ALGORITHMEN seit 1972 gelehrt. In ihm sollen die
Techniken der systematischen Programmentwicklung möglichst maschinenunabhängig vorgestellt werden. Didaktische Aufbereitung und
Evaluation sind dabei unter vielfältiger Beteiligung wissenschaftlicher Mitarbeiter und Studenten erfolgt. Diesem Beitrag liegen vor
allem Lehrerfahrungen zugrunde, die der Autor zusammen mit Bernhard
Zimmermann gemacht hat. In ihm gilt es, mächtige hinreichende pragmatische Kriterien aufzuzeigen, deren Berücksichtigung den fehlerpräventiven Programmentwicklungsprozeß unterstützt. Dabei steht die
Sicht des Dozenten im Vordergrund. Der Dozent muß neben der Beherrschung der Techniken der Programmierung auch die Qualifikation der
Einordnung, der Auswahl und Vermittlung von Unterrichtsgegenständen
besitzen.

Didaktik ist die Theorie der Bildungsinhalte. Programmierung ist die
Reduktion einer Problemlösung auf Syntax. Jede Problemlösung erfor-
dert eine Methode; Reduktion auf Syntax bedeutet die Abbildung der
Problemlösung auf einen Automaten. Didaktik der Programmierung
erfordert daher eine lehrzieladäquate Auswahl und Topologie von
Algorithmen als Lehrgegenstände mit deren Lehr- und Lernzielen als
Attributen (Ziele von partiellen Qualifikationstransformationen). Zur
Methodik gehört die Reduktion der Lehrgegenstände (Algorithmen) auf
minimale Unterrichtsbeispiele.

Einziges Lehrziel in diesem Zusammenhang sind Kriterien der fehlerpräventiven Programmierung im Sinne partieller Korrektheit und
Termination. Diese Kriterien gehören rein technologischen Kategorien
an. Andere Kategorien, z.B. ökonomische oder ergonomische, ja selbst
andere technologische sollten als Lehrziele beachtet werden, stehen
aber außerhalb des hier zu behandelnden Themas; sie werden u.a. in
folgenden Arbeiten behandelt: [4,5]. Didaktischer Ausgangspunkt aus
der Sicht der Themenstellung ist die Einordnung der Programmierung in
folgende übergeordnete Zusammenhänge:

- <u>Theorie - Praxis - Kette</u>:

  <u>Induktion</u> als mathematische Fundierung konstruktiver, d.h. austomatisierbarer Problemlösungen;

  <u>Werkzeuge</u> als verschiedene Verwendungsformen der Induktion, z.B. Definitions- und Beweisschemata (BNF für Syntax, Floyd-Hoare-Kalkül für Semantik, "Ein Baum ist ein Atom oder eine Menge von Bäumen" für Datenstrukturen, etc.);

  <u>Algorithmen</u> als Strukturen für automatische Problemlösungen, in denen Werkzeuge enthalten sind (z.B. binäre Bäume als Ausführungsschemata für binäres Sortieren);

  <u>Repräsentationen</u> als abstrakte Programme (Beschreibungen von Algorithmen; z.B. Einfügen in verkettet dargestellte Bäume);

  <u>Implementierungen</u> als konkrete Programme (Hardware, Software; z.B. Einfügen in verkettet dargestellte Bäume in FORTRAN mit Feldern und Freispeicherverwaltung).

- <u>Pragmatik jeder Theorie der Programmierung</u>:

  Programmierung wird von Menschen betrieben. Daraus folgt, daß jede Theorie der Programmierung (auch eine der Fehlerprävention) eine Theorie ist, in der Menschen - oder abstrakt: Funktionen von Menschen - vorkommen. Eine solche Theorie ist daher stets wesentlich pragmatisch, d.h. nicht (vollständig) formalisierbar.

Da die Sicht der Dozenten im Vordergrund steht, darf bei der Mehrzahl der Beispielalgorithmen deren Kenntnis vorausgesetzt werden. Ergänzend sei auf die zitierte Literatur verwiesen.

Einleitend seien einige Programmierbeispiele aufgezählt:

<u>Brötchenproblem [11]</u>: Auf wieviele verschiedene Weisen kann man B Brötchen zu S Sorten kaufen, so daß B > 0 und S > 0 ?

<u>Kafila</u> : Gegeben ein eingerahmtes Rechteck mit verschieblichen Rechtecken gem. Abb.1. Entwirf einen Algorithmus, nach dem das große Quadrat an die mittlere gegenüberliegende Seite gelangt. Dabei dürfen die Rechtecke das Rahmenrechteck nicht verlassen.

<u>Polynomaddition</u> : Zwei beliebige Polynome mit ganzzahligen Koeffizienten sind zu addieren.

<u>Anke [3]</u>: Ein Rechteck von der Art eines GO-Bretts sei gegeben. Gesucht ist die <u>A</u>nzahl der Wege mit <u>k</u>ürzesten <u>E</u>ntfernungen zwischen zwei diagonal gegenüberliegenden Ecken (Abb. 2).

<u>Rubiks Würfel [13]</u>: Diese Aufgabe bedarf heute keiner Erläuterung mehr.

<u>mergesort [1]</u>: Sortiere ein Feld durch binäre Teilung und Mischen.

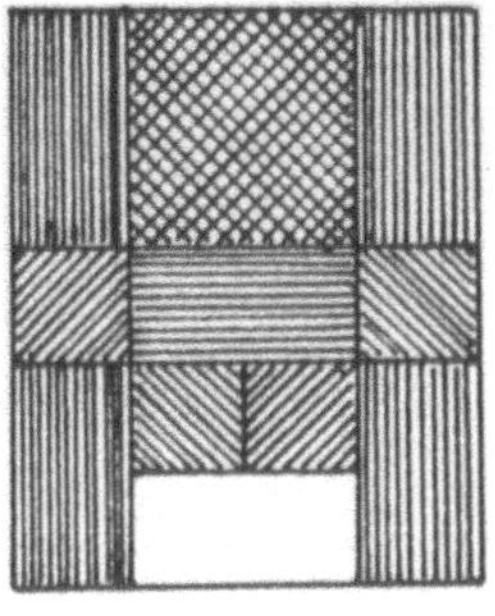

Abb. 1 Kafila

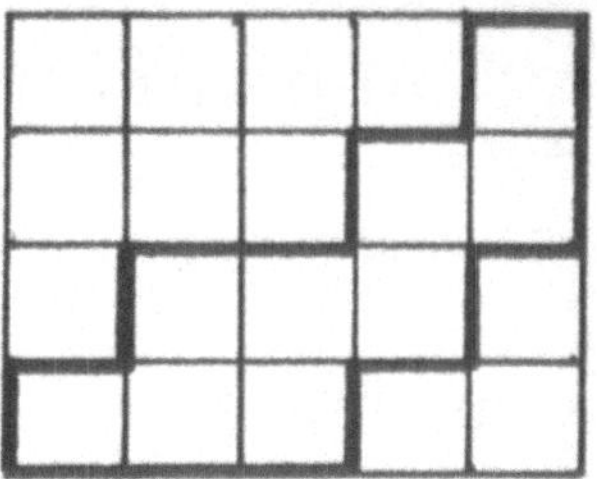

Abb. 2 Anke

3. Pragmatische Systematik der Didaktik und Methodik fehlerpräventiver Programmentwicklung

Im folgenden diskutieren wir einige Merkmale fehlerpräventiver Programmentwicklung. Diese Merkmale betrachten wir als sich wechselseitig ergänzende und nicht notwendig paarweise ausschließende Bestandteile der Methodik sicherer Programmierung, die aus der Sicht des Dozenten zu dessen Didaktik des Programmierunterrichts gehören. Sie stellen mächtige hinreichende Bedingungen zur Vermeidung von Programmierfehlern dar. Eine klassische derartige Bedingung ist das Prinzip der Programmierung durch strukturierte Verfeinerung. Wir erläutern dies an einem bekannten Algorithmus.

Beispiel 1: Bubblesort

Ein eindimensionales Feld zahl(1..n), n $\geq$ 1, mit ganzzahligen Werten ist nach aufsteigender Ordnung durch Vertauschen invertierter Elemente zu sortieren.

Methode:

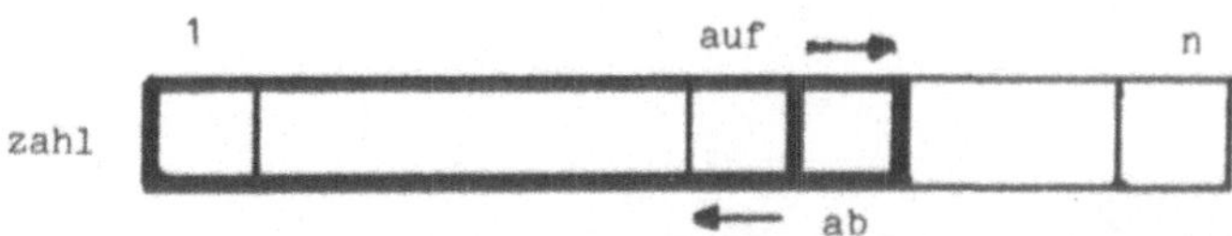

<u>Invariantentransformation I1</u>:

    1 < auf ≤ n ==>
    { zahl(1..auf-1) sortiert }
       SPRUDEL
    { zahl(1..auf) sortiert }

<u>1. Verfeinerung V1</u>:

    <u>erledige</u> bubblesort:
      <u>für</u> auf <u>von</u> 2 <u>bis</u> n
      <u>erledige</u> SPRUDEL <u>basta</u>
    <u>basta</u>.

Als <u>0. Verfeinerung</u> betrachten wir die vorgegebene Eingabe-Aus-
gabe-Relation (EAR), also die zu leistende Invariantentransformation. Dann gilt: V1 ist korrekt (bezüglich der EAR) genau dann,
wenn SPRUDEL die in I1 bezeichnete Invariantentransformation
leistet, d.h. V1 ist <u>relativ korrekt bezüglich SPRUDEL</u>. Programmiert man nun SPRUDEL wie folgt:
      <u>erledige</u> sprudel:
        ab ← auf;
        <u>solange</u> zahl(ab) < zahl(ab-1) <u>wiederhole</u>
        <u>erledige</u>
          VERTAUSCHE (zahl(ab), zahl(ab-1));
          ab ← ab-1
        <u>basta</u>
      <u>basta</u>
,und ist VERTAUSCHE korrekt, so ist jeder Feldüberlauf für ab = 1
eindeutig der fehlerhaften Schleifenbedingung zuzuschreiben, die
man leicht korrigiert zu:
      (1 < ab → zahl(ab) < zahl(ab-1) | <u>falsch</u>)
<u>Bem.:</u> Wir haben hier unsere eigene Algorithmische Sprache NASE[1]
verwendet [4], deren Semantik hier keinerlei Erläuterung bedarf.

----
[1]NASE: <u>Na</u>türliche <u>A</u>lgorithmische <u>S</u>prache für <u>E</u>rziehung;
englische Version:
NALE (<u>N</u>atural <u>A</u>lgorithmic <u>L</u>anguage for <u>E</u>ducation = ELAN[R])

Programmierung durch strukturierte Verfeinerung bedeutet also die
<u>Verfeinerung von Invarianten</u> und nicht die Zerlegung von Textbe-
standteilen von Elementen einer Programmiersprache.
Bubblesort möge hier als didaktische Beispielgebung für das erste
Merkmal fehlerpräventiver Programmentwicklung stehen:

FPP_1: <u>Invariantenorientierung der Programmierung</u>

Invarianten bezeichnen korrekte <u>Zwischenergebnisse</u> (zwerge), d.h.
<u>korrekte Approximationen der Resultate.</u> Wir erläutern dies anhand
zweier Beispiele:

Beispiel_2: <u>Multiplikation binär</u> [1]

```
[{0 < x, y ∈ ℕ}
  incr ← x; halb ← y;
  zwerg ← 0 {zwerg = 0};
  (halb > 0) * [{zwerg = x * y - incr * halb ∧ halb > 0}
              (¬(2 | halb) → zwerg ← zwerg + incr);
              incr ← incr * 2;
              halb ← halb + 2
              {zwerg = x * y - incr * halb ∧ halb ≥ 0}
            ] {zwerg = x * y - incr * halb ∧ halb = 0};
  mult ← zwerg
  {mult = x * y}
]
```

In der Schleife approximiert   zwerg   das Resultat   x * y   bis auf
den in der Schleifeninvariante bezeichneten Rest   incr * halb   ,
der mit   halb = 0   schließlich verschwindet.

Beispiel_3: <u>Wirbeltraversieren</u> [2]

Der Algorithmus realisiert das Traversieren binärer Bäume iterativ
ohne Keller. Das Zeigerverwirbeln ist hier das raffinierte Prinzip,
das schwer vermittelbar ist. Durchsichtigkeit garantiert allein die
<u>Hauptinvariante (Induktionsschluß):</u>

    für jeden Knoten k gilt:

sind seine (höchstens zwei) Unterbäume korrekt traversiert, so ist
nach dem letzten Besuch von k der Unterbaum mit der Wurzel k
korrekt traversiert.

"korrekt traversiert" heißt:

- alle Knoten sind in der geforderten Ordnung verarbeitet und

- alle Zeiger sind wieder in Ausgangsstellung.

Diese Beispiele implizieren die notwendige Ergänzung zu **FPP_1**:

FPP_2: <u>Strikte Aussagenorientierung der Dokumentation</u>

Diese Forderung bedeutet, daß Invarianten nicht nur Bestandteile der
formalen Verifikation sind, sondern vielmehr als Hilfsmittel zur
Konstruktion verwendet werden können. Dabei sollte die Systematik
einer Problemlösung möglichst abstrakt repräsentiert werden. Wir
plädieren für eine strikte Trennung von Konstruktion und Verifikation
einerseits sowie Implementierungen und Tests andererseits: Algorithmen werden als abstrakte Programme einer Algorithmischen Sprache
konstruiert und verifiziert (vgl. Abschnitt 1, Theorie-Praxis-Kette:
Repräsentationen) und können dann in den unterschiedlichsten Programmiersprachen als konkrete Programme implementiert und getestet
werden (vgl. oben: Implementierungen).
Wir fordern:

FPP_3: <u>Strikte Trennung von Konstruktion und Implementierungen</u>

Diese Entsprechung des Mottos "Studieren geht über Probieren" wird
ergänzt durch das Prinzip

FPP_4: <u>Komplementarität von Syntax und Semantik in Repräsentationen</u>
<u>und Implementierungen</u>

Das Prinzip besagt, daß die für die Konstruktionen benutzte Algorithmische Sprache eine weitestgehende formalisierte Semantik, aber nur
auf das notwendigste Benutzerverständnis reduzierte informelle
Exemplifikation ihrer Syntax besitzen sollte, während es sich bei den
für die Implementierungen benutzten Programmiersprachen gerade
umgekehrt verhält. Einer Konstruktion in Form eines abstrakten
Programms entsprechen dann beliebig viele Implementierungen. Die

Algorithmische Sprache dient der Dokumentation der Systematik (Logik des Programms) und sollte nicht implementiert werden. Dadurch werden verschiedene Implementierungen desselben Algorithmus sicher identifizierbar. Man vergleiche z.B. die Version quicksort (rekursiv) in ALGOL 60 mit quicksort (iterativ) in FORTRAN!
Bisher haben wir nur über Werkzeuge und technische Prinzipien gesprochen. Wie wir hervorgehoben haben, kommen in einer Theorie der Programmierung Funktionen von Menschen vor, denen wir uns jetzt zuwenden.
In einem hervorragenden Buch über Kategorientheorie [6] fand sich unter dem Abschnitt "The pathology of abstraction" folgende Characterisierung des Wechselspiels von Abstraktion und Konkretisierung als Prozeß struktureller Erkenntnisgewinnung, der den folgenden Überlegungen als Leitgedanke vorangestellt sei:

"Process in understanding comes as much from the recognition that a particular new structure is an instance of a more general phenomenon, as from the recognition that several different structures have a common core. Our knowledge of mathematical reality advances through the interplay of these two processes, through movement from the particular to the general and back again".

Zur Beherrschung algorithmischer Problemlösungen gehört die empirisch fundierte Fähigkeit zur (Wieder-) Erkennung gleichartiger Strukturen. So fällt sicher nicht jedem sofort auf, daß für die oben aufgezählten Algorithmen folgende Strukturvergleiche zutreffen:

- anke = brötchen
- mergesort $\cap$ polynomaddition = mischen
- Rubik $\neq$ Kafila

D.h. anke und brötchen als Lösung des Brötchenproblems, sind die gleichen Algorithmen, sie unterscheiden sich nur hinsichtlich ihrer Eingangsparameter:

$$\text{anke}(m,n) = (m = 0 \rightarrow 1 \mid \Sigma \, (\text{anke}(m-1,i) \mid 0 \leq i \leq n)) \qquad [3]$$
$$\text{brötchen}(B,S) = \text{anke}(S-1, \, B-S) \qquad [11]$$

Das Überführen zweier sortierter Felder in ein sortiertes Gesamtfeld kommt als mischen gemeinsam in mergesort und polynomaddition vor.

Schließlich ist Rubiks Würfel eine Problemstellung, die algebraisch, d.h. ohne backtracking lösbar ist. Für Kafila bleibt beim derzeitigen Stand der Programmierung nur die Versuch-Irrtum-Methode.
Die Kompetenz der Erkennung gleichartiger sowie der Unterscheidung unterschiedlicher Problemstellungen zu fördern, charakterisieren wir als Forderung

FPP_5: Pragmatische Strukturtheorie der Algorithmen

Diese Forderung besagt, daß abstrakte algorithmische Strukturen in konkreten Problemen wiederentdeckt werden können.
Komplementär dazu kann durch Abstraktion von einem Algorithmus ein anderer gewonnen werden, dem die gleiche Systematik zugrundeliegt.
Ändern wir das Programm multiplikation binär geringfügig ab, so erhalten wir das

Beispiel_4: potenzierung binär   [1]

```
[ incr ← x; halb ← y; zwerg ← 1;
  (halb > 0) * [(¬(2|halb) → zwerg ← zwerg * incr);
               incr ← incr ** 2;
               halb ← halb + 2
              ];
   potenz ← zwerg
]
```

Hauptinvariante: zwerg = x ** y + incr ** halb

Wir fordern:

FPP-6: Formale Strukturtheorie der Invarianten

Diese Forderung besagt, daß Programme mit isomorpher Logik - man vergleiche dazu die beiden Hauptinvarianten

```
zwerg = x * y - incr * halb
zwerg = x ** y + incr ** halb
```

in   __multiplikation binär__   - morphologisch als algorithmische
Schemata zur Lösung einer Klasse gleichartiger Problemlösungen
charakterisiert werden können.

Das nun folgende Programmierprinzip stellt ein Gegenstück zur Methode
der strukturierten Verfeinerung dar. Wir halten es für eines der
wichtigsten systematischen Hilfsmittel überhaupt:

FPP_7: __Exemplifikation__

Dieses Prinzip besagt, daß man bei der Programmentwicklung erheblich
an Sicherheit gewinnen kann, wenn man das zu lösende Problem methodisch auf ein Beispielproblem reduziert, das man löst, um es durch
systematische Abstraktion zur geforderten Problemlösung zu verall-
gemeinern. Die Art der methodischen Reduktion muß ein minimales, aber
mit dem allgemeinen Problem verträgliches Beispiel ergeben. Die
Reduktion eines 19 x 19-GO-Bretts auf ein 11 x 11-Brett ist möglicherweise minimal, aber sicherlich mit den GO-Spielregeln verträglich
(Abb. 3). Dagegen ist ein "Schachbrett für Anfänger" (Abb. 4, [9])
weder eine minimale, noch regelverträgliche Reduktion.

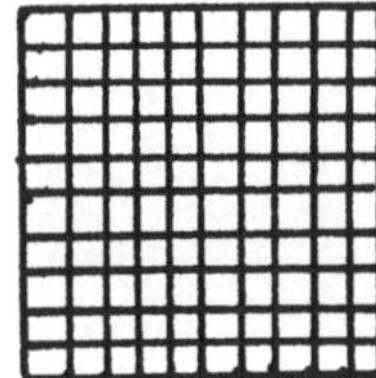

__Abb.3__
__GO-Brett für Anfänger__

__Abb.4__
__Schachbrett für Anfänger__

Die Exemplifikation werde am folgenden Problem erläutert:

Beispiel_5: [1] __Gewichtszerlegung__

Ein ganzzahliges Gewicht   gesamtgewicht   zerfällt in   anzahl
Teile mit den ganzzahligen Teilgewichten teil_1,...,teil_anzahl. Kann
jedes ganzzahlige Gewicht von 0 bis gesamtgewicht durch Diffe-
renzwägung bestimmt werden?

Die folgende methodische Reduktion auf eine Beispiellösung berücksichtigt keine Überlegung zur Steigerung der Effizienz, sie dient nur zur Demonstration der Exemplifikation. Wir lösen das Problem für gesamtgewicht = 10 und anzahl = 3 und verzichten auf die Notation von Vereinbarungen.

```
procedure gewichtszerlegung:
begin
  procedure gewichtsdurchlauf:
  for teil_1 from 1 to 3 do
  for teil_2 from teil_1 to (10-teil_1) + 2 do
  begin
    if ¬lösung_gefunden then
    begin
      teil_3 ← 10-(teil_1 + teil_2);
      koeffizientendurchlauf;
      erfolgsprüfung
    end             else
    leave gewichtsdurchlauf
  end;
  procedure koeffizientendurchlauf:
  for koeff_1 from -1 to 1 do
  for koeff_2 from -1 to 1 do
  for koeff_3 from -1 to 1 do
  darstellbar (| Σ (koeff_i * teil_i | 1 ≤ i ≤ 3) |) ← true;
  procedure erfolgsprüfung:
  comment lösung_gefunden, wenn alle gewichte darstellbar;
  lösung_gefunden ← false; darstellbar(0) ← true;
  for gewicht from 1 to 10 do  darstellbar(gewicht) ← false;
  gewichtsdurchlauf
end.
```

Die Invarianten sind der Übersicht halber weggelassen, es sei nur bemerkt, daß eine die Form $\forall \exists \forall$ besitzt. Die Beispiellösung kann zunächst auf eine Stufe - etwa (100,5) - weiter verallgemeinert werden, damit die allgemeinen Parameter der Feldgrenzen für die Teile teil_i bestimmt werden können. Die allgemeine Lösung erfordert eine induktive Generierung von anzahl-1 for-Schleifen durch eine rekursive Prozedur sowie eine globale Buchführung über die Teile teil_i   und Koeffizienten   koeff_i . Wir erhalten so auf Anhieb eine korrekte allgemeine Lösung, von der wir nur die Prozeduren gewichtsdurchlauf und koeffizientendurchlauf notieren:

```
procedure gewichtsdurchlauf
          (value untere_grenze, obere_grenze, teilzähler integer):
for teil_teilzähler from untere_grenze to obere_grenze do
begin
  if ¬lösung_gefunden then
  begin
    teil(teilzähler) ← teil_teilzähler;
    if teilzähler < anzahl - 1 then
    gewichtsdurchlauf
     (
       teil_teilzähler,
       (gesamtgewicht - Σ (teil(i) | 1 ≤ i ≤ teilzähler-1))
                     + (anzahl- teilzähler),
       teilzähler + 1
     )
                           else
      begin
        teil(anzahl) ← gesamtgewicht - Σ (teil(i) | 1 ≤ i ≤ anzahl-1);
        koeffizientendurchlauf(1);
        erfolgsprüfung
      end
  end                 else leave gewichtsdurchlauf
end;
procedure koeffizientendurchlauf (value koeffzähler integer):
for koeff_koeffzähler from -1 to 1 do
begin
  if koeffzähler < anzahl then
  begin
    koeff(koeffzähler) ← koeff_koeffzähler
    koeffizientendurchlauf (koeffzähler+1)
  end                 else
  begin
    koeff(anzahl) ← koeff_koeffzähler;
    darstellbar (| Σ (koeff(i) * teil(i) | 1 ≤ i ≤ anzahl)|) ← true
  end
end;
```

Aufruf mit

  gewichtsdurchlauf (1, gesamtgewicht + anzahl, 1).

Wir verweisen zur Demonstration des Exemplifikationsprinzips noch auf einen Ausschnitt aus Hoare's Turing-Award in einer deutschen Teil-übersetzung [7]. Hoare schildert die Konstruktion seines ersten ALGOL 60 Compilers und gibt vier Entwurfs-Prinzipien - u.a. "Sicherheit" - an und fährt fort:

"Um diese vier Prinzipien zu erproben, wählte ich eine ziemlich kleine Teilmenge von ALGOL 60 aus. Als der Entwurf und die Implementierung voranschritten, entdeckte ich nach und nach Methoden, um diese Einschränkungen zu lockern, ohne eines der Prinzipien zu verletzen. So konnten wir am Ende fast die volle Ausdruckskraft der gesamten Sprache implementieren, sogar einschließlich der Rekursion, obwohl verschiedene Konzepte beseitigt und andere eingeschränkt wurden".

Abschließend fordern wir noch das Prinzip

FPP_8: <u>Elimination von Programmen</u>

Diese Forderung beinhaltet den Wunsch, eine Problemlösung algebraisch auf die Operationen und Prädikate einer Algorithmischen Basis zu reduzieren. Im Beispiel 4 gelingt dies spätestens nach wenigen Testläufen. Man findet und beweist durch vollständige Induktion den Satz, daß für ein Gesamtgewicht gg , das in Anzahl a Teile zerfällt, die Bedingung

$$gg \leq \Sigma\,(\,3^i \mid 0 \leq i \leq a{-}1\,)$$

notwendig und hinreichend für die Darstellung aller Gewichte $0 \leq g \leq gg$ ist.
Für Anke findet man [1]

$$anke(m,\,n) = \binom{m+n}{n}.$$

4. Ausblick [8]

> Sie müssen erst den Nippel
>
> durch die Lasche zieh'n
>
> und mit der kleinen Kurbel
>
> ganz nach oben drehn
>
> {dann erscheint ein kleiner Pfeil};
>
> und da drücken Sie dann drauf
>
> {und schon geht die Tube auf}.

Ich danke Bernd Zimmermann für viele hilfreiche Diskussionen und Frau Rühle sehr herzlich für die mühevolle Arbeit des Manuskript-schreibens.

Literatur

1. Algorithmen I,II,III Skripte zur gleichnamigen Vorlesung von
                Dittmer, Eggers, Zimmermann, TU Berlin, 1982/3/4
2. Denert, E.; Frank, R.: Datenstrukturen
                BI, Mannheim, 1977
3. Eggers, B.; Hausen, H.-L.: Konzept einer in die Methoden der
                strukturierten algorithmischen Problemlösung einführenden
                Lehrveranstaltung für Informatiker
                Johannes Heyn, Klagenfurt, 1976
4. Eggers, B.; Zimmermann, B.: Eine Abstrakte Algorithmische Sprache
                für den Programmierunterricht "Ingenieurpädagogik 1983"
                Leuchtturm/Bohmann, Alsbach, 1983
5. Eggers, B.; Zimmermann, B.: Didaktik und Methodik der Programmierung
                World Conference on Education in Applied Engineering
                and Engineering Technology, Köln, 1984
6. Goldblatt, R.: Topoi
                The Categorial Analysis of logic
                North Holland, Amsterdam, 1984
7. Hoare, C:A.R.: Der neue Turmbau zu Babel
                Kursbuch 75, Berlin, 1984
8. Krüger, Mike: Der Nippel
9. Price, R.: Der kleine Psychologe
                Diogenes, Zürich, 1955
10. Pritchard, P.: Some Negative Results Concerning Prime Generators
                CACM 27(1) 1984
11. Schröer, F.-W.: Neues von Alfons und seiner Schwester
                private Kommunikation
12. Springer-Verlag: Brief vom 9.4.1984 an den Autor, in dem u.a.
                Compiler für PASCAL, MODULA-2 und Interpreter
                für PROLOG zum Verkauf angeboten werden.
13. Trajler, J.:Der Würfel
                Falken, Niederhausen, 1981
14. Wirth, N.: Systematisches Programmieren
                Teubner, Stuttgart, 1978

EIN SCHRITT IN RICHTUNG AUF FAIL-SAFE SOFTWARE

Wolfgang Ehrenberger und Manfred Masur
Gesellschaft für Reaktorsicherheit
Forschungsgelände
8046 Garching

Es wird ein Verfahren vorgestellt, welches zu Programmen führt, die
hinsichtlich ihres Kontroll- und Datenflusses fail-safe sind. Das
Grundprinzip lautet: Während der Testphase wird vermerkt, was getestet worden ist, während des Programmablaufs wird nachgesehen, ob
der betreffende Durchlauf unter den getesteten war. Falls dies zutrifft, wird die Ausgabe so zugelassen, wie sie das Programm vorgesehen hat, falls nicht, wird sicherheitsgerichtet reagiert.
Dies wird folgendermaßen erreicht: Das sicherheitsrelevante Programm
erhält an bestimmten Stellen Instrumentierungen. Zur Kontrollflußüberwachung befinden sich diese Stellen an den Ausgängen der den Kontrollfluß steuernden Konstrukte, zur Datenflußüberwachung an den
Stellen, an denen Felder adressiert werden. Während der Genehmigungs-
phase des Programms wird festgehalten, welche der Überwachungspunkte
während der Testläufe in welcher Reihenfolge berührt werden. Während
der Online-Phase wird die Berührung der Überwachungspunkte ebenfalls
vermerkt. Anschließend wird verglichen, ob der vermerkte Ablauf zu
den genehmigten gehört. Falls dies nicht zutrifft, kann sicherheitsgerichtet reagiert werden.
Zur Realisierung dieses Konzepts gibt es verschiedene Möglichkeiten,
die in diesem Text erklärt werden. Das Verfahren ist an einem Beispiel erprobt worden. Dieser Beitrag erläutert, wie die Instrumentierungspunkte festgelegt wurden. Er gibt auch den Mehrbedarf an Rechenzeit und Speicherbedarf an. Dieser steigt mit der Anzahl der getesteten Pfade und erreicht leicht das Zehnfache des Bedarfs des einfachen
Programms.
Der Einsatz des Verfahrens ist sinnvoll bei Programmen an technischen
Prozessen, die eine sichere Seite haben.

A method is presented that leads to programs which are fail-safe with
respect to their control flow or their data flow. The basic principle

is: During the testing phase is stored, what has been tested, during
the online phase is decided whether or not the actual run is among the
tested ones. If this is true, the output is performed as forseen by
the program, if not, a safety directed action is put out.
This is reached in the following way: The safety related program gets
monitors at certain points. For control flow monitoring these points
are at the exits of flow controlling constructs. For data flow
monitoring these points are at the array addressings. During the licen-
sing phase it is recognised which monitors are touched in which sequence. During the on-line phase any touching of monitors and the sequence of touches is also recognised. Subsequently it is compared,
whether or not the actual run is among the licensed ones. If not, a
safety action can be performed.
This concept can be realised by several means.
The method has been tried with an example. This paper descibes, how
the instrumentation points have been selected. The overhead with respect to computation time and memory required is considerable. It
increases with the number of paths and easily reaches the tenfold of
the needs of uninstrumented programs.
It is reasonable to use this method with programs at technical processes that have a safe side.

1. Einleitung

Mit der zunehmenden Verbreitung von Rechenanlagen in Automatisierungs-
einrichtungen steigt auch die Verantwortung, die auf der Software
lastet. Nachdem der Nachweis der Fehlerfreiheit von Software in vielen
Fällen sehr aufwendig ist, und weil es in der Regel auch sehr hohe
Kosten verursacht, aufzuzeigen, daß die Versagenswahrscheinlichkeit
der Software unter bestimmten akzeptablen Grenzen liegt, entsteht die
Frage, ob man nicht auf konstruktivem Weg die Software in ihrem Verhalten "sicherer" machen kann. Man denkt dabei vor allem an Konstruk-
tionsprinzipien, wie sie aus der Hardware bekannt sind. Dort gibt es
ja Schaltungen, die bei Ausfall von Bauelementen zwar versagen, jedoch
verhindern, daß sich dieses Versagen gefährlich auswirkt. In vielen
Fällen wird ein solches Verhalten einer Schaltung durch eine redundante Anordnung von Bauelementen erreicht. Das Äquivalent auf der Softwareseite hierzu wäre die Erstellung eines diversitären Systems. Dies
aber ist häufig so teuer, daß man gleich von vorne herein darauf verzichtet. In anderen Fällen erreicht man hardwaremäßiges Fail-safe-Ver-

halten durch ein gezieltes Lenken von Ausfällen in eine bestimmte
Richtung, eben auf die ungefährliche Seite. Der vorliegende Ansatz be-
faßt sich mit dieser zweiten Möglichkeit. Die grundsätzliche Schwierigkeit, on-line zu erkennen, ob der jeweilige aktuelle Programmablauf
fehlerfrei war oder nicht, wird allerdings nicht gelöst, sondern ausgeklammert. Es wird nicht unterschieden zwischen fehlerhaftem und feh-
lerfreiem Programmverhalten, sondern zwischen schon da gewesenem und
noch nicht da gewesenem. Hinsichtlich des noch nicht da Gewesenen kann
man dann konservativer Weise die Fehlerhaftigkeit unterstellen und
sicherheitsgerichtet reagieren. Wie später noch deutlich werden wird,
bietet diese Vorgehensweise einen sehr starken Anreiz zu gründlichem
Testen und eignet sie sich zum zweiten sehr gut zur Anwendung in Ge-
nehmigungsverfahren.

2. Lösungsprinzip

Der Grundgedanke für die Lösung stammt aus dem Alltäglichen: Jedermann
merkt sich ganz unwillkürlich Städte, Straßen und Häuser in denen er
bereits war und unterscheidet die vertraute Umgebung von der unbekann-
ten neuen. Das im folgenden beschriebene Verfahren führt ein solches
Merken und Unterscheiden durch. Während der Test- bzw. Genehmigungs-
phase der Software wird abgespeichert, was getestet oder genehmigt
wurde. Im Betrieb wird dann jeweils überprüft, ob der aktuelle Fall
zu den getesteten und genehmigten gehört. Trifft dies zu, wird wie
programmiert und genehmigt fortgefahren, trifft dies nicht zu, wird
eine Sonderreaktion veranlaßt. Diese Sonderreaktion wird von System
zu System unterschiedlich sein müssen. Bei Bahnen z.B. wird sie im
Auf-Halt-Stellen von Signalen bestehen, bei chemischen Prozessen im
Energie-los-Machen bestimmter Teile des Prozesses, bei Kernkraftwerken
im Schnellschluß. Immer aber wird es auch eine Warnung an den Opera-
teur geben.

Das Verfahren ist inhärent sicher: Ein schlecht getestetes Programm
wird viel mehr Sonderreaktionen nach sich ziehen, als ein gut getestetes. Im Betrieb kann ein solches Programm zudem hinsichtlich seiner
Tests vervollständigt werden, indem man solche Fälle, die auf Sonderreaktionen geführt haben, noch nachträglich unter die getesteten Fälle
aufnimmt. Des weiteren hat das beschriebene Verfahren den Vorzug schematisch anwendbar zu sein und hierbei kaum Irrtümern zu unterliegen.
Wegen seines hohen Bedarfs an Rechenzeit und Speicherplatz war es aller-

dings bei Rechnern der dritten Generation nicht anwendbar.

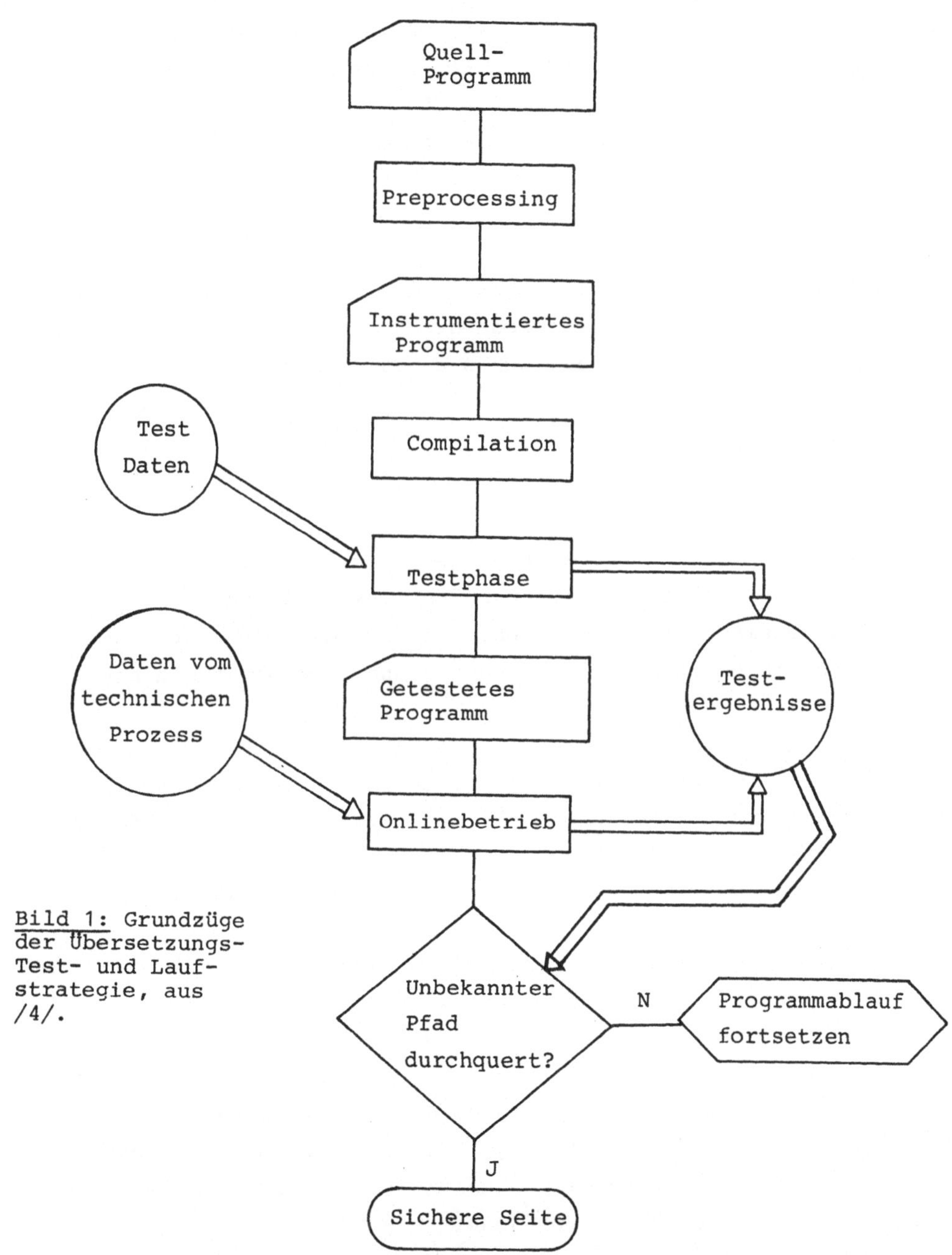

Bild 1: Grundzüge der Übersetzungs-Test- und Lauf-strategie, aus /4/.

Bild 1 veranschaulicht die oben genannten Grundzüge. Während des Pre-
processing wird das Programm instrumentiert. Die Art der Instrumentierung hängt von der angestrebten Überwachung ab. Ist der Kontrollfluß
zu überwachen, müssen die den Kontrollfluß steuernden Konstrukte instrumentiert werden, also alle jene Stellen eines Programms, die Einfluß nehmen auf dessen weiteren Ablauf. Ist der Datenfluß zu überwachen, müssen die Adressierungen instrumentiert werden. Wie später noch
beschrieben wird, gibt es mehrere Unterarten des Instrumentierens. Sie
hängen im wesentlichen von der Weise ab, in der die Testergebnisse
während der Testphase gespeichert werden sollen. Man kann die Überwachung der Testläufe hier unterschiedlich genau handhaben: so daß jeder
Durchlauf später auf Anhieb wieder sichtbar wird, oder so, daß man nur
eine Kennziffer für jeden Durchlauf abspeichert. Wesentlich ist nur,
daß durch das Abgespeicherte ein Kontroll- oder Datenpfad eindeutig
charakterisiert wird, damit während der On-line-Phase entschieden werden kann, ob der aktuelle Fall schon da war, oder nicht.

3. Kontrollflußüberwachung

Um die Kontrollpfade zu überwachen, genügt es, jeden möglichen Ausgang
eines jeden den Kontrollfluß steuernden Konstrukts zu überwachen. Diese Konstrukte sind etwas sprachabhängig. Für die hier nur beabsichtig-
ten allgemeinen Betrachtungen reicht es aus, die Sprachelemente

    IF THEN ... ELSE, CASE, WHILE ... DO

zu betrachten. Das erste erhält je einen Instrumentierungspunkt für
den THEN-Fall und für den ELSE-Fall. Beim zweiten muß jede der benütz-
ten Alternativen instrumentiert werden. Bei der Schleife ist für den
Schleifenkörper und für dessen Umgehung je ein Instrumentierungspunkt
erforderlich.
Allgemein sind zwei Möglichkeiten, einen noch nicht getesteten Pfad
zu erkennen denkbar: Die eine überprüft schrittweise während des
Durchlaufs, ob der Pfad schon da war, die andere stellt dies erst nach
Ende des Laufs fest. Die erste Möglichkeit wird hier repräsentiert
durch das, was im folgenden "Verfolgung des Programmbaumes" heißt,
während die zweite Möglichkeit durch die "Zuordnung einer Kennummer
zu jedem Strukturelementausgang" und durch die "Abbildung eines Kon-
trollpfades auf eine Zahl" repräsentiert wird.

Bei der Verfolgung des Programmbaums wird in der Instrumentierungsphase jedem Ausgang eines Strukturelements ein Unterprogrammaufruf eingefügt. Die Parameter des Aufrufs geben Aufschluß über den Typ des Strukturelements und den Ausgang, der benutzt wurde. Das <u>IF-THEN-ELSE</u> Element wird durch zwei Zeiger charakterisiert, deren Adressen zu den Nachfolgebäumen weisen, die im THEN-Zweig bzw. im ELSE-Zweig folgen. Das <u>CASE</u> Element erhält so viele Zeiger, wie es Ausgänge besitzt. Das <u>WHILE</u> Element zwei Zeiger. Zeiger sind mit O vorbelegt, solange der entsprechende Ausgang noch nicht benutzt wurde, d.h. noch kein Nachfolgebaum existiert. Während der Testphase wird ein Feld angelegt, das die genannten Bäume enthält. Während der On-line-Phase wird nachgesucht, ob der jeweils benutzte Ausgang des Strukturelements an der betreffenden Stelle des Baumes schon benutzt worden war. Das Ende von Pfaden wird in dem genannten Feld mit einem besonderen Zeichen markiert.
Die Methode bringt den Vorteil mit sich, bei jedem Strukturelementausgang im Betrieb unmittelbar feststellen zu können, ob der betreffende Pfad schon da war. Dies ist wichtig, wenn die Ausgaben in dem zu überwachenden Programm sehr weit verteilt sind. Der Nachteil der Methode liegt in dem außerordentlich hohen Bedarf an Rechenzeit, verursacht durch die vielen Unterprogrammaufrufe.
Bei der Zuordnung einer Kennummer zu jedem Strukturelementausgang erhält jeder Strukturelementausgang eine Kennummer. Während der Testphase speichert man die Folge der in einem Pfad durchlaufenden Kennummern ab. Jeder Pfad wird so durch einen String von Kennummern charakterisiert. Alle verschiedenen Strings werden bis zum On-line-Betrieb aufbewahrt. Während dieses Betriebs schaut eine eigene Routine jeweils nach, ob der am Ende eines jeden Pfaddurchlaufs entstandene aktuelle String unter den aufbewahrten ist oder nicht. Die Zahl der hierfür erforderlichen Vergleiche ist im Mittel umso größer, je mehr Pfade getestet worden sind.

Bei der Abbildung des Kontrollflusses auf eine Zahl wird die an den einzelnen instrumentierten Stellen anfallende Kennummer des vorhergehenden Verfahrens jeweils mit dem bis dahin Angefallenen arithmetisch verknüpft. Auf diese Weise muß nur ein einziger Wert pro Pfad abgespeichert werden. Dies erspart viel Platz und Zeit: Während des Betriebs muß dann pro Pfad nur mit einer einzigen Zahl verglichen werden Der Nachteil ist allerdings, daß das Verfahren nicht eindeutig ist. Es kann vorkommen, daß mehrere Pfade auf die gleiche Zahl führen. Eindeutigkeit ließe sich nur erreichen, wenn man an jedem Kontrollele-

mentausgang mit einer stets anderen Primzahl multiplizieren würde.
Dies aber führt sehr schnell zu sehr großen Zahlen, die nicht mehr
darstellbar sind. Man muß sich also behelfen, etwa durch Verwendung
von nicht nur der Multiplikation allein als Verknüpfungsoperation. Die
Wahrscheinlichkeit des Erhalts von gleichen Pfadcharakteristika für
mehrere Pfade kann aber bei einigem Geschick so klein gehalten werden,
daß sie in den praktisch interessierenden Fällen toleriert werden kann.
Dabei ist auch zu bedenken daß ja das Verwechseln eines noch nicht da
gewesenen Pfades mit einem schon getesteten noch nicht bedeutet, daß
der neue Pfad zu fehlerhaften Ergebnissen führt.

4. Datenflußüberwachung

Die oben beschriebenen Methoden geben noch keine Auskunft über alle
Datenbewegungen, die im Laufe einer Programmausführung stattfinden.
Sie erfassen lediglich die Datenbewegungen, die mit dem Kontrollfluß
in eindeutiger Weise verknüpft sind. Diese sind alle "einfachen"
Adressierungen, also jegliches Ansprechen von nicht indizierten Verän-
derlichen. Des weiteren werden implizit alle die Datenbewegungen mit
überwacht, die zwar Felder betreffen, bei denen aber die Feldindizes
in eindeutigem Zusammenhang mit dem Kontrollfluß stehen, etwa weil sie
sich nur aus der aktuellen Durchlaufzahl einer Schleife errechnen.
Nicht erfaßt dagegen werden die Datenbewegungen, bei denen die Feldindizes sich direkt aus den Eingangsdaten errechnen, ohne eine Zwischen-
abbildung über den Kontrollfluß. In diesen Fällen muß man die oben beschriebenen Methoden in sinngemäß abgewandelter Form für die Datenflußüberwachung einsetzen.

Bei der Verfolgung des Datenbaumes findet bei jeder zu überwachenden
Feldadressierung ein Unterprogrammaufruf statt. Aus den während der
Überwachung des Datenflusses anfallenden Feldadressen wird eine Baumstruktur erstellt und später durchsucht. Während der Testphase wird
an jedem Instrumentierungspunkt die aktuelle Feldadresse und am Ende
des Datenpfades ein Endesymbol gespeichert. Des weiteren wird ein
Verweis abgelegt, der so lange null ist, bis innerhalb eines Datenpfades ein Unterschied gegen frühere Adressierungsfolgen entsteht. In
diesem Fall wird die Adresse des noch freien Speicherbereichs als Verweis eingetragen und dort der Nachfolgebaum angelegt. Im On-line-Betrieb wird überprüft, ob das Ansprechen einer bestimmten Adresse in
der betreffenden Folge von Adressierungen schon getestet worden war.

Diese Überprüfung findet durch eine eigene Routine jeweils vor einer
Adressierung statt. Als Vorteil darf dabei angesehen werden, daß mögliche Versagensfälle so sehr frühzeitig erkannt werden. Als Nachteil
ist der sehr hohe Zeitbedarf aufgrund der vielen Unterprogrammaufrufe
anzusehen.

Eine Variante dieses Verfahrens entsteht, wenn man nicht nur die jeweils aktuelle Feldadresse zur Aufstellung des Datenbaumes verwendet,
sondern auch den Feldnamen mit berücksichtigt. Die Baumstruktur entsteht dann aus einer Kombination von Feldnamen und Feldadresse. Dies
ist dann zu verwenden, wenn im zu überwachenden Programm viele verschiedene Felder vorkommen, deren Indizes nicht über den Kontrollfluß
von Eingangsdaten abhängen und deren Reihenfolge des Angesprochen-Wer-
dens nicht festliegt, sondern eingangsdatenabhängig ist.

Entsprechend dem oben erwähnten Verfahren der Zuordnung einer Kennummer kann man auch bei der Datenflußüberwachung eine Parallele finden:
Man bildet aus den aktuellen Kennummern einen String, dessen Zusammen-
setzung den jeweiligen Datenpfad eindeutig charakterisiert. Bei jeder
vorkommenden Feldadressierung werden in einen vorher mit null belegten
Vektor die auftretenden Indizes entsprechend ihrer Reihenfolge eingetragen. Während des Betriebs werden die im Programmablauf auftretenden
Feldadressen ebenfalls gemerkt und am Ende des Pfades mit den abge-
speicherten verglichen.

Bei der Technik des Abbildens eines Datenpfades auf eine Zahl werden
die an den Instrumentierungspunkten anfallenden Feldadressen miteinander verknüpft. Der am Ende des Datenpfades entstandene Wert charakterisiert den betreffenden Pfad. Um dem Problem der Mehrdeutigkeit
entgegenzutreten, wie es bereits bei der Kontrollflußüberwachung diskutiert wurde, kann man statt mit der Feldadresse mit einer dieser
zugeordneten Primzahl verknüpfen. Diese Methode zeichnet sich vor den
anderen durch geringen Bedarf an Rechenzeit und Speicherplatz aus.

5. Ergebnisse von Probeläufen

Die folgenden Bilder 2 bis 4 zeigen Ergebnisse von der probeweisen Anwendung der in Kapitel 3 geschilderten Methoden zur Überwachung des
Kontrollflusses. REPAN bezeichnet dabei die überwachte Routine. Sie
ist in /2/ beschrieben. Die verschiedenen Säulen in den Darstellungen

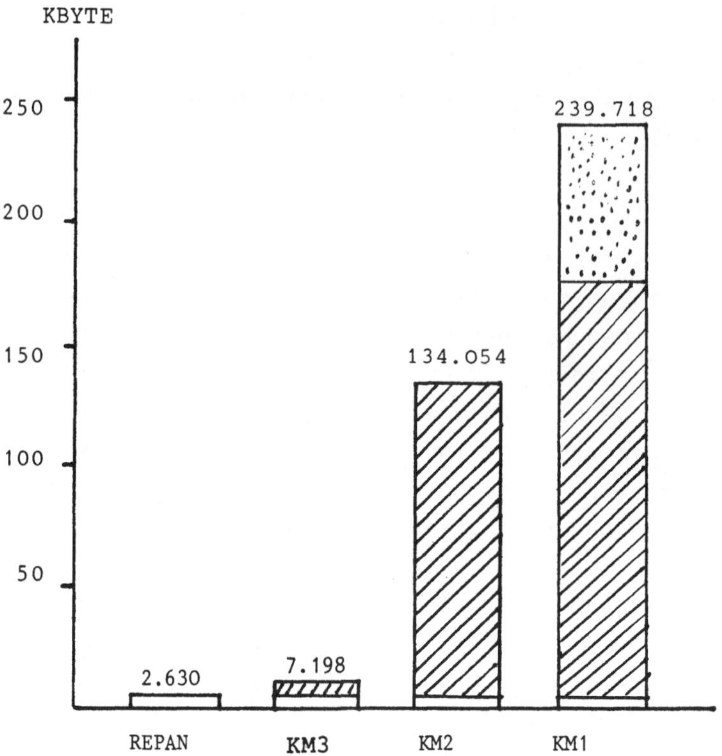

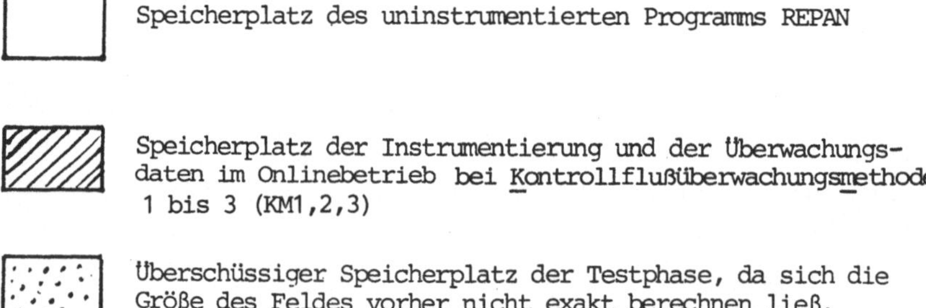

Speicherplatz des uninstrumentierten Programms REPAN

Speicherplatz der Instrumentierung und der Überwachungs-
daten im Onlinebetrieb bei Kontrollflußüberwachungsmethode
1 bis 3 (KM1,2,3)

Überschüssiger Speicherplatz der Testphase, da sich die
Größe des Feldes vorher nicht exakt berechnen ließ.

Bild 2: Vergleich des Speicherplatzbedarfs bei den verschiedenen Methoden der Kontrollflußüberwachung
im Test- und Onlinebetrieb (Erstellung von 500
Kontrollpfaden).

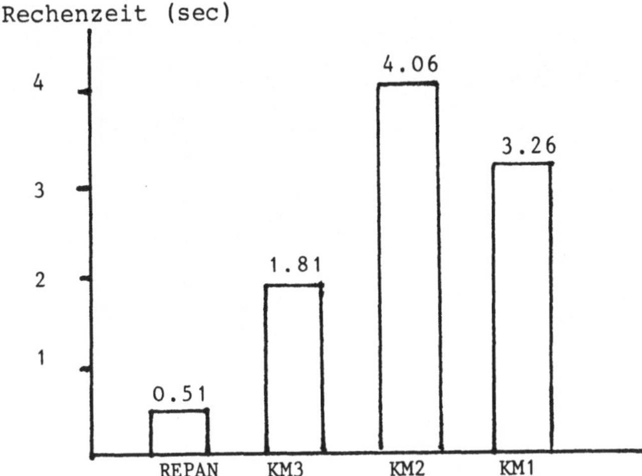

Bild 3 : Rechenzeitvergleich der verschiedenen Methoden der Kontrollflußüberwachung im _Testbetrieb_ (Erstellung von 500 Kontrollpfaden), KM1 bis KM3.

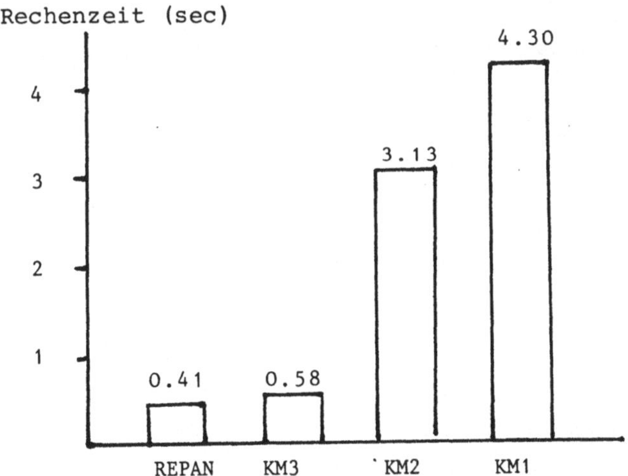

Bild 4 : Rechenzeitvergleich der verschiedenen Methoden der Kontrollflußüberwachung im _Onlinebetrieb_ (1 Suchlauf unter 500 getesteten Kontrollpfaden), KM1 bis KM3.

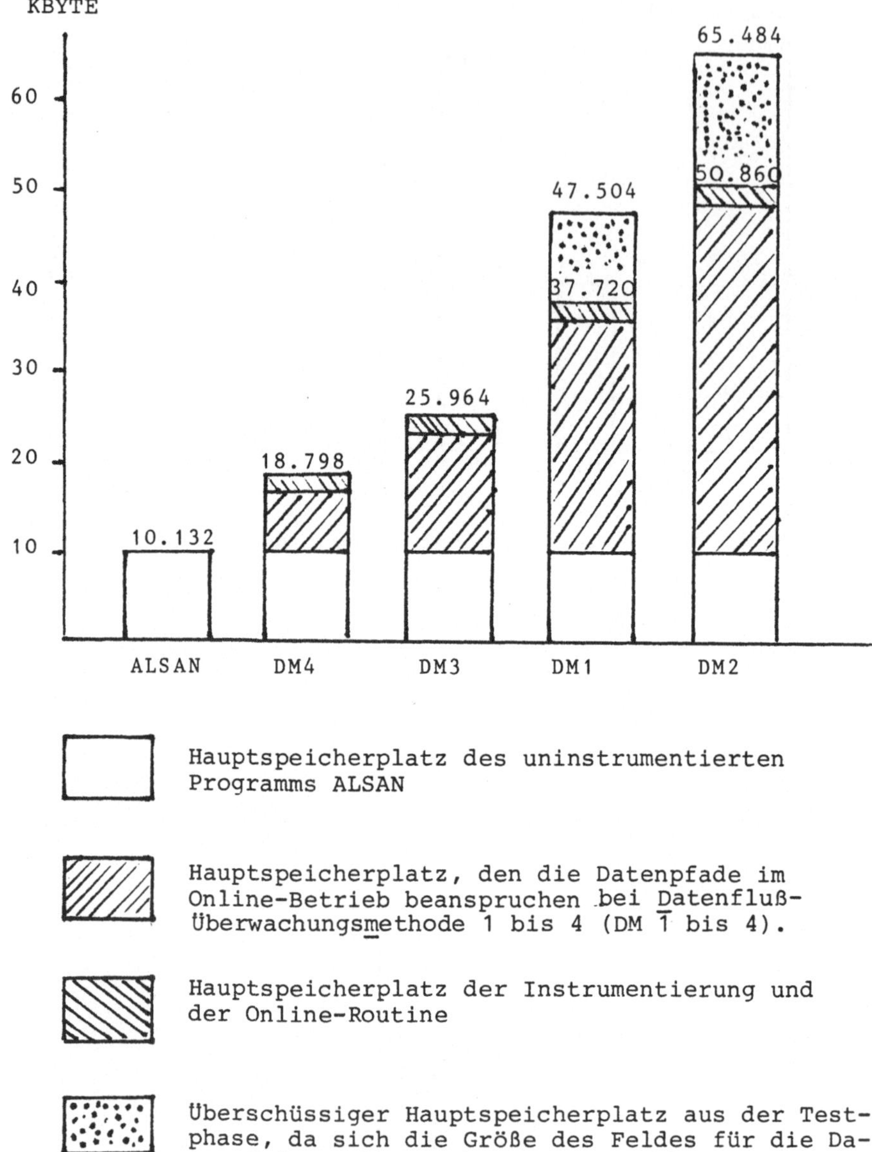

Hauptspeicherplatz des uninstrumentierten
Programms ALSAN

Hauptspeicherplatz, den die Datenpfade im
Online-Betrieb beanspruchen bei Datenfluß-
Überwachungsmethode 1 bis 4 (DM 1 bis 4).

Hauptspeicherplatz der Instrumentierung und
der Online-Routine

Überschüssiger Hauptspeicherplatz aus der Testphase, da sich die Größe des Feldes für die Datenpfade vorher nicht exakt berechnen ließ.

Bild 5 :   Darstellung des Speicherplatzbedarfs bei den verschiedenen Methoden der Datenflußüberwachung im
Test- und Online-Betrieb

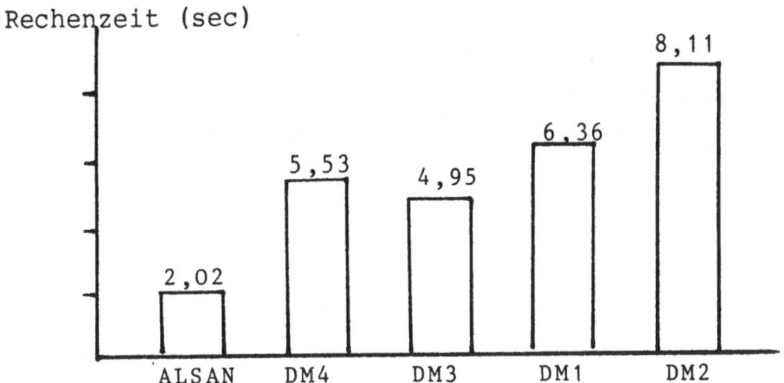

Bild **6** : Rechenzeitvergleich der verschiedenen Methoden
zur Datenflußüberwachung im <u>Testbetrieb</u>. Bei
jeder Methode wurde mit den 5 verschiedenen
Datensätzen je ein Programmlauf ausgeführt.
Insgesamt entstanden dabei 897 Datenpfade.
Die angegebenen Zeiten sind bei jedem Programm
die Summe der Rechenzeiten dieser 5 Programmläufe.

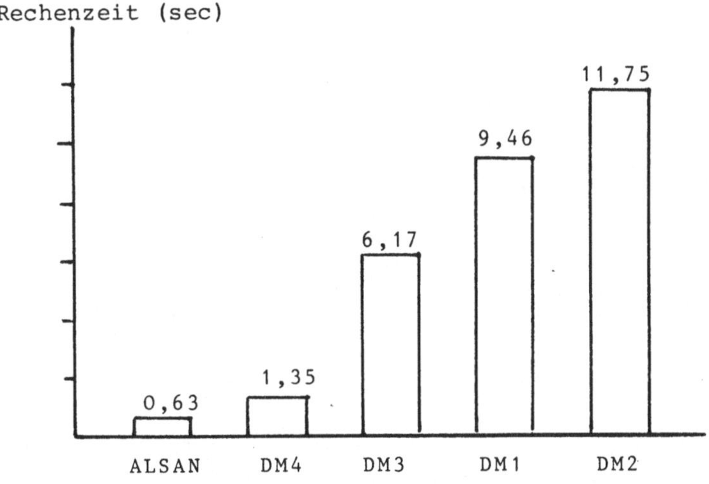

Bild 7 : Rechenzeitvergleich der verschiedenen Methoden zur
Datenflußüberwachung im <u>Online-Betrieb</u>. Bei jeder
Methode wird der größte Datensatz 20 x bearbeitet.
Insgesamt ergibt dies 9.680 Datenpfade in einem
Programmlauf. Die angegebene Zeit bei jedem Pro-
gramm ist die Rechenzeit dieses einen Online-Laufs.

beziehen sich auf die Kontrollflußüberwachungsmethoden 1 bis 3, in der
in Kapitel 3 genannten Reihenfolge: KM 1 Verfolgung des Programmbaumes
KM 2 Zuordnung einer Kennummer, KM 3 Abbildung auf eine.Zahl. Die Routine REPAN wurde an 13 Stellen instrumentiert, in einem Ablauf konnten
höchstens 65 Instrumentierungspunkte berührt werden.

Bei der Probeanwendung der Datenflußüberwachungsmethoden wurde eine
Routine namens ALSAN herangezogen, weil sie besonders viele direkt von
Eingangsdaten abhängige Adressierungen von Feldern aufweist. Sie ist
in /3/ beschrieben. Die Bilder 5 bis 7 geben wieder, wie der Bedarf
an Rechenzeit und Speicherplatz bei den verschiedenen Datenflußüberwachungsmethoden war. DM 1 bezeichnet die Verfolgung des Datenbaumes,
DM 2 die Verfolgung des Datenbaumes mit Speicherung des Feldnamens,
DM 3 die Zuordnung einer Kennummer und DM 4 die Methode der Abbildung
auf eine Zahl.

Die Rechenzeiten in Bild 3 und Bild 4 geben an, wie lange gesucht wurde, bis ein unbekannter Kontrollflußpfad oder Datenpfad als solcher
erkannt wurde. Wie man sieht, unterscheiden sich die einzelnen Methoden hierin beträchtlich. Die Angaben der Speicherplätze verstehen sich
in Bytes. Alle Bilder sind dem Bericht /4/ entnommen.

6. Ausblick und Beurteilung

Die vorstehend beschriebenen Methoden sind nur dann gut zu brauchen,
wenn die in der Testphase zur Verfügung stehenden Daten gut mit denen
in der On-line-Phase übereinstimmen. Wenn das nicht der Fall ist, wird
die Verfügbarkeit des Programms stark beeinträchtigt.

Namentlich die Durchführung und Überprüfung der Testfälle ist sehr
zeitraubend. Hier läßt sich durch eine geeignete Modulisierung abhel-
fen. Das Programmsystem muß dazu in der Weise aus Modulen aufgebaut
werden, daß keinerlei Fehler durch Kommunikation zwischen den Modulen
entstehen. Fehler dürfen nur noch in den Modulen vorhanden sein. Dann
kann man die Überwachung jeweils modulweise aufbauen und so beträchtlich an Aufwand sparen. Enthält ein Programm zum Beispiel 10^8 Pfade
und läßt es sich in vier gleichmächtige Modulen wie oben beschrieben
unterteilen, so hat jeder Modul nur 100 zu überprüfende Pfade. Aus dem
Beispiel wird auch die oben erhobene Forderung nach Fehlerfreiheit bei

der Kommunikation deutlich: es muß ausgeschlossen sein, daß Kombinationen von Pfaden aus unterschiedlichen Modulen auf Versagensfälle führen.

Die hier beschriebenen Methoden geben keine Überwachungsmöglichkeit für Programmierfehler, die sich auf unrichtige Grenzen von Eingangsdaten-Teilbereichen beziehen, auch keine hinsichtlich numerischer Berechnungen oder in Bezug auf das Zeitverhalten. Ebenso wird die Überwachung von interruptgesteuerten Systemen weitgehend ausgespart.

Selbstverständlich wird man formal bewiesene Programmteile oder solche, die aufgrund einer langen Betriebserfahrung oder umfangreicher statistischer Tests als quasi fehlerfrei gelten können, nicht einer der hier beschriebenen Überwachungsarten unterziehen.

Dagegen bietet es sich an, den On-line-Betrieb als eine Fortsetzung des Testbetriebs zu verwenden und solche Fälle noch nachträglich unter die getesteten aufzunehmen, die erst im Betrieb auftreten und von denen die Bedienmannschaft feststellt, daß sie richtig bearbeitet werden. Dies gilt besonders für Operateur-Informations-Systeme.

7. Danksagung

Die Verfasser danken Herrn Dr. Bologna aus Rom für das erste Mit-Durchdenken der hier angesprochenen Problematik und Herrn Nickl für seine Hilfe bei der Erprobung der diskutierten Methoden im Rahmen seiner Ingenieurarbeit.

8. Literatur

/1/ W. Ehrenberger and S. Bologna
    Safety Program Validation by Means of Control Checking
    paper presented at the IFAC Workshop SAFECOMP 79, Stuttgart,
    May 1979

/2/ E. Nickl und M. Masur
    Erprobung einer Kontrollflußüberwachungsmethode anhand zweier
    FORTRAN Routinen
    Interner Bericht, GRS - I - 29, August 1978

/3/ L. Felkel, R. Grumbach, A. Zapp, F. Öwre, J.-U. Trengereid
Analytical Methods and Performance Evaluation of the STAR Applica-
tion in the Grafenrheinfeld Nuclear Power Plant
IAEA/NPPCI Meeting, Munich Dec. 5 - 7, 1979

/4/ M. Masur und W. Ehrenberger
Ein Selbstüberwachungsverfahren sicherheitsrelevanter Prozeßrech-
ner Programme
Bericht der Gesellschaft für Reaktorsicherheit, in Vorbereitung

Aspekte der Konstruktion

robuster Software

S. Jähnichen, K. Kleine, G. Persch

GMD Forschungsstelle Karlsruhe
und
Forschungszentrum Informatik

Haid- und Neu-Str. 10-14, 7500 Karlsruhe

In diesem Papier wird versucht, eine Klassifikation von Ursachen für Fehlverhalten von Rechensystemen zu geben und diese zur Grundlage einer ingenieurmäßigen Konstruktion von Softwaresystemen zu machen. Dazu werden Elemente algebraischer Spezifikationen benutzt, wobei wir den Anschluß von Ausnahmebehandlungen (*exception handling*) an den bekannten Kalkül betonen.

1. Versagen von Rechensystemen

Wir können drei Ursachen für das Versagen eines Softwaresystems unterscheiden

1. Bedienfehler

2. Konstruktionsfehler

3. Ausfall einer Komponente eines Rechensystems

Die Problematik der Fehlertoleranz ergibt sich aus dem Betrieb eines Rechensystems. Ziel ist es dabei, die Leistung des Systems oder eines relevanten Teils auch nach Eintritt eines unerwünschten Ereignisses weiterhin zur Verfügung zu haben, möglichst ohne von außen merkbare oder signifikante Unterbrechung. Arbeiten zu fehlertoleranten Systemen haben sich vor allem diesen Betriebsanforderungen und damit dem dritten und ersten Punkt obiger Liste gewidmet. Unser Anliegen ist die *Konstruktion* zuverlässiger Systeme, liegt also *vor* deren Betrieb. Vor jeglicher Art der Behandlung von Fehlern und anderen Ausnahmesituationen liegt deren Erkennung. Ihre Existenz und Lokalisierung wollen wir möglichst früh in den Entwurfs- und Konstruktionsprozeß einfließen lassen. Es ist unsere Überzeugung, daß formal basierte Konstruktion unter Berücksichtigung von Ausnahmesituationen der angewiesene Weg zu robusten Softwaresystemen ist.

Die nächsten Unterkapitel dienen der Klärung der Begriffe "Fehlertolerante Software" und "Robuste Software". Dabei geben wir aufgrund unserer Ausrichtung auf die Konstruktion von Softwaresystemen letzterem Begriff den Vorzug. Dem folgen Kapitel über Entwurf und Implementierung.

1.1 Bedienfehler

Bedienfehler sind Interaktionen eines menschlichen Bedieners mit einem Rechensystem, in denen die durch den Rechner erbrachte Dienstleistung nicht mit der Intention des Bedieners übereinkommt. Dabei können wir mehrere Arten und Abstufungen solcher Diskrepanzen unterscheiden:

Eingabefehler
: Diese reichen von einfachen Tippfehlern, Syntaxfehlern bis hin zu falschen Kommandofolgen.

Interpretationsfehler
: Nachrichten des Systems, oftmals in cryptischer Form, werden vom Bediener nicht oder falsch verstanden. Dies führt zu Folgefehlern, insbesondere zu

Modellierungsfehler
: Das Modell, das sich der Bediener vom Zustand "des Systems" macht, und das implementierte Modell stimmen nicht überein. Besonders ist Verwirrung über den aktuellen Zustand zu nennen.

In allen drei Fällen funktionieren Hard- und Software des Rechensystems korrekt bezüglich ihrer Spezifikationen. Die angesprochenen Fehler liegen in der Natur des Menschen und sind in dem vielfach schlechten Entwurf von Benutzerschnittstellen begründet. Bedienfehler treten besonders häufig bei der Benutzung interaktiver Systeme auf, und es ist nicht verwunderlich, daß Untersuchungen und Veröffentlichungen sich zum Großteil mit Editiersystemen und Kommandosprachen beschäftigen.

Zur Behebung von Bedienfehlern (user error recovery) gibt es zwei Möglichkeiten: Erstens Wiederherstellung eines vorigen Zustandes durch Datenkopie (backup) oder inverse Aktionen (*undo*-Kommando [Teitelman75]) und zweitens korrektive Aktionen, die ein unerwünschtes Zwischenergebnis in das gewünschte Ergebnis überführen (Beispiel eines zeilenorientierten Texteditors: nach fehlerhafter Teiltextersetzung gewünschte Zeile komplett neu eintippen).

Zusammenfassend kann gesagt werden, daß zum Thema Benutzerschnittstellen und Bedienfehler eine umfangreiche Folklore, jedoch wenig wissenschaftlich Fundiertes existiert. In besonderem Maße gilt dies für Modellbildung und Dialogformen; [Archer84] ist eine erfreuliche Ausnahme.

1.2 Konstruktionsfehler

Bei der Betrachtung von Problemen und Fehlern der Konstruktion eines Softwaresystems treten zwei Fragestellungen auf. Zum einen die, was wir betrachten, zum anderen Möglichkeit und Zeitpunkt der Erkennung von Sonderfällen (Fehlern).

Wir können zwei Sichten unterscheiden, eine makroskopische, das Gesamtsystem umfassende, und eine mikroskopische, auf eine Komponente (Modul) und seine Implementierung gerichtete.

- Makroskopische Sicht

  Unser Interesse gilt den *Schnittstellen* von Moduln, speziell Algorithmen und ihrer Parametrisierung. Anzahl, Typen und zulässige Wertebereiche der Parameter sind Prüfungen auf mögliche Sonderfälle. Hinzu kommt das Problem der legalen Benutzungsreihenfolgen. Diese Prüfungen werden zum Teil durch moderne Spezifikationsmethoden (Beispiel: Pfadausdrücke für Reihenfolgen) und Programmiersprachen (Beispiel: Typkonzepte wie in Ada) unterstützt. Diese Definitions- und Wertebereiche für Parameter und Algorithmen müssen jedoch zumeist dynamisch geprüft werden, da sie ja nur Teilmengen der syntaktisch ausdrückbaren Typen der benutzten Sprache sind.

- Mikroskopische Sicht

  Bei der Betrachtung einzelner Komponenten haben wir es mit drei Problembereichen zu tun:

  - Alle unsere Rechner haben nur endliche Betriebsmittel, insbesondere frei verfügbaren Hauptspeicher. Der Gebrauch von Speicher ist immer ein Kompromiß zwischen seinen Kosten und einer genügend groß erscheinenden Kapazität. In jedem Falle müssen sich Entwerfer und Implementierer der Kapazitätsgrenzen jederzeit bewußt sein, angefangen bei der Anzahl der Bits zur Darstellung einer Ganzzahl.

    Betriebsmittelbeschränkungen sind ein inhärentes Problem robuster Software und kein Implementierungsdetail. Dementsprechend müssen wir sie schon im Entwurf berücksichtigen, und auch in Spezifikationen robuster Softwarekomponenten mit aufnehmen. Um anderen Komponenten eine im Sinne der Fehlertoleranz adäquate Reaktion zu ermöglichen, benötigen wir weiterhin Ablaufstrukturen zur Behandlung von Ausnahmesituationen (*exception handling*). Dieser Ansatz wird in den folgenden Kapiteln vertieft.

  - In unseren Programmen modellieren wir komplexe Zusammenhänge, oftmals mit noch komplexeren Datenstrukturen. Dies ist ein Darstellungsproblem, bei dem die Frage der Konsistenz auftritt. Die Fehlermöglichkeiten liegen vor allem in nicht vorhergesehenen Benutzungsreihenfolgen und in der Verletzung von Eingangszusicherungen von Algorithmen. Die Schwierigkeiten liegen dabei darin, daß eine Ausnahmesituation erst durch den Versuch einer andersartigen Operation festgestellt werden kann. Paradebeispiel ist das Erreichen des Dateiendes beim Lesen einer Zahl. In anderen

Worten: Die Wahrheit einer Eingangszusicherung für eine derartige Operation ist vorab nicht algorithmisch testbar. Auch in diesem Fall müssen wir
auf Ausnahmebehandlung zurückgreifen.

- Der letzte Punkt dieser Liste ist der "gewöhnliche" Implementierungsfehler
  (*bug*). Dies reicht vom Tippfehler einer numerischen Konstante im Pro-
  grammtext über *off-by-one* Indexfehler bis hin zur unvollständigen Fallunterscheidung. Rigorose formale Programmentwicklung kann zwar
  Unterstützung bieten, doch letztendlich wird hier unsere Sorgfalt gefordert.
  Zu dieser Fehlerklasse gehören in etwas geringerem Maße ebenfalls
  ungeeignete Algorithmen und Datenstrukturen.

Angesichts obiger Klassifikationen von Ausnahmesituationen und
Fehlermöglichkeiten stellt sich für die Konstruktion robuster Software die Frage,
welche von ihnen möglichst sicher, möglichst billig und möglichst frühzeitig erkannt oder sogar ausgeschaltet werden können. Diese Überlegung führt zu einer
Trennung in statische, während der Konstruktion erkennbare, und dynamische,
erst im Betrieb prüfbare Fehler:

- Statisch prüfbar

  sind gewisse, aber nicht alle Schnittstellenbedingungen. An dieser Stelle sind
  moderne Programmiersprachen zu erwähnen (Typkonzept [Ada83],
  Datenflußanalyse [Feuerhahn78]). Mit der Weiterentwicklung von Spezifikationsmethoden und Sprachen und dem Einsatz von Softwareproduktion-
  sumgebungen ist für die Zukunft auch mit "design rule checkers", wie heute
  schon im CAD-Bereich verfügbar, zu rechnen. Auch der Zeitpunkt der statischen Prüfung hat ein Spektrum: Von Entwurf (Spezifikation), über Kom-
  ponentenrealisierung (Modulkompilation) bis zur Systemintegration.

- Dynamische Prüfung

  auf Ausnahmesituationen bleibt als einziges Mittel, wenn eine statische Prüfung
  nicht möglich ist. Dafür gibt es mehrere Gründe:

  - Der Ausschluß von Ausnahmesituationen ist statisch prinzipiell nicht
    entscheidbar oder nur für allzu eingeschränkte Fälle. Dies gilt für die
    Mehrzahl aller möglichen Ausnahmesituationen.

  - Eine statische Prüfung ist zu teuer, zu restriktiv oder nicht flexibel genug.
    Ein Beispiel hierfür ist die Behandlung von Deadlock in Betriebssystemen:
    Für dedizierte Prozeßrechensysteme (mit fester Prozeßanzahl) kann der
    Systementwurf für Deadlockfreiheit sorgen; für allgemeine Timesharing-
    Betriebssysteme ist dynamische Deadlockfeststellung und Auflösung die
    insgesamt billigere und vor allem flexiblere Lösung.

  - Dynamische Prüfung ist auch dann vonnöten, wenn wir keinen
    (angemessenen) Kalkül für eine statische Prüfung zur Verfügung haben.

Zusammenfassend können wir sagen, daß unser Bestreben darin besteht,
möglichst viel zur Konstruktionszeit eines Softwareprodukts und nicht während des
Betriebs zu prüfen. Dem stehen drei Fakten gegenüber: Beschränkte Resourcen,
Implementierungsfehler und statische Unentscheidbarkeit.

1.3 Software für Systeme hoher Verfügbarkeit

Der aktuelle Boom zum Thema "Fehlertoleranz" entstammt zum Großteil der Suche nach Softwaresystemen für Prozeßdatenverarbeitung in kritischen Systemen, dabei speziell solchen in denen der oder die Rechner Teil eines größeren Systems sind, welches fortwährend die Rechnerleistung benötigt (embedded system), sowie für permanent verfügbare Transaktionssysteme. Beide Bereiche erfordern spezielle Betriebssysteme, welche nach permanentem oder temporärem Geräte- oder Kommunikationsverbindungsausfall in der Lage sind, eine dynamische Rekonfigurierung vorzunehmen, so daß ein weitgehend ungestörter Betrieb aufrecht erhalten bleibt. Diese Rekonfigurierung erfordert Duplizierung von Verarbeitungs-, Transport- und Speichereinheiten. Softwareseitig haben wir es mit Techniken zu tun, welche Hardwareausfälle erkennen, mißlungene Versuche wiederholen und gegebenenfalls eine Rekonfigurierung vornehmen [Bartlett81, Denning76]. Diese Ẽhniken müssen parallel zur Konstruktionsmethodik betrachtet werden. Die in diesem Papier angesprochene durchgängige Behandlung von Ausnahmebedingungen in allen Phasen des Entwurfs- und Betriebszyklus von Software sollte ebenfalls für die Implementierung der Techniken fehlertolerierender Systeme eingesetzt werden.

2. Entwurf und Spezifikation robuster Software

Der Entwurf eines Softwareproduktes basiert auf der Erarbeitung einer funktionellen Spezifikation, d.h. einer anwenderorientierten Beschreibung des intendierten Verhaltens des Systems. Aufgrund dieser Beschreibung wird die Aufgabenstellung in solche Teilprobleme zerlegt, die für sich lösbar sind (oder erscheinen). Jedes solches Teilproblem wird durch sein äußeres Verhalten beschrieben. Wir bezeichnen diese Zerlegung als Modulentwurf, das daraus resultierende Dokument nennen wir die Modulspezifikation. Sie besteht aus der Beschreibung aller Schnittstellen zwischen den Moduln, d.h. der exakten Definition aller wesentlichen Kennzeichen von Objekten, die von einem Modul als Teil einer Aufgabe definiert und von anderen benutzt werden können. Für Prozeduren ist dies die *Signatur* (der Name, Typ und Parametriesierung) und der *Effekt* eines Aufrufs. Ansatzpunkte für eine Zerlegung bieten

- Teilfunktionen, die aus der Aufgabenstellung heraus isoliert werden können

- Datenstrukturen, die aus der Problemstellung isoliert werden und die durch lediglich operationale Zugriffe auch von mehreren Moduln sicher benutzt werden können.

Durch die Isolierung von Datenstrukturen erhalten wir darüberhinaus die Freiheit, deren Implementierung unabhängig von ihrer Verwendung zu wählen und auch evtl. aus Effizienzüberlegungen zu ändern, ohne in den benutzenden Moduln

Veränderungen vornehmen zu müssen (Austauschbarkeit von Moduln).

Der Entwurf eines Softwareproduktes nach dem Gesichtspunkt der Datenabstraktion (wir sprechen auch von abstrakten Datentypen) führt bereits zu einer deutlichen Qualitätssteigerung der Endprodukte bezüglich einer logisch falschen Programmierung. Die präzise Beschreibung aller in den Schnittstellen enthaltenen Objekte und ihre korrekte Benutzung ist dabei Voraussetzung. Eine automatische Prüfung der Korrektheit der Modulimplementierung gegenüber dieser Spezifikation wird in naher Zukunft eine weitere qualitative Verbesserung bringen. Als Beschreibungsmittel des Verhaltens abstrakter Datentypen bieten sich algebraische Spezifikationen an. Sie beschreiben die durch einen Datentyp definierte Wertemenge in Form von Gleichungen, die festlegen, welche Werte zulässig sind. Als Beispiel für eine solche Spezifikation betrachten wir einen Puffer. Die Spezifikation beschreibt als erstes die Signatur der Operationen, die auf Objekte dieses Typs anwendbar sind (**ops**) und gibt dann Gleichungen an, die festlegen, welche Funktionskombinationen zulässig sind und damit, welche Wertemenge durch diese Funktionen generiert werden kann (**eqn**). Dabei werden versteckte Operationen (**hidden**) verwendet, welche dem Benutzer nicht zugänglich sind.

```
adt    queue (sort elem)   is

    op  empty () queue;
    op  append (queue, elem) queue;
    op  head (queue) elem;
    op  tail (queue) queue;
    hidden op  enq (elem, queue) queue;
    eqn append (empty, e)  =  enq (e, empty);
    eqn append (enq (e1, q), e2)  =  enq (e1, append (q, e2));
    eqn head (enq (e, q))  =  e
    eqn tail (enq (e, q))  =  q;
```

Diese Spezifikation berücksichtigt nicht den Fehlerfall der Anwendung der Operationen ' head ' und ' tail ' auf einen leeren Puffer. Außerdem wird nicht berücksichtigt, daß ein Puffer in der Implementierung nur eine begrenzte Kapazität hat. Die weiterreichenden Fragen

- was passiert beim Anwenden von Operationen auf nicht spezifizierte Fälle?

- welche Auswirkungen haben Begrenzungen von Betriebsmitteln?

bleiben unbeantwortet. Für die Umsetzung einer solchen Spezifikation in ein ablauffähiges Programm sind ad-hoc Entscheidungen des Programmierers nötig, oder er übersieht (einen Teil der möglichen) Randfälle.

Diese beiden Fragen nach der Art der Reaktion und den inhärenten Implementierungsbegrenzungen scheinen der Kernpunkt beim Entwurf robuster Software zu sein. Es ist offensichtlich, daß neben rein logischen Fehlern, die einem falschen Verständnis der Aufgabenstellung entsprechen, das Überschreiten zulässiger Wertebereiche die häufigste Ursache für den "Absturz" von Programmen ist. Und es ist weiterhin einsichtig, daß die Spezifikation einer sinnvollen Reaktion Bestandteil der

Spezifikation sein muß.

Wird die Reaktion auf einen solchen Fehler dem benutzenden Modul überlassen, so muß mindestens dieser Kontrolltransfer dargelegt werden. Die Spezifikation einer Reaktion an der Applikationsstelle einer Operation ist allerdings schwerer zu behandeln, da diese Applikation im Implementierungszusammenhang, also in einer späteren Phase, erfolgt. Für die Konstruktion robuster Software müssen wir in der Entwurfsphase *abgeschlossene Moduln* einführen, in deren Spezifikation auch alle Fehlermöglichkeiten enthalten sind. Erst hierdurch wird es möglich, für jedes Auftreten eines Fehlers eine Reaktion zu beschreiben.

Für die Aufnahme von Fehlerfällen in die Spezifikation sehen wir grundsätzlich drei Möglichkeiten:

1. der Fehlerfall wird als solcher gekennzeichnet (undefined, error); eine Kennung oder gar Reaktion ist nicht Bestandteil der Spezifikation.

2. für das Auftreten von Fehlern werden spezielle Fehlerwerte definiert; mit diesen kann weitergerechnet werden.

3. die Spezifikation enthält ein Error-Recovery, in dem Signale angegeben und als Ergebnis einer Reaktion Standardwerte definiert werden.

Die erste Methode ist im Zusammenhang mit robuster Software unbrauchbar, die zweite Methode führt dazu, daß Spezifikationen durch die Fehlerbehandlung sich stark aufblähen und die eigentlichen Aussagen nicht mehr erkennbar sind. Daher entscheiden wir uns für die dritte Methode.

Die Spezifikation wird um Operationen für den Fehlerfall erweitert (**exc**). Diese Operationen werden in den Gleichungen benutzt, falls eine Fehlersituation vorliegt. Als Resultat bekommen die Operationen den Wert, der zur Fehlerbehebung als geeignet erscheint. Dies verdeutlichen wir an unserem vorherigen Beispiel durch Einführen einer Obergrenze von Elementen in des Puffers.

```
adt queue (sort elem, op maxq () integer, exc underflow () elem) is

        op empty () queue;
        op append (queue, elem) queue;
        op head (queue) elem;
        op tail (queue) queue;

        hidden op enq (elem, integer, queue) queue;

        exc overflowq (queue) queue;
        exc underflowq () queue;
```

```
eqn append (empty, e) = enq (e,1, empty);
eqn append (enq (e1,i,q), e2) =
         If i≤maxq
              then enq (e1, i+1, append (q,e2))
              else overflowq (enq (e1,i,q));
eqn head (empty) = underflow;
eqn head (enq (e,i,q)) = e;
eqn tail (empty) = underflowq;
eqn tail (enq(e,i,q)) = q;
eqn overflowq (q)= q;
eqn underflowq = empty;
```

Im Gegensatz zum ersten Beispiel beschreibt diese Spezifikation ebenfalls die
gewünschten Eigenschaften im Fehlerfall und gibt an, wann genau diese Fehler auftreten. Gelingt es uns, entweder aus einer solchen Spezifikation automatisch eine
Implementierung abzuleiten oder zumindest die Korrektheit einer Implementierung
gegenüber dieser Spezifikation nachzuweisen, so ist das Problem auf der definierenden Seite einer Operation gelöst.

3. Implementierung fehlertoleranter Software

In der Implementierungsphase wird die in der Entwurfsphase erarbeitete Spezifikation in ein ausführbares Programm transformiert. Eine Programmiersprache
sollte diese Umsetzung unterstützen, indem sie Konstrukte anbietet, die der im
Entwurf verwendeten Methodik angenähert sind. Beispiele für solche Konzepte
sind:

- ein Modulkonzept, das die im Entwurf gefundene Zerlegung auch im Programm
  sichtbar läßt,

- ein Typkonzept, das es erlaubt, problemspezifische Datenobjekte durch
  entsprechende Typbezeichner zu klassifizieren, und

- ein Mechanismus zur Ausnahmebehandlung, der die Behandlung der spezifizierten Ausnahmesituationen erzwingt.

Alle diese Konstruktionen enthalten im wesentlichen redundante Informationen,
die für die Ausführung eines Programms von keiner Bedeutung sind. Sinn solcher
Konzepte ist ein möglichst hoher Grad an Konsistenzprüfung nicht nur im
Endpunkt des Programms, sondern auch gegenüber den Dokumenten früherer
Phasen. Sind solche Prüfungen aufgrund fehlender Konstruktionsmechanismen in
der Sprache nicht möglich, verbleibt als einzige Alternative die Einführung von
Programmierkonventionen, die allerdings nur mit großen Schwierigkeiten prüfbar
und überwachbar sind. Als Beispiel betrachten wir die Konvention des 'defensiven
Programmierens': Alle Operationen gehen prinzipiell davon aus, daß sie auch inkorrekt benutzt werden und prüfen alle Eingabeparameter und globalen Größen
auf die Einhaltung von Bedingungen. Darüberhinaus wird auch bei der Anwendung

von Operationen prinzipiell davon ausgegangen, daß die Einhaltung der spezifizierten Wertebereiche innerhalb der eigentlichen Operation nicht geprüft wird. Bei jedem Aufruf einer Prozedur muß also darin ein Prolog von zusätzlichen Prüfungen durchlaufen und festgestellte Verletzungen der Eingangszusicherungen als Fehler bemängelt werden. Für den Test eines Produktes hat diese Vorgehensweise große Vorteile, da sie die Lokalisierung von Fehlern vereinfacht. Allein diese Vereinfachung rechtfertigt den hohen zusätzlichen Aufwand; realisiert man diesen zusätzlichen Code über bedingte Compilation, kann ein so erstelltes Produkt auch nach der Installation recht einfach durch 'Ausschalten' effizienter gemacht werden.

Programmiersprachliche Unterstützung bei der Konstruktion robuster Software wird durch explizite Konstrukte zur Behandlung von Ausnahmesituationen geleistet. Solche Konstrukte ermöglichen die Einbeziehung eines nicht intendierten Verhaltens in den normalen Kontrollfluß und die Prüfung dieser Einbeziehung [Goodenough75, Levin77, Jähnichen79]. Wir unterscheiden drei Konstruktionsmittel für die Behandlung von Ausnahmen:

1. Mit der *Definition* wird eine Ausnahmesituation benannt und erhält aufgrund von Sichtbarkeitsregeln einen Gültigkeitsbereich.

2. Innerhalb dieses Gültigkeitsbereiches kann die entsprechende Ausnahme *signalisiert* werden (raising). Das Signalisieren einer Ausnahme bewirkt einen Abbruch im normalen Kontrollfluß und die Ausführung von Operationen zur Behebung des Fehlerzustandes.

3. Die *Reaktion* auf das Auftreten eines Fehlers besteht aus der Ausführung der (dynamisch) zugeordneten Ausnahmebehandlung (handler).

Die Auswahl der zu einer Ausnahme gehörigen Reaktion wird durch Identifizierungsregeln gesteuert. Diese Regeln differieren stark zwischen einzelnen Sprachen. Wir wollen an dieser Stelle für einen solchen Mechanismus lediglich fordern, daß bereits bei der Übersetzung eines Programms sichergestellt sein muß, daß von der Definitionsstelle einer Ausnahme mindestens eine Reaktion identifiziert werden kann. Der Einsatz eines solchen Mechanismus bei der Programmkonstruktion erhöht die Robustheit von Programmen, da die Behandlung von Fehlersituationen erzwungen wird. Eine weitere Verbesserung kann erreicht werden, wenn der den Fehler behandelnde Kontext die Möglichkeit hat, nach der Reparatur des Fehlers die Weiterführung der Operation zu veranlassen, in der der Fehler auftrat.

Zur Demonstration geben wir eine Implementierung in Ada [Ada83] des im vorigen Kapitel spezifizierten Puffers:

```ada
generic
  type elem is private;
  maxq : integer;
package queue_manager is
  type queue is private;
  function empty return queue;
  function append (q:queue; e:elem) return queue;
  function head (q:queue) return elem;
  function tail (q:queue) return queue;
  function is_empty (q:queue) return boolean;
  underflow, underflowq, overflowq : exception;
end queue_manager;

package body queue_manager is
  function head (q:queue) return elem is
  begin
    if is_empty (q) then
      raise underflow;
    else
        ...
    end if;
  end head;
end queue_manager;
```

Eine Benutzung dieses Puffers könnte nun so aussehen:

```ada
declare
  q: queue;
begin
  produce (q); consume (q);
    ...
exception
when underflow | underflowq =>
  display ("Error, empty queue may not be processed");
when overflowq =>
  -- can only happen in produce, in case of
  -- productionrate > consumptionrate
  display ("Queue overflow, some elements may be lost");
  consume (q)
end
```

4. Fehlertoleranz-Aspekte beim Einsatz von Software

In der Betriebs- und Wartungsphase fehlertoleranter Sofware fallen zwei Problemstellungen an: das Lokalisieren von Fehlern und das Beheben von Fehlern, was beides evtl. im laufenden Betrieb stattfinden muß.

Durch den Einsatz von Fehlerbehandlung wie im vorigen Kapitel geschildert, wird ein Software-System in sich geschlossen. Dies bedeutet insbesondere, daß Fehlerfälle nicht zum Abbruch des Programmes führen, sondern das Programm versucht, seiner Aufgabe weiterhin gerecht zu werden. Dadurch fehlt der offensichtliche Fehlerhinweis und es wird erforderlich, daß die Software Fehler selbst diagnostiziert. Dies wird durch die Modularisierung und die freiwählbaren Ausnahmenbezeichner erleichtert.

Ist der Fehler in einem Modul lokalisiert, so muß es ein Ziel der Modularisierungsstrategie sein, Information im Modul derart eingekapselt zu haben, daß nur der Modul betroffen ist. Erfahrungen [Persch83] zeigen, daß dies nach der ersten großen Testphase auch der Fall ist. Nach der Fehlerbehebung kann mit Hilfe von getrennter Übersetzbarkeit der Modul im Softaresystem ausgetauscht werden. Eine besondere Variante des Modulaustauschs ist die dynamische Rekonfiguration. Dabei wird im laufenden Softwaresystem ein Modul ausgetauscht. Dazu muß die Laufzeitorganisation des Grundsystems (z.B. Betriebssystem und Laufzeitsystem der Programmiersprache) es erlauben, dynamisch den Code auszutauschen und die modulinternen Zustände zu übertragen [Boute82].

5. Zusammenfassung

Wir haben in diesem Papier versucht, Methoden und Werkzeuge für die praktikable Entwicklung robuster Software aufzuzeigen. Der methodische Aspekt erfordert die Beachtung von Fehlertoleranz in allen Phasen des Software-life-cycle. In der Anforderungsdefinition muß der Grad der Fehlertoleranz und die Art der Fehler (Grundsystem-, Konstruktions-, Benutzerfehler), auf die reagiert werden soll, festgelegt werden. in der Entwurfs- und Spezifikationsphase muß angegeben werden, wie auf die Fehler reagiert wird und welche Wiederaufsetzstrategie angewandt wird. In der Implementierungsphase dient die modulare Struktur und Ausnahmebehandlung, wie sie moderne Programmiersprachen anbieten (wie z.B. Ada, Mesa) als Hilfsmittel. Beim Einsatz schließlich verlangt man passive Debugger zur Fehlerlokalisierung, getrennte Übersetzbarkeit und dynamische Rekonfigurierung zum Austausch fehlerhafter Moduln.

Die vorgeschlagenen Methoden wurden mehr oder weniger bereits implizit benutzt, jedoch bieten moderne Designmethoden, insbesondere die Abstützung auf abstrakte Datentypen, sowie moderne höhere Programmiersprachen Möglichkeiten, die Methoden direkt einzubringen.

Literatur

[Ada83]

The Programming Language Ada Reference Manual, ANSI/ MIL-STD-1815A-1983 , *also published as Lecture Notes in Computer Science vol. 155*

[Archer84]

J. E. Archer *et al*, User Recovery and Reversal in Interactive Systems, *TOPLAS, vol. 6#1 (January 1984)*

[Bartlett81]

J. F. Bartlettt, A NonStop Kernel, proceedings 8th Symposium on Operating Systems Principles, *SIGOPS vol. 15#5 (December 1981)*

[Boute82]

R. T. Boute, On the Requirements for Dynamic Software Modification, *in* MICROSYSTEMS: Architecture, Integration and Use, EUROMICRO 1982, North-Holland Publ.

[Feuerhahn78]

H. Feuerhahn, C. H. A. Koster, Static Semantic Checks in an Open-ended Language, *in* Constructing Quality Software, proceedings of an IFIP TC2 Working Conference, Novosibirsk, North-Holland Publ. 1978

[Goodenough75]

J. B. Goodenough, Structured Exception Handling, *Communications of the ACM, vol. 18#12, (December 1975)*

[Jähnichen79]

S. Jähnichen, Exception Handling in sequentiellen Programmen, Dissertation, Technische Universität Berlin, 1979

[Denning76]

P. Denning, Fault-Tolerant Operating Systems, *Computing Surveys, vol. 8#4 (December 1976)*

[Levin77]

R. Levin, Program Structures for Exceptional Condition Handling, Dissertation, Carnegie-Mellon University, Pittsburgh 1977

[Persch83]

G. Persch, M. Dausmann, G. Goos, Early Experience with the Progamming Language Ada, *in* Programming Languages and System Design, proceedings of an IFIP TC2 Working Conference, Dresden, North-Holland 1983

[Teitelman84]

W. Teitelman, INTERLISP Reference Manual, XEROX PARC, Palo Alto, 1975

Ein effizientes Verfahren zur Fehlererkennung in sortierten Feldern und Listen

Klaus Küspert
Universität Kaiserslautern, Fachbereich Informatik
Erwin-Schrödinger-Straße
D-6750 Kaiserslautern

Zusammenfassung

Speziell bei großen, von Rechnern verwalteten Datenbeständen wird die Information oftmals in sortierter Form gespeichert, um damit die Ausführungszeit von Suchoperationen zu minimieren. Aufgrund verschiedener Arten des Fehlverhaltens, so vor allem im Datenverwaltungssystem selbst, kann es zu Verstößen gegen die Sortierordnung in den gespeicherten Daten kommen. Falls die Suchalgorithmen keine geeigneten (redundanten) Maßnahmen zur Fehlererkennung enthalten, führt dies beispielsweise dazu, daß zahlreiche Datensätze infolge einer Inkonsistenz nicht mehr auffindbar sind, obwohl nur ein einziger inkorrekter Schlüsselwert vorliegt.
In diesem Aufsatz wird ein zeiteffizientes Verfahren zur Erkennung von Verstößen gegen die Sortierordnung vorgestellt, das sowohl bei der sequentiellen als auch bei der binären Suche einsetzbar ist. Zunächst wird ein Fehlermodell eingeführt, das sich auf die Verfälschung genau eines Schlüsselwerts in dem ansonsten sortierten Datenbestand bezieht, und es wird erläutert, welche Auswirkungen die verschiedenen, möglichen Inkonsistenzen jeweils besitzen. Anschließend wird auf den vorgeschlagenen Fehlererkennungsalgorithmus und auf dessen Zeitbedarf eingegangen. Schließlich wird noch gezeigt, daß auch bei mehreren verfälschten Schlüsselwerten die Fehlererkennung über den präsentierten Algorithmus erfolgen kann.

Abstract

Large data volumes are often kept in sorted order to permit fast retrieval operations. Because of various types of faults, especially in the data management system, the sorting sequence of stored data records may be violated. Without checking the key order while a search is performed, several data records may not be found any longer due to a single undetected inconsistency.
This paper presents an efficient consistency checking technique which guarantees error detection for all prospective violations of sorting sequences in arrays and lists. It may be applied as part of sequential and binary search algorithms as well. We start with a model of errors dedicated to a single incorrect key in a sorted key sequence. The effects of such an error on retrieval operations are explained in some detail. Subsequently, an error detection algorithm is introduced and its performance characteristics are briefly described. Finally, the applicability of this algorithm is discussed for the case where multiple incorrect keys occur in a sorted data sequence.

1. Einleitung

Die Verwaltung von Datenbeständen ist eine wesentliche Funktion in Softwaresystemen, sei es, daß die Daten primär im Hauptspeicher gehalten werden, sei es, daß zusätzlich Externspeicher Verwendung finden. So wird etwa die Symboltabelle eines Compilers im allg. hauptspeicher-intern geführt, wohingegen sich die Blöcke einer Datenbank auf Platte befinden und nur bei Bedarf in den internen Speicher übertragen werden. Insbesondere bei komplexeren Beziehungen innerhalb eines Datenbestands, z.B. bei Bäumen und verkettet gespeicherten Listen, können leicht Inkonsistenzen entstehen, wenn ein Fehlverhalten in dem die Daten verwaltenden Programmsystem auftritt und dadurch inkorrekte Modifikationen durchgeführt werden. Dies ist jedoch bei weitem nicht die einzig mögliche Ursache von Inkonsistenzen in den gespeicherten Daten. Wenn etwa der von einem Datenbanksystem (DBS) verwaltete Datenbestand betrachtet wird, so sind zumindest noch die folgenden, weiteren Fehlerursachen zu nennen (/Re81/, /Kü83/):

- Fehler bei der Datenübertragung: Der Inhalt eines Blocks der Datenbank (DB) kann während der Übertragung vom bzw. zum Externspeicher (Platte) verfälscht werden. Ebenso ist es möglich, daß ein Block an die falsche Plattenadresse geschrieben wird oder ein unvollständiges Schreiben stattfindet. Schließlich können beim Schreiben auf einer Spur Bits auf den benachbarten Spuren unbemerkt "umkippen".

- Fehler im Betriebssystem (BS): Diese können einerseits in Zusammenhang mit der Adressierung bei E/A-Operationen auftreten, d.h., der falsche Block wird gelesen bzw. es wird an die falsche Plattenadresse geschrieben. Andererseits können aber auch Seiteninhalte im hauptspeicher-internen Systempuffer des Datenbanksystems in beliebiger Weise verfälscht werden, so etwa durch "wild stores" fehlerhafter Betriebssystemkomponenten. (Wir unterscheiden zwischen Blöcken, die Strukturelemente einer Datei und die Einheit der Datenübertragung darstellen, und Seiten im internen Systempuffer des Datenbanksystems.)

- Fehler infolge manueller Manipulation in den DB-Dateien: Die Datenbank ist normalerweise unter exklusiver Kontrolle des Datenbanksystems. In manchen Fällen, so etwa zur Durchführung von Reparaturen im DB-Inhalt, kann es erforderlich werden, direkt - also unter Umgehung des Datenbanksystems - auf die gespeicherten Daten zuzugreifen. Dies hat meist über ein BS-Dienstprogramm ("page editor") zu geschehen, und ein DB-Block wird dann rein als unstrukturierter "byte string" verarbeitet. Hierbei kann es leicht zu (neuen) Fehlern in den DB-Blöcken kommen, die sich erst im anschließenden DB-Betrieb bemerkbar machen.

Zur Suche nach eventuell vorhandenen Inkonsistenzen sind redundante Fehlererkennungsmaßnahmen durch das Datenbanksystem selbst /Kü84/ oder durch geeignete DB-Dienstprogramme /Web81/ durchzuführen.

Der Einsatz von Dienstprogrammen ("offline"-Fehlererkennung) kann nur zu Zeiten erfolgen, wenn die sonstige DB-Verarbeitung ruht. Alternativ hierzu ist es möglich, für die "offline"-Fehlererkennung eine Kopie der Datenbank zu verwenden. Die Prüfungen sind bei großen Datenbanken sehr zeitaufwendig und können deshalb nur in größeren Zeitabständen - z.B. einmal pro Woche - durchgeführt werden. Wenn hierbei eine Inkonsistenz entdeckt wird, dann hat sie oftmals schon zuvor (unbemerkt!) zur Übergabe falscher Informationen an den Benutzer geführt bzw. hat inkorrekte Folgeänderungen in der DB ausgelöst, so daß bereits ein größerer - und oftmals nur schwer einzugrenzender - Bereich der Datenbank von der Inkonsistenz "verseucht" wurde.

"Online"-Fehlererkennungsmaßnahmen werden hingegen durch das Datenbanksystem während der normalen DB-Verarbeitung vorgenommen und können sich sowohl auf einzelne Seiteninhalte (lokale Adreßtabellen, lokale Freiplatzverwaltung etc.) als auch auf

seiten-übergreifende Strukturen (B- und B*-Bäume, Hashtabellen ...) beziehen. Die folgenden Forderungen sollten bei der Integration von solchen Prüfroutinen in das Datenbanksystem stets beachtet werden:
- Für die meist zusätzlich benötigte redundante Information sollte nur wenig Speicherplatz erforderlich sein.
- Die Wartung der Redundanzen und ihre Nutzung zu Prüfzwecken sollte ohne zusätzliche E/A-Operationen vonstatten gehen.
- Der (unvermeidbare) CPU-Mehraufwand für die Konsistenzprüfungen sollte in engen Grenzen gehalten werden.

Dieser Aufsatz beschäftigt sich mit der "online"-Fehlererkennung für sortierte Listen und Felder. Die Fehlererkennungsmaßnahmen sollen also während der normalen Verarbeitung des Listen- bzw. Feldinhalts erfolgen. Ein Durchsuchen der gesamten Schlüsselmenge einer Liste bzw. eines Felds nur zum Zweck der Konsistenzprüfung kommt somit nicht in Frage. Die Prüfungen sollen darauf abzielen, Verstöße gegen die Sortierordnung in den gespeicherten Daten zu erkennen, sofern diese das Ergebnis der gerade ablaufenden Verarbeitung beeinflussen können (rechtzeitige Fehlererkennung).

In Kap. 2 werden jene Implementierungen der Suchoperationen vorgestellt, für die im folgenden eine Möglichkeit zur Fehlererkennung gefunden werden soll. Anschließend wird in Kap. 3 ein Fehlermodell für Inkonsistenzen in sortierten Schlüsselmengen vorgestellt, wobei zunächst von genau einem inkorrekten Schlüsselwert in der Menge ausgegangen wird, der zudem einen Verstoß gegen die Sortierordnung verursacht. In Kap. 4 wird gezeigt, wie eine solche Konsistenzverletzung mit nur geringfügigen Zusatzkosten (im Vergleich zur normalen Verarbeitung) rechtzeitig gefunden werden kann. Schließlich wird in Kap. 5 noch untersucht, inwieweit die Fehlererkennung mit dem zuvor präsentierten Verfahren auch bei gleichzeitigem Auftreten mehrerer inkorrekter Schlüsselwerte erfolgen kann.

2. Implementierung der Suchoperationen

Sortiert gespeicherte Schlüsselwerte können in unterschiedlichen Formen auftreten, so etwa
- mit fester oder variabler Schlüssellänge,
- in fortlaufender und lückenloser oder in geketteter Speicherung.
Die Suche nach einem bestimmten, vorgegebenen Schlüsselwert läßt sich stets sequentiell organisieren. Nur bei fester Schlüssellänge und fortlaufender, lückenloser Speicherung bieten sich effizientere Suchverfahren an, so z.B. die binäre Suche.

Wir nehmen an, daß insgesamt b Schlüsselwerte sortiert gespeichert sind ($b>1$), die mit $K1$ bis Kb bezeichnet werden. Man kann zwischen der aufsteigenden und der absteigenden Sortierordnung sowie zwischen der Zulässigkeit und der Unzulässigkeit von Duplikaten unterscheiden und kommt zu den folgenden, möglichen Konsistenzbedingungen:
- $Ki<Ki+1$: aufst. sortiert, Duplikate unzulässig,
- $Ki\leq Ki+1$: aufst. sortiert, Duplikate erlaubt,
- $Ki\geq Ki+1$: abst. sortiert, Duplikate erlaubt,
- $Ki>Ki+1$: abst. sortiert, Duplikate unzulässig.

Bei der Suche wird stets ein vorgegebener Schlüsselwert K benutzt. Es können hierbei durchaus unterschiedliche Zielsetzungen vorliegen, so u.a.:
- Finde den Indexwert i, so daß K=Ki gilt.
- Finde den kleinsten Indexwert i, so daß K=Ki gilt (bei Existenz von Duplikaten).
- Finde den kleinsten Indexwert i, so daß K<Ki gilt.

Schließlich ist noch dahin gehend zu unterscheiden, welches Ergebnis die Suche im Fall der erfolglosen Durchführung liefern soll. Hier gibt es z.B. die folgenden Varianten:
- Es wird der Indexwert 0 übergeben.
- Es wird der Indexwert b+1 übergeben.
- Der Indexwert ist undefiniert; das negative Ergebnis der Suche wird über einen "return code" mitgeteilt.

Durch Kombination all dieser Unterscheidungsmerkmale ergäben sich zahlreiche, verschiedene Algorithmen, auf die hier unmöglich einzeln eingegangen werden kann. Die Fehlerfälle und die Verfahren zur Fehlererkennung sollen deshalb nur anhand des folgenden Szenariums erörtert werden:
- Die Schlüsselwerte Ki sind aufsteigend sortiert, Duplikate sind zulässig. Die Konsistenzbedingung lautet somit Ki<Ki+1.
- Es soll der kleinste Indexwert i gesucht werden, der die Bedingung K<Ki erfüllt. Formal bedeutet dies:
    Suche min {1<i<b | K<Ki}.
  Wir bezeichnen diese Suche auch als FIND-LE (LE steht für "less or equal").
- Falls kein Indexwert i existiert, so daß K<Ki gilt, soll die Suche das Ergebnis b+1 liefern.

Das in Kap. 4 präsentierte Verfahren zur Fehlererkennung läßt sich jedoch sehr einfach auch auf andere Sortierordnungen und Suchmodi übertragen. Auf die erforderlichen Anpassungen (z.B. zur Erkennung unzulässiger Duplikate) wird z.T. in Kap. 4 kurz eingegangen. Wir haben im wesentlichen aus zwei Gründen eine Diskussion der Fehlererkennungsthematik anhand des FIND-LE gewählt:
- Die Suchalgorithmen lassen sich für das FIND-LE recht kompakt darstellen. Dies gilt insbesondere für die binäre Suche (s.u.).
- Das FIND-LE besitzt besondere Bedeutung für Datenbanksysteme, nämlich bei der lokalen Suche in den Knoten einer Baumstruktur. Bild 1 zeigt einen inneren Knoten (d.h. oberhalb der Blattebene) eines B*-Baums /Wed74/. Er enthält b=3 Schlüsselwerte Ki und b+1 Verweise Pi zu den Söhnen. Bei "realen" B*-Bäumen in

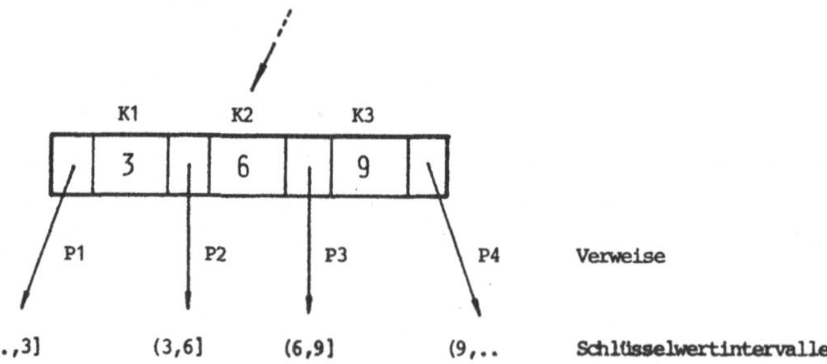

Bild 1: Beispiel für sortierte Schlüsselwerte im Knoten eines B*-Baums

Datenbanken sind die Knoten jeweils Seiten der Länge 2 oder 4 Kilobyte zugeordnet. Eine Seite enthält dann u.U. bis zu 500 Schlüsselwerte und Verweise. b=3 wurde hier nur der einfacheren Darstellung wegen gewählt.

Jedem Verweis ist ein Schlüsselwertintervall zugeordnet. Im Beispiel aus Bild 1 bedeutet dies etwa, daß in dem über P3 erreichbaren Unterbaum nur Schlüsselwerte aus dem Intervall (6,9] vorkommen. (Runde Klammern kennzeichnen offene Intervallgrenzen, eckige Klammern symbolisieren geschlossene Intervallgrenzen.) Die linke Intervallgrenze zu P1 und die rechte Intervallgrenze zu Pb+1 hängen von der Position des Knotens im Baum ab (Wurzel etc.). Da dies für die Suche im Knoten bedeutungslos ist, sind die entsprechenden Werte in Bild 1 nicht dargestellt.

Die Suche nach den Schlüsselwerten 7, 8 oder 9 führt beispielsweise über den Verweis P3 zur nächsttieferen Baumebene. Zur Suche nach Schlüsselwerten, die größer als 9 sind, wird der letzte Verweis des Knotens (P4=Pb+1) benutzt. Dieses Vorgehen entspricht exakt der o.g. Spezifikation des FIND-LE, so auch für den Fall, daß der vorgegebene Schlüsselwert K größer als alle Werte Ki ist.

Wir betrachten die sequentielle und die binäre Suche, da dies die wohl gebräuchlichsten Implementierungen der Suchoperationen bei Vorliegen einer Sortierordnung sind. Die Algorithmen werden jeweils in einer pascal-ähnlichen Notation angegeben. Bei der sequentiellen Suche besitzt das FIND-LE mit dem Suchargument K folgendes Aussehen:

```
i := 1;
while (K>Ki) and (i<b) do i := i+1;
if K>Kb then i := b+1;
```

Die Abfrage K>Kb behandelt den Fall explizit, daß K größer als alle vorhandenen Werte Ki ist. Man könnte jene Sonderbehandlung auch durch eine andere Gestaltung der Programmschleife vermeiden, jedoch ist dies für unsere Erörterungen nicht weiter von Belang.

Der Algorithmus für das FIND-LE sieht bei binärer Suche folgendermaßen aus:

```
UG := 1;   (* Untergrenze *)      OG := b+1;   (* Obergrenze *)
repeat
   i := (UG+OG) div 2;
  if K>Ki then UG := i+1
          else OG := i
until (UG=OG);
```

Eine Sonderbehandlung für K>Kb ist hier nicht erforderlich, da dieser Fall durch die Festlegung der Obergrenze vor Beginn der Suche implizit berücksichtigt wird.

3. Ein Fehlermodell für einen einzelnen verfälschten Schlüsselwert

Wie schon in der Einleitung erwähnt, gehen wir zunächst von genau einem inkorrekten Wert in der Schlüsselmenge aus, wodurch zudem gleichzeitig ein Verstoß gegen die Sortierordnung verursacht werde. Dies bedeutet zweifelsohne eine deutliche Einschränkung im Vergleich zu den insgesamt möglichen Fehlern. Wir werden jedoch in

Kap. 5 noch auf das Vorhandensein mehrerer fehlerhafter Schlüsselwerte eingehen. Falls aber ein inkorrekter Schlüsselwert vorliegt, der keinen Verstoß gegen die Sortierordnung auslöst (z.B.: K2 in Bild 1 wird versehentlich durch den Wert 5 überschrieben), dann bietet sich ohnehin keine unmittelbare Möglichkeit zur Fehlererkennung, sofern nicht zusätzliche Redundanzen im Feld bzw. in der Liste mitgeführt werden.

Der "Robust Contiguous List Storage" (RCLS) von J.P. Black, D.E. Morgan und D.J. Taylor /BMT81/ stellt eine Speicherungsstruktur dar, welche die Erkennung von bis zu 2 beliebigen Fehlern in den Schlüsselwerten einer Liste gestattet, also nicht nur auf Verstöße gegen die Sortierordnung abzielt. Dies wird im wesentlichen dadurch erreicht, daß für jeden Schlüsselwert K_i zusätzlich die wertmäßige Distanz D_i zum nächstfolgenden Schlüsselwert K_{i+1} in der Liste gespeichert wird. Der Speicherplatzmehraufwand für die redundante Information ist dabei beträchtlich, da sich für die Distanzen derselbe Platzaufwand ergibt, wie für die Schlüssel. Wir wollen hingegen ohne zusätzliche Redundanzen auskommen und können deshalb allenfalls Verstöße gegen die Sortierordnung erkennen, nicht aber beliebig inkorrekte Schlüsselwerte.

Für unser Fehlermodell ist es gleichgültig, wie ein Fehler entstanden ist, sei es, daß der ursprüngliche, korrekte Schlüsselwert K_k ($1<k<b$) durch den inkorrekten Wert K_k^* überschrieben wurde, sei es, daß die Einfügung eines neuen Schlüsselwerts an der falschen Position erfolgte und die Sortierordnung dadurch verletzt wurde. Wir werden jedoch die nachstehenden Erörterungen der Einfachheit halber am ersten Fall, also an der Verfälschung eines vorhandenen Schlüsselwerts, ausrichten. Es kann zwischen den folgenden Fällen unterschieden werden:
- positive Verfälschung, d.h. $K_k^* > K_{k+1}$,
- negative Verfälschung, d.h. $K_k^* < K_{k-1}$.
Da wir nur Verstöße gegen die Sortierordnung erkennen wollen (und können), nicht aber sonstige Fehler der Form $K_k^* \neq K_k$ und $K_{k-1} < K_k^* < K_{k+1}$, deckt diese Fallunterscheidung die zu berücksichtigenden Inkonsistenzen vollständig ab. Eine positive Verfälschung bedeutet also, daß der fehlerhafte Schlüsselwert größer als sein rechter Nachbar (Nachfolger) ist, und eine negative Verfälschung heißt, daß er kleiner als der linke Nachbar (Vorgänger) ist. Somit kann eine positive Verfälschung des k-ten Schlüsselwerts nur für $k<b$ vorkommen und eine negative Verfälschung nur für $k>1$.

Bild 2 zeigt einige Beispiele für positive und negative Verfälschungen. Dabei wird von dem in Bild 1 abgebildeten, konsistenten B*-Baum-Knoten ausgegangen.

Mit Hilfe der Darstellung in Bild 2 kann man sich auch unschwer die Auswirkungen der Inkonsistenzen auf das Ergebnis eines FIND-LE verdeutlichen. Wir betrachten hierfür zunächst die sequentielle Suche in der in Kap. 2 skizzierten Implementierung. Die gezeigte positive Verfälschung des ersten Schlüsselwerts (Bsp. 1) führt etwa dazu, daß die Suche nach Werten K aus dem Intervall (3,10] bereits beim Indexwert i=1 endet, obwohl für K aus (3,6] der Wert i=2, für K aus (6,9] der Wert i=3 und für K>9 der Wert i=4 als korrektes Ergebnis geliefert werden müßte. In einem B*-Baum hat dies zur Folge, daß die Suche versehentlich im falschen Unterbaum fortgesetzt wird, in dem sich der gesuchte Schlüsselwert K (auf der Blattebene) natürlich nicht befindet. Die Suche nach bestimmten Schlüsselwerten endet also fälschlicherweise erfolglos. In Bild 2 sind die sich aufgrund der Konsistenzverletzungen ergebenden, inkorrekten

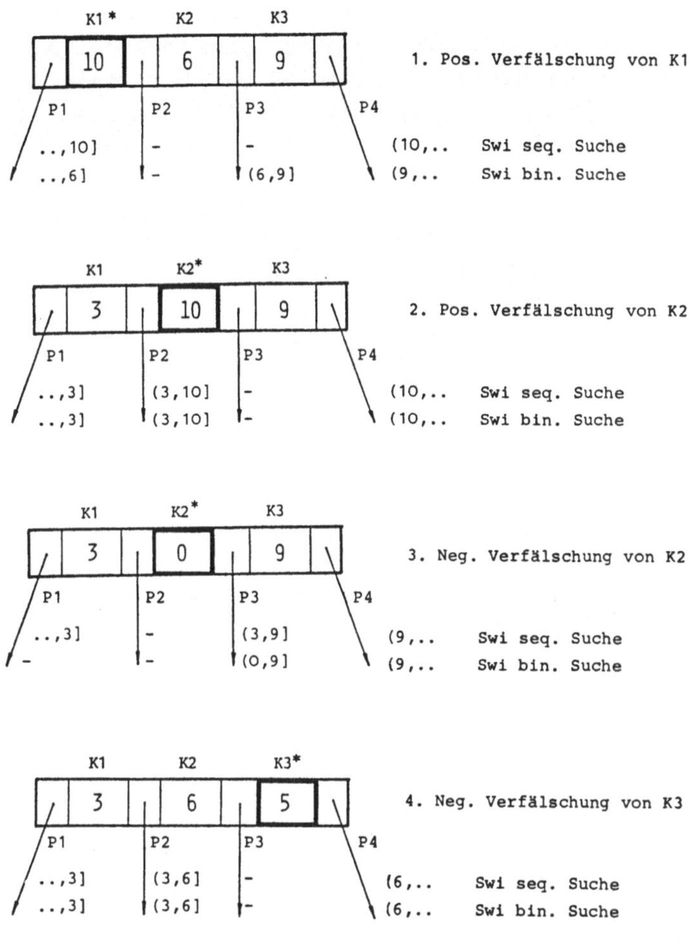

<u>Bild 2:</u> Beispiele zur positiven und negativen Verfälschung von Schlüsselwerten

Schlüsselwertintervalle für die Verweise Pi dargestellt, wenn nach einem Schlüsselwert K>0 gesucht wird. Ein Minuszeichen bedeutet dabei, daß der entsprechende Unterbaum deaktiviert ist, d.h., die in ihm enthaltenen Schlüsselwerte sind durch Suchoperationen nicht mehr auffindbar.

Eine positive Verfälschung führt dazu, daß die sequentielle Suche nach bestimmten Werten zu früh, also mit einem zu kleinen Indexwert i, beendet wird. Eine negative Verfälschung kann hingegen die verspätete Beendigung der Suche mit einem zu großen Indexwert i bewirken. Allgemein lassen sich die Auswirkungen von Verfälschungen Kk→Kk* folgendermaßen beschreiben:

- Eine positive Verfälschung des k-ten Schlüsselwerts (1<k<b) führt dazu, daß die Suche nach Werten aus dem Intervall (Kk,Kk*] versehentlich schon bei i=k endet, anstatt bei i=k+1, i=k+2 etc.
- Eine negative Verfälschung des k-ten Schlüsselwerts (1<k<b) hat zur Folge, daß die Suche nach Werten aus dem Intervall (Kk-1,Kk] erst bei i=k+1 endet, anstatt bei i=k.

Die Folgen der positiven Verfälschung des Schlüsselwerts Kk sind von dessen Position in der Liste bzw. im Feld und vom Ausmaß der Verfälschung abhängig. Bei einem kleinen Wert für k und einer großen Differenz zwischen Kk* und Kk erbringen besonders viele Suchoperationen ein falsches Ergebnis (Bsp. 1 in Bild 2). Im Fall der negativen Verfälschung spielt die Position des inkorrekten Schlüsselwerts hingegen für die Einflußnahme auf Suchoperationen keine Rolle, und auch das Ausmaß der Verfälschung ist hier bedeutungslos. Wenn wiederum von einer Indexseite im B*-Baum ausgegangen wird, dann deaktiviert eine negative Verfälschung immer genau einen Unterbaum (Pk), während sich die Deaktivierung bei einer positiven Verfälschung evtl. auf mehrere Unterbäume erstreckt (Pk+1, Pk+2 etc.).

Bei der binären Suche stellen sich die Auswirkungen von Verfälschungen hingegen etwas anders dar. Hier ist stets von Bedeutung, an welcher Position in der b-elementigen Schlüsselfolge die Inkonsistenz auftritt. Eine (positive oder negative) Verfälschung für Kk mit $k=\lfloor(b+2)/2\rfloor$ (Bsp. 2 und 3 in Bild 2) kann schlimmstenfalls zur Deaktivierung von k-1 oder k Unterbäumen eines B*-Baum-Knotens führen, da Kk bereits im ersten Schritt der binären Suche über die Operationsfortführung im linken oder im rechten Teil der Schlüsselfolge entscheidet. Eine positive oder negative Verfälschung für K1 oder Kb wirkt sich hingegen nur auf den letzten Suchschritt aus, und es wird – unabhängig vom Ausmaß der Verfälschung – genau ein Unterbaum deaktiviert. Allgemein hat ein verfälschter Schlüsselwert bei der binären Suche um so geringere Auswirkungen, je später er als Vergleichswert über die Art der Operationsfortführung entscheidet. Bei der sequentiellen Suche besitzen positive Verfälschungen meist weitreichendere Auswirkungen als negative Verfälschungen, denn es werden mehr Unterbäume deaktiviert. Bei der binären Suche gibt es diesen Unterschied in den Auswirkungen hingegen nicht, positive und negative Verfälschungen beeinflussen Suchoperationen also in gleichem Maße.

4. Fehlererkennungsmaßnahmen für einzelne verfälschte Schlüsselwerte

Die Erörterungen des vorigen Kapitels haben gezeigt, welch weitreichende Auswirkungen verfälschte Schlüsselwerte besitzen können. Es werden deshalb Prüfverfahren benötigt, die einen Verstoß gegen die Sortierordnung rechtzeitig erkennen, d.h., bevor der Fehler den Ablauf einer Suchoperation beeinflussen kann.

Man könnte zunächst auf die (naheliegende) Idee kommen, bei jedem Schleifendurchlauf in den Algorithmen des Kapitels 2 während der sequentiellen oder binären Suche eine Konsistenzprüfung der Form Ki-1<Ki<Ki+1 vorzunehmen, um damit positive oder negative Verfälschungen des gerade betrachteten, i-ten Schlüsselwerts zu erkennen. Diese Vorgehensweise besitzt jedoch einige offensichtliche Nachteile:
- Die zusätzlichen Vergleiche führen insgesamt zu einer deutlichen Verlangsamung der Suchoperation. Während normalerweise in jedem Suchschritt nur zwei Vergleiche nötig sind, wird die Zahl der Vergleiche durch die beiden Abfragen Ki-1<Ki und Ki<Ki+1 verdoppelt. Selbst wenn man sich überlegt, daß zumindest bei der sequentiellen Suche ein Vergleich pro Suchschritt ausreicht (Ki<Ki+1), so ergibt sich immer noch ein Mehraufwand von 50% hinsichtlich der Vergleichsanzahl.
- Durch die o.g. Konsistenzprüfungen wird oftmals ein Fehler erkannt, obwohl die Inkonsistenz auf die aktuell durchgeführte Suchoperation eigentlich gar keinen Einfluß hat. Dies soll wiederum anhand von Bild 2 erläutert werden: Die negative

Verfälschung von K2 in Bsp. 3 ist für ein FIND-LE mit dem Wert K=11 eigentlich ohne
Bedeutung. Falls aber bei jedem Schleifendurchlauf während der sequentiellen Suche
die genannten Konsistenzprüfungen durchgeführt werden, wird die Inkonsistenz
erkannt und die Suchoperation u.U. abgebrochen. Auch für die binäre Suche kann man
sich leicht verdeutlichen, daß bisweilen ein Fehler gemeldet wird, der für die
aktuelle Suchoperation eigentlich bedeutungslos ist.
Wenn wir unser Fehlermodell zugrunde legen, also von genau einem (positiv oder
negativ) verfälschten Schlüsselwert ausgehen, dann wird eine solche frühzeitige
Fehlererkennung nicht unbedingt benötigt. Es reicht vielmehr, wenn die Inkonsistenz
rechtzeitig erkannt wird, nämlich bevor sie zu einem Fehlverhalten bei der
Suchoperation führen kann.

Zur Sicherstellung einer zeiteffizienten Durchführung der Suche auch bei der
Einbeziehung redundanter Prüfungen sollten innerhalb der Programmschleife bei der
sequentiellen oder binären Suche keine zusätzlichen Abfragen erfolgen. Wir schlagen
deshalb die nachstehenden Konsistenzprüfungen vor, die unmittelbar nach Beendigung
der sequentiellen bzw. binären Suche ausgeführt werden:

    if i>2 then
       if $Ki-2>Ki-1$ then writeln ('Neg. Verfälschung in Ki-1 möglich');

    if i<b then
       if $Ki>Ki+1$ then writeln ('Pos. Verfälschung in Ki möglich')

Die Anzahl zusätzlich benötigter Vergleiche ist maximal gleich 4 und unabhängig von
der Zahl der vorhandenen Schlüsselwerte sowie von der Zahl der durchgeführten
Suchschritte. Wenn beispielsweise 100 Schlüsselwerte existieren und die binäre Suche
somit 7 Suchschritte (Schleifendurchläufe) mit insgesamt 14 Vergleichen benötigt,
dann erhöhen die Konsistenzprüfungen die Gesamtzahl der Vergleiche auf 18. Bei
Verwendung des einfachen Prüfverfahrens $Ki-1<Ki<Ki+1$ mit 2 zusätzlichen Vergleichen
je Suchschritt wären demgegenüber insgesamt 28 Vergleiche erforderlich. Bei der
sequentiellen Suche ergibt sich eine noch deutlichere zeitliche Überlegenheit für die
Konsistenzprüfungen nach Beendigung der Suchoperation.

Im folgenden ist nachzuweisen, daß die obigen Konsistenzprüfungen tatsächlich sowohl
bei der sequentiellen als auch bei der binären Suche zur Erkennung von Schlüssel-
wertverfälschungen (nach dem Fehlermodell aus Kap. 3) in der Lage sind.

Für die sequentielle Suche folgen die Prüfungen unmittelbar aus den im vorigen
Kapitel beschriebenen Auswirkungen eines Verstoßes gegen die Sortierordnung:
- Bei der positiven Verfälschung des k-ten Schlüsselwerts endet die Suche mit
  bestimmten Suchargumenten K zu früh, nämlich schon bei i=k. Die Prüfung $Ki>Ki+1$
  wird also eine positive Verfälschung stets erkennen.
- Bei der negativen Verfälschung des k-ten Schlüsselwerts wird die Suche bisweilen zu
  spät beendet, nämlich erst bei i=k+1. Die Prüfung $Ki-2>Ki-1$ vergleicht anschließend
  die Schlüssel Kk-1 und Kk und entdeckt dadurch die negative Verfälschung.

Es ist nun die binäre Suche zu betrachten. Wir gehen zunächst auf den Fall der
positiven Verfälschung Kk→Kk* ein und nehmen an, daß nach einem Schlüsselwert K aus

dem Intervall (Kk,Kk*] gesucht wird. Bei irgendeinem Schleifendurchlauf während der binären Suche wird folglich der k-te Schlüsselwert abgefragt. Dann wird OG der Wert k zugewiesen und die Suche in der linken Hälfte der verbliebenen Schlüsselfolge fortgesetzt (sofern nicht bereits UG=OG gilt.) In diesem Bereich liegt - dem Fehlermodell zufolge - keine weitere Inkonsistenz vor. Da die dort gespeicherten Schlüsselwerte alle kleiner als K sind, endet die binäre Suche schließlich mit dem Indexwert i=k. Dies entspricht genau dem Resultat bei der sequentiellen Suche, und auch die Fehlererkennung ist deshalb in gleicher Weise sichergestellt.

Die Betrachtung der <u>negativen</u> Verfälschung Kk→Kk* erfolgt unter der Annahme, daß das Suchargument K dem Intervall (Kk*,Kk] entstammt. Der k-te Schlüsselwert wird auch hier bei irgendeinem Schleifendurchlauf abgefragt. Da K>Kk* gilt, wird UG der Wert k+1 zugewiesen, und die Fortsetzung der Suche (falls UG≠OG ist) erfolgt in der rechten Hälfte der restlichen Schlüsselfolge. Die dortigen Schlüsselwerte sind aber alle größer oder gleich K, und die Suchoperation endet folglich mit i=k+1. Auch hier liegt wieder die Übereinstimmung mit dem Endergebnis bei der sequentiellen Suche vor, und der Fehler wird durch die Prüfung Ki-2>Ki-1 erkannt.

Falls die obigen Annahmen über das Suchargument (K aus (Kk,Kk*] bzw. aus (Kk*,Kk]) nicht zutreffen, dann ist die Verfälschung für die aktuelle Suchoperation ohne Bedeutung. Es existieren folgende Möglichkeiten:
- Der k-te Schlüsselwert wird bei der Suche nie abgefragt, und somit ist auch ein Fehler bzgl. der Fortführung der Suchoperation (linke Hälfte oder rechte Hälfte der verbliebenen Schlüsselfolge) ausgeschlossen.
- Der k-te Schlüsselwert wird zwar abgefragt, aber der vorgegebene Wert K steht in einem solchen Verhältnis zu Kk und Kk*, daß die Verfälschung das Ergebnis der Abfrage nicht berührt. Wenn man etwa für das Beispiel 3 in Bild 2 die Suche mit K=11 durchführt, dann wird gleich im ersten Suchschritt der (negativ verfälschte) zweite Schlüsselwert abgefragt und die Suchoperation mit UG=3 fortgesetzt. Die Suche endet dennoch korrekt mit dem Indexwert i=4.

Es ist bei der Konsistenzprüfung im allg. nicht entscheidbar, ob es sich bei einem erkannten Verstoß gegen die Sortierordnung um eine positive oder um eine negative Verfälschung handelt. Die Ursachen und Folgen dieser Unentscheidbarkeit sollen anhand des Beispiels 4 in Bild 2 aufgezeigt werden: Bei einem FIND-LE mit dem Suchargument K=4 meldet die Konsistenzprüfung ´Pos. Verfälschung in K2 <u>möglich</u>´, da nicht auszuschließen ist, daß der <u>zweite</u> Schlüsselwert inkorrekt ist. Daß - wie von uns angenommen - in Wahrheit eine Verfälschung des <u>dritten</u> Schlüsselwerts vorliegt, läßt sich rein durch Analyse des gegebenen Felds bzw. der Liste nicht erkennen. Diese negative Verfälschung des dritten Schlüsselwerts ist eigentlich für das Ergebnis der Suche mit K=4 ohne Bedeutung. Der Prüfalgorithmus muß jedoch vom "worst case" ausgehen, also von einer positiven Verfälschung des zweiten Schlüsselwerts, und den Fehler melden. Ein sich anschließendes Verfahren zur (automatischen) <u>Fehlerbehandlung</u> kann über das weitere Vorgehen entscheiden. Unter Verwendung zusätzlicher Informationen, so etwa mit Hilfe der Schlüsselwerte in den Söhnen eines als inkonsistent erkannten Baumknotens, kann dann geklärt werden, welcher der "verdächtigen" Schlüsselwerte nun tatsächlich inkorrekt ist.

Wir haben bislang stets die Zulässigkeit von Duplikaten in den Schlüsselwerten vorausgesetzt. Falls aber Duplikate für unzulässig erklärt werden, dann können die in Kap. 2 skizzierten Suchalgorithmen in unveränderter Form benutzt werden. Da eine Suchoperation immer die Position der am weitesten links stehenden Ausprägung eines mehrfach vorhandenen Schlüsselwerts liefert, muß lediglich die Konsistenzprüfung $K_i > K_{i+1}$ durch $\underline{K_i \geq K_{i+1}}$ ersetzt werden, damit bei auftretenden Duplikaten eine Fehlermeldung erfolgt.

Die für das FIND-LE entworfenen Konsistenzprüfungen sind auch bei der Suche auf Schlüsselgleichheit verwendbar. Für aufsteigend sortierte Schlüsselfolgen und zulässige Duplikate wird das FIND-EQ (EQ steht für "equal") mit dem Suchargument K folgendermaßen spezifiziert:
- Es soll der kleinste Indexwert i gesucht werden, so daß $K = K_i$ erfüllt ist. Dies bedeutet:

  Suche min $\{1 \leq i \leq b \mid K = K_i\}$.
- Falls es keinen Indexwert i mit $K = K_i$ gibt, soll das Ergebnis dem des FIND-LE entsprechen: Es wird der Index des nächstgrößeren Schlüsselwerts bzw. (falls ein solcher Schlüsselwert nicht existiert) der Wert $b+1$ übergeben. Über eine boole'sche Variable FOUND wird zusätzlich noch der Erfolg oder Mißerfolg der Suchoperation mitgeteilt.

Man kann nun die Algorithmen zur sequentiellen und zur binären Suche aus Kap. 2 fast unverändert für das FIND-EQ übernehmen. Die gewählten Spezifikationen zum Ergebnis bei der erfolgreichen und bei der erfolglosen Suche erlauben die Verwendung jener Konsistenzprüfungen beim FIND-EQ, die zuvor für das FIND-LE entwickelt wurden.

5. Fehlererkennung bei mehreren verfälschten Schlüsselwerten

Die geschilderten Fehlererkennungsmaßnahmen bezogen sich bislang stets auf die Existenz genau eines positiv oder negativ verfälschten Schlüsselwerts im Feld bzw. in der Liste. Es soll nun noch kurz untersucht werden, inwieweit die Prüfungen auch zur Erkennung von Mehrfachfehlern geeignet sind, wenn also $1 < n \leq b$ inkorrekte Schlüsselwerte vorliegen.

Betrachten wir zunächst den Fall, daß für jeden einzelnen der n falschen Schlüsselwerte auch ein Verstoß gegen die Sortierordnung vorliegt, d.h., der Wert ist entweder kleiner als sein linker Nachbar (Vorgänger) oder größer als sein rechter Nachbar (Nachfolger). Bei der sequentiellen Suche gibt es dann die folgenden Möglichkeiten des Fehlverhaltens:
- Eine Suchoperation endet zu früh, nämlich mit einem Indexwert i=k, für den $K_k^* > K_k$ gilt. Dann muß K_k^* aber auch größer als sein rechter Nachbar sein, und zwar unabhängig davon, ob dieser korrekt oder inkorrekt ist. Die Konsistenzprüfung $K_i > K_{i+1}$ führt somit zur Entdeckung des Fehlers.
- Eine Suchoperation wird mit dem Indexwert i=k zu spät beendet. Dann muß aber $K_{k-1}^* < K_{k-1}$ zutreffen, und K_{k-1}^* muß zudem kleiner als sein linker Nachbar sein. Die Inkonsistenz wird deshalb durch die Prüfung $K_{i-2} > K_{i-1}$ erkannt.

Bei der binären Suche kann es vorkommen, daß bei den Schleifendurchläufen wiederholt inkorrekte Schlüsselwerte abgefragt werden und die Suchoperation jeweils in der falschen Hälfte der verbliebenen Schlüsselfolge fortgesetzt wird. Wenn bei der letzten dieser fehlerhaften Entscheidungen über die Operationsfortführung der (inkorrekte) k-te Schlüsselwert abgefragt wird, dann endet die Suche mit dem Indexwert i=k bzw. mit i=k+1. Die Inkonsistenz wird durch die sich anschließenden Konsistenzprüfungen in jedem Fall erkannt, da Kk* größer als sein rechter bzw. kleiner als sein linker Nachbar ist. Hier gelten nach wie vor die Ausführungen zur Fehlererkennung bei der binären Suche aus Kap. 4.

Falls nur einige der n falschen Schlüsselwerte gleichzeitig auch einen Verstoß gegen die Sortierordnung verursachen und die anderen inkorrekten Werte immer noch in dem durch den Vorgänger und den Nachfolger definierten Schlüsselwertintervall liegen, dann ist eine Fehlererkennung natürlich nicht in allen Fällen möglich. Suchoperationen können hier also unbemerkt ein falsches Ergebnis liefern. Dies ist aber unvermeidbar, da - wie erwähnt - die Erkennung beliebig inkorrekter Schlüsselwerte unter ausschließlicher Betrachtung des Felds bzw. der Liste und ohne zusätzliche Redundanzen nicht möglich ist.

Ich danke meinem Kollegen B. Mitschang für die kritische Durchsicht des Manuskripts dieser Arbeit.

Literaturverzeichnis

BMT81 Black, J.P., Morgan, D.E., Taylor, D.J.: A Robust B-Tree Implementation, in: Proc. 5th Int. Conf. on Software Engineering, San Diego, 1981, S. 63-70
Kü83 Küspert, K.: Ein Fehlermodell für Speicherungsstrukturen in Datenbanksystemen. Technischer Bericht, Universität Kaiserslautern, Fachbereich Informatik, 1983
Kü84 Küspert, K.: Principles of Error Detection in Storage Structures of Database Systems. Interner Bericht, Universität Kaiserslautern, Fachbereich Informatik, 1984
Re81 Reuter, A.: Fehlerbehandlung in Datenbanksystemen. Carl Hanser Verlag, München Wien, 1981
Web81 Weber, Ch.: Ein Verfahren zur schnellen Konsistenzprüfung von Datenbanken, in: Angewandte Informatik, Bd. 23, Nr. 11, 1981, S. 497-501
Wed74 Wedekind, H.: On the Selection of Access Paths in a Database System, in: Database Management (Hrsg.: J.W. Klimbie, K.L. Koffeman), North-Holland Publ. Comp., 1974. S. 385-397

Diese Arbeit entstand im Rahmen eines vom Bundesminister für Forschung und Technologie (Förderungskennzeichen 083 0106) und der Siemens AG geförderten Projekts.

Zur Verwendung fehlertoleranter Datenstrukturen im
Arbeitsplatz-Rechner ATTEMPTO

Th.Risse, M.Dal Cin, E.Dilger

Institut für Informationsverarbeitung
Universität Tübingen
Köstlinstr.6, D-7400 Tübingen

Zusammenfassung: In der Betriebssystem-Erweiterung für den fehlertoleranten Arbeitsplatz-Rechner ATTEMPTO wurden alle wesentlichen Datenstrukturen als Ausprägungen eines abstrakten Datentypes List implementiert. In dieser Arbeit wird dieser fundamentale Datentyp zusammen mit seinen inhärenten und zusätzlich implementierten bzw. implementierbaren Fehlertoleranz-Eigenschaften beschrieben.

Abstract: The abstract data type 'list' is described as it is used in the fault-tolerant working station ATTEMPTO. Its meaning for the fault-tolerance of this multi-processor-system and its properties allowing further enhancements of fault tolerance are dicussed.

1. Einführung

ATTEMPTO (A TestTable Experimental Multi-Processor system with fault-TOlerance) ist ein experimenteller, fehlertoleranter Arbeitsplatz-Rechner, der zur Zeit in Tübingen entwickelt wird /BDD83/. Im Hinblick auf unsere theoretischen Fragestellungen soll ATTEMPTO u.a. als Testbett zur Erprobung von Diagnosealgorithmen, Rekonfigurationsstrategien, Protokollen für die Inter-Prozessor-Kommunikation etc. dienen. Ferner soll dieser Rechner Effizienz-Untersuchungen verschiedener Implementierungen von Mechanismen zur Fehlertoleranz ermöglichen.

Der Benutzer sieht den Arbeitsplatzrechner als Single-User, Multi-Taskingsystem. Fehlertoleranz in ATTEMPTO wird dadurch erreicht, daß jeder Job - je nach Maßgabe des Benutzers - auf mehreren Prozessoren sozusagen parallel und möglichst asynchron abgearbeitet werden kann und daß diese Prozessoren - wir nennen sie Kollegen - ihre Ausgaben vergleichen. Der Benutzer legt die Anzahl der Kollegen durch den Fehlertoleranzindex fest. Die Angabe eines solchen Indexes t bedeutet, daß bei der Ausführung des Programms maximal t fehlerhafte SBCs toleriert werden, derart, daß kein fehlerhaftes Ergebnis ausgegeben wird.

Die Implementierung dieses Fehlertoleranz-Konzeptes orientiert sich an den folgenden Prinzipien:

- Fehlertoleranz auf Betriebssystem-Ebene
- Asynchronität der Prozessoren (SBCs)
- Inter-Prozessor-Kommunikation nur durch Botschaften
- Dezentralität der Fehlertoleranz-Mechanismen
- leichte Erweiterbarkeit und Portabilität des Systemes

2. Charakterisierung von ATOS

Auf jedem SBC gibt es ein eigenständiges Betriebssystem mit einem konventionellen Kern - wir nennen es ATOS (ATTEMPTO's local Operating
System). ATOS ist hierarchisch gegliedert (siehe Fig.1):

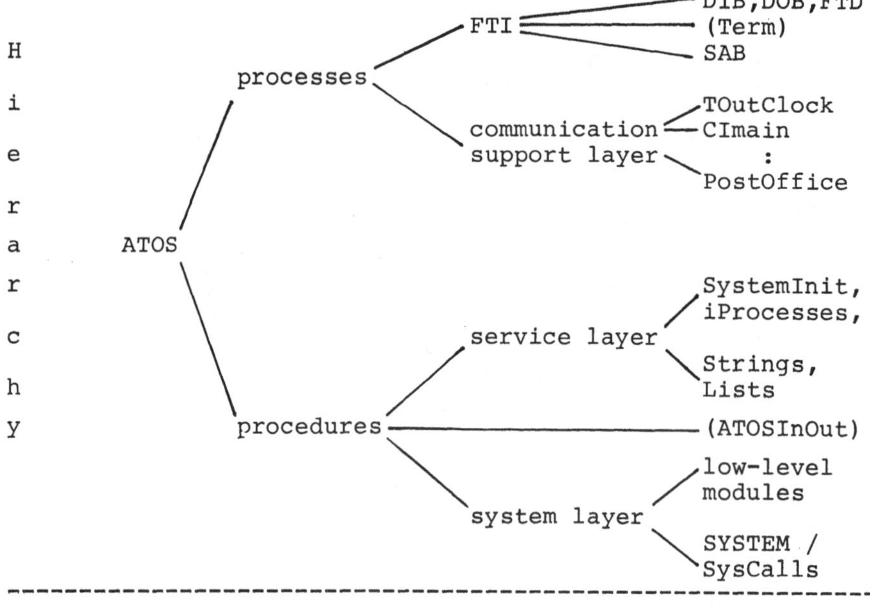

Fig.1 Hierarchie in ATOS

Die (geklammerten) Module Term und ATOSInOut haben nur für die Simulation Bedeutung.

Das Modul Term simuliert die Umgebung jeweils gewünschter Moduln. Zudem ermöglicht Term den Test der Fehlertoleranz-Eigenschaften von
Lists durch gezielte Veränderung von Speicherinhalten per "exclusivem"
Zugriff auf das ATOS-interne Modul AStorage zur Speicherverwaltung.
Ebenso dient das Modul ATOSInout Simulationszwecken, indem es derzeit
die Verbindung von in Modula-2 /Wir83/ erstellten Benutzerprogrammen
zu ATOS herzustellen gestattet.

Auf der FTI-Ebene (Fault Tolerance Instance) werden die notwendigen Datenstrukturen mit den sie bearbeitenden (verwaltenden) Prozessen (den sogenannten clerks) zu Moduln zusammengefaßt. Auf der Dienstleistungsschicht gibt es Moduln (wie Lists und Strings), die abstrakte Datentypen zusammen mit den zur Verarbeitung notwendigen Prozeduren zu Verfügung stellen.

Der Prozeß DIBclerk verwaltet den Data Input Buffer (DIB). Dieser Puffer enthält alle vom Benutzer eingetippten Daten, die für ein READ des user-jobs bestimmt sind.

Der Prozeß DOBclerk verwaltet den Data Output Buffer (DOB). Der DOB-clerk kontrolliert das Ein- und Aushängen von Ausgabedaten (z.B. Terminal-Zeilen oder Blöcke) im DOB.

Der Prozeß SABclerk verwaltet den Signature Array Buffer (SAB). Je nach Art der empfangegenen Botschaft bildet der SABclerk Signaturen von Output-Zeilen (als Null-Eins-Strom empfangen vom lokalen DOB-clerk), welche dann an alle Kollegen zur Diagnose versendet werden. Er trägt diese und alle von Kollegen empfangene Signaturen an die richtige Stelle des SAB ein. Wenn alle zusammengehörigen Signaturen des Outputs eines Jobs vorhanden sind, werden diese diagnostiziert. Durch Austausch kryptographischer Schlüssel wird sichergestellt, daß die eigentliche Ausgabe durch den DOBclerk nur eines einzigen, nicht defekten Prozessors durchgeführt wird.

Der Prozeß FTD (Fault-Tolerant Dispatcher) verwaltet eine Liste von Job-Kontrol-Blöcken, die job control queue (JCQ). Diese enthält Status-Information für jeden Job im System: Fehlertoleranz-Index, Kollegenliste, Anfangszeiten zur Berechnung der TimeOut-Intervalle usw..

3. Beschreibung des Dienstleistungsmoduls Lists

Wie wir gesehen haben, enthalten die meisten der in ATOS existierenden (Fehlertoleranz-) Moduln Datenpuffer: DIB, DOB, JCQ, SAB, ReadyQueue. Um diese zentralen Datenstrukturen unempfindlich gegen Speicherfehler zu machen, wurde das Modul Lists konzipiert, das den abstrakten Datentyp List zur Verfügung stellt. Inkarnationen solcher Listen sind im folgenden Sinn fehlertolerant: Inhärenter Bestandteil der Listenstruktur ist die Möglichkeit, eine beschränkte Anzahl von Fehlern in der Verzeigerung zu erkennen und wo möglich zu korrigieren. Da in ATOS die Möglichkeit der Datenkompression durch Signaturbildung in anderen

Moduln (SAB) bereits implementiert ist, liegt es nahe, in Lists Signaturbildung zur Fehlererkennung auch auf die eigentlichen Daten anzuwenden.

Charakteristisch für unsere Realisierung sind dabei die folgenden Lösungen:

Eine Liste ist generell eine doppelt verzeigerte Ringliste mit einem ausgezeichneten Eintrag, dem sogenannten Anker. Aus mehreren Gründen ist jede Liste in ATOS doppelt verzeigert:

- es sollen verschiedene Zugriffsstrategien realisiert werden können

- Redundanz in der Verzeigerung ermöglicht die Implementierung von fehlertoleranten Zeigerstrukturen

- Effizienz der Implementierung (weniger Fallunterscheidungen, ein einziger kompakter Code für alle Listen in ATTEMPTO)

Es läßt sich leicht zeigen, daß diese Struktur zwei Fehler zu erkennen und einen Fehler zu korrigieren ermöglicht /TMB80/.

Als abstrakter Datentyp wird in Lists nicht unmittelbar auf den Daten sondern auf Stellvertretern, den sogenannten Trägern operiert. Ein Träger enthält also Zeiger auf den vorangehenden und auf den nachfolgenden Träger, sowie einen oder mehrere Zeiger auf die Daten. Der entsprechende Zeiger des Ankers verweist auf den sogenannten Listen-Kontroll-Block. Dieser gibt den Typ der zugehörigen Liste, (Liste von Prozessen, Botschaften, Kontroll- oder Daten-Blöcken) sowie ihren Zustand (u.a. Anzahl der Einträge) an.

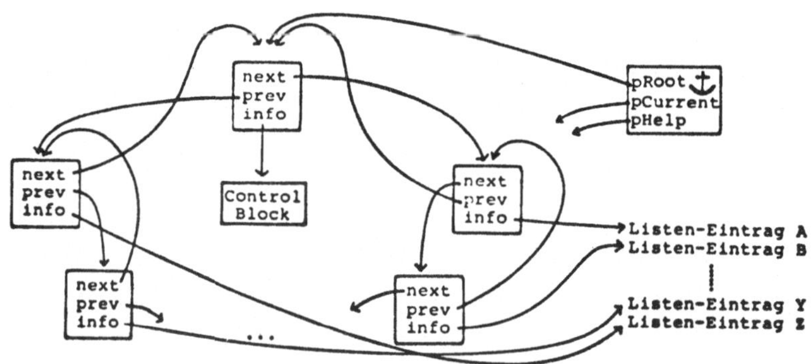

Fig.2 Exemplar des ADT tList

Der Zugriff auf solche Listen ist nur durch Prozeduren wie EnList, DeList etc. möglich, welche das Modul Lists zur Verfügung stellt (vgl. Fig.3).

Konsistenz der Verzeigerung (Strukturelle Integrität)

1) Überprüfung und Wiederherstellung der Listenstruktur (Recovery): Die Prozedur ListTest prüft zum einen die Konsistenz der Verzeigerung; sie kann so in der Verzeigerung jeden Einzelfehler und bestimmte Doppelfehler korrigieren, andere Doppelfehler nur erkennen. Zum anderen werden der Listentyp und die Anzahl der Einträge anhand des Listen-Kontroll-Blockes überprüft. (Der Zeiger auf die eigentlichen Daten ist allerdings nur durch Vervielfachung zu sichern.)

Der Aufwand an Rechenzeit zur 2-Fehlererkennung und 1-Fehlerkorrektur ist so proportional zur Anzahl der Listeneinträge.

Angemerkt sei noch, daß sich durch eine modifizierte Verzeigerung (der Rückwärts-Zeiger weist statt auf den letzten auf jeweils den vorletzten Träger) die Fehler-Detektierbarkeit um eins erhöht. Die Listenoperationen werden dann allerdings komplexer /TB82/.

2) Überprüfung des Zugriffstypes: Wenn im Listen-Kontroll-Block zusätzlich der Zugriffstyp (Stapel, Schlange, RAL (Random Access List)) auf die zugehörige Liste spezifiziert wird, kann jeder Zugriff auf ein Variable des ADT List auf seine Zulässigkeit hin überprüft werden. In ATTEMPTO selbst kommt dieser Kontrolle der Zulässigigkeit der Zugriffe nur untergeordnete Bedeutung zu, da auf die meisten Listen in ATOS wahlfrei zugegriffen wird.

Sicherheit der Datenhaltung (Daten-Integrität)

Es gibt verschiedene Möglichkeiten, die Daten je nach Anforderung an das Maß an Fehlertoleranz vor Speicherfehlern zu schützen.

1) Signaturbildung: Zum Zweck der Fehlererkennung eignet sich die Signaturbildung der Daten: im Träger wird zugleich die Signatur der zugehörigen Daten abgespeichert. Bei jedem Zugriff auf die Daten wird diese (Soll-) Signatur mit der von den Daten aktuell gebildeten (Ist-) Signatur verglichen. Zur Fehlerkorrektur müßte allerdings ein (ebenso durch seine Signatur abgesicherter) zweiter Datensatz mitgeführt werden.

2) Vervielfachung der Daten: Eine andere Möglichkeit bietet sich z.B. durch die Verdreifachung der Daten an. In diesem Fall haben wir (ausgenommen Mehrfachfehler, die jeweils das entsprechende Bit betreffen) sogar für jedes Bit eine Einzel-Fehlerkorrektur. In diesem Sinn können somit (beliebig) viele Ein-Bit-Fehler innerhalb des Datensatzes erkannt werden.

3) Plausibilitätsprüfungen: Das Modul Lists stellt die Prozeduren scanList und searchList zum sequentiellen Zugriff auf die Träger einer Liste zur Verfügung. Als Argumente für diese Prozeduren können extern definierte Prüf-Programme übergeben werden, die Plausibilitätstests auf den jeweiligen Daten durchführen.

4. Das Modul Lists

Es sei das Definitionsmodul des Moduls Lists auszugsweise vorgetellt. Dieses beschreibt die Schnittstelle zum Implementationsmodul und spezifiert damit den ADT List vollständig.

```
DEFINITION MODULE Lists;
 FROM SYSTEM IMPORT ADDRESS;
 EXPORT QUALIFIED tPtrToCarrier,tList,tListTyp,tNexPre,
        EnList,DeList,Empty,CreateList,DeleteList,
        Enqueue,Dequeue,ListTest,Head,Tail,
        FirstEntry,nextEntry,prevEntry,lastEntry;
        tinfoProc,scanList,tcondProc,searchList;
  TYPE              (* Contrl-Block, message, process, data *)
   tListTyp      = (CB,MSG,PRC,DATA);
   tPtrToCarrier;            (* opaque ! POINTER TO tCarrier *)
   tNexPre       = (nex,pre);
   tList         = RECORD
                     pRoot,pCurrent,pHelp:tPtrToCarrier
                   END;
   tinfoProc     = PROCEDURE(ADDRESS);
   tcondProc     = PROCEDURE(ADDRESS):BOOLEAN;

PROCEDURE EnList(VAR List:tList;label:tListTyp;
                                    Adr:ADDRESS;VAR err:BOOLEAN);
                              (* err iff no memory for carrier *)
PROCEDURE DeList(VAR List:tList;VAR err:BOOLEAN):ADDRESS;
                             (* err iff tried to DeList List.pRoot *)
PROCEDURE Empty(List:tList):BOOLEAN;
PROCEDURE CreateList(Kenng:tListTyp;VAR List:tList;VAR err:BOOLEAN);
                (* err iff no memory for carrier or control block *)
PROCEDURE DeleteList(List:tList;VAR err:BOOLEAN);
PROCEDURE Enqueue(List:tList;label:tListTyp;
                                    Adr:ADDRESS;VAR err:BOOLEAN);
                             (* err iff no memory for carrier *)
PROCEDURE Dequeue(VAR List:tList;VAR err:BOOLEAN):ADDRESS;
                                    (* err iff Empty(List) *)
PROCEDURE ListTest(label:tListTyp;List:tList;
                                VAR err:BOOLEAN):CARDINAL;
        (* err iff inconsistent pointers, label or number of entries *)
(* procedures for manipulating pCurrent, e.g. first-, next-, prev-,
lastEntry, Head, Tail *)
PROCEDURE scanList(List:tList;infoProc:tinfoProc;
                                start:tPtrToCarrier; dirctn:tNexPre);
PROCEDURE searchList(VAR List:tList;condProc:tcondProc;
                            start:tPtrToCarrier; dirctn:tNexPre;
                            VAR found:BOOLEAN;VAR infoPtr:ADDRESS);
END Lists.
```

Fig.3 Definition Module Lists

Hier wird nun deutlich, daß die Schnittstelle nur dann nicht geändert werden muß, wenn einzig die Zeiger auf die Daten (info) vervielfacht werden sollen. In allen anderen Fällen ist es naheliegend, den Prozeduren des Modules Lists die Länge des Datensatzes sei es zur Signaturbildung oder zur Vervielfachung der Daten zu übergeben.

Die Bestimmung dieser Länge ist in Lists durch die Standard-Funktion TSIZE nicht mehr möglich, da der Zeiger info als Parameter vom Typ ADDRESS übergeben wird. Die Übergabe der Länge des Datensatzes ist also unumgänglich. Die Implementierung der Prozeduren EnList und DeList liegt dann sowohl bei Verwendung von Signaturen als auch im Fall der Vervielfachung der Daten auf der Hand.

Dadurch, daß den beiden Prozeduren scanList und searchList extern definierte Prozeduren übergeben werden können, wird einerseits die Möglichkeit, das Modul Lists zu verwenden, über die elementaren Listenoperationen hinaus ausgedehnt. Zugleich wird andererseits die Definition weiterer, spezieller Prozeduren im Modul Lists überflüssig, deren Bereitstellung die Komplexität des Modules nicht unerheblich vergrößern würde.

Derartige Überlegungen zur Beziehungen zwischen Fehlertoleranz und Modularisierung sind insofern von allgemeinerer Bedeutung, als die von uns verwendeten Modula-2 Konstrukte (Export aus und Import in getrennt übersetzbare Module, der opaque Export usw. /Wir83/) so grundlegend und grundsätzlich sind, daß unsere Betrachtungen eben auch für Implementierungen in anderen, modernen Programmiersprachen gelten.

5. Behandlung von Ausnahme-Situationen

Operationen auf Listen können Ausnahme-Situationen hervorrufen z.B., wenn der verfügbare Speicherplatz ausgeschöpft ist. Zur Behandlung solcher Ausnahme-Situationen sind zweierlei Mechanismen vorgesehen (vgl. auch /Goo75/):

1) Signalisierung: Spezielle Signale (exception flags) werden versendet, wenn die betroffene Instanz (d.h. Prozedur, Prozeß, Monitor etc.), also diejenige, die die Ausnahme-Situation erkannt hat, vor der Ausnahme-Behandlung terminieren muß. Dadurch signalisiert die betroffene der aufrufenden Instanz, daß eine Ausnahme-Situation vorliegt.

2) Wenn andererseits die betroffene Instanz nach der Ausnahme-Behandlung weiter ausgeführt werden soll oder wenn zur Ausnahme-Behandlung der Zugriff auf lokale Variable erforderlich ist, werden der betroffenen Prozedur - ähnlich wie im Fall von Überprüfungen der

Plausibilität - kontextabhängig bestimmte Exception Handler übergeben.
Wie dies in Modula-2 bewerkstelligt werden kann, soll Fig.5 am
Beispiel einer Schlange illustrieren. Dazu muß z.B. die im vorigen
Abschnitt beschriebene Prozedur Enqueue allerdings zu einer Prozedur
EnqList abgeändert werden, um die Übergabe eines Exception Handlers
als Parameter zu ermöglichen (siehe Fig.4).

```
        ...

    TYPE tExceptProc=PROCEDURE(VAR tList;VAR BOOLEAN);
        ...
    PROCEDURE EnqList(VAR list:tList;
             ExceptHndlr:tExceptProc;Adr:ADDRESS;VAR err:BOOLEAN);
     VAR exception:BOOLEAN;
      BEGIN
       LOOP
         Enqueue(list,label,Adr,exception);
         IF exception THEN (* carrier not created *)
           ExceptHndlr(list,err)
          ELSE EXIT
         END (* IF exception *)
       END  (* LOOP *)
      END EnqList;

    PROCEDURE ClearRedundancy(list:tList);
     BEGIN
     (* gibt redundante Information frei gemäß des *
      * GradeOfRedundancy im Listen-Kontroll-Block *)
     END ClearRedundancy;

    PROCEDURE NoMemException(VAR list:tList;VAR err:BOOLEAN);
     BEGIN
      WITH pRoot^.info DO
        DEC(GradeOfRedundancy);
        IF GradeOfRedundancy=0 THEN err:=TRUE;RETURN END;
        ClearRedundancy(list)
      END    (* WITH *)
     END NoMemException;
```

Fig.4 Enqueue mit Ausnahme-Behandlung

Eine mögliche Anwendung dieses Modules veranschaulicht das folgende
(einfache) Programm:

```
    MODULE ExceptionTest;
    FROM Lists IMPORT EnqList,NoMemException;      (* etc. *)
    FROM SYSTEM IMPORT ADDRESS;

    VAR ERR:BOOLEAN;el:ADDRESS;

    PROCEDURE ReleaseBuffer(VAR dummyList:tList;
                                    VAR dummyBOOL:BOOLEAN);
     BEGIN   (* Puffer freigeben o.ä. *)
     END ReleaseBuffer;

    PROCEDURE CallHelp(VAR dummyList:tList;VAR dummyBOOL:BOOLEAN);
     BEGIN
       WriteString('no space available');HALT      (* o.ä. *)
     END CallHelp;
```

```
BEGIN   (* ExceptionTest *)
  erzeuge(el);
  EnqList(Liste,NoMemException,el,err);
  IF err THEN ... END;
       ...
  EnqList(Liste,ReleaseBuffer,el,err);
  IF err THEN ... END;
       ...
  EnqList(Liste,CallHelp,el,err);
  IF err THEN ... END;
       ...
END ExceptionTest.
```

Fig.5 Ausnahme-Behandlung in Modula-2

Ausnahme-Situationen lassen sich im allgemeinen in Ursache-Wirkungs-Hierarchien anordnen (vgl. Fig.5). Jedem Niveau einer solchen Hierarchie entspricht dann ein bestimmter Typ von Exception Handlern. Die Handler auf dem obersten Niveau signalisieren i.a. nur das Auftreten einer Ausnahme-Situation, während die Handler auf niedrigerem Niveau zunehmend speziellere Aufgaben übernehmen.

Dies sei am Beispiel der Ausnahme-Behandlung im Modul Lists anhand von Fig.6 illustriert. Auf der untersten Ebene der zugehörigen Ausnahme-Hierarchie könnte z.B. für die Ausnahme "kein Speicher mehr verfügbar" ein geeigneter Handler 'garbage collection' durchführen und nur im Wiederholungsfall einem Handler auf nächsthöherem Niveau eine Ausnahme, z.B. NoMemException signalisieren. Einer Ausnahme auf der nächsthöheren Ebene ("Träger - " oder "Liste nicht erzeugt") könnte durch Freigabe eines Anteils redundant gehaltener Information begegnet werden, während Ausnahmen auf der Ebene III ("Eintrag - " oder "Liste nicht gefunden") dadurch behandelt werden könnten, daß der betroffene Prozeß solange suspendiert wird, bis entweder die Liste gefüllt bzw. erzeugt wurde oder aber ein TimeOut abgelaufen ist.

Wie Fig.6 zeigt, kann jedoch die Ursache einer Ausnahme auch ein Fehler wie z.B. ein Entwurfsfehler sein, so daß die Behandlung von Ausnahme-Situationen und diejenige von Fehlern Hand in Hand gehen muß.

Ausblick

Es wurde skizziert, inwieweit Modula-2 den Entwurf von fehlertoleranten Datenstrukturen unterstützt.

Derzeit wird versucht, die Eigenschaften des abstrakten Datentypes Lists nicht nur unter Gesichtspunkten der Fehlertoleranz, sondern auch unter Effizienz-Gesichtspunkten zu bewerten.

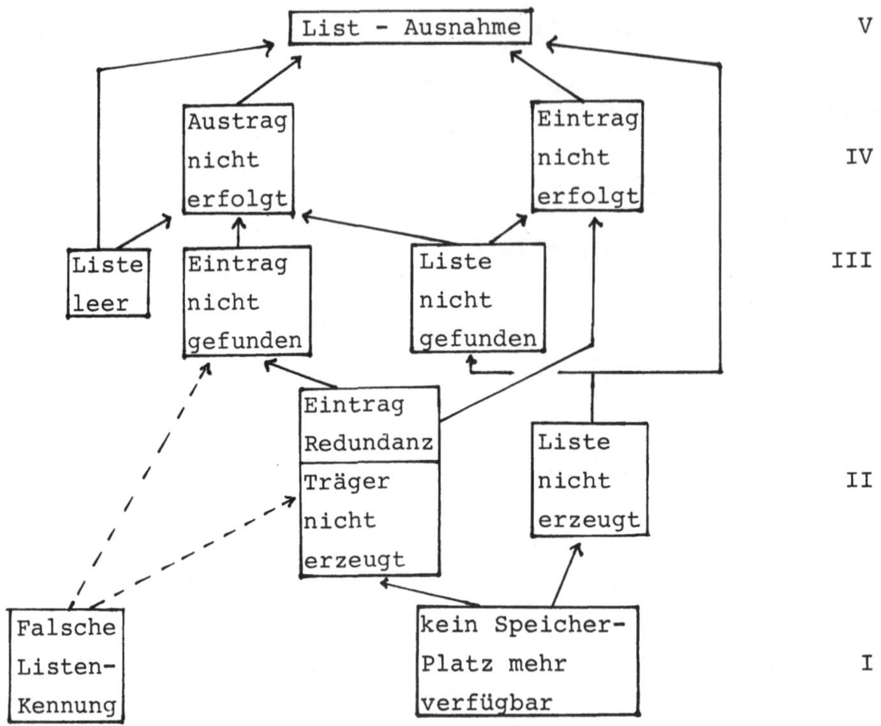

Fig.6 Beispiel für die Ausnahme-Hierarchie im ADT Lists

Literatur

/BDD83/ R.Brause, M.Dal Cin, E.Dilger, J.Lutz, Th.Risse: Konzepte des fehlertoleranten Arbeitsplatz-Rechners ATTEMPTO, Die Zwischenschicht von ATOS, dem Betriebssystem von ATTEMPTO; Interner Bericht 12/83/ATTEMPTO des Instituts für Informationsverarbeitung, Tübingen

/Goo75/ J.B.Goodenough : Exception Handling: Issues and a proposed Notation; Comm. of the ACM, Vol 18, No. 12, Dec. 1975, p.683-696

/TMB80/ D.J.Taylor, D.E.Morgan, J.P.Black: Redundancy in Data Structures, Improving Software Fault Tolerance; IEEE Trans. on Software Engineering, SE-6, No. 6, Nov. 1980, p.585-594

/TMB80/ D.J.Taylor, D.E.Morgan, J.P.Black: Redundancy in Data Structures, Some Theoretical Results; IEEE Trans. on Software Engineering, SE-6, No. 6, Nov. 1980, p.595-602

/TB82/ D.J.Taylor, J.P.Black: Principles of Data Structures Error Correction; IEEE Trans. on Computers, C-31, No. 7, July 1982, p.602-608

/Wir83/ N.Wirth: Programming in Modula-2; Berlin 1983

FEHLERMODELLIERUNG BEI SIMULATION UND VERIFIKATION VON FEHLERTOLERANZ-ALGORITHMEN FÜR VERTEILTE SYSTEME

Klaus Echtle
Institut für Informatik IV
Universität Karlsruhe
Zirkel 2, 7500 Karlsruhe 1

Kurzfassung

Diese Arbeit stellt zwei Fehlermodellierungs-Techniken gegenüber: die Aufzählung konkreter Fehlermöglichkeiten einerseits und den Verzicht auf die Spezifikation der Funktion ausgefallener Moduln andererseits. Die erste Modellierungsart ist bei Simulation und Verifikation, letztere nur bei der Verifikation anwendbar. Eine vergleichende Bewertung zeigt, daß beide Ansätze das Problem der i.a. sehr großen Anzahl von möglichen Fehlerfällen nicht auf einfache Weise lösen. Als Abhilfe dient eine hierarchische Fehlermodellierung, die besonders dann zur Vereinfachung beiträgt, wenn auch der Fehlertoleranz-Algorithmus selbst hierarchisch strukturiert ist. Um die Tolerierung einer bestimmten Fehlermenge leicht feststellen zu können, sollte daher ein Fehlertoleranz-Verfahren nicht als eine Schicht in der Schichtenstruktur eines Mehrrechner-Systems implementiert sein, sondern verschiedenartige Fehler in getrennten Schichten behandeln.

Stichworte

Fehlertoleranz, Mehrrechner-Systeme, Fehlermodell, Simulation, Verifikation.

1. Einführung

Im Gegensatz zu allen anderen Programmen eines Rechensystems führen die Fehlertoleranz-Instanzen erst im Fehlerfall ihre eigentliche Aufgabe aus. Da Fehler (hoffentlich) selten auftreten und darüber hinaus auf sehr unterschiedliche Art in Erscheinung treten, wird man Fehlertoleranz-Eigenschaften kaum ausprobieren können. Daher gewinnen alle Mittel zur Vorab-Betrachtung von Fehlersituationen besondere Bedeutung: Berechnung von Zuverlässigkeits-Kenngrößen, Diagnostik- und Rekonfigurations-Graphen, Fehlersimulation und Verifikation. Das zugrundeliegende Fehlermodell besagt meist, daß Fehler innerhalb von Knoten eines verteilten Systems beliebige Auswirkungen zeigen dürfen, die Anzahl der betroffenen Knoten jedoch beschränkt sei. Der (im Gegensatz zu Zuverlässigkeits-Blockdiagrammen) hohe Detaillierungsgrad von Simulation und Verifikation, die beide von einer vollständigen Implementierung eines Fehlertoleranz-Algorithmus ausgehen, erfordert eine Verfeinerung dieses ansonsten gut brauchbaren booleschen Fehlermodells [z.B. BeMü 81, DaLC 79], das nur "Objekt fehlerfrei/fehlerhaft" angibt.

Es erhebt sich die Frage nach der Art des fehlerhaften Verhaltens eines ausgefallenen Knotens: Sind die von ihm ausgesandten Nachrichten z.B.

verfälscht, verspätet oder verlorengegangen? Die größten Schwierigkeiten
entstehen für eine Fehlertoleranz-Instanz oft nicht bei gravierenden,
sondern bei geringfügigen Fehlern, die nach außen weitgehend korrektes
Verhalten zeigen, daher schwer erkennbar sind und leicht zu Inkonsistenzen führen. Das Fehlermodell sollte aus diesem Grunde alle möglichen
Verhaltensweisen fehlerhafter Knoten angeben. Die allgemeine Modellie-
rungsmethode zur Beschreibung von Fehlersituationen in [Schl 80]
entspricht dieser Forderung, bietet aber keine Möglichkeiten der
Verifikation oder der quantitativen Bewertung von Fehlertoleranz-Verfahren an.

Simulationsexperimente und Verifikations-Verfahren können dazu dienen,
die Korrektheit eines Fehlertoleranz-Verfahrens zu überprüfen. Dazu muß
zum Fehlermodell eine Modellierung der Randbedingungen, die im fehlerfreien Knoten gegeben sind, hinzutreten. Es handelt sich meist um
Minimal- bzw. Maximalwertangaben wie: zur Verfügung stehender Speicher-
bereich, Transferrate des Kommunikationssystems, maximale Ausführungs-
dauer eines Programmabschnitts oder Mindestzeit zwischen zwei Anforderungen.

Simulation soll oft darüber hinaus die Belastung durch den Redundanz-
Aufwand für den normalen Rechenbetrieb ermitteln. Das dazu erforderliche
Lastmodell, seine Verteilungsfunktionen und Parameter sind nach densel-
ben Gesichtspunkten wie bei der Leistungsbewertung zu wählen. Da die
Gewinnung statistischer Werte im Vordergrund steht, die aus einem
hinreichend großen Stichprobenumfang gemittelt sind und den Einfluß von
Einzelwerten auf das Resultat mindern, ist hier die Beschränkung des
Fehlermodells auf "typische Fehlerfälle" (sofern man sie wirklich
kennt) vertretbar.

2. Fehlermöglichkeiten

Der Simulation oder Verifikation zugrundeliegende Fehlermodelle müssen
eine Vielfalt von verschiedenartigen Fehlerauswirkungen beschreiben.
Zur Erleichterung einer Klassifikation wird zunächst auf Fehlerursachen
und -ausbreitungsarten eingegangen.

2.1 Ursachen

Fehlerursachen können in der lokalen Rechnerhardware, in der Hardware
der Kommunikationsverbindungen, in einem lokalen Betriebssystem, in
einer der Schichten der Kommunikationssoftware, in globalen Verwaltungs-
funktionen des verteilten Betriebssystems, im Anwenderprogramm oder im
Fehlverhalten des Bedieners liegen – auch wenn die Menge der zu tolerierenden Fehler nur Fehlerauswirkungen auf bestimmten Ebenen nennt. Für
eine Fehlertoleranz-Instanz ist eine Trennung zwischen Hard- und
Softwarefehlern auf verschiedenen Ebenen oft nicht möglich und nicht
sinnvoll, da die Maßnahmen zur Behandlung die gleichen sein können.
Daher verzichten Fehlermodelle i.a. auf eine derartige Unterscheidung
nach Fehlerursachen. Es genügt, wenn ein Fehlermodell alle Schichten,
die unterhalb der Fehlertoleranz-Instanzen liegen, zusammenfaßt, z.B.
alle Hardware-Schichten und die lokalen Betriebssysteme zum Grundsystem
eines Knotens.

2.2 Ausbreitung und Eingrenzung

Fehler können sich, bezogen auf ein Schichtenmodell [z.B. EGöM 83], in zwei Richtungen ausbreiten:

*   Vertikale Ausbreitung liegt vor, wenn sich ein Fehler von einer tieferen in eine höhere Schicht fortpflanzt, was immer dann eintritt, wenn eine höhere Schicht eine ausgefallene Funktion einer tieferen benutzt. Liest etwa ein Prozeß (höhere Schicht) den verfälschten Inhalt einer Speicherzelle (tiefere Schicht), so kann er selbst fehlerhaft werden.

*   Horizontale Ausbreitung liegt vor, wenn ein Objekt durch Interaktion mit einem Nachbarobjekt der gleichen Schicht dort einen fehlerhaften Zustand hervorruft; z.B. kann der eben erwähnte Prozeß den fehlerhaften Speicherzellen-Inhalt mit einer Nachricht an einen anderen Prozeß senden und in diesem einen Fehler hervorrufen.

Um eine Ausbreitung von Fehlern zu verhindern, können an verschiedenen Stellen eines Rechensystems Maßnahmen zur Eingrenzung getroffen werden. Die Eingrenzung der vertikalen Ausbreitung ist oft nur in Software-Schichten möglich, indem an den Schnittstellen zwischen den Schichten entsprechende Prüfungen vorgenommen werden. Da viele Funktionen der Hardware jedoch nicht nur zu bestimmten Aufrufzeitpunkten, sondern permanent benutzt werden (z.B. der Prozessor), sind alle höheren Schichten betroffen, weshalb eine vertikale Eingrenzung schlecht möglich und wenig sinnvoll ist. Dieser Sachverhalt rechtfertigt erneut die zusammenfassende Betrachtung des Grundsystems durch ein Fehlermodell.

In höheren Schichten bereitet die Modellierung der vertikalen Ausbreitung keine Schwierigkeiten, wenn das boolesche Fehlermodell auf Funktionen (ausfallfrei/ausgefallen) und ihre Objektzuordnung ausgeweitet wird. Dadurch wird beschrieben, welche Objekte einer höheren Schicht welche Funktionen einer tieferen Schicht benutzen. Fehler einzelner Objekte der tieferen Schicht führen zum Ausfall der zugeordneten Funktionen und, falls keine vertikalen Eingrenzungsmaßnahmen existieren, zu Fehlern der sie benutzenden Objekte der höheren Schicht (siehe Bild 2.2-1). SIRAM [Echt 82] ist ein Beispiel für eine derartige Modellierung.

Durch die räumliche Trennung einzelner Knoten und die Existenz lokaler Betriebssysteme ist eine horizontale Eingrenzung leicht realisierbar. Fehlermodelle setzen i.a. voraus, daß die Eingrenzungsmaßnahmen auf Hardware-Ebene zur Verhinderung der Ausbreitung von Hardwarefehlern von einem Knoten über die physikalische Verbindung zu einem anderen Knoten perfekt funktionieren. Erst die über den lokalen Betriebssystemen angeordneten globalen Funktionen (die Schichten des Kommunikationssystems und des globalen Betriebssystems) können zur horizontalen Ausbreitung beitragen. Da für das Gelingen einer Fehlerbehandlung die horizontale Eingrenzung in diesen Schichten von entscheidender Bedeutung ist, sind dort alle Arten fehlerhaften Verhaltens zusammen mit den entsprechenden Gegenmaßnahmen (Fehlertoleranz-Algorithmus) detailliert zu modellieren (siehe Bild 2.2-1).

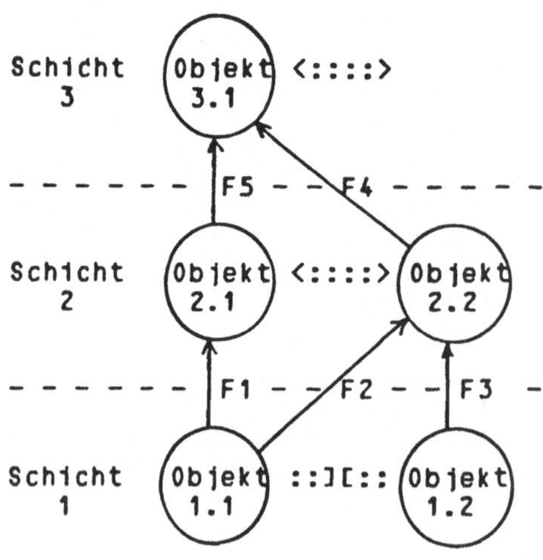

F1,...,F5 Funktionszuordnungen.

——→ Vertikale Ausbreitung über
Funktionszuordnung; be-
schrieben durch erweitertes
boolesches Fehlermodell.

<:::::> Horizontale Ausbreitung;
detaillierte Beschreibung
des fehlerhaften Verhaltens.

::][:: Horizontale Eingrenzung in
tieferen Schichten.

Bild 2.2-1 Funktionszuordnungen.

2.3 Auswirkungen

Zwei Beispiele der Auswirkungen von Fehlern tieferer Schichten auf
höhere Schichten sollen zeigen, daß das boolesche Fehlermodell zur
detaillierten Beschreibung der horizontalen Ausbreitung i.a. nicht
ausreicht.

a: Ein Knoten K2 habe die Aufgabe, eine bei ihm von K1 eintreffende
Nachricht an einen Empfänger-Knoten K3 weiterzuleiten (siehe Bild
2.3-1). Durch eine Störung entsteht ein transienter Fehler; die
Nachricht geht verloren. Ein Fehlermodell, das nur "K1 und K3 gut,
K2 defekt" angibt, kann nicht das Ansprechen der Erkennungsmaßnahme
motivieren: Die in K1 erwartete Quittung von K3 bleibt aus. Die
Art der Ausbreitung müßte durch "Nachricht K1 —→ K2 gut, Nachricht
K2 —→ K3 bleibt aus, Quittung K3 —→ K1 bleibt aus" beschrieben
werden.

b: Zwei Knoten K1, K2 senden Aufträge an ein fehlermaskierendes
dreifach-redundantes System K3, K4, K5 mit der 2-von-3-Mehrheits-
entscheidungs-Instanz K6 (siehe Bild 2.3-2). Ein Softwarefehler
bestehe nun darin, daß K3, K4 und K5 die ankommenden Aufträge
unabhängig voneinander in Fifo-Strategie einlesen, anstatt sich
auf eine gemeinsame Reihenfolge zu einigen; angenommen, K3 und K4
lesen die Aufträge in der Reihenfolge (K1, K2), aber K5 liest in
der Reihenfolge (K2, K1) ein. Existieren lokale Interaktionen
zwischen den beiden Auftragsbearbeitungen, so wird K6 i.a. feststellen, daß K5 von K3 und K4 abweicht. K6 wird die Ergebnisse von
K5 ignorieren und damit den Softwarefehler tolerieren. Ein knoten-
bezogenes boolesches Fehlermodell hätte jedoch den Softwarefehler
allen drei redundanten Knoten zugeordnet und "K3, K4, K5 defekt"
angegeben, was K6 nicht tolerieren könnte.

Die beiden folgenden Abschnitte 3. und 4. nennen je eine Modellierungs-
möglichkeit zur detaillierten Beschreibung des fehlerhaften Verhaltens
bei horizontaler Ausbreitung.

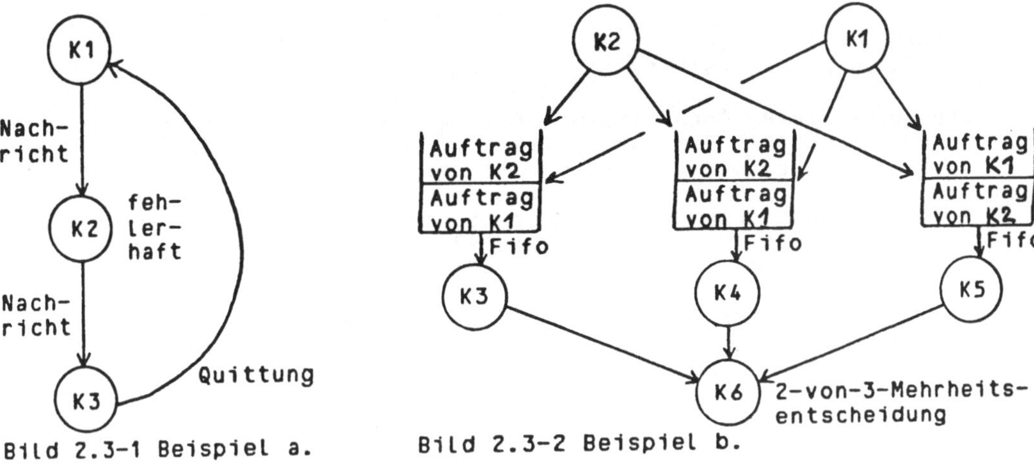

Bild 2.3-1 Beispiel a.   Bild 2.3-2 Beispiel b.

3. Aufzählende Fehlermodellierung

Aufzählende Fehlermodellierung besteht in der Nennung aller Arten
möglichen fehlerhaften Verhaltens; sie ist bei Simulation und Verifikation anwendbar. Ein Fehlersimulator könnte, gesteuert durch einen
Zufallszahlen-Generator, Fehler aus einer Aufzählungsliste auswählen.
Da die Anzahl der aufzuzählenden Fehlerfälle jedoch unannehmbar groß
werden kann, muß nach Möglichkeiten der Zusammenfassung gesucht werden.
Die beiden folgenden Unterabschnitte schlagen dafür zwei Ansatzpunkte
vor, die sich miteinander kombinieren lassen: 1. Fehler werden nur an
bestimmten Stellen im Programm einer Instanz modelliert. 2. Die Fehlerarten sind so zu klassifizieren, wie sie sich für das Kommunikationssystem als unterster globaler Schicht darstellen.

3.1 Fehlerstellen

Mit den Annahmen, daß eine horizontale Eingrenzung auf unterer Ebene
existiert und die Fehlerbehandlung Objekte in tieferen Schichten eines
Knotens nicht unterscheidet, läßt sich das aufzählende Fehlermodell auf
die Interprozeßkommunikation konzentrieren. In verteilten Systemen kann
stets eine nachrichten-orientierte Kommunikation angenommen werden.
Andere Kommunikationsarten, wie z.B. Semaphore, Monitore oder Rendezvous, sind aufgrund der Verteilung der Prozesse auf verschiedene
Rechner ohnehin auf Nachrichten abzubilden. Damit sind die möglichen
Fehlerstellen auf Sende- und Empfangsoperatoren eingrenzbar. Da sich
jedoch ein Empfangsfehler erst bei einem nachfolgenden Senden nach
außen bemerkbar macht, müssen allein die Sendeoperatoren die verschiedenen Arten fehlerhaften Verhaltens modellieren (siehe Bild 3.1-1).

Damit weist das Fehlermodell eines Knotens folgende Struktur auf: Ein
boolesches Fehlermodell (fehlerfrei/fehlerhaft) gibt für die Objekte
jeder Schicht (z.B. Speicherblöcke, Funktionen des lokalen Betriebssystems) an, ob sie fehlerhaft sind. In einigen Objekten kann die ursächliche Fehlerentstehung angenommen werden.

* Die vertikale Ausbreitung erfolgt entsprechend den Funktionszuordnungen zwischen Schichten und führt bei Objekten höherer Schichten
ebenfalls zu booleschen Fehleraussagen.

* Die horizontale Ausbreitung erfolgt bei der Kommunikation von
Objekten höherer Schichten. Ist ein Objekt im booleschen Fehlermodell als fehlerhaft gekennzeichnet, so werden

    * die Funktionen dieses Objekts intern stets als fehlerfrei
    angenommen (z.B. führt ein Simulator die Programmanweisungen
    eines fehlerhaften Objekts korrekt aus),

    * für die von ihm abgesandten Nachrichten alle Fehlerfälle der
    Aufzählungsliste (siehe Abschnitt 3.2) angenommen, z.B.
    Verfälschung des Nachrichteninhalts.

Der ebenfalls intern stets als fehlerfrei angenommene Empfänger bestimmt
dann die Folgen der Fehlerfälle, z.B. Fehlererkennung oder Verarbeitung
der falschen Information. Im Falle der ungeprüften Weiterleitung einer
verfälschten Nachricht an einen weiteren Knoten, kann damit das Ansprechen dessen Fehlererkennungsmaßnahmen motiviert werden (vgl. Beispiel a
in Abschnitt 2.3).

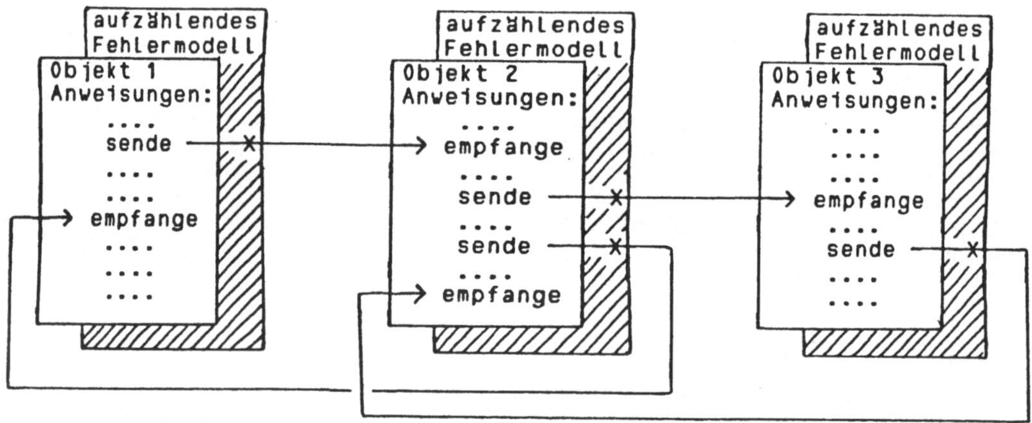

Bild 3.1-1 Aufzählendes Fehlermodell, dargestellt am Beispiel von drei
interagierenden Objekten. An den mit X bezeichneten Stellen
wird, wenn das betreffende Objekt fehlerhaft ist, fehlerhaftes Verhalten modelliert.

3.2 Fehlerarten

Alle Möglichkeiten des fehlerhaften Verhaltens beim Absenden einer
Nachricht sind in einer Aufzählungsliste festgehalten. Die Fehlerfälle
werden so unterschieden, wie sie sich der niedrigsten globalen Schicht,
dem Kommunikationssystem, darstellen. Die Fehler höherer globaler
Schichten sind, da sie Kommunikationsfunktionen benutzen, in der
Aufzählungsliste eingeschlossen.

Eine konkrete Aufzählungsliste könnte lauten:

A1: Nicht_senden: Die Nachricht wird unterdrückt.

A2: Verspätet__senden: Die Nachricht wird um eine die Zeitredundanz
übersteigende Zeitdauer verzögert.

A3: Verfälscht_senden: Die mit der Nachricht transferierte Information
wird verfälscht. Da sehr viele Verfälschungsarten möglich sind,
kann dieser Fehlerfall in Abhängigkeit vom Nachrichtenformat
weiter untergliedert werden. Die Verfälschung läßt sich dann für
einzelne Datenfelder angeben. Ist bekannt, daß der Empfänger
Erkennungsmaßnahmen gegen Verfälschung ergreift und lassen sich
diese Maßnahmen getrennt verifizieren, so genügt statt einer
echten Verfälschung eine Verfälschungs-Kennzeichnung.

A4: Veränderte_Nachrichtenart_senden: Falls mehrere Nachrichtenarten
definiert wurden (z.B. Auftrags-, Ergebnis- und Quittierungsnach-
richten), so wird eine nicht beabsichtigte Nachrichtenart abge-
sandt.

A5: An_falschen_Empfänger_senden: Die Nachricht erreicht einen falschen
Empfänger. Bemerkung: Die alleinige Verfälschung der Zieladresse
fällt, wenn der richtige Empfänger erreicht wird, unter A3.

A6: Vervielfältigt__senden: Die abzusendende Nachricht wird verdoppelt
bzw. vervielfältigt.

3.3_Bewertung

Ein Fehlermodell entsprechend A1, ... ,A6 wurde benutzt, um mit Hilfe
des SIRAM-Simulators ein verteiltes Subsystem zur Fehlermaskierung in
verteilten Systemen zu untersuchen [Echt 83a, Echt 83b, Echt 84]. Dabei
stellten sich folgende Vorteile (mit + gekennzeichnet) und Nachteile
(mit − gekennzeichnet) heraus:

+	Das Fehlermodell konnte mit geringem Aufwand im Simulator implemen-
	tiert werden.

+	Die Arbeitsgeschwindigkeit des Simulators wurde kaum veringert.

+	Durch einen entsprechenden Stichprobenumfang wurde eine Vielzahl
	von Kombinationen fehlerhaften Verhaltens unterschiedlicher Knoten
	simuliert und jeweils die Tolerierung gezeigt.

+	In jedem Fehlerfall wurde auch die Fehlerausbreitung und der
	Protokollablauf zur Tolerierung des Fehlers offensichtlich, so daß
	gezielt Protokollvereinfachungen bzw. −ergänzungen vorgenommen
	werden konnten.

−	Die Menge aller Kombinationen der Fehlerarten A1, ... ,A6 (z.B.
	verfälschte Nachricht doppelt senden) konnte nicht mit vertretbarer
	Rechenzeit simuliert werden.

- Eine fehlerbedingte spontane Nachrichtenerzeugung zu beliebigen
  Zeitpunkten ist in diesem Fehlermodell nicht enthalten. Sie ließe
  sich nur unter beträchtlichem Zusatzaufwand durch die Einführung
  von Hilfsprozessen, die zu zufälligen Zeitpunkten bedeutungslose
  Nachrichten aussenden, erreichen.

Zusammenfassend kann festgehalten werden, daß das aufzählende Fehlermodell eine weit größere Detaillierung aufweist und damit eine bessere
Beurteilung eines Fehleroleranz-Verfahrens gestattet als ein rein
boolesches Modell. Trotzdem bleibt die Aufzählungsliste i.a. unvollstän-
dig.

4. Spezifizierende Fehlermodellierung

Durch Verifikation, jedoch nicht durch Simulation, läßt sich die
Erfüllung einer vorgegebenen Spezifikation beweisen. Für ein Objekt,
das sich an der Ausführung eines Fehlertoleranz-Verfahrens beteiligt,
kann die Spezifikation nicht nur die Menge der zu tolerierenden Fehler,
sondern auch die möglichen Verhaltensweisen der von Fehlern betroffenen
Umgebung angeben. Damit ist eine Fehlertoleranz-Instanz auch bei
isolierter Betrachtung verifizierbar. Der folgende Unterabschnitt
beschreibt eine derart in die Spezifikation der Schnittstellen zwischen
Instanzen verlagertes Fehlermodell (siehe auch Bild 4-1). Die boolesche
Modellierung der vertikalen Ausbreitung bleibt davon unberührt.

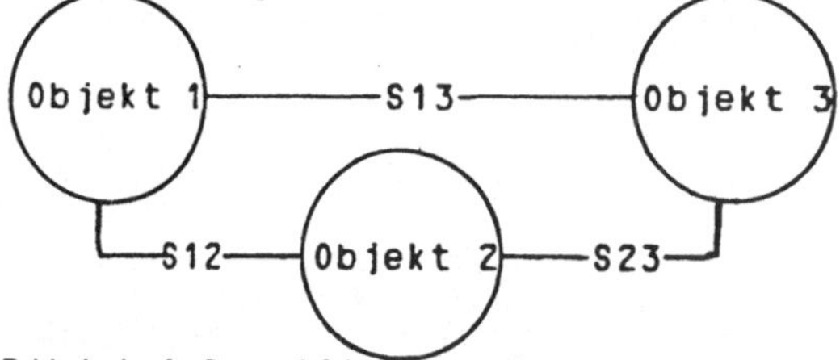

Bild 4-1 Spezifizierendes
         Fehlermodell.

S12, S13, S23 seien Schnitt-
stellenspezifikationen. Um die
Fehlertoleranz-Instanz Objekt 1
bei fehlerhaftem Verhalten von
Objekt 2 zu verifizieren, wird
  * Objekt 1,
  * S13 für den fehlerfreien und
  * S12 für den fehlerhaften Fall
betrachtet.

4.1 Spezifikation der Fehlermöglichkeiten

Da man Objekte zweckmäßigerweise so modelliert, daß Fehler nur von
nicht betroffenen Objekten zu behandeln sind, kann wie beim aufzählenden
Fehlermodell angenommen werden, daß ein gerade betrachtetes Objekt
selbst fehlerfrei ist. Das fehlerhafte Verhalten von Nachbarobjekten in
anderen Knoten äußert sich nur in einer Veränderung der Schnittstellen-
Beschreibung: Manche der im fehlerfreien Fall gültigen Prädikate
entfallen oder werden abgeschwächt (Spezifikation einer Schnittstelle
für den fehlerhaften Fall, siehe Bild 4-1).

Prinzipiell sind beliebige Prädikat-Veränderungen zur Fehlermodellierung
denkbar. Das für die vertikale Ausbreitung zugrundegelegte boolesche
Fehlermodell erfordert jedoch, daß nur die Prädikate verändert werden

dürfen, die Aussagen über fehlerhafte Knoten machen (z.B. die Beschreibung von Objekt 2 durch S12 in Bild 4-1). Die umfassendste Art der Fehlermodellierung besteht nun im Weglassen all dieser Prädikate. Über das Verhalten fehlerhafter Objekte wird dann nichts ausgesagt; beliebiges Fehlverhalten ist zugelassen (u.a. A1, ... ,A6). Somit trifft nicht das aufzählende, sondern das spezifizierende Fehlermodell die eigentlichen Absicht des booleschen Fehlermodells am besten.

Bleiben ausnahmsweise einige Prädikate über einen fehlerhaften Knoten gültig, so geben diese im Gegensatz zum aufzählenden Fehlermodell keine Fehlermöglichkeiten an, sondern bezeichnen die Arten des Fehlverhaltens, die nicht auftreten können. Unmögliches Verhalten eines fehlerhaften Knotens ist i.a. leichter anzugeben als die Aufzählungsliste, weil dieses Verhalten erst durch besondere Maßnahmen ausgeschlossen werden muß. Das Fehlermodell nimmt dann an, daß diese Maßnahmen erfolgreich sind. Beispielsweise kann bei der Verwendung von Verschlüsselungs-Verfahren auch ein fehlerhafter Knoten nur mit geringer Wahrscheinlichkeit einen nicht für ihn bestimmten Text verfälschen und wieder so verschlüsseln, daß dies von anderen Knoten unbemerkt bleibt [z.B. Echt 83b].

Das spezifizierende Fehlermodell läßt sich beim Verifikationsvorgang in einfacher Weise verwenden. Soll die Tolerierung eines Fehlers mit der Menge der fehlerhaften Knoten [K1, ... ,Kn] bewiesen werden, so entfallen einfach die für [K1, ... ,Kn] spezifizierten Eigenschaften.

Der Preis für diese Art der vollständigen Fehlermodellierung liegt in Schwierigkeiten, die bei der Verifikation innerhalb eines als fehlerfrei betrachteten Objekts auftreten können. Da keine konkreten Annahmen über die Art des Fehlverhaltens (z.B. A1, ... ,A6) existieren, sind Aussagen über einzelne Programmstellen einer Fehlertoleranz-Instanz nur durch Auswahl bestimmter Fehlerarten möglich.. Die Programmverzweigung IF B THEN ... ELSE ... erfordert z.B. die Feststellung der Fehlerfälle, die die Bedingung B erfüllen. Die Fallunterscheidung des aufzählenden Fehlermodells verlagert sich also vom Sendeoperator des fehlerhaften Knotens auf das gesamte Programm des fehlerbehandelnden Empfänger-Knotens. Fehlerfälle werden überall dort unterschieden, wo die fehlerbehandelnde Instanz sie "abfragt" – etwa explizit durch IF ... oder (wohl häufiger) implizit druch Zugriff auf interne Datenstrukturen. Diese Fallunterscheidungen· sind im Gegensatz zum aufzählenden Fehlermodell leider nicht auf wenige Programmstellen begrenzbar; die Anzahl der Fälle kann sehr groß werden. Da jedoch bei formaler Fallunterscheidung keine Fehlermöglichkeiten entfallen, bleibt die Vollständigkeit der Fehlermodellierung gewährleistet.

4.2 Beispiel

Welchen Einfluß hat die fehlende Spezifikation eines fehlerhaften Sender-Objekts auf den Empfänger? Über den Beendigungszeitpunkt des Empfangsoperator-Aufrufs und die empfangene Information sind Aussagen erst nach einer Fallunterscheidung F1 möglich, die Prädikate über verschiedene Arten fehlerhaften Senderverhaltens voneinander trennt. Sie besteht bei einer Zeitschranken-überwachung (timer) mit der Startzeit t1 und der Zeitdauer t2 (in vereinfachter Form) aus den beiden Fällen:

F1.1:   Nachricht im Zeitintervall [0, t1+t2] gesendet.
F1.2:   Nachricht nicht im Zeitintervall [0, t1+t2] gesendet.

Außerdem müssen noch die Transferdauer, die Priorität der Prozesse des Kommunikationssystems und die Beschränkung der Pufferkapazität des Empfängers in die Fallunterscheidung F1 eingehen (hier zur Förderung der Übersichtlichkeit weggelassen). Beim Verarbeiten der im Fall F1.1 empfangenen Information I durch die Verzweigung IF I = a ... ist eine weitere Fallunterscheidung F2 nötig:

F2.1:   I = a.
F2.2:   I ≠ a.

Ähnliche Fallunterscheidungen sind an allen weiteren Stellen zu treffen, die I direkt oder indirekt verwenden, z.B. b:= I; c:= b + 3. Eine hohe polynomiale Komplexität bezüglich der Fallanzahl weisen dabei Programmstellen auf, die Variablen mit unterschiedlichen Fehlerfall-Unterscheidungen miteinander verknüpfen. Existieren n Variablen x_1, ... ,x_n mit k_1 Fehlerfall-Unterscheidungen für x_1, dann sind bei der Berechnung einer Funktion f (x_1, ... ,x_n) bis zu k_1* ... $*k_n$ Fehlerfälle zu unterscheiden (Produkt der Fallanzahl). Erst bei Beendigung der Fehlertoleranz-Maßnahmen werden Prädikate gültig, die alle Fehlerfälle wieder zusammenfassen. Sie müssen aussagen, daß jeder mögliche Fehler toleriert wird.

4.3 Bewertung

Das spezifizierende Fehlermodell erlaubt zwar den exakten Nachweis, daß eine bestimmte Fehlermenge (insbesondere bezüglich des booleschen Fehlermodells im eigentlichen Sinn) mit allen möglichen Arten des fehlerhaften Verhaltens toleriert wird, die Anzahl der Fallunterscheidungen kann aber weit größer sein als beim aufzählenden Fehlermodell.

Oft läßt sich feststellen, daß die Elemente der Aufzählungsliste die Fallunterscheidungen des spezifizierenden Fehlermodells in vergröbernder Form enthalten. So entsprechen sich z.B. F1 und A2 (verspätet senden) und F2 und A3 (verfälscht senden). D.h., soweit das Beispiel dargestellt ist, ähneln sich beide Arten der Fehlermodellierung.

Es bietet sich an, das aufzählende Fehlermodell bei der Simulation, das spezifizierende bei der Verifikation zu verwenden. Letzteres ist für die Simulation ohnehin prinzipiell nicht brauchbar, da ein Simulator keine Prädikate, sondern nur konkrete Variablenwerte verarbeiten kann. Andererseits entspricht nur das spezifizierende Fehlermodell dem eigentlichen Verifikationszweck: dem Korrektheits-Beweis. Das aufzählende Fehlermodell kann als brauchbare Notlösung gelten, wenn andernfalls die Anzahl der zu unterscheidenden Fälle zu groß wird. Immerhin sind die Verifikations-Aussagen für die in der Aufzählungsliste enthaltenen Fehlerarten (z.B. A1, ... ,A6) exakt gültig.

5. Hierarchische Fehlermodellierung aufgrund hierarchischer Fehlertoleranz-Verfahren

Wenn eine hierarchische Struktur von Fehlertoleranz-Instanzen vorliegt, die unterschiedliche Fehlerarten behandeln, besteht sowohl beim aufzählenden als auch beim spezifizierenden Fehlermodell eine einfache Möglichkeit, die Anzahl der zu unterscheidenden Arten fehlerhaften Verhaltens zu verringern. Müssen jedoch alle Fehlertoleranz-Instanzen in verschiedenen Schichten eines verteilten Systems kooperieren, um einen Fehler zu tolerieren, so entfallen bei hierarchischer Spezifikation und Modellierung [z.B. MeSc 82 bezüglich Verifikation] die Vereinfachungsmöglichkeiten, weshalb dieser Fall in den folgenden Unterabschnitten ausgeklammert bleibt.

5.1 Konzept eines hierarchischen Fehlermodells

Teilen sich Fehlertoleranz-Instanzen verschiedener Schichten ihre Aufgabe, dann muß eine einzelne Instanz nicht alle, sondern nur einige Fehler tolerieren. Das Fehlermodell läßt sich an die Struktur der Instanzen anpassen, indem für jede Schicht nur die Fehlerarten modelliert werden, die dort zu tolerieren sind. D.h., alle unterhalb einer Fehlertoleranz-Instanz FTI_n liegenen Schichten werden mitsamt der darin implementierten Fehlertoleranz-Instanzen $FTI\_1, \ldots , FTI\_n-1$ zum Grundsystem für FTI_n zusammengefaßt (siehe Bild 5-1). Damit entsteht folgende Modellstruktur:

*   Das boolesche Fehlermodell wird zur Beschreibung der vertikalen Ausbreitung beibehalten. Das aufzählende bzw. spezifizierende Modell gibt aber nicht mehr in jeder Schicht alle möglichen Arten fehlerhaften Verhaltens an.

*   Unter der Annahme, daß das fehlerhafte Verhalten FV_i in der Schicht S_i von der Fehlertoleranz-Instanz FTI_i behandelt wird und daß die zu FV_i führende ursächliche Fehlerentstehung in einer Schicht unterhalb S_i liegt, kann auf eine Modellierung der Fehlerart FV_i in den über S_i angeordneten Schichten verzichtet werden. Bei n Schichten sei die Menge aller zu tolerierenden Fehlerarten $FV = FV\_1 \cup \ldots \cup FV\_n$ und FM_i die für S_i zu modellierende Fehlerart mit:

$$FM\_n = FV \setminus (FV\_1 \cup \ldots \cup FV\_n-1),$$
$$\ldots\ldots$$
$$FM\_3 = FV \setminus (FV\_1 \cup FV\_2),$$
$$FM\_2 = FV \setminus FV\_1,$$
$$FM\_1 = FV$$

(∪ steht für Mengenvereinigung, \ steht für Mengendifferenz.)

Die Schicht S_i+1 setzt z.B. die Tolerierung von FV_i voraus.

Bezogen auf eine bestimmte Schicht besteht die erreichte Vereinfachung

*   beim aufzählenden Fehlermodell aus einer Verkürzung der Aufzäh-
    lungsliste (die in tieferen Schichten tolerierten Fehlerarten
    entfallen),

*   beim spezifizierenden Fehlermodell in der Verwendung von Prädikaten
    über fehlerhafte Objekte. Sie sagen aus, daß die in tieferen
    Schichten tolerierten Fehlerarten ausgeschlossen werden können.
    Andererseits werden die in höheren Schichten zu tolerierenden
    Fehlerarten an diese unmittelbar weitergegeben, so daß sich die in
    Abschnitt 4.1 erwähnten Fallunterscheidungen auf die Fehler
    beschränken, die in der betrachteten Schicht zu tolerieren sind.

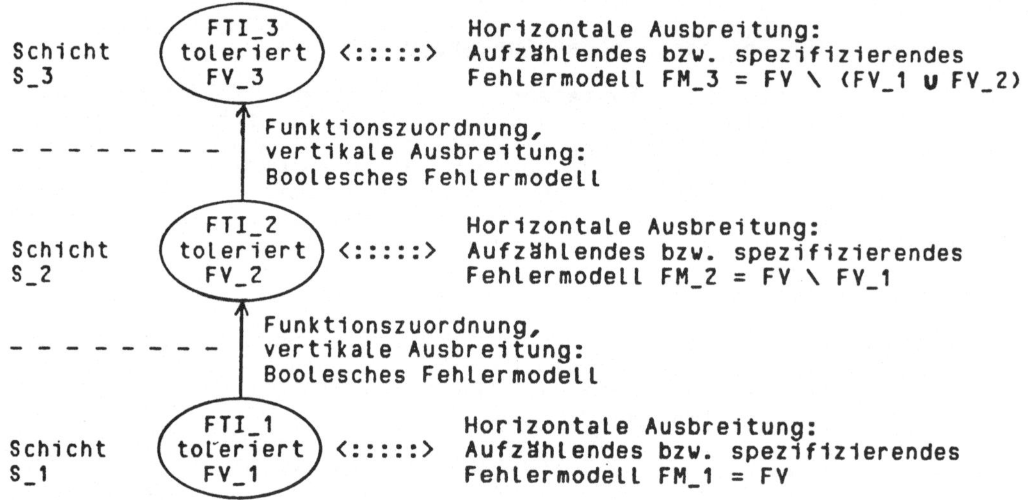

Bild 5-1 Hierarchische Modellierung von fehlerhaftem Verhalten.

5.2 Fehlertoleranz-Instanzen in niedrigen Schichten

Zwei bekannte Beispiele sollen zeigen, daß Fehlertoleranz-Instanzen
nicht nur im globalen Betriebssystem (z.B. Rücksetzpunkt-Verwalter,
Rekonfigurator), sondern auch auf niedrigeren Hardware- und Software-
schichten angesiedelt sind. Dadurch entsteht ein hierarchisches Fehlertoleranz-Verfahren, das eine hierarchische Fehlermodellierung erlaubt.

a: Ein Arbeitsspeicher kann einen Fehlerkorrektur-Code und eine entsprechende Korrektureinheit verwenden. Auf eine bestimmte Bit-Anzahl begrenzte Fehler bleiben nach außen ohne Folgen und müssen in höheren Hard- und Softwareschichten nicht modelliert werden. Bei Simulation und Verifikation entspricht dieser Speicher einem solchen mit perfekteren Speicherbausteinen — eine übliche Betrachtungsweise, die jedoch bei der Berechung der Überlebenswahrscheinlichkeit anhand von Zuverlässigkeits-Blockdiagrammen nicht anwendbar ist, da redundante Moduln eine andere Lebensdauer-Verteilungsfunktion besitzen als nicht-redundante [Görk 69].

b: Auf der Verbindungsschicht eines Kommunikationssystems werden Nachrichten üblicherweise mit Prüfzeichen versehen, so daß ein Empfänger Verfälschungen des Nachrichteninhalts (Fehlerart A3) mit hoher Wahrscheinlichkeit erkennt und den Sender durch eine negative Quittierung zu erneutem Nachrichtentransfer auffordert. Aus der Sicht höherer Schichten können Nachrichten zwar ausbleiben, sind aber unverfälscht, wenn sie beim Empfänger ankommen [z.B. HaOw 83].

5.3 Schichtenstruktur innerhalb von Fehlertoleranz-Instanzen

Während im vorhergehenden Abschnitt 5.2 Beispiele für Fehlertoleranz-Instanzen, die in verschiedene Schichten eines verteilten Systems eingebaut sind, genannt wurden, behandelt dieser Abschnitt den umgekehrten Fall: Eine Fehlertoleranz-Instanz, oft als _eine_ "Fehlertoleranz-Schicht" aufgefaßt, soll in _mehrere_ Schichten unterteilt werden, die unterschiedliche Fehler tolerieren. Dadurch läßt sich wieder die hierarchische Fehlermodellierung anwenden und die Instanz leichter simulieren bzw. verifizieren.

Beispielsweise könnte eine Fehlertoleranz-Instanz, die aus mehreren interagierenden Objekten in verschiedenen Knoten eines verteilten Systems besteht, folgende Schichtenstruktur aufweisen (S_n ist die unterste betrachtete Schicht):

S_n: Beim Empfänger eintreffende Nachrichten, die dieser nicht erwartet, d.h. für die kein Aufruf des Empfangsoperators erfolgt, werden ignoriert und vernichtet. Damit wirken sich Verfälschung der Nachrichtenart (A4) oder Transfer zum falschen Empfänger (A5) wie ein Nachrichtenverlust aus. Bei vervielfältigtem Senden (A6) wird nur die erste Nachricht erwartet und empfangen, alle weiteren werden ignoriert. Die Schnittstelle S_n/S_{n+1} definiert damit eine "at-most-once semantics" [Lisk 81].

S_{n+1}: Jeder Empfangsoperator wird mit dem Start einer Zeitschranken-Überwachung verbunden. Bleiben erwartete Nachrichten aus (Fehlerarten A1 und A2 oder Folge der Fehlerbehandlung in S_n), so läuft die Zeitschranken-Überwachung ab und es wird an S_{n+2} eine Nachricht gesandt, die auf eine Fehlermöglichkeit im Sender hinweist. Über S_{n+1} liegende Schichten können also davon ausgehen, daß erwartete Nachrichten stets ankommen — auch im Fehlerfall. Die Schnittstelle S_{n+1}/S_{n+2} definiert damit eine "exactly-once semantics".

S_n+2:   Verfälschungen des Nachrichteninhalts während des Transfers
          durch das Kommunikationssystem (A3) erkennt der Empfänger
          durch der Nachricht beigefügte Prüfzeichen. Negative Quittie-
          rung fordert den Sender zur Transferwiederholung auf.

S_n+3:   In dieser Schicht erscheinen Fehler nur noch so, als ob der
          Sender den Nachrichteninhalt vor Transferbeginn verfälscht
          habe (ebenfalls A3). D.h. jeder Fehler des Senders äußert
          sich als "Rechenfehler". Fallunterscheidungen sind daher in
          S_n+3 i.a. nur an den Programmstellen erforderlich, die
          Konsistenzbedingungen abfragen, wie folgendes Beispiel zeigt:
          Die Knoten K1 und K2 führen den gleichen Auftrag redundant
          aus und vergleichen anschließend ihre Ergebnisse durch
          Nachrichtenaustausch. Beide senden ihre Vergleichsaussage
          ("Ergebnis(K1)=Ergebnis(K2)" oder "Ergebnis(K1)≠Ergebnis(K2)")
          an einen Knoten K3, der die Übereinstimmung beider Ver-
          gleichsaussagen prüfen kann.

5.4 Bewertung

Hierarchische Fehlermodellierung aufgrund hierarchischer Fehlertoleranz-
Verfahren ist sowohl beim aufzählenden, als auch beim spezifizierenden
Fehlermodell, sowohl bei Simulation, als auch bei Verifikation vorteil-
haft anwendbar. In jeder einzelnen Schicht sind weniger Fehlerarten und
in allen Schichten zusammen weniger Kombinationen von Fehlerarten zu
betrachten. Die Hierarchiestufen lassen sich jedoch nicht allgemein
angeben; sie hängen von der Schichtenstruktur der Fehlertoleranz-Instanzen und den in jeder Schicht tolerierten Fehlerarten ab.

Um diese Art der Fehlermodellierung zu fördern, sollte ein mehrschichti-
ger Entwurf der Fehlertoleranz-Algorithmen angestrebt werden - insbesondere innerhalb von Fehlertoleranz-Instanzen (siehe Abschnitt 5.3),
zumal dadurch neben Simulier- und Verifizierbarkeit weitere Vorteile
entstehen: Die Modularisierung des Programms und die vertikale Eingrenzung können verbessert werden. Das Problem der i.a. unvollständigen
Aufzählungsliste bleibt jedoch bestehen.

In der Anwendung wirkt sich die Hierarchisierung folgendermaßen aus:

*   Ein Simulator kann von einer getrennten Modellierung jeder Schicht
     (bzw. einer Gruppe zusammenhängender Schichten) ausgehen und
     beginnend mit der untersten Schicht S_1 in der Reihenfolge S_1,
     S_2, ... getrennte Simulationsläufe ausführen. Beim Übergang zur
     jeweils nächsthöheren Schicht werden die durch die vorangegangene
     Simulation gewonnenen Richtigkeitsaussagen vorausgesetzt, gewonnene
     Leistungswerte als Parameter verwendet und (ein Zusatzaufwand !)
     die Objekte nochmals vergröbernd modelliert.

*   Bei Verifikations-Verfahren entfällt die vergröbernde Modellierung.
     Objekte in verschiedenen Schichten lassen sich aufgrund der
     Schnittstellenspezifikation isoliert betrachten.

6. Zusammenfassung

Diese Arbeit begründet, weshalb bei Simulation und Verifikation detail-
liertere Fehlermodelle vonnöten sind als bei anderen Methoden der
Bewertung von Fehlertoleranz-Verfahren. Neben "Was ist fehlerhaft" muß
die Frage "Wie äußern sich Fehler" beantwortet werden. D.h., ein
Fehlermodell darf sich nicht nur auf die Angabe der von einem Fehler
betroffenen Objekte beschränken, sondern muß auch die Art des fehlerhaften Verhaltens angeben. Für den erstgenannten Zweck genügt das boolesche
Fehlermodell mit Berücksichtigung der vertikalen Ausbreitung. Für den
zweiten Zweck, die Beschreibung der Fehlerart, stellt diese Arbeit zwei
mögliche Modelle vor: das für Simulation und Verifikation geeignete
aufzählende Fehlermodell und das nur für Verifikation geeignete spezifizierende Fehlermodell.

Die Vielzahl der möglichen Fehlerarten bereitet beiden Modellen Schwierigkeiten. Die Aufzählung konkreter Fehlerarten bleibt i.a. unvollstän-
dig; die Spezifikation aller Fehlerarten führt bei der Verifikation oft
zu einer großen Anzahl von Fallunterscheidungen. Nicht in allgemeiner
Weise, aber für vorgegebene Fehlertoleranz-Verfahren läßt sich dieses
Problem durch Hierarchisierung mildern. Dazu ist eine Schichtenstruktur
der Fehlertoleranz-Instanzen auf eine entsprechende Schichtenstruktur
des Fehlermodells abzubilden. Da gerade bei fehlertoleranten Systemen
dem Korrektheitsnachweis vor Inbetriebnahme eine besondere Bedeutung
zukommt, ist beim Entwurf einer Fehlertoleranz-Instanz ggf. die Aufspal-
tung der Menge der zu tolerierenden Fehler in Untermengen für verschiedene Schichten zu fordern.

Bezüglich der Simulation wurde ein derartiges Modellierungskonzept z.B.
für das Fehlermaskierungs-Verfahren [Echt 84] erprobt; [Echt 83b]
beschreibt niedrigere und [Echt 83a] höhere Schichten. Ein ähnliches
Vorgehen ist für die Verifikation dieses Verfahrens geplant, wobei die
Möglichkeiten zur Schichten-Strukturierung in der Sprache CIL und im
CIL-Verifikations-System [DrKr 83] genutzt werden sollen.

Danksagung

Für ihre Diskussionsbereitschaft danke ich Herrn Prof. Dr.-Ing. W.
Görke, Herrn Dipl.-Inform. Heiko Krumm und Herrn Dipl.-Inform. Andreas
Pfitzmann.

Literatur

BeMü 81   Beilner, Heinz; Müller, Bruno:
           Zuverlässigkeitsanalyse mit Instrumenten zur Leistungsanalyse.
           Forschungsbericht Nr. 121, Universität Dortmund, 1981.

DalC 79   Dal Cin, M.:
           Fehlertolerante Systeme. Teubner Studienbücher Informatik,
           Jahrgang 19, 1979, S. 117 - 146.

DrKr 83   Drobnik, O.; Krumm, H.:
           CIL - eine Sprache zur Implementierung von Kommunikationsdien-
           sten. Kommunikation in verteilten Systemen - Anwendungen und
           Betrieb, Springer-Verlag, Berlin..., 1983, S. 301 - 315.

Echt 82   Echtle, K.:
           Bewertung von Fehlertoleranz-Verfahren für Mehrmikrorechner-
           Systeme durch Simulation. Struktur und Betrieb von Rechensy-
           stemen, VDE-Verlag, Berlin, 1982, S. 371 - 380.

Echt 83a   Echtle, K.:
           Fehlermaskierung durch verteilte Entscheider-Systeme (Int.
           Bericht 8/83), Rekonfiguration von hybridredundanten Mehrmi-
           krorechnern (Int. Bericht 9/83). Fak. für Informatik, Uni.
           Karlsruhe, 1983.

Echt 83b   Echtle, K.:
           Verteilte Fehlermaskierungs-Systeme. GI-Workshop Fehlertole-
           rante Mehrprozessor- und Mehrrechnersysteme, Arbeitsbericht,
           Band 16, Nr. 11, IMMD, Uni. Erlangen, 1983, S. 154 - 164.

Echt 84   Echtle, K.:
           Fehlermaskierende verteilte Systeme zur Erfüllung hoher
           Zuverlässigkeits-Anforderungen in Prozeßrechner-Netzen.
           Angenommener Vortrag zur Tagung: Architektur und Betrieb von
           Rechensystemen, Springer-Verlag, Berlin..., 1984, 14 Seiten.

EGöM 83   Echtle, K.; Görke, W.; Marhöfer, M.:
           Zur Begriffsbildung bei der Beschreibung von Fehlertoleranz-
           Verfahren. Int. Bericht 6/83, Fak. für Informatik, Uni.
           Karlsruhe, 1983.

Görk 69   Görke, W.:
           Zuverlässigkeitsprobleme elektronischer Schaltungen. Biliogra-
           phisches Institut, Mannheim..., 1969.

HaOw 83   Hailpern, B.; Owicki, S.:
           Modular Verification of Computer Communication Protocols.
           IEEE Trans. on Communications, Vol. Com-31, No. 1, 1983, S.
           56 - 68.

Lisk 81   Liskov, B.:
           On Linguistic Support for Distributed Programs. IEEE Symposium
           on Reliability in Distributed Software and Database Systems,
           1981, S. 53 - 60.

MeSc 82   Melliar-Smith, P.M.; Schwartz, R.L.:
           Formal Specification and Mechanical Verification of SIFT: A
           Fault-Tolerant Flight Control System. IEEE Trans. on Compu-
           ters, Vol. C-31, No. 7, 1982, S. 371 - 380.

Schl 80   Schlichter, J.:
           Grundstrukturen in fehlertoleranten Systemen und ihre formale
           Darstellung. Dissertation, Fachbereich Mathematik, Technische
           Universität München, 1980.

Error Recovery in einer verteilten Systemarchitektur

E. Nett
R. Kröger

Gesellschaft für Mathematik und Datenverarbeitung
Schloss Birlinghoven
5205 St. Augustin 1

ABSTRACT

Funktionsverteilung und verteilte Kontrolle sind zwei wichtige Architekturmerkmale zur Erzielung einer hohen Systemzuverlässigkeit. Die sogenannte Error Recovery bewirkt dabei die Wiederherstellung eines konsistenten Systemzustands nach der Erkennung eines aufgetretenen Fehlers. Bei der Implementierung dieser Recoveryfähigkeit des Systems wird jedoch nach bisheriger Praxis die potentielle Nebenläufigkeit weit über das unbedingt notwendige Mass hinaus eingeschränkt. Dies bedeutet, dass hierdurch eine zweite wichtige Eigenschaft von verteilten Systemen, nämlich Leistungssteigerung durch Ausnutzung der vorhandenen Parallelität, konterkariert wird. Diese Abhängigkeiten zu erläutern und die dazu entwickelten Lösungsmöglichkeiten darzulegen, ist das Ziel dieses Beitrages.

1. Einleitung

Die Nachfrage nach verteilten Rechensystemen steigt ständig und ein Ende dieser Entwicklung noch nicht in Sicht. Diese "Revolution" rückt die Zuverlässigkeit von verteilten Systemen mehr und mehr in den Mittelpunkt des Interesses. Das Thema dieser Arbeit beschäftigt sich mit einem kritischen Problem: Wie soll man ein zuverlässiges, verteiltes Rechnersystem bauen? Genauer, gefragt sind Entwurf und prototypische Implementierung einer Systemarchitektur, die

1. die Konstruktion zuverlässiger, verteilter Berechnungen (Programme) wirkungsvoll unterstützt und

2. das Auftreten von Hardware- und Kommunikationsfehlern sowie bestimmter logischer Fehler toleriert.

Sicherung der Konsistenz - insbesondere bei Auftreten von Fehlern - wird allgemein als das Hauptproblem bei der Realisierung von Verteiltheit angesehen. So soll die sogenannte "Error Recovery" die Wiederherstellung eines konsistenten Systemzustands nach Erkennung eines aufgetretenen Fehlers bewirken. Deshalb müssen der Aspekt der "Concurrency Control" sowie der "Recovery" zusammen betrachtet werden. Dementsprechend beruht unser Systementwurf auf dem Konzept der geschachtelten, atomaren Aktionen. Diese sind Konstrukte zur Erstellung zuverlässiger, verteilter Berechnungen und vereinfachen somit die Programmierung verteilter Systeme, indem sie

1. die korrekte Benutzung globaler (shared) Datenobjekte sichern (Synchronisationsaspekt),

2. die automatische Sicherung bestimmter Objektzustände bewirken und somit ein Zurücksetzen auf diese Zustände ermöglichen (Recoveryfähigkeit) und

3. eine Grundlage bilden für die Implementierung von Softwarefehlertoleranzverfahren (z.B. recovery blocks).

Die bisher skizzierte Problemstellung ist prinzipiell nicht neu. Allerdings ist unser Lösungsansatz in seiner Zielsetzung neuartig. Diese ist nicht das Design eines verteilten Datenbanksystems, eines verteilten Filesystems etc. Unser Bemühen zielt nicht auf eine bestimmte Anwendung auf der Applikationsebene, sondern auf eine Universal-Systemarchitektur, welche die geforderten Eigenschaften besitzt. Dies ist Unterscheidung und Fortschritt zugleich gegenüber bisheriger Praxis. Mit Hilfe verteilter Systeme wird es immer mehr möglich, verschiedenartige Anwendungen durch entsprechend "spezialisierte Knoten" auf einem Universalrechner-System laufen zu lassen. Da genügt es dann nicht mehr, den korrekten Ablauf einer Berechnung (Aktivität) allein dadurch gewährleisten zu wollen, dass im Fehlerfalle das benutzte Datenbanksystem die vorgenommenen "updates" konsistent rückgängig machen kann, es ansonsten aber in der Verantwortung des entsprechenden Applikationsprogramms bzw. Benutzers liegt, andere Aktionen (z.B. getätigte file updates) synchronisiert mit dem Verhalten der Datenbank zu behandeln.

Neben reinen Anwendersoftwaresystemen bieten kommerzielle Hersteller auch Basissysteme an, bei denen inzwischen ein durchaus beachtlicher Aufwand insbesondere für die Verfügbarkeit getrieben wird [1,2]. Dabei sind auf der Betriebssystemebene Mechanismen zum "backup" von Prozessen, Files etc. vorgesehen. Allerdings wird von seiten der Systemarchitektur keine Unterstützung zur Konsistenzsicherung gegeben, so dass der Anwender mit dem Problem des korrekten Designs und der Ausführung verteilter Berechnungen alleine gelassen wird. Zudem werden lediglich reine Hardwarefehler toleriert wobei stillschweigend die Voraussetzung gemacht wird, dass laufende Hardware auch korrekt läuft.

Aus dem Bereich der Forschung sind in erster Linie zu erwähnen die Arbeiten am M.I.T. [4,5,6,7]. Hier steht allerdings die Entwicklung eines Universal-Softwaresystems bzw. deren Integration in eine Programmiersprache (ARGUS) im Vordergrund. An der UCLA ist ein genesteter Transaktionsmechanismus für ein verteiltes Filesystem, basierend auf UNIX, entwickelt und implementiert worden (LOCUS) [8,9,10]. Hierher stammen auch die uns bisher einzig bekannten quantitativen Erfahrungswerte.

2. Atomare Aktionen

Atomare Aktionen unterstützen die Konsistenzerhaltung von gemeinsam benutzten Datenobjekten sowohl im Fehlerfall als auch bei nebenläufigem Zugriff und stellen somit ein geeignetes Konzept für verteilte Systeme dar. Im einzelnen ist eine atomare Aktion (im folgenden a.A. abgekürzt), wie der Begriff Aktion schon andeutet, ein Stück (verteilter) Systemaktivität, wobei zwei Eigenschaften diese Aktivität als atomar auszeichnen:

-   Atomarität im Fehlerfall
    Diese Eigenschaft sichert die Recoveryfähigkeit und beinhaltet einen Alles oder Nichts - Effekt, d.h. entweder wird eine a.A. erfolgreich beendet und alle

benutzten Objekte wechseln in ihren Endzustand oder aber sie scheitert und alle Objekte werden in ihren Anfangszustand zurückgesetzt.

- Atomarität der Wirkung
Diese Eigenschaft stellt ein Konsistenzkriterium bei Vorhandensein von nebenläufigen Aktivitäten dar. Es besagt, dass keine dieser Aktivitäten Zwischenzustände der anderen sehen kann und somit ungewollte Interferenzen nicht auftreten können. Anders ausgedrückt, eine einzelne Aktion für sich soll so ablaufen, als wenn sie in diesem Zeitraum alleine ausgeführt würde. Dies hat auch zur Folge, dass nun die Error Recovery für a.A. unabhängig voneinander vorgenommen werden kann und das Enstehen eines Domino-Effekts vermieden wird.

- Permanenz der Wirkung
Diese dritte Eigenschaft garantiert zusätzlich, dass die erreichten Endzustände nicht mehr rückgängig gemacht werden können.

Um nun die beiden erstgenannten Eigenschaften zu sichern, muss der Zugriff auf gemeinsam benutzte Objekte synchronisiert werden und das System muss in die Lage versetzt werden, die von gescheiterten a.A. vorgenommenen Änderungen an Objekten rückgängig zu machen. Die Ausführung solcher a.A. beruht in unserem Entwurf auf der systemseitigen Bereitstellung sogenannter atomarer Typen, die ihrerseits wiederum auf der Implementierung eines systemweiten, robusten Objektspeichers fussen. Atomare Objekte, d.h. Inkarnationen atomarer Typen, haben die folgenden Eigenschaften. Sie sind

- typisiert (durch den zugehörigen abstrakten Datentyp, bestehend aus einer Menge von typspezifischen Operationen, welche exklusiv die inkarnierten Datenobjekte manipulieren können)

- geschützt (Zugriff über einen Capability-Mechanismus)

- konsistent bzgl. nebenläufiger Benutzung

- recoveryfähig

3. Trade-off von maximaler Nebenläufigkeit gegen Recoveryfähigkeit

Die Implementierung von Konsistenzerhaltungsmechanismen zieht unvermeidlich eine Einschränkung der Nebenläufigkeit und damit der Systemleistung nach sich. Zur Erzielung der Recoveryfähigkeit wird nach heute noch gängiger Praxis die potentiell erreichbare Nebenläufigkeit noch einmal über das für die Konsistenzerhaltung notwendige Mass hinaus reduziert. Im folgenden werden diese Abhängigkeiten diskutiert und die daraus abgeleiteten Folgerungen erläutert.

Der einfachste Weg, die geforderte Atomarität der Wirkung zu sichern, wäre, alle Aktionen sequentiell ablaufen zu lassen. Dies würde den völligen Verzicht auf Leistungssteigerung durch Ausnutzung von Nebenläufigkeit bedeuten und ist nicht akzeptabel. Deshalb benutzen wir das allgemein anerkannte Konsistenzkriterium der Serialisierbarkeit. Es besagt, dass die Ausführung von nebenläufigen Aktionen derart erfolgt, dass der dabei erzielte globale Effekt äquivalent dem einer beliebigen sequentiellen Ausführung ist. Entscheidend für den dabei erreichbaren Grad an Nebenläufigkeit ist nun die Art der Implementierung, die wiederum in ihren Möglichkeiten abhängig ist von der Detailliertheit der Information über die Semantik der auf den Objekten stattfindenden Operationen. Zur näheren Erläuterung dieses Zusammenhangs werden die folgenden Definitionen eingeführt.

D: $T_i : X \xrightarrow{O} T_j : Y$ beschreibt die Abhängigkeit D, die entsteht, wenn
die a.A. T die Operation X und anschliessend die a.A. T die Operation Y
auf dem gemeinsam benutzten Objekt O ausführen.

$<_D := \{(T_i,T_j) | \exists X,Y,O$ so dass D: $T_i : X \xrightarrow{O} T_j : Y\}$ bildet eine Relation auf einer
Menge von a.A.. Sie besagt, wenn $T_i <_D T_j$, dann geht T_i T_j voraus bzw.
T_j hängt bzgl. der Abhängigkeit D von T_i ab.

$<_D^*$ sei die transitive Hülle von $<_D$. Stellt $<_D^*$ eine partielle Ordnung dar,
so existieren keine Zyklen der Form $T_1 <_D T_2 <_D .... <_D T_n <_D T_1$.

Ist diese Zyklenfreiheit von $<_D^*$ für alle nebenläufig stattfindenden a.A. Ti bzgl.
der Menge der gemeinsam benutzten Objekte gegeben, so kann man zeigen, dass
dann die Serialisierbarkeitsforderung erfüllt ist.

Da bisher bei der Definition der Abhängigkeit D keine Kenntnis über die
Semantik der Operationen X und Y vorausgesetzt wurde, diese also nicht
voneinander unterscheidbar sind, werden Zyklen bzgl. der denkbar allgemeinsten
Abhängigkeitsrelation verhindert und damit die Nebenläufigkeit in maximaler Form
eingeschränkt. Die naheliegendste Form der Verfeinerung ist die Einführung einer
Lese/Schreib-Semantik. Durch die Unterscheidung in Lesen und Schreiben ergeben
sich nun vier verschiedene Abhängigkeiten:

$$D_1: \quad T_i : R \xrightarrow{O} T_j : R$$

$$D_2: \quad T_i : R \xrightarrow{O} T_j : W$$

$$D_3: \quad T_i : W \xrightarrow{O} T_j : R$$

$$D_4: \quad T_i : W \xrightarrow{O} T_j : W$$

Man kann nun leicht nachvollziehen, dass bei D1 $T_i <_D T_j$ und $T_j <_D T_i$

in ihrer Wirkungsweise nicht voneinander unterscheidbar sind. Daraus folgt, dass
zur Erzielung der Serialisierbarkeit die Zyklenfreiheit nur noch bzgl. der Relation
$<_{D_2 \cup D_3 \cup D_4}^*$ durchzusetzen ist. Der Effizienzgewinn besteht also darin, dass verschiedene a.A. nebenläufig das gleiche Objekt lesen können

Mit der Implementierung atomarer Typen ist uns nun ein Instrument in die
Hand gegeben, mit dem wir die Semantik differenzierter bis auf die Ebene der
typspezifischen Operationen verfeinern können. Dies sei im folgenden beispielhaft
anhand des atomaren Typen Semi-Queue illustriert. Eine Semi- Queue unterscheidet sich von einer Queue darin, dass das Entnehmen eines Elementes aus der
Schlange nicht in strikter FIFO-Ordnung geschehen muss. Im wesentlichen besitzt
Semi-Queue zwei typspez. Operationen:

ENQUEUE: Hinzufügen eines Elementes
DEQUEUE: Entnehmen eines Elementes

Es können somit zwei ENQUEUE-Operationen verschiedener a.A. nebenläufig
abgearbeitet werden. Falls sichergestellt ist, dass verschiedene Elemente betroffen
sind, trifft dies auch auf eine ENQUEUE- und DEQUEUE- Operation sowie auf zwei
DEQUEUE-Operationen zu. Würde hingegen lediglich die Ebene der Schreib/Lese-
Semantik zur Verfügung stehen, entspräche z.B. ENQUEUE einer Schreiboperation
(bei Repräsentierung der Semi-Queue als atomic array entspricht ENQUEUE dem
Addieren eines neuen Elementes in den array). Dies würde bedeuten, dass das

ENQUEUE einer atomaren Aktion A alle ENQUEUE- und DEQUEUE-Operationen aller anderen a.A. solange blockiert, bis A insgesamt beendet ist. Abhängig von Länge und Dauer der einzelnen a.A. sowie des spezifischen Einsatzes (z.B. könnte die Semi-Queue den Eingabepuffer für ein Druckersystem repräsentieren), wäre der Leistungsverlust ausserordentlich hoch.

4. Entkopplung von Objektfreigabe und Beenden einer atomaren Aktion

Als weiteren Beitrag zur Erhöhung der Nebenläufigkeit sieht unser Entwurf eine vorzeitige Freigabe von Objekten vor, d.h. die Freigabe, bevor die betreffende a.A. beendet ist. Dazu ist es notwendig, als zusätzliche Massnahmen die

- Einführung eines weiteren Endzustands für atomare Aktionen sowie das

- Aufzeichnen der nach der vorzeitigen Freigabe entstehenden Abhängigkeiten zu implementieren.

Wird eine a.A. noch nach der vorzeitigen Freigabe eines von ihr benutzten Objektes abgebrochen, so muss, um weiterhin die Atomarität der Wirkung aufrechtzuerhalten, dies auch für alle die a.A. geschehen, welche nach der Freigabe auf das betreffende Objekt zugegriffen haben. Dies wäre aber aufgrund der Eigenschaft der Permanenz der Wirkung unmöglich, wenn eine dieser a.A. schon beendet ist. Dieses Problem der Unwiderrufbarkeit einer a.A. in dem 'committed' bezeichneten Endzustand umgehen wir durch die Einführung eines zusätzlichen Zustandes 'completed'. 'Completed' beschreibt eine erfolgreich abgeschlossene Aktion, erhält aber deren Widerrufbarkeit und Wiederstartfähigkeit. Abb. 1 zeigt das so erweiterte Konzept einer atomaren Aktion.

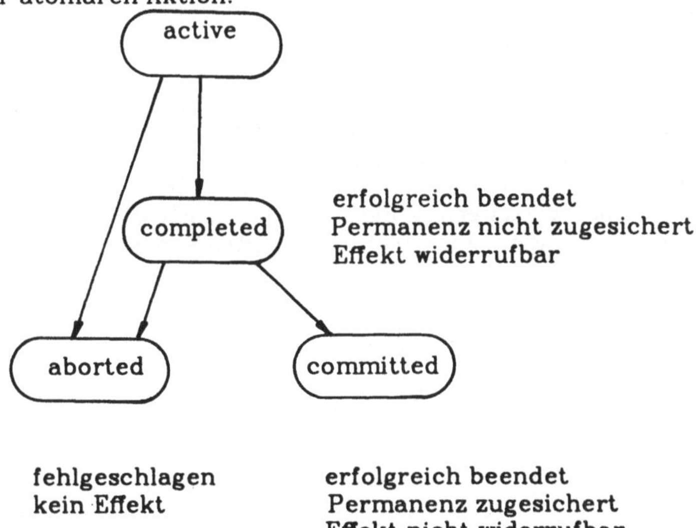

Abb. 1: Zustandsübergangsdiagramm einer atomaren Aktion

Das Aufzeichnen der Abhängigkeiten erfolgt bei uns durch das nebenläufige Führen eines sogenannten Recovery-Graphen, beschrieben in [3]. Es sei hier nur darauf hingewiesen, das dies wie auch das Ausführen von Commitment-Protokollen nicht von den an den a.A. teilhabenden Prozessen selbst erbracht wird, sondern nebenläufig dazu von einer eigens dafür vorgesehenen Instanz, so dass der Fortschritt der Berechnungsaktivitäten davon unberührt bleibt.

Zusammenfassend lassen sich die Vorteile der Entkopplung von Beenden einer a.A. und der Sicherung der Permanenz durch Ablauf eines Commit-Protokolls in drei Punkten zusammenfassen:

1. Leistungsverluste durch das Warten auf die Commit-Synchronisation werden verringert

   Dies bedeutet, dass einzelne Teilhaber an einer a.A.,aufbauend auf den für sie relevanten Ergebnissen schon mit den weiteren Berechnungsaktivitäten fortfahren können, ohne erst das 'offizielle o.k.' per Commit-Protokoll abwarten zu müssen. Lediglich im Falle eines nachträglichen Widerrufs wären diese Aktivitäten umsonst gewesen.

2. Das sogenannte Latency-Problem verringert sich

   Das Commitment-Intervall bezeichne den Zeitraum zwischen dem Beginn und dem Ende (Commitment) einer a.A.. Das Latency-Intervall bezeichne den Zeitraum zwischen dem Auftreten eines Fehlers und der möglichen Konsequenz der Veranlassung eines Abbruchs der betroffenen a.A.. Dann adressiert das Latency-Problem die nicht allgemein zu erfüllende Forderung, dass das zu einem Fehler gehörige Latency-Intervall innerhalb des Commitment-Intervalls der von dem Fehler betroffenen a.A. liegen muss, damit eine Recovery durchgeführt werden kann. Die Einhaltung dieser Forderung wird durch die vorgesehene Entkopplung erleichtert, da nun, ohne grössere, negative Konsequenzen (längeres Blockieren von Objekten), das Commitment-Intervall verlängert werden kann.

3. Das aufwendige Commitment-Verfahren wird auf ein unbedingt notwendiges Mass reduziert

   Es sei in diesem Zusammenhang auf die quantitaven Untersuchungen des bereits zitierten LOCUS-Projekts verwiesen. Diese führten zu der Erkenntnis, dass das meistverwandte Zweiphasen-Commitprotokoll den grössten Aufwand beim Ablaufen atomarer Aktionen verursacht. Dieser Aufwand fiel jedoch umso weniger ins Gewicht, je umfangreicher die Berechnungsaktivität innerhalb des Commitment-Intervalls einer a.A. war. Das vorgelegte Konzept entspricht dieser Forderung.

5. Zur Implementierung von atomaren Aktionen

Unser Entwurf zur Implementierung geschachtelter Aktionen sieht drei Abstraktionsebenen vor, die in Abb. 2 aufgeführt sind.

Die unterste Ebene 1 offeriert das Anlegen von Recovery-Punkten für atomare Objekte in einem flüchtigen oder stabilen Speicher sowie das Zurücksetzen von Objekten auf vorhandene Recovery-Punkte. Anforderungen auf Erbringung dieser Operationen richten sich an den lokalen Save/Restore-Manager, der in identischer Weise in jeder Stelle des Rechensystems existiert. Die Operationen werden i.d.R. lokal erbracht. Eine Kooperation der Save/Restore-Manager verschiedener Stellen wird vorgesehen, um optional die Verfügbarkeit bestimmter Recovery-Punkte durch Kopien in mehreren Stellen zu erhöhen.

Die Ebene 2 offeriert die Recovery-Fähigkeit auf der Basis von Recovery-Einheiten. Eine Recovery-Einheit fasst die Ausführung einer Menge von typspezifischen Operationen bzgl. einer Menge von Objekten einer Stelle mit einem Recovery-Punkt für jedes Objekt zusammen. Recovery-Einheiten bilden die Knoten des Recovery-Graphen. Seine Kanten ergeben sich durch Abhängigkeiten zwischen Recovery-Einheiten. Diese Abhängigkeiten kommen durch den

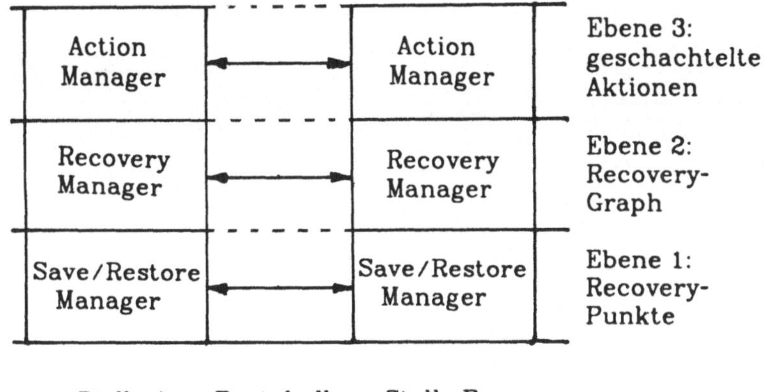

Abb. 2: Abstraktionsebenen zur Implementierung atomarer Aktionen

Informationstransfer zwischen Recovery-Einheiten über gemeinsam benutzte Objekte zustande. Der Recovery-Graph enthält die für den Recovery-Fall notwendige Information, um einen konsistenten Gesamtzustand wiederherzustellen. Bzgl. einer detaillierten Beschreibung der Funktionsweise des Recovery-Graphen sei auf [3] verwiesen. In jeder Stelle existiert ein Recovery-Manager. Seine Aufgaben sind das Führen des Recovery-Graphen, das Wiederherstellen eines konsistenten Zustands im Recovery-Fall (Etablieren einer Recovery-Linie bestehend aus einem geeignet gewählten Recovery-Punkt für eine geeignete Teilmenge der Objekte) sowie das Vorschieben der Commit-Linie (älteste nutzbare Recovery-Linie), das die Aufgabe alter Recovery-Punkte beinhaltet. Die Recovery-Manager verschiedener Stellen kooperieren, um die angegebenen Funktionen stellenübergreifend zu erbringen.

Die oberste Ebene 3 offeriert geschachtelte a.A.. Serialisierbarkeit von a.A. wird durch ein 2-phase locking durchgesetzt, das read-locks und write-locks unterscheidet. Dabei werden die von Moss [5,6] zur Berücksichtigung der Schachtelung angegebenen Regeln um die vorzeitige Freigabe von locks erweitert. Jeder Teilhaber einer a.A. wird auf eine Recovery-Einheit der darunterliegenden Ebene 2 abgebildet. In jeder Stelle des Rechensystems existiert genau ein action manager, an den die lokal entstehende Anforderungen bzgl. a.A. gerichtet werden. Die action manager aller Stellen sind in ihrer Funktionsweise identisch, ändern ihren Aufenthaltsort nicht und werden mit dem jeweiligen Stellennamen identifiziert. Sie kommunizieren mittels Nachrichten untereinander, um a.A. zu unterstützen, die nicht auf einzelne Stellen beschränkt sind.

Im weiteren wird die Funktionsweise der action manager genauer beschrieben (siehe Abb. 3). Dazu werden die von den action managers verwendeten Datenstrukturen skizziert. Auf die Darstellung der Datenstrukturen der unterliegenden Ebenen 1 und 2 wird hier verzichtet.

Jede äusserste a.A. bildet mit ihren inneren a.A. eine Baumstruktur, die im weiteren als **action tree** bezeichnet wird. Der äussersten a.A. entspricht die Wurzel des Baums, unmittelbar inneren a.A. einer a.A. entsprechen Söhne des zugehörigen Knotens.

Jede a.A. wird durch einen systemweit eindeutigen **action identifier (aid)** benannt und durch einen **action descriptor** sowie einen **participant descriptor** für jeden Teilhaber und lock-Information für jedes von der a.A. benutzte atomare Objekt beschrieben.

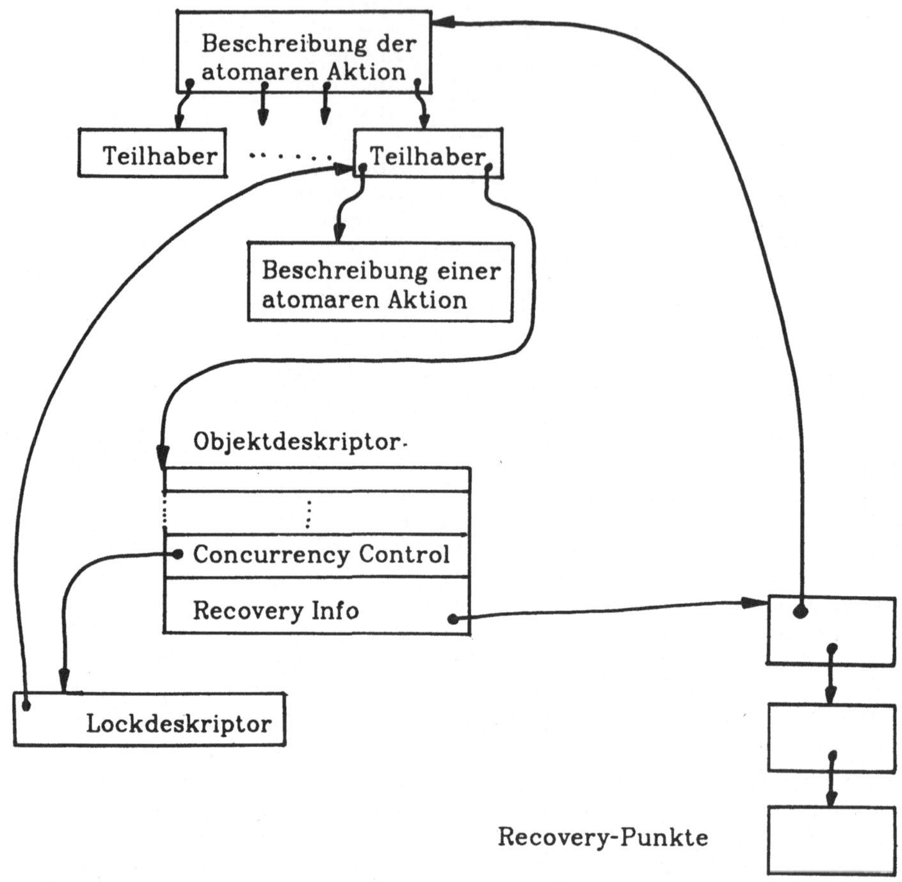

Abb. 3: Struktur einer geschachtelten, atomaren Aktion

Ein action descriptor enthält die global für die a.A. relevante Information, insbesondere ihren Zustand und ihre Einbindung in ihren action tree, während die ihm zugeordneten participant descriptors die Teilhaber der a.A. beschreiben und die lock-Information die für die a.A. relevante locking-Information bzgl. der verwendeten Objekte zur Durchsetzung der Serialisierbarkeit enthalten. Participant descriptors existieren getrennt von ihrem zugehörigen action descriptor, da die Teilhaber einer a.A. in verschiedenen Stellen des Rechensystems existieren können und eine jeweils lokale Beschreibung zur Vermeidung erhöhter Kommunikation und Verzögerung erfolgt. Die lock-Information verschiedener a.A. bzgl. eines atomaren Objekts wird zu einem **lock descriptor** für dieses Objekt zusammengefasst.

Genauer ist ein aid einer a.A. ihr Pfadname im action tree und beinhaltet damit für eine innere a.A. auch die Namen (aids) aller äusseren a.A.. Ein action descriptor wird durch den action manager lokal angelegt, bzgl. dessen die Erzeugung der a.A. stattfindet, und verbleibt in dieser Stelle. Dieser action manager ist damit ausgezeichnet und wird der Manager der a.A. genannt. Er markiert den

Ursprung eines Teilbaums des action trees, der selbst verteilt gespeichert ist. Zur einfachen Auffindung des Managers einer a.A. wird dessen Stellenname als Bestandteil des aid der a.A. angenommen.

Im einzelnen beinhaltet ein action descriptor folgende Information:

- den aid der a.A. einschliesslich des Stellennamen ihres Managers,

- den Zustand der a.A.,

- den Namen (Nummer) des Teilhabers in der umfassenden a.A., der diese a.A. erzeugte (Vater), falls eine innere a.A. beschrieben wird,

- Identität und Stellennamen der eigenen Teilhaber,

- Liste der Namen der atomaren Objekte, bzgl. derer lock-Information existiert, die einen dieser a.A. zugeordneten retained lock beschreibt.

- Angabe, ob sich die a.A. in der Wachstums- oder Schrumpfungsphase bzgl. des 2-Phasen-Locking befindet.

Ein participant descriptor enthält:

- den aid der zugehörigen a.A.,

- den Prozessnamen des teilhabenden Prozesses,

- Verweis auf die zugehörige Recovery-Einheit,

- Verweise auf die action descriptors der inneren a.A., die von diesem Teilhaber erzeugt sind,

- Liste der Namen der atomaren Objekte, bzgl. derer lock-Information existiert, die einen von diesem Teilhaber gehaltenen lock beschreibt.

Die bzgl. eines atomaren Objekts existierende lock-Information verschiedener a.A. ist zu einem **lock descriptor** zusammengefasst, der mithilfe des Objektnamens über den Objektdeskriptor zugreifbar ist. Ein lock descriptor enthält:

- den lock-Zustand (read-locked oder write-locked)

- falls read-locked: Liste der participant descriptors, die einen read-lock halten; falls write-locked: Verweis auf den participant descriptor, der den write-lock hält,

- Liste der action descriptors, die einen retained read-lock für dieses Objekt besitzen,

- Stack der action descriptors, die einen retained write-lock für das Objekt besitzen;

Bemerkt sei, dass im Falle eines write-locks bzw. eines retained write-locks ein Recovery-Punkt für das Objekt existiert.

6. Schlussbemerkung

Höhere Systemzuverlässigkeit durch Funktionsverteilung und verteilte Kontrolle, aber auch die Leistungssteigerung durch Ausnutzung vorhandener Nebenläufigkeit sind zwei wichtige Eigenschaften einer verteilten Systemarchitektur. Konzepte vorzuschlagen, die zum Abbau des dadurch auftretenden Trade-offs zwischen der Ausnutzung maximaler Nebenläufigkeit auf der einen und Massnahmen zur Konsistenzaufrechterhaltung und Error Recovery auf der anderen Seite beitragen, war das Ziel dieser Arbeit.

7. Literaturverzeichnis

[1] Bartlett:
A NonStop Kernel,
Proc. of the 8th Symp. on Operating Systems Principles, Pacific Grove, CA,
1981

[2] Borg, Baumbach, Glazer:
A Message System Supporting Fault Tolerance,
Proc. of the 9th ACM Symp. on Operating Systems Principles, Bretton Woods,
NH, 1983

[3] Grosspietsch, Kaiser, Kröger, Nett, Pedar, Speicher:
Recovery-Strategien in objektorientierten verteilten Systemen,
Proc. Workshop Fehlertolerante Mehrprozessor- und Mehrrechnersysteme,
Arbeitsberichte des IMMD, Universität Erlangen-Nürnberg, Band 16, Nummer
11, Erlangen, 1983

[4] Liskov, Scheifler:
Guardians and Actions: Linguistic Support for Robust Distributed Programs,
Proc. of the 9th Ann. Symp. on Principles of Programming Languages, Albu-
querque, NM, 1982

[5] Moss:
Nested Transactions: An Approach to Reliable Distributed Computing,
Technical Report MIT/LCS/TR-260, M.I.T., Cambridge, MA., 1981

[6] Moss:
Nested Transactions and Reliable Computing,
Proc. 2nd Symp. on Reliability in Distributed Software and Database Systems,
Pittsburgh, PA., 1982

[7] Reed:
Naming and Synchronization in a Decentralized Computer System,
Technical Report MIT/LCS/TR-205, M.I.T., Cambridge, MA., 1978

[8] Mueller, Moore, Popek:
A Nested Transaction Mechanism for LOCUS,
Proc. of the 9th ACM Symp. on Operating Systems Principles, Bretton Woods,
NH, 1983

[9] Mueller:
Implementation of Nested Transactions in a Distributed System,
Ph.D. Thesis, University of California, Los Angeles, 1983

[10] Walker, Popek, English, Kline, Thiel:
The LOCUS Distributed Operating System,
Proc. of the 9th ACM Symp. on Operating Systems Principles, Bretton Woods,
NH, 1983

Reliable Remote Procedure Calls
(Extended Abstract)

S. K. Shrivastava

The University of Newcastle upon Tyne
Computing Laboratory
Newcastle upon Tyne, NE1 7RU (U.K.)

1.   Introduction

A very convenient means of arranging communication between 'client' and
'server' processes in a distributed system is to make use of Remote Procedure Calls
(RPC's) enabling clients to invoke services offered by remote servers and obtain
appropriate results. Conceptually, a very simple client-server protocol is needed
to implement an RPC mechanism: the client sends its service request as a 'call'
message to the server, and waits for a reply; the server on the other hand
receives the 'call' message, performs the service and sends the result as a 'reply'
message to the client. Despite the apparent simplicity of such a protocol, a
number of reliability issues are involved that require careful analysis during the
design phase. This paper briefly reviews work done at Newcastle in this area,
details of which can be found in [Pan82, Shr82, Shr83, Shr84].

2.   Reliability issues

An adequate RPC mechanism should cope effectively with any unreliabilities of
the underlying message facility and also with problems arising out of client or
server node crashes. Figure 1 depicts message exchanges for a call between a
client and a server.

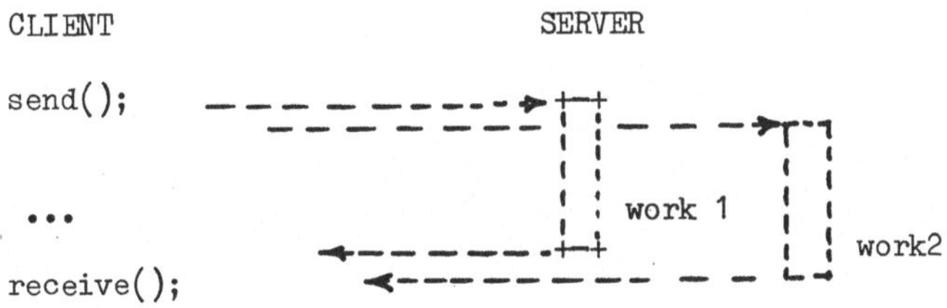

Figure 1: Message Orphan

We assume a protocol whereby a client can re-send its call request whenever a
loss of message is suspected (alternatively, or in addition, the 'send' primitive
itself could contain a message retransmission facility). As a result, it is
possible that occasionally a server can receive multiple call messages for a single
invocation by a client, and thereby causing - unless preventive measures are
employed - superfluous and undesirable executions (referred to as <u>orphan</u> executions).

The above problem of orphans can be avoided all together if the underlying
message system offers a service such that a message is delivered reliably without
duplication. There is then no need to include message retries in the RPC protocol.
We therefore ask the question: what should be the functionality of the underlying
message system? The answer to this question is presented in Section 3.

Orphans can occur due to node crashes as well. For example, assume that a
client crashes in the middle of a call (see Figure 2) and resumes that call after
recovery by resending the call.

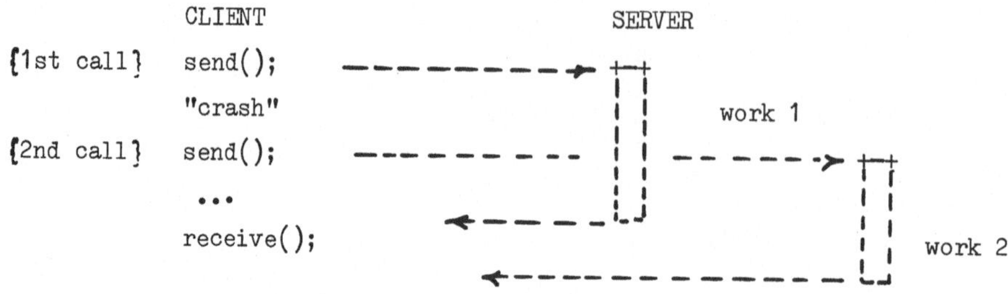

Figure 2: Crash Orphan

If the work performed by a server is idempotent (i.e. multiple executions are equivalent to a single one) then the orphans depicted in Figures 1 and 2 need not pose any semantic problems. This raises the possibility of choosing an RPC semantics that permits one or more executions per call. We discuss orphans and RPC semantics issues in Sections 4 and 5 respectively.

Network protocols typically employ time-out mechanisms to prevent indefinite (or long) waiting by a process expecting a reply. Suppose that a server crashes in the middle of a call and does not resume that call after recovery, in which case the client will never receive a reply. If the client has a timer set, then a time-out exception will eventually be signalled. It is interesting to note here that in general a time-out exception could indicate either of the following four possibilities: (a) the server crashed during the call; or (b) the server did not receive the request; or (c) the server's reply did not reach the client; or (d) the server is still performing the work (so the time-out interval was not long enough). If the client simply retries the call then again we have the possibility of orphans.

3. Communications Support for RPC and Protocol Design Issues

The implementation of RPC's requires that the underlying level provide some kind of inter-process communications (IPC) facility. Such a facility can be based on either of the following two major approaches: that which favours the provision of a "virtual circuit" interface, e.g. that of an X.25 network [Ryb82], or that which favours the provision of a "datagram" interface, e.g. the Pup interface [Bog80].

A virtual circuit interface is characterised by primitive operations for establishing, maintaining and releasing a logically direct communication channel (i.e. a virtual circuit) between any two processes distributed over a network. This interface provides its user processes with a reliable data transport service which "guarantees" delivery of data (messages) exchanged between these processes. The software supporting a virtual circuit interface generally implements features such as end-to-end acknowledgements, flow control, detection and recovery from various errors which may occur over an established virtual circuit; in addition, this software guarantees that messages are kept in sequence in that they are delivered in the same order as they were sent.

A datagram interface, instead, provides its user processes with primitive operations for transmitting and receiving individually addressed messages of variable size, up to some fixed maximum. Processes using the datagram interface can transmit and receive messages at network addresses maintained by that inter-face. Each message is encapsulated as a distinct data object, termed a datagram, by the software implementing the datagram interface. A datagram consists, in general, of a 'header' containing some control and addressing information used by the datagram software itself (e.g. 'start of datagram', the 'destination' and 'source' addresses), the user message and a 'trailer' (e.g. a checksum field). Each datagram is transmitted and received independently of other datagrams; that is to say, the datagram software does not guarantee sequencing and ordered delivery of distinct datagrams. Hence, processes using a datagram interface may receive messages not in the same order as they were sent. Flow control and end-to-end acknowledgements are also not implemented by the datagram software and, in general, the software does not provide the facility of guaranteed delivery of datagrams (in a well designed system however, datagrams are transported with a reasonably high probability of success).

At a superficial level it may appear reasonable to base an implementation of RPC over a virtual circuit based interface, since a reliable IPC facility would obviously simplify RPC protocol implementation. However, it is necessary to point out that the implementation of virtual circuits requires that a considerable amount of state information be maintained at the end points of each established virtual circuit; in addition, a (potentially large) number of messages may have to be exchanged both to establish a virtual circuit and to implement flow control and enc-to-end acknowledgements over it [Sun78]. The maintenance of state information and the message exchanges needed to implement flow control and end-to-end acknowledgements introduce overheads, not to mention complexity, in the software supporting the virtual circuit interface. These overheads may well result in a considerable reduction of the communication bandwidth available on the network; this bandwidth may be utilised more effectively by the application software instead.

In view of the above observations, let us investigate whether the functionality offered by a simple datagram service could be adequate (note that the provision of such an interface generally entails considerably less reduction in communications bandwidth than the previous case). We note that, as far as a client is concerned, the acknowledgement that is really required is not that its call message has been delivered but that the requested service has been performed. This is implicit in the 'reply' message from the server. Further, it is relatively easy to cope with occasional loss of messages by retries. We thus see that datagrams certainly provide an attractive alternative to virtual circuits.

Our experience with RPC's implemented over a local area network (Cambridge Ring [Wil79]) bears out this fact [Pan82]. On a local area network, it is relatively easy to construct a datagram service such that datagrams are sent with a high probability of success. Further, datagrams on most local area networks are delivered in the order sent. These factors simplify the implementation of RPC's.

The choice over a wide area network (where the just mentioned properties need not to hold true) is not so clear. If RPC's are used for transmitting small amount of data (a few hundred bytes) then datagrams still provide a better alternative [Lar83]. However, if large amount of data is to be transferred frequently then the facility offered by a virtual circuit would typically be desired.

We conclude this section by briefly discussing some RPC protocol design aspects, considering first the datagram based approach. When messages are confined to a local network, the protocol can be very simple indeed: the client sends its 'call' request with a sequence number and waits for a reply (any exceptions during the 'send' are typically dealt with by retransmission with the same sequence number); the server on the other hand, receives a 'call' request (discarding further requests with the same sequence number), performs the work, sends the result (i.e. a 'reply' message) and forgets about the call. The 'reply' message is sent with the same sequence number as the 'call' message, so a client is in a position to accept the right message. A further refinement is required to effectively cope with the following situation: the 'reply' message is lost therfore the client times out and then retries the call. If the server maintains the state information regarding the most recent executions for its clients then it can simply resend the appropriate 'reply' message (and thereby avoiding an orphan execution). When should a server discard state information maintained for a call? Two approaches are possible: (i) as soon as the server receives a new call from the client, or (ii) an explicit 'third' message is introduced in the protocol whereby the client sends an acknowledgement message to the server.

If datagrams travel over a wide area network or an internet (thus the probability of lost messages is higher than in the previous case) then a more sophisticated version than the two-message protocol will probably be required at the outset. When datagrams travel less reliably, it is appropriate to introduce message acknowledgements to eliminate the situation that would occur when a client waits for results even though the server did not receive the request. This will result in a four-message protocol (standard optimisation techniques can be employed whereby acknowledgements can 'piggyback' on 'call' and 'reply' messages).

The last issue we will consider regarding a datagram based RPC implementation is to do with fragmentation and reassembly of data. If the size of data to be sent is larger than the maximum datagram size then the RPC protocol should contain facilities for fragmenting the data into datagrams and similarly for reassembling the arriving datagrams into meaningful data. Such facilities are relatively easy to implement on a typical local area network. However on a wide area network or on an internet, the possibility of out-of-order arrival of datagrams may impose some additional complexity in the implementation. In a well engineered system, the maximum allowable size of a datagram should be chosen such that the probability of fragmentation and reassembly is kept to a minimum, so that some very simple (and perhaps not very efficient) strategy can be employed without much performance penalty.

Lastly we consider some protocol issues for virtual circuit based RPC's. A simple approach would consist of opening a connection between the client and the server, so that 'call' and 'reply' messages can be transported and then closing the connection. The protocol need not be concerned about the problems of lost messages and those of fragmentation and reassembly - those problems being the responsibility of the underlying virtual circuit protocol. In order to minimize the overheads of opening and closing connections, an optimisation is certainly possible whereby a connection is kept opened over a sequence of calls. The remote procedure call protocol 'Courier' [Xer81] is an example of virtual circuit based implementation.

4. Orphans

Let us consider a simple execution model for remote calls: for every request received, a server creates a worker process that performs the work, sends the reply, and then the worker destroys itself. This may be regarded as a 'maximally concurrent' model in that most implementations will either follow the execution strategy of the model or will be 'less concurrent' versions of it (for example, an implementation could involve a server serially executing incoming requests). In terms of our model we see that a single call can give rise to computations that interfere with each other (in Figure 1, the two processes executing 'work 1' and 'work 2' could interfere). Such interference is clearly undesirable, and what we require is that computations invoked by remote calls at a server be free from interference. It has been shown elsewhere [Shr83] that is necessary and sufficient for a server to follow the two implementation rules stated below:

IL1:   Once the execution of a call starts, requests belonging to other calls must not be honoured and in particular, requests belonging to prior calls must never be scheduled (i.e. all the orphans of prior calls must precede this call);

IL2:   Computations performed by worker processes for a single call must not interfere with each other.

A more precise formulation and explanation of these rules is presented in [Shr84]. Note that we admit the possibility of workers themselves making remote calls. These two conditions are easier to meet in a 'serial' implementation mentioned earlier (in particular, no special measures are necessary to meet IL2).

5. RPC Semantics

The presence of orphans in a computation can cause semantic consistency problems. For example, suppose the work requested by a client involves the server making an increment operation, then clearly more than one execution would be inconsistent. On the other hand, more than one execution can be tolerated if the requested operation has the idempotency property. In view of this we identify two types of semantics for RPC's [Nel81], namely at least once and exactly once. We assume that a call made by a client can terminate in one of the following three possible ways: (i) normal termination (the client process receives a reply); (ii) abnormal termination (a time-out exception is raised); and (iii) crashed termination (client crashes after making a call but before receiving reply or time-out exception; note that for the sake of simplicity we are assuming that a call does not survive client crashes).

A few words regarding abnormal termination are in order. For 'conventional' procedure calls, an abnormal (or exceptional) termination implies that the called module has provided an exceptional service. For a remote call however it is helpful to distinguish between the case that represents no response from the server (case (ii)) and those that represent some response from the server (case (i)), since it is the former situation that raises the possibility of orphans.

At Least Once Semantics

As the name suggests, a normally terminated call implies that one or more executions have taken place. Further, abnormal or crashed termination implies zero, one or more executions at the server. This semantics may be viewed as the 'least demanding' since normal calls are supposed to tolerate orphans. Many distributed systems containing file servers have opted for this semantics [Mit82] in view of the fact that file server operations - with some care and imposing certain restrictions - can be made idempotent.

Exactly Once Semantics

A normally terminated call results in one and only one execution at the called server. Thus, a normally terminated call implies that no orphan executions have taken place. An abnormal or crashed termination implies zero or one execution at the server.

In either of the above two cases, orphans are permitted when calls do not terminate normally. We have taken the view that it is the responsibility of exception handlers and crash recovery procedures of a node to cope with orphans in application dependent manner (such exception handling is discussed in [Shr83, Shr84]).

References

[Bog80]. Boggs, D.R., J.F. Shoch, E.A. Taft, and R.M. Metcalfe, "Pup: An Internetwork Architecture", IEEE Trans. on Communications Vol. COM-28(4), pp.612-624 (April 1980).

[Lar83]. Larus, J.R., "On the Performance of Courier Remote Procedure Calls under 4.1c BSD", UCB/CSD 83/123, EECS CSD University of California, Berkeley (August 1983).

[Mit82]. Mitchell, J.G. and J. Dion, "A Comparison of Two Network-Based File Servers", CACM Vol. 25(4), pp.233-245 (April 1982).

[Nel81]. Nelson, B.J., "Remote Procedure Call", CMU-CS-81-119, Dept. Computer Science, Carnegie-Mellon University, Pittsburgh, PA (1981).

[Pan82]. Panzieri, F. and S.K. Shrivastava, "Reliable Remote Calls for Distributed Unix: An Implementation Study", Proc. 2nd Symp. on Reliability in Distributed Software and Database Systems, Pittsburgh, PA, pp.127-133, IEEE Computer Society (July 1982).

[Ryb82]. Rybczynski, A., "Packet Switched Network Layer", p. Plenum Press in
Computer Network Architectures and Protocols, ed. P.E. Green, Jn., New York
(1982).

[Shr82]. Shrivastava, S.K. and F. Panzieri, "The Design of a Reliable Remote
Procedure Call Mechanism", IEEE Trans. on Computers Vol. C-31(7), pp.692-697
(July 1982).

[Shr83]. Shrivastava, S.K., "On the Treatment of Orphans in a Distributed System",
Proc. 3rd Symp. on Reliability in Distributed Software and Database Systems,
Adam's Mark Caribbean Gulf Resort, Clearwater Beach, Florida, pp.155-162,
IEEE Computer Society (October 1983).

[Shr84]. Shrivastava, S.K., "Semantics, Exception Handling and Orphan-Treatment
for Remote Procedure Calls", Tech. Report, University of Newcastle upon Tyne
(1984).

[Sun78]. Sunshine, C.A. and Y.K. Dalal, "Connection Management in Transport
Protocols", Computer Networks Vol. 2, pp.454-473, North-Holland Publishing
Company (1978).

[Wil79]. Wilkes, M.V. and D.J. Wheeler, "The Cambridge Communication Ring", Proc.
Local Area Network Symp., Boston, National Bureau of Standard (May 1979).

[Xer81]. Xerox, "Courier: The Remote Procedure Call Protocol", XSIS 038112,
Xerox Corporation, Stamford, Connecticut (December 1981).

Strategien zur Festlegung von Rücksetzpunkten in Prozeß-Systemen

unter Berücksichtigung der Programm-Redundanz zur Ausnahmebehandlung

Andreas Pfitzmann

Institut für Informatik IV, Universität Karlsruhe
D-7500 Karlsruhe, Postfach 6380

Zusammenfassung
Vier Strategien zur Festlegung von Rücksetzpunkten in Prozeß-Systemen
werden entwickelt, die
  * während der Übersetzung eines mehrere Prozesse umfassenden Programms
    angewandt werden können und die
  * es erlauben, die im Prozeß-System enthaltene Redundanz zur Vorwärts-
    Fehlerbehebung (z. B. Ausnahmebehandlung) zu nutzen, wenn Fehler im
    Grundsystem durch Rücksetzen der betroffenen Prozesse nicht maskiert
    werden können.
Der Umfang von Rücksetzpunkten kann verringert werden, indem nur
Unbekannte mit lebendigem Inhalt in Rücksetzpunkte aufgenommen werden.
Erkennt der Übersetzer bei der globalen Programmoptimierung, daß
Prozesse mehrmals hintereinander interagieren, kann er gemeinsame
Rücksetzpunkt-Strukturen bilden, die dem Sprachkonstrukt Konversation
entsprechen. Es müssen dann seltener Rücksetzpunkte erstellt werden.
In robusten Programmen kann Vorwärts-Fehlerbehebung als Indikator für
die Wichtigkeit von System-Funktionen und damit als Indikator für die
Notwendigkeit von Rücksetzpunkten verwendet werden.
Durch Erhaltung alter, lokaler Rücksetzlinien, sofern ihr Speicherplatz
nicht anderweitig benötigt wird, d. h. durch einen zweiten Rücksetzpunkt pro Prozeß, kann die Menge der tolerierbaren Fehler vergrößert
werden, ohne daß der Aufwand nennenswert steigt.

Abstract
Four strategies to insert checkpoints into a system of cooperating
processes are developed. These strategies
  * may be applied by a compiler and
  * enable the use of program capabilities for forward error recovery
    (e. g. exception handling) if backward error recovery using the
    inserted checkpoints and retry fails.
Checkpoints can be kept small by only including live and at compila-
tion-time unknown contents of variables. The content of a variable is
called live at a program point, if a successive "read" is possible
before a "store".
During global program optimization, the compiler may find that e. g.
two processes communicate several times in a row. The compiler may
then generate checkpoints at the beginning and the end only, which
decreases checkpointing overhead and corresponds to a conversation.
In robust programs, measures for forward error recovery may be taken
as a hint which system-functions are crucial and therefore where
checkpoints are really necessary.
By preservation of local recovery lines, as far as their memory space
is not needed otherwise, i. e. by a second checkpoint for each process,
more faults may be tolerated without considerable additional overhead.

CR-Categories
D.4.5 Reliability — Checkpoint/restart, Fault-tolerance

<u>Einleitung</u>

In [Pfit_84] habe ich zwei Algorithmen A1, A2 angegeben:

A1 legt bei der Übersetzung Ort und Umfang von Rücksetzpunkten in Prozeß-Systemen so fest, daß jeder Prozeß

* gemäß der <u>Kommunikation</u> zwischen Prozessen
* <u>autonom</u> entscheidet, einen Rücksetzpunkt zu erstellen,
* den Rücksetzpunkt <u>lokal</u> erstellt, und
* zu jedem Zeitpunkt genau <u>einen</u> gültigen Rücksetzpunkt besitzt.

Tritt im Grundsystem (Hardware, Betriebs-, Laufzeitsystem und ggf. Netzwerksoftware) ein Fehler auf, so wird versucht, ihn durch Rücksetzen der betroffenen Prozesse zu tolerieren. Diese Rückwärts-Fehlerbehebung gelingt, wenn der(die) gültige(n) Rücksetzpunkt(e) <u>vor</u> dem Auftreten (und nicht nur vor dem Entdecken) des Fehlers erstellt wurde(n).

A2 versucht, Fehler im Grundsystem zu umgehen, die durch Rücksetzen gemäß A1 (Rückwärts-Fehlerbehebung) nicht toleriert werden können, indem er die (zur Tolerierung von Anwendungs-Software- oder Grundsystem-Fehlern) im Prozeß-System enthaltene Redundanz (etwa in der Form von Ausnahmebehandlern) zur Vorwärts-Fehlerbehebung nutzt. Dies geschieht, indem bei durch Rücksetzen nicht tolerierbaren Fehlern des Grundsystems die betroffenen Prozesse in ihrem an der Fehlerstelle gültigen Ausnahmebehandler fortgesetzt werden. In Ada [REFE_83] z. B. ist dies der Ausnahmebehandler für OTHERS (vgl. auch [Pfit_82 Seite 52ff, Corn_83 Seite III-3.8Ø]).

Bild 1 stellt die Kombination von A1 und A2 graphisch dar.

Eine quantitative Bewertung [Pfit_84] zeigte, daß A2 die Zuverlässigkeit der Ausführung des Prozeß-Systems verglichen mit A1 erheblich steigert, ohne den Ausführungsaufwand nennenswert zu erhöhen. Die Steigerung der Zuverlässigkeit hängt im wesentlichen von der Wahrscheinlichkeit ab, daß der Ausnahmebehandler trotz eines Fehlers im Grundsystem einen akzeptablen Programmzustand herstellt.

Hier wird untersucht, wie durch Modifikationen von A1

1. der Aufwand der Rücksetzpunkterstellung gesenkt bzw.
2. die tolerierte Fehlermenge vergrößert und damit die Zuverlässigkeit der Ausführung des Prozeß-Systems erhöht werden kann.

In beiden Fällen sollen die Vorteile von A2, d. h. die Kombination von Rückwärts- und Vorwärts-Fehlerbehebung erhalten bleiben.

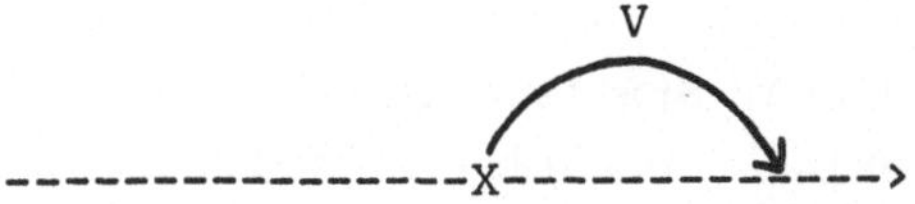

Vorwärts-Fehlerbehebung durch
Ausnahmebehandlung in Prozessen

kombiniert mit

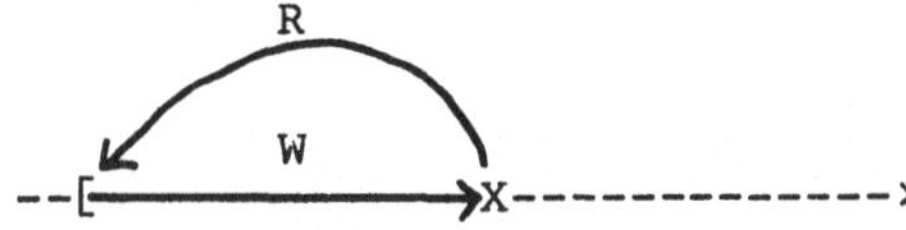

Rückwärts-Fehlerbehebung mit
Wiederholung durch das Grundsystem

ergibt

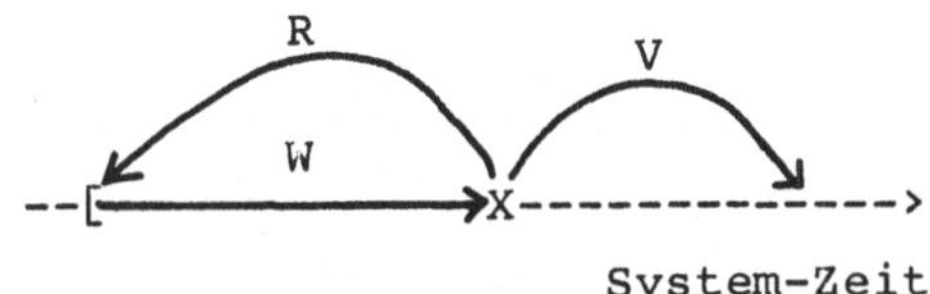

RWV-Fehlerbehebung

System-Zeit

X symbolisiert das Entdecken eines Fehlers
[einen gültigen Rücksetzpunkt

Bild 1: Kombination von Rückwärts-Fehlerbehebung mit Wiederholung und
Vorwärts-Fehlerbehebung = RWV-Fehlerbehebung

1. Möglichkeiten zur Senkung des Aufwands der Rücksetzpunkterstellung

Zwei immer anwendbare Möglichkeiten, den Aufwand der Rücksetzpunkterstellung zu senken, bestehen darin, daß

1.1 der Übersetzer nur Unbekannte mit lebendigem Inhalt in Rücksetzpunkte aufnimmt oder

1.2 Prozesse bei geeigneten Kommunikationsstrukturen weniger häufig
Rücksetzpunkte erstellen und dafür gemeinsam und nicht autonom
entscheiden, wann ein neuer Rücksetzpunkt gültig (und damit
implizit auch der vorherige ungültig und damit löschbar) wird.

Nimmt man an, daß

1.3 jede für die Anwendung wichtige Programmeinheit eines Prozeß-Systems sich fehlertolerant verhält, d. h. daß alle möglichen
Fehler durch Ausnahmebehandler innerhalb jeder für die Anwendung
wichtigen Programmeinheit geeignet behandelt werden, so

1.3.1 brauchen Rücksetzpunkte nur erstellt werden, wo ein Ausnahmebehandler für Grundsystem-Fehler gültig ist, bzw.

1.3.2 kann zusätzlich der Umfang von Rücksetzpunkten verkleinert werden, indem nur die Information in den Rücksetzpunkt aufgenommen wird, die der an dieser Stelle gültige Ausnahmebehandler für Grundsystem-Fehler benötigt. Tritt ein Grundsystem-Fehler auf, wird (sofern ein Rücksetzpunkt vorhanden ist) der betroffene Prozeß rückgesetzt und im Ausnahmebehandler für Grundsystem-Fehler fortgesetzt.

1.1 Rücksetzpunkte aus Unbekannten mit lebendigem Inhalt

In Rücksetzpunkte brauchen grundsätzlich nur die Programmgrößen (Variablen, Konstanten) aufgenommen zu werden, die an der betreffenden Programmstelle Unbekannte mit lebendigem Inhalt sind. Dabei heißt eine Programmgröße an einer Programmstelle Unbekannte, wenn ihr Wert an dieser Programmstelle bei der Übersetzung auch durch Optimierungsmaßnahmen wie Konstantenfaltung und Konstantenweitergabe (constant folding, constant propagation) [WaGo_84 Seite 33, 336, 343] nicht festgestellt werden konnte, andernfalls Bekannte. Der Inhalt einer Programmgröße ist an einer Programmstelle lebendig, wenn als nächste Operation auf die Programmgröße "Lesen" möglich ist. Andernfalls, wenn nur "Schreiben" oder gar keine Operation mehr möglich ist, ist der Inhalt der Programmgröße tot. (Das Begriffspaar lebendig/tot (live/dead [WaGo_84]) ist wie im Übersetzerbau üblich definiert, so daß die dort bekannten Algorithmen zur Bestimmung des Attributes lebendig/tot unverändert übernommen werden können.)

Legt man Ort und Umfang von Rücksetzpunkten wie in [MeBG_76, OBri_76, MBQG_79, Patz_81, Mich_82 Seite 21, Kron_83, Pfit_84] vorgeschlagen bei der Übersetzung fest, kann man die zur globalen Optimierung beschaffte Information über den Datenfluß innerhalb des Programms auch gleich zur Festlegung des Umfangs von Rücksetzpunkten nutzen [MeBG_76, Mich_82 Seite 21]. Programmgrößen, die an der Programmstelle eines Rücksetzpunktes Unbekannte mit totem Inhalt oder Bekannte sind, brauchen nicht in den Rücksetzpunkt aufgenommen zu werden. Bekannte können zusammen mit dem bzw. gegebenenfalls im Programm-Code gespeichert werden. Also kann für Bekannte und Programm-Code nach der Übersetzung des Quellprogramms statisch ein Rücksetzpunkt erstellt werden.

Ein Rücksetzpunkt, der nur die Programmgrößen mit lebendigem Inhalt enthält, wird in [MeBG_76] "minimum rollback state" genannt. Den in [MeBG_76, Mich_82 Seite 21] beschriebenen Verfahren fehlt die Unterscheidung Unbekannte/Bekannte und damit auch die dadurch mögliche Reduzierung des Umfangs von Rücksetzpunkten.

1.2 Gemeinsame, synchrone Erstellung von Rücksetzpunkten

Die gemeinsame, synchrone Erstellung von Rücksetzpunkten durch Prozesse sei durch das folgende Beispiel veranschaulicht.

Ein Prozeß P1 gibt einem Prozeß P2 einen Auftrag, führt vom Ergebnis des Auftrags unabhängige Operationen aus und erwartet dann das Ergebnis des Auftrags. Eine Möglichkeit, dies in Ada zu formulieren, besteht darin, daß Auftrag und Ergebnis je durch einen ENTRYcall übergeben werden.

```
        P1                              P2


P2.Auftrag(...);               ACCEPT Auftrag(...) DO ... END;
Anweisungen ohne               Anweisungen ohne
Prozeßkommunikation;           Prozeßkommunikation;
ACCEPT Ergebnis(...) DO ... END;   P1.Ergebnis(...);
```

In Bild 2 sind die dann gemäß A1 zu erstellenden Rücksetzpunkte als Klammern dargestellt.

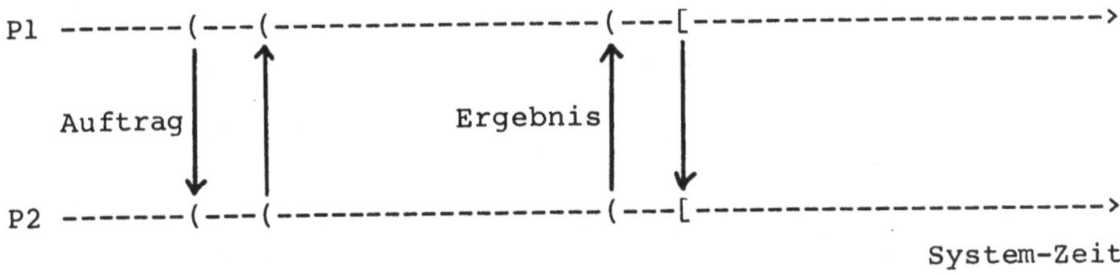

[gültiger Rücksetzpunkt   (ungültiger Rücksetzpunkt

<u>Bild 2:</u> Autonome, lokale Erstellung von Rücksetzpunkten gemäß A1

Erkennt der Übersetzer, daß an dieser Programmstelle immer zwei ENTRYcalls direkt hintereinander zwischen den gleichen Prozessen erfolgen, kann er Rücksetzpunkte einsparen, indem er nur die in Bild 3 gezeigten erzeugt.

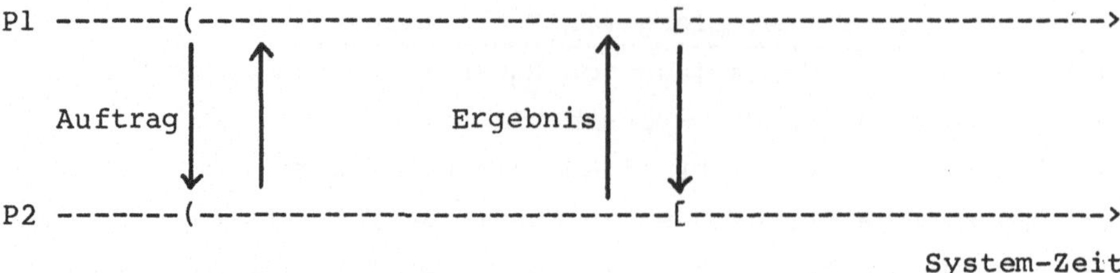

[gültiger Rücksetzpunkt   (ungültiger Rücksetzpunkt

Bild 3: Gemeinsame, synchrone Erstellung von Rücksetzpunkten

Tritt zwischen den zwei Rücksetzpunkten in einem der Prozesse ein
Grundsystem-Fehler auf, werden beide Prozesse rückgesetzt. Ein zweipha-
siges Protokoll (two phase commit protocol [Gray_78 Seite 466])
zwischen den beiden Prozessen stellt sicher, daß der zweite Rücksetzpunkt jedes Prozesses erst gültig (und damit implizit auch der erste
ungültig und damit löschbar) wird, wenn auch der andere Prozeß den
zweiten Rücksetzpunkt ohne Fehler erstellt hat.
Diese vom Übersetzer erzeugte Rücksetzpunkt-Struktur entspricht der
des Sprachkonstruktes Konversation (conversation [Rand_75, AnLe_81])
und kann wie diese auf mehr als zwei Prozesse und beliebig häufige
Kommunikation zwischen den beteiligten Prozessen verallgemeinert
werden.

Während der globalen Optimierung [WaGo_84] kann der Übersetzer obige
Struktur auch entdecken, wenn sie innerhalb der einzelnen Prozesse
über mehrere Grundblöcke (basic blocks) "verstreut" ist, wie das
folgende Beispiel zeigt:

```
     P1                                  P2


IF b OR c THEN P2.Auftrag(...);      ACCEPT Auftrag(...)
        ELSE ... ;                        DO ... END;
END IF;                              Anweisungen ohne
Anweisungen ohne                     Prozeßkommunikation;
Prozeßkommunikation und              P1.Ergebnis(...);
ohne Veränderung von b, c;
SELECT
  WHEN b OR c => ACCEPT Ergebnis(...)
```

```
        DO ... END;
OR
  WHEN NOT(b OR c) => ... ;
END SELECT;
```

Erkennt der Übersetzer bei der Suche nach gemeinsamen Teil-Ausdrücken
(common subexpressions) das dreimalige Auftreten des boolschen Ausdrucks b OR c   und daß an b und c dazwischen nicht zugewiesen
wird, kann er wie oben beschrieben verfahren.

1.3 Berücksichtigung der Programm-Redundanz zur Verminderung des Aufwands der Rücksetzpunkterstellung

Für diesen Unterabschnitt wird angenommen, daß jede für die Anwendung
wichtige Programmeinheit eines Prozesses sich fehlertolerant verhält,
d. h. daß alle möglichen Fehler eines z. B. in Ada geschriebenen
Anwendungs-Programms durch Ausnahmebehandler innerhalb jeder für die
Anwendung wichtigen Programmeinheit geeignet behandelt werden (forward
error recovery).
Dann ist es möglich, Orte bzw. Orte und Umfang der Rücksetzpunkte von
Al zu verringern. Diese Verringerung ist im allgemeinen Fall nur zur
Laufzeit zu bestimmen, da die Ausnahmebehandlung nicht an der statischen, sondern an der dynamischen Blockschachtelung orientiert ist. Für
viele spezielle Fälle ist eine Entscheidung bei der Übersetzung jedoch
möglich.

1.3.1 Einsparung von Orten von Rücksetzpunkten

Da die Programmeinheiten, deren fehlerfreie Ausführung für die Anwendung wichtig ist, mit Ausnahmebehandlern für Grundsystem-Fehler
versehen sind, genügt es, nur bei ihrer Ausführung Rücksetzpunkte an
den in Al genannten Orten zu erstellen. Nimmt ein Prozeß an einem der
in Al genannten Orte Einfluß auf seine Umgebung und gibt es an der
betreffenden Stelle keinen zuständigen Ausnahmebehandler für OTHERS,
so wird kein aktueller, gültiger Rücksetzpunkt erstellt. Ein eventuell
vorhandener alter Rücksetzpunkt wird durch die Einflußnahme auf die
Prozeßumgebung ungültig und deshalb vernichtet:

Falls für einen Prozeß kein gültiger Rücksetzpunkt vorhanden ist,
läßt er nach (atomar) Beginn der Abarbeitung der Anweisungen einer
Programmeinheit mit einem Ausnahmebehandler für OTHERS einen Rücksetzpunkt für sich und alle veränderten Daten außerhalb erstellen.

Falls es an der betreffenden Stelle einen zuständigen Ausnahmebehandler für OTHERS gibt, läßt jeder Prozeß nach (atomar)

* Ein-, Ausgabe,
* Schreiben oder Lesen einer mit dem PRAGMA SHARED gekennzeichneten
  Variable,
* Schreiben einer Variable, die von außerhalb des schreibenden
  Prozesses und von außerhalb der Programmeinheit, von der der
  schreibende Prozeß abhängt (depends, vgl. [REFE_83 Kapitel 9.4]),
  zugreifbar ist,
* ENTRY-Aufruf (auch bei bedingtem oder zeitlich begrenztem),
  Beginn einer ACCEPT-Anweisung und am Ende eines Rendezvous,
* Start von Prozessen bzw. auch seinem eigenen Start, Ausführung
  der Anweisung ABORT <Prozeßname>

einen Rücksetzpunkt für sich und alle veränderten Daten außerhalb
erstellen.

Falls es an der betreffenden Stelle keinen zuständigen Ausnahmebehandler für OTHERS gibt, läßt jeder Prozeß nach (atomar)

* Ein-, Ausgabe,
* Schreiben oder Lesen einer mit dem PRAGMA SHARED gekennzeichneten
  Variable,
* ENTRY-Aufruf (auch bei bedingtem oder zeitlich begrenztem),
  Beginn einer ACCEPT-Anweisung und am Ende eines Rendezvous,
* Start von Prozessen, Ausführung der Anweisung ABORT <Prozeßname>

seinen eventuell vorhandenen Rücksetzpunkt vernichten.

Ist bei Grundsystem-Fehlern kein gültiger Rücksetzpunkt erstellt, muß
(aus der Sicht des Grundsystems) und kann (aus der Sicht der Anwendung)
der betroffene Prozeß abgebrochen werden.

1.3.2 Einsparung von Orten und Umfang von Rücksetzpunkten

Wird der betroffene Prozeß bei Grundsystem-Fehlern nicht rückgesetzt
und wiederholt, sondern rückgesetzt und in dem dem Grundsystem-Fehler
bei Erstellung des Rücksetzpunktes zugeordneten Ausnahmebehandler
fortgesetzt (Bild 4), kann zusätzlich zu der in Abschnitt 1.3.1
beschriebenen Einsparung von Orten von Rücksetzpunkten auch noch
Umfang von Rücksetzpunkten eingespart werden.

113

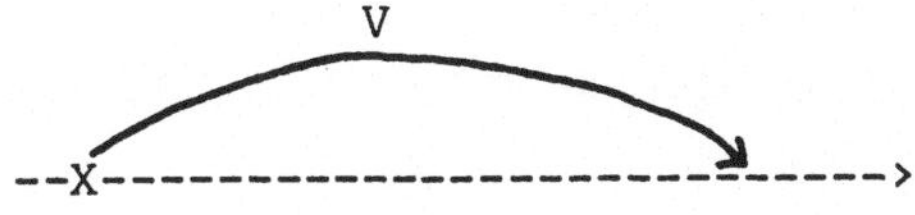

Vorwärts-Fehlerbehebung durch
Ausnahmebehandlung in Prozessen

kombiniert mit

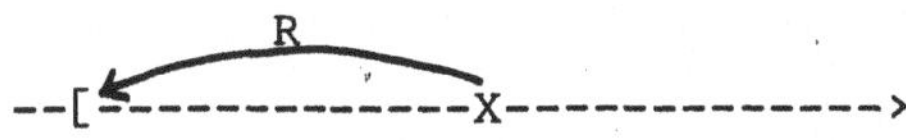

Rückwärts-Fehlerbehebung

ergibt

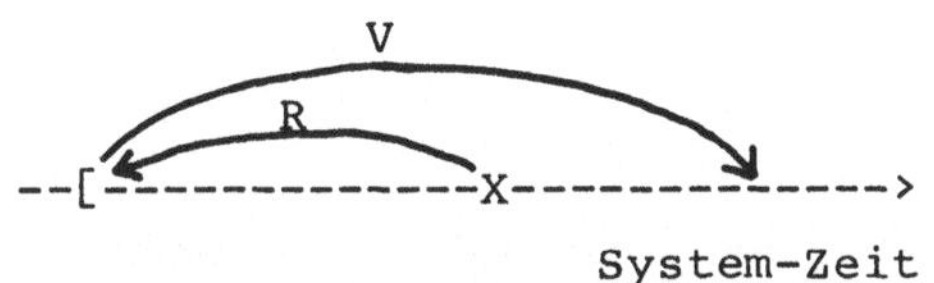

RV-Fehlerbehebung

System-Zeit

X symbolisiert das Entdecken eines Fehlers
[einen gültigen Rücksetzpunkt

__Bild 4:__ Kombination von Rückwärts-Fehlerbehebung und Vorwärts-Fehlerbehebung = RV-Fehlerbehebung

Werte, die der zuständige Ausnahmebehandler nicht benutzen kann,
werden bei RV-Fehlerbehebung nicht in den Rücksetzpunkt aufgenommen:

Falls für einen Prozeß kein gültiger Rücksetzpunkt vorhanden ist,
läßt er nach (atomar) Beginn der Abarbeitung der Anweisungen einer
Programmeinheit P mit einem Ausnahmebehandler für OTHERS einen
Rücksetzpunkt aller seiner Größen, die bezüglich der dynamischen
Blockschachtelung außerhalb von P vereinbart sind, und aller initialisierten Größen von P, die der Ausnahmebehandler benutzen kann, und
aller veränderten Daten außerhalb erstellen.

Falls es an der betreffenden Stelle einen zuständigen Ausnahmebehand-
ler für OTHERS gibt, läßt jeder Prozeß nach (atomar)
 * Ein-, Ausgabe,
 * Schreiben oder Lesen einer mit dem PRAGMA SHARED gekennzeichneten
   Variable,
 * ENTRY-Aufruf (auch bei bedingtem oder zeitlich begrenztem),

Beginn einer ACCEPT-Anweisung und am Ende eines Rendezvous,
* Start von Prozessen bzw. auch seinem eigenen Start, Ausführung
  der Anweisung ABORT <Prozeßname>
einen Rücksetzpunkt aller seiner Größen, die bezüglich der dynamischen Blockschachtelung außerhalb der Programmeinheit des zuständigen
Ausnahmebehandlers vereinbart sind, und aller Größen der Programmeinheit des zuständigen Ausnahmebehandlers, die er benutzen kann, und
aller veränderten Daten außerhalb erstellen.

Falls es an der betreffenden Stelle keinen zuständigen Ausnahmebe-
handler für OTHERS gibt, läßt jeder Prozeß nach (atomar)
 * Ein-, Ausgabe,
 * Schreiben oder Lesen einer mit dem PRAGMA SHARED gekennzeichneten
   Variable,
 * ENTRY-Aufruf (auch bei bedingtem oder zeitlich begrenztem),
   Beginn einer ACCEPT-Anweisung und am Ende eines Rendezvous,
 * Start von Prozessen, Ausführung der Anweisung ABORT <Prozeßname>
seinen eventuell vorhandenen Rücksetzpunkt vernichten.

Dynamisch erzeugte Objekte werden in diesem Algorithmus so behandelt,
als seien sie in der Programmeinheit vereinbart, in der ihr Typ
vereinbart ist.

2. Vergrößerung der tolerierten Fehlermenge durch mehrere Rücksetzpunk-te pro Prozeß

A1 legt z. B. immer dann Rücksetzpunkte fest, die eine Rücksetzlinie
(recovery line [AnLe_81]) bilden, wenn innerhalb eines Prozesses
weitere Prozesse durch Deklaration oder Allokation gleichzeitig
erzeugt werden. Diese Rücksetzlinie wird bei A1 jedoch sofort zerstört,
wenn der Vater-Prozeß oder einer der Sohn-Prozesse den nächsten
Rücksetzpunkt erstellt und damit den vorherigen Rücksetzpunkt löscht.
Ist der Anlaß der Erstellung des nächsten Rücksetzpunktes eine lokale
Kommunikation zwischen Brüder-Prozessen oder Vater- und Sohn-Prozessen,
so bleibt die Rücksetzlinie gültig, wenn man <u>alle</u> ihre Rücksetzpunkte
weiterhin speichert (Bild 5). Dies ist das Prinzip einer Konversation.

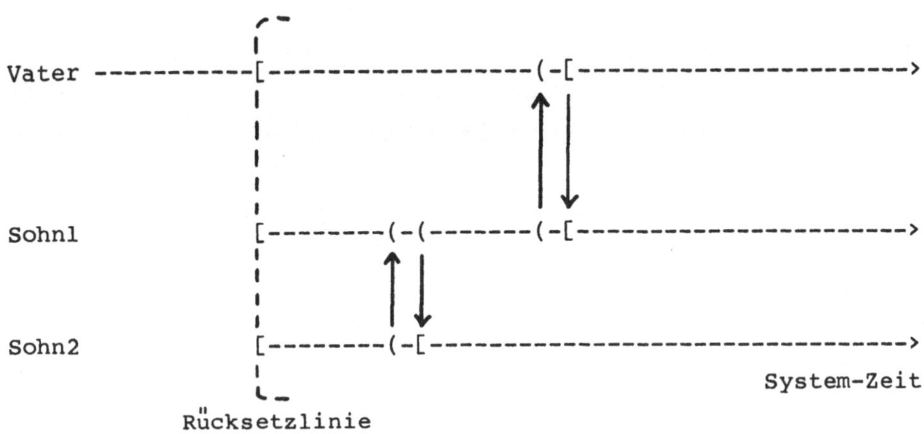

[gültiger Rücksetzpunkt   (ungültiger Rücksetzpunkt

Bild 5: Rücksetzlinie bei Prozeß-Erzeugung

Folgendes Verfahren vergrößert die tolerierte Fehlermenge, ohne den
Ausführungsaufwand nennenswert zu erhöhen:

Sofern genug Speicher verfügbar ist, wird ein Rücksetzpunkt einer
Rücksetzlinie erst gelöscht, wenn

* der Prozeß auf einen Prozeß einwirkt, der keinen Rücksetzpunkt in
  dieser Rücksetzlinie besitzt, oder
* der Prozeß eine Ein-/Ausgabe tätigt.

Ist ein Fehler durch Rücksetzen eines Prozesses auf seinen jüngsten
Rücksetzpunkt RP1 nicht tolerierbar (Anwendung von A1), so wird
geprüft, ob der Prozeß einen weiteren Rücksetzpunkt RP2 besitzt.
Besitzen alle Prozesse P_i, auf die der Prozeß seit Erstellung von
RP2 eingewirkt hat, ihre Rücksetzpunkte innerhalb der Rücksetzlinie
von RP2 noch, so wird diese Eigenschaft auch für alle P_i geprüft,
usw. Sind diese Bedingungen erfüllt, so werden alle betrachteten
Prozesse auf Rücksetzpunkte dieser Rücksetzlinie rückgesetzt.
Andernfalls wird der Prozeß auf RP1 rückgesetzt und im Ausnahmebehandler für Grundsystem-Fehler fortgesetzt (Anwendung von A2).

Im Gegensatz zu allgemeinen Verfahren zur Suche von Rücksetzlinien, z.
B. [MeRa_78, McDe_81, Mich_82], arbeitet das beschriebene Verfahren
streng lokal. Dies erlaubt zwar nicht die Betrachtung aller möglichen
Rücksetzlinien, aber eine einfache Entscheidung bezüglich des Löschens
von Rücksetzpunkten und einen einfachen Test, ob eine Rücksetzlinie
noch verfügbar ist. Bei bezüglich der Interprozeßkommunikation lokalem
Verhalten bleiben die Rücksetzlinien verfügbar.

Schlußfolgerung

Verschiedene Strategien zur Festlegung von Rücksetzpunkten erlauben zur Tolerierung von Grundsystem-Fehlern eine Kombination von Rückwärts-Fehlerbehebung und Vorwärts-Fehlerbehebung. Durch die Kombination von Rückwärts- und Vorwärts-Fehlerbehebung können ohne nennenswerte Erhöhung des Ausführungsaufwands (bezogen auf Ausführung mit Rückwärts-Fehlerbehebung) mehr Grundsystem-Fehler toleriert werden, als durch Rückwärts-Fehlerbehebung oder Vorwärts-Fehlerbehebung allein.

Die Programm-Redundanz zur Vorwärts-Fehlerbehebung z. B. in der Form von Ausnahmebehandlern kann dabei sowohl

1. zur Tolerierung von Software-Fehlern im Anwendungs-Programm (Software-Fehlertoleranz (software fault tolerance [AnLe_81 Seite 249f])) als auch

2. zur Tolerierung von Grundsystem-Fehlern (Hardware- und Grundsystem-Software-Fehler)

entworfen worden sein; in beiden Fällen handelt es sich um software-implementierte Fehlertoleranz (software-implemented fault tolerance) [DalC_84].

Die erste, in [Pfit_84] betrachtete Möglichkeit erhöht die Entwurfskosten nicht, da sich der(die) Programmierer nur mit seinen(ihren) eigenen möglichen Fehlern und nicht auch noch mit denen des Grundsystems beschäftigen muß(müssen). Diese erste Möglichkeit ist, da die Ausnahmebehandlung "zweckentfremdet" eingesetzt wird, nur für Anwendungssysteme ohne sicheren Ausfallzustand zu empfehlen.

Die zweite, in [Pfit_82 Seite 52, 53] sehr kurz betrachtete Möglichkeit dürfte zwar die Zuverlässigkeit noch mehr erhöhen als die erste Möglichkeit, aber im Gegensatz zur ersten Möglichkeit auch die Entwurfskosten. Hier muß man zwischen Aufwand zur Fehlertoleranz im Grundsystem und Aufwand zur Software-implementierten Fehlertoleranz einen geeigneten Kompromiß finden.

Danksagung

Für ihre Kritik und Diskussionsbereitschaft danke ich Klaus Echtle, Prof. Winfried Görke und Birgit Pfitzmann.

Literatur

AnLe_81 T. Anderson, P. A. Lee: Fault Tolerance - Principles and Practice; Prentice Hall, Englewood Cliffs, New Jersey, 1981

Corn_83 Dennis Cornhill: A Survivable Distributed Computing System For Embedded Application Programs Written in Ada; Ada LETTERS, A Bimonthly Publication of AdaTEC, the SIGPLAN Technical Committee on Ada; Vol. III, Nu. 3, November, December 1983, Seite III-3.79 bis III-3.87

DalC_84 M. Dal Cin: Software-implementierte Fehlertoleranz; Informatik-
         Spektrum Band 7, Heft 2, April 1984, Seite 108
Gray_78 J. N. Gray: Notes on Data Base Operating Systems; Operating
         Systems, "An Advanced Course, Edited by R. Bayer, R. M. Graham,
         G. Seegmüller; Lecture Notes in Computer Science LNCS 60,
         1978; Nachgedruckt als Springer Study Edition, 1979; Springer-
         Verlag, Heidelberg, Seite 393 bis 481
Kron_83 G. Kronawitter: Aspekte der Zustandssicherung in der Fehlerto-
         lerierenden Regler- und Steuerstation (FTR); Workshop Fehlerto-
         lerante Mehrprozessor- und Mehrrechnersysteme, Erlangen, 14.
         Oktober 1983, veranstaltet von der Fachgruppe 3.1.1 "Fehlerto-
         lerierende Rechensysteme" der Gesellschaft für Informatik E.
         V. (GI); Arbeitsberichte des Instituts für Mathematische
         Maschinen und Datenverarbeitung (Informatik), Friedrich
         Alexander Universität Erlangen Nürnberg, Band 16, Nu. 11,
         Dezember 1983, Seite 90 bis 99
MBQG_79 C. Meraud, F. Browaeys, J. P. Queille, G. Germain: Hardware
         and Software of the Fault Tolerant Computer COPRA; FTCS-9,
         Proceedings 1979 International Symposium on Fault-Tolerant
         Computing, Madison, Wisconsin, June 20-22, 1979, Seite 167
McDe_81 J. A. McDermid: Checkpointing and Error Recovery in Distributed
         Systems; Proceedings The 2nd International Conference on
         Distributed Computing Systems; Paris, France, April 8-10,
         1981, Seite 271 bis 282
MeBG_76 C. Meraud, F. Browaeys, G. Germain: Automatic Rollback Techni-
         ques of the COPRA Computer; FTCS-6, Proceedings 1976 Interna-
         tional Symposium on Fault-Tolerant Computing, Pittsburgh,
         Pennsylvania, June 21-23, 1976, Seite 23 bis 29
MeRa_78 P. M. Merlin, B. Randell: State Restoration in Distributed
         Systems; Proceedings of Fault Tolerant Computing Symposium 8,
         France, 1978, Seite 129 bis 134
Mich_82 Frank Michel: Rückwärts-Wiederaufsetzen in verteilten, fehler-
         toleranten Rechnersystemen; Diplomarbeit am Fraunhofer-Institut
         für Informations- und Datenverarbeitung Karlsruhe; Universität
         Karlsruhe, Fakultät für Informatik, Februar 1982
OBri_76 Frank J. O'Brien: Rollback Point Insertion Strategies; FTCS-6,
         International Symposium on Fault-Tolerant Computing, June
         21-23 1976, Pittsburgh, Pennsylvania, Seite 138 bis 142
Patz_81 Manfred Patz: Zustandssicherung- und Wiederanlaufverfahren für
         verteilte Netzbetriebssysteme mit dynamischer Redundanz;
         Dissertation an der Fakultät für Elektrotechnik der TU München,
         1981
Pfit_82 Andreas Pfitzmann: Konfigurierung und Modellierung von Mehrmi-
         krorechnern aus um Zuverlässigkeitsanforderungen erweiterten
         ADA-Programmen; Interner Bericht Nr. 8/82, Institut für
         Informatik IV, Fakultät für Informatik, Universität Karlsruhe,
         Februar 1982
Pfit_84 Andreas Pfitzmann: Festlegung des Ortes und Umfangs von
         Rücksetzpunkten in Prozeß-Systemen bei der Übersetzung und
         Berücksichtigung der Programm-Redundanz zur Ausnahmebehandlung;
         GI-NTG-Fachtagung Architektur und Betrieb von Rechensystemen,
         Universität Karlsruhe, 26. - 28.3.1984, Informatik-Fachberichte
         Band 78, Springer-Verlag Heidelberg, Seite 362 bis 377
Rand_75 Brian Randell: System Structure for Software Fault Tolerance;
         IEEE Transactions on Software Engineering Vol. SE-1, No. 2,
         June 1975, Seite 220 bis 232
REFE_83 Reference Manual for the Ada Programming Language; ANSI/MIL-STD
         -1815A-1983, February 17, 1983; Lecture Notes in Computer
         Science LNCS 155, Springer-Verlag Heidelberg
WaGo_84 William M. Waite, Gerhard Goos: Compiler Construction; Texts
         and Monographs in Computer Science, Springer-Verlag Heidelberg,
         1984

Implementierte Checkpoint/Restart
Fehlertoleranztechnik in der Praxis

S. Pfleger

GMD Bonn, Siemens München

5205 St. Augustin 1, Postfach 1240

ZUSAMMENFASSUNG

Die in dieser Arbeit präsentierte erweiterte Checkpoint/Restart Fehlertoleranztechnik basiert auf:

- Sicherstellung während der Ablaufzeit von Ablaufinformationen und von konsistenten Zuständen (Checkpoints) eines Software-Systems zu spezifizierten Schritten des Systemablaufes,
- globale (auf Systemebene) und lokale Überwachung (auf Komponentenebene) des Systemablaufes,
- Erkennung und Zuordnung der aufgetretenen Fehler zu den spezifizierten Fehlerklassen,
- fehlerabhängige flexible Auswahl der Fehlerbehandlungsstrategie,
- dynamische Kontrolle der Steuerungseinheit während der Fehlerbehandlung und Wiederanlauf (restart).

Diese Fehlertoleranztechnik wurde in dem Software-Werkzeug STAR (StrukturAnalysatoR) bei der Firma Siemens implementiert und in der Entwicklung von BS2000 erprobt; sie gewährleistet eine hohe Ausfallsicherheit und Effizienz im praktischen Einsatz.

INHALTSVERZEICHNIS

1. Einführung

Große Software-Systeme unterliegen zeitlich ständigen Änderungen aufgrund der funktionellen Erweiterungen, Restrukturierungen und Fehlerkorrekturen.

Die Auswirkungen solcher Änderungen im System sind, wegen der komplexen Komponentenvermaschung ohne Rechner-Unterstützung schwer zu erkennen und zu dokumentieren. Die maschinelle Ermittlung der geänderten Schnittstellen zwischen den hierarchisch aufgebauten Software-Bausteinen sowie die Aktualisierung der Strukturinformationen wird in der Praxis durch den Einsatz von speziellen Software-Werkzeugen, auch Strukturanalysatoren genannt, gewährleistet.

Große Software-Systeme bestehen aus mehreren Hunderten von Software-Bausteinen, auch Moduln genannt; der Quellcode jedes Software-Bausteins wird sequentiell nach Strukturinformationen durchsucht, die statische Analyse eines großen Software-Systems ist deshalb rechnerintensiv und kostspielig.

Die intensive Anwendung der Strukturanalysatoren in der Praxis für die Massenverarbeitung führt zu hohen Anforderungen an die Ausfallsicherheit und aus Kostengründen, zur Anforderung der Wiederverwendung der bereits durchgeführten korrekten Arbeiten, wenn das Betriebssystem oder die Hardware ausfallen. Diese Anforderungen können durch Fehlertoleranzmaßnahmen erfüllt werden. Die Fehlertoleranztechnik checkpoint/restart stellt die konsistenten Systemzustände sicher; die Fehlerbehandlung durch Rückführung des Systems in den letzten konsistenten Systemzustand, sichert die Wiederverwendung eines Teils der korrekt durchgeführten Arbeiten.

Die Rückführung des Systems in den letzten konsistenten Systemzustand ist jedoch für den effizienten Einsatz eines Strukturanalysators nicht immer sinnvoll. Die Behebungsstrategie "Rückführung", auch Rückwärtsbehebung genannt, wurde mit einer flexiblen Handler-Reaktion, die auch Vorwärtsbehebung zuläßt, erweitert. Mehrere Fehlerklassen wurden eingeführt, jede Fehlerklasse ruft eine eindeutige Handlerreaktion hervor. Diese erweiterte checkpoint/restart Fehlertoleranztechnik wird vorgestellt und über die Erfahrung aus der Praxis berichtet; eine kritische Betrachtung dieser Technik ist im Ausblick gegeben.

2 Checkpoint/Restart

Die Checkpoint/Restart Technik wird in der Konstruktion von fehlertoleranten Software-Systemen, die eine hohe Ausfallsicherheit bei unkritischen Zeitreaktionen im praktischen Einsatz nachweisen, verwendet. Sie basiert auf der Gewinnung und Sicherstellung während des Systemablaufes von ausreichenden Informationen über den Systemablauf und Systemzustand mit dem Ziel, in Fehlersituationen die Reparatur der Fehler durch:

- Rückführung des Systems in einen früheren (d.h. zeitlich vor dem Fehlerauftritt) konsistenten Systemzustand (checkpoint) und
- Wiederanlauf (restart) des Systems

zu ermöglichen.

Die Gewinnung von konsistenten Systemzuständen erfolgt in der hier präsentierten Technik auf zwei Ebenen:
- lokal, auf der Komponenten-Ebene (lokaler checkpoint)
- global, auf der System-Ebene (globaler checkpoint)

zu den bereits im Design spezifizierten Ablaufschritten.

Ein **lokaler checkpoint** besteht aus einer Kopie des Zustandes einer Komponente nach einem abgeschlossenen Ablaufschritt sowie aus Informationen über die Zusammenhänge der Komponente mit anderen Komponenten zu diesem Ablaufzeitpunkt.

Ein **globaler checkpoint** besteht aus mehreren lokalen checkpoints die einen konsistenten Systemzustand sicherstellen.

Die checkpoints (lokaler und globaler) haben eindeutige Namen im System.

Ein konsistenter Systemzustand besteht aus:
- mehreren Arbeitsdateien, die nach spezifizierten Ablaufschritten entstanden sind, und nach der Durchführung von Konsistenzprüfungen auf der Komponenten-Ebene, für korrekt erklärt und sichergestellt wurden,
- Ablaufinformationen mit Angabe der bereits abgeschlossenen Systemschritte (run info),
- Diagnose-Dateien, die eine Liste der aufgetretenen Ereignisse im System in der zeitlichen Reihenfolge und bezogen auf einen abgeschlossenen Systemablaufschritt beinhalten.

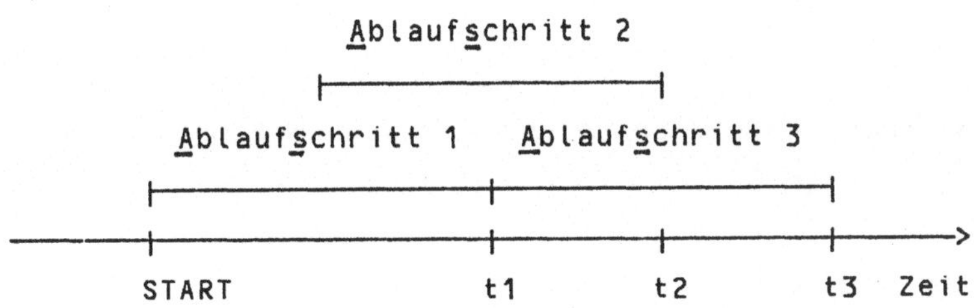

Bild 1   checkpoint (lokal: t1 oder t2 oder t3, global: t3)

Ein globaler checkpoint wird sichergestellt, obwohl nur die lokale Konsistenz geprüft wurde. Anschließend wird die globale Konsistenz eines checkpoints, parallel zum Systemablauf, geprüft:

- sind die spezifizierten Kriterien für die globale Konsistenz erfüllt, so wird in der Ablaufsteuerung dieser als "geprüfter globaler checkpoint" eingetragen und der Systemablauf wird fortgesetzt
- sind die globalen Konsistenzkriterien nicht erfüllt, so wird der Systemablauf unterbrochen und nach der Rückführung des Systems in den letzten "geprüften globalen checkpoint" oder in den Anfangs-Zustand, wiederholt.

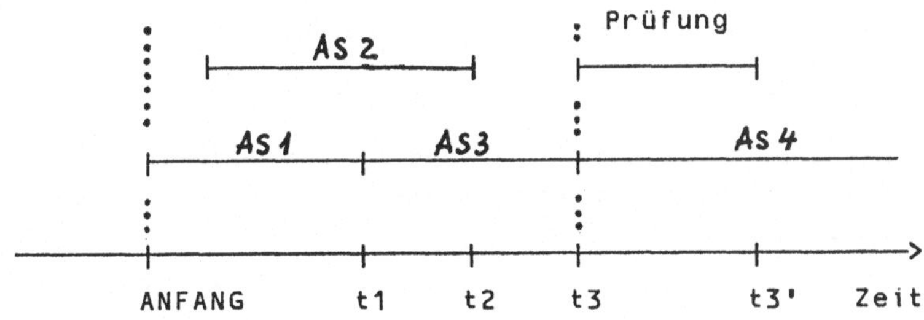

t3   globaler checkpoint
t3'   geprüfter globaler checkpoint

Bild 2   Prüfung des globalen checkpoints

Die Prüfung des globalen checkpoints erfolgt parallel zu dem fortgesetzten Systemablauf, die Zeitersparnis für die Durchführung der Prüfung (t3'-t3) führt zur Verbesserung der Systemreaktionszeit. Voraussetzung dieser Parallelität ist die dynamische Kontrolle der Steuerungseinheit über die Prüfungen von globalen checkpoints (dynamic control over commitment).

2.1 Fehlerklassen

Fehlersituationen entstehen während des Ablaufes eines Software-Systems aufgrund der:
- Fehler in den unteren Schichten des Software-Systems,
- fehlerhafte Bedienung des Software-Systems und
- Konstruktionsfehler in dem Software-System.

Die Fehler der **unteren Schichten** eines Software-Systems sind Fehler in den verwendeten Utilities, Fehler des Betriebssystems und der Hardware.

Die **Bedienungsfehler** entstehen während der Mensch-Maschine Kommunikation aufgrund des abweichenden mentalen Modells des Benutzers über das System von dem mentalen Modell des Software-Entwicklers.

Die **Konstruktionsfehler** entstehen während der Entwicklungsphase des Software-Systems aufgrund von:
- Abweichung des Systemkonzepts von den Anforderungen,
- Inkompatibilitäten der Teilproblemlösungen,
- fehlerhafte Codierung und Dokumentation,

bedingt durch die unvollständigen Denkprozesse des Software-Entwicklers bei der Lösung von komplexen Aufgabenstellungen.

Für folgende **Fehlerklassen** wird mit Hilfe der hier präsentierten Fehlertoleranztechnik die Fehlerbehandlung durchgeführt:

Klasse 1: Unterbrechungen wegen Fehler in Utilities, Betriebssystem und Hardware

Klasse 2: fehlerhafte Eingabe als Bedienungsfehler

Klasse 3: transiente Konstruktionsfehler

Klasse 4: permanente Konstruktionsfehler

Klasse 5: Synchronisationsfehler.

Die Fehler innerhalb einer Fehlerklasse werden in Abhängigkeit mit den Fehlerauswirkungen mit Prioritäten versehen.

Die eindeutige Zuordnung eines Fehlers zu einer Fehlerklasse ist die Voraussetzung für die Gewährleistung der Fehlerbehandlung während der Ablaufzeit; d.h. eine Fehlerart darf nicht in zwei Fehlerklassen mitgeführt werden.

2.2 Fehlerbehebung

Die Fehlerbehebung basiert auf der Fehlererkennung und -lokalisierung, Fehlerbehandlung und aus dem Wiederanlauf.
Die **Fehlererkennung und -lokalisierung** wird auf zwei Ebenen durchgeführt:

- lokal, innerhalb einer Systemkomponente durch implementierte recovery blocks (1)
- global, auf der Systemebene mit Hilfe von Uberwachungsprozeduren basierend auf Zeitprüfungen (watchdog timer, timeout bit, Quittung), codifizierte Prüfungen und Plausibilitätsprüfungen.

In Fehlersituationen übernimmt die Steuerungseinheit die zentrale Koordination im System, überwacht die Durchführung der Fehlerbehandlung auf Systemebene in Abhängigkeit von der Klasse und Gewicht der aufgetretenen Fehler, sowie den Wiederanlauf aus einem globalen checkpoint.

Die **Fehlerbehandlung** erfolgt

- lokal, innerhalb einer Komponente durch Aktivierung des Sprachkonstruktes für die Fehlerbehandlung, des Programmteils in dem die Reaktion auf Fehler implementiert ist (Handler) oder durch implementierte recovery blocks; sie wird ohne Kontrollübergabe an die Steuerungseinheit durchgeführt,
- global, auf Systemebene durch Ubergabe der Kontrolle an die Steuerungseinheit und nach einer festgelegten Strategie, nachdem der Fehler einer der spezifizierten Fehlerklassen zugeordnet wurde:
- Unterbrechung des Systemablaufes aufgrund von Fehlern in Utilities, Betriebssystem oder Hardware,
- Eingabefehler,
- transiente und permanente Konstruktionsfehler,
- Synchronisationsfehler.

Unterbrechungen des Systemablaufes verursacht durch Fehler der eingesetzten Utilities, des Betriebssystems und der Hardware werden behandelt durch:

- Rückführung (rollback) des Systems in den letzten globalen checkpoint wenn die Fehler transient sind,
- Migration, d.h. die Ubertragung des letzten geprüften globalen checkpoint auf eine andere Anlage, wenn die aufgetretenen Fehler permanent sind.

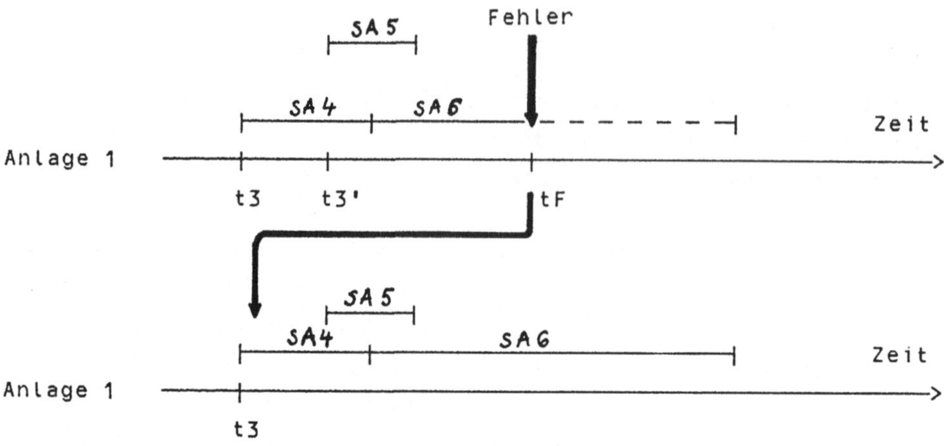

Zeitverlust tv=(tF - t3) + t Reaktion

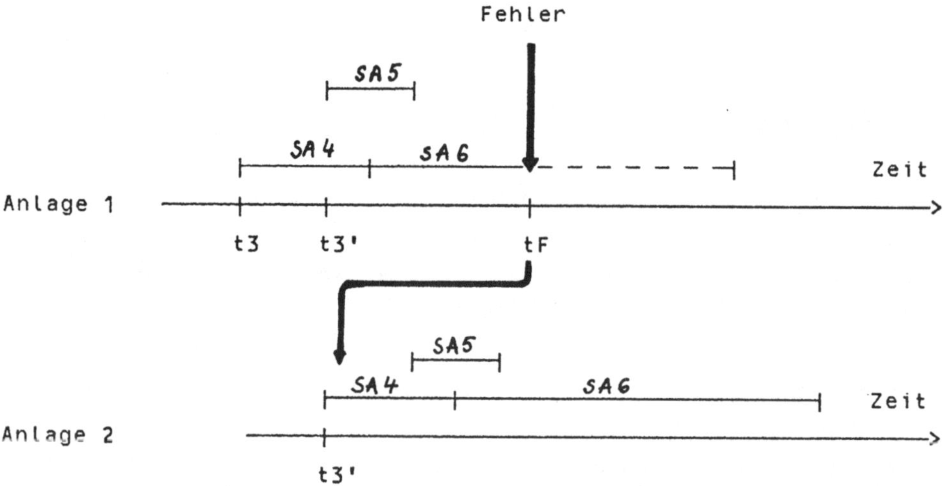

Zeitverlust tv=(tF - t3') + t Reaktion + t Migration

Bild 3   Behandlung von Fehlern der Utilities, Betriebssystem und
Hardware

Die **Eingabefehler** werden wie folgt behandelt:
- die Steuerungseinheit veranlaßt die Sendung einer Meldung an die
  Benutzer für die Korrektur der Eingabefehler
- die nächste Eingabe wird bearbeitet, falls nicht möglich, erfolgt
  die Beendigung
- im Gedächtnis der Steuerungseinheit wird die fehlerhafte Eingabe
  markiert und nach einer festgelegten Strategie die Bearbeitung der
  Eingabe wiederholt (z.B. bei jedem Systemwiederanlauf).

Für die Behandlung der **transienten Konstruktionsfehler** ist die Wiederholung des Systemablaufes aus dem letzten globalen checkpoint ausreichend, da der Fehlerkontext dadurch umgangen wird.
Zeitverlust tv=(tF - t3) + t Reaktion (siehe Bild 2)

Permanente Konstruktionsfehler in einer Komponente werden behandelt durch Aktivierung der Ersatzkomponente; falls keine Ersatzkomponente bereitgestellt wurde, erfolgt die Beendigung. Die Reaktion auf permanente Konstruktionsfehler basiert auf der Rekonfiguration des Software-Systems während der Ablaufzeit.

Die Behandlung der **Synchronisationsfehler** basiert auf der Serialisierung der Zugriffe auf ein Objekt durch die Zwei-Phasen Sperre, unter der zentralen Kontrolle der Steuerungseinheit:

- vor dem Zugriff wird das Objekt für die Dauer des Zugriffs gesperrt
- nach dem Zugriff wird das Objekt freigegeben.

Erfolgt keine Freigabe des Objekts innerhalb des spezifizierten Zeitintervalls, so wird die Objektsperre aufgehoben (time out-Mechanismus) und der Zugriff wiederholt. Die Reaktion auf wiederholte Verklemmungen innerhalb des gleichen Ablaufschrittes ist die Beendigung des Systemablaufes.

2.3 Wiederanlauf

Der Wiederanlauf (restart) wird in Abhängigkeit zu der durchgeführten Fehlerbehandlung

- von Anfang des Systemablaufes oder
- aus dem zeitlich letzten geprüften oder ungeprüften globalen checkpoint,

an der gleichen oder einer anderen Anlage (Migration) durchgeführt.

Der Wiederanlauf erfolgt unter dynamischer Kontrolle der Steuerungseinheit. In dem Fall, daß wiederholt Wiederanläufe erneut zu Fehlern innerhalb des gleichen Ablaufschrittes führen, wird nach Sicherstellung von Diagnose- und Ablaufinformationen die Beendigung des Systemablaufes durchgeführt.

3. Der Einsatz in der Praxis

Die Struktur eines komplexen Software-Systems, wie BS2000, unterliegt ständig zeitlichen Änderungen, verursacht durch funktionelle Erweiterungen, Entkopplung von Subsystemen und Wartung. Die Auswirkungen dieser Änderungen im System können sinnvoll nur mit Hilfe der maschinellen Unterstützung in Form von Werkzeugen für die Strukturanalyse (Strukturanalysatoren) erkannt werden.

Die **Strukturanalyse** eines Software-Systems basiert auf der statischen Analyse seiner Programmbausteine und Ermittlung von Strukturinformationen wie:

- aktuelle Schnittstellen zwischen Subsystemen und Schnittstellen zwischen Programmbausteinen,

- aktueller Daten- und Kontrollfluß,

- Vermaschung im System.

Die sequentielle Analyse von Masseneingaben (große Software-Systeme, wie BS2000, bestehen aus mehreren Hunderten von Programmbausteinen) führt zu hohen Kosten im Einsatz eines Strukturanalysators; die sinnvolle Fortsetzung der Analyse in Fehlersituationen, sowie die Anforderungen an die Wiederverwendung von bereits ermittelten Ergebnissen für Systemteile, die nicht geändert wurden, sind Anforderungen, die mit Hilfe der Fehlertoleranz-Ansätze erfüllt werden können.

Die hier präsentierte Checkpoint/Restart Technik wurde in der Konstruktion eines **ST**ruktur**A**nalysato**R**s, **STAR**, bei der Firma Siemens München implementiert.

3.1 STAR-Übersicht

Das Werkzeug STAR besteht aus mehreren modular-ausgebauten Komponenten: Eingabe, Bibliothek, Syntaxanalyse, Synthese, Verwaltung, Druck, Grapik-Prozessor, Ausgabe und Steuerung.

Die Steuerung des Systemablaufes, die Systemüberwachung und die Systemhandler-Funktionen für die Durchführung von Fehlerbehandlung auf Systemebene und Wiederanlauf sind in der STAR-Steuerung (siehe Bild 4) zentralisiert. Die Steuerung verfügt über

- Langzeitgedächtnis, durch Speicherung von Systemabläufen, die bereits durchgeführt wurden und

- Kurzzeitgedächtnis, in dem die Angaben über den aktuellen Systemablauf (Eingabedateien, Ablaufinformationen, erstellte Ergebnisse, usw.) gespeichert sind.

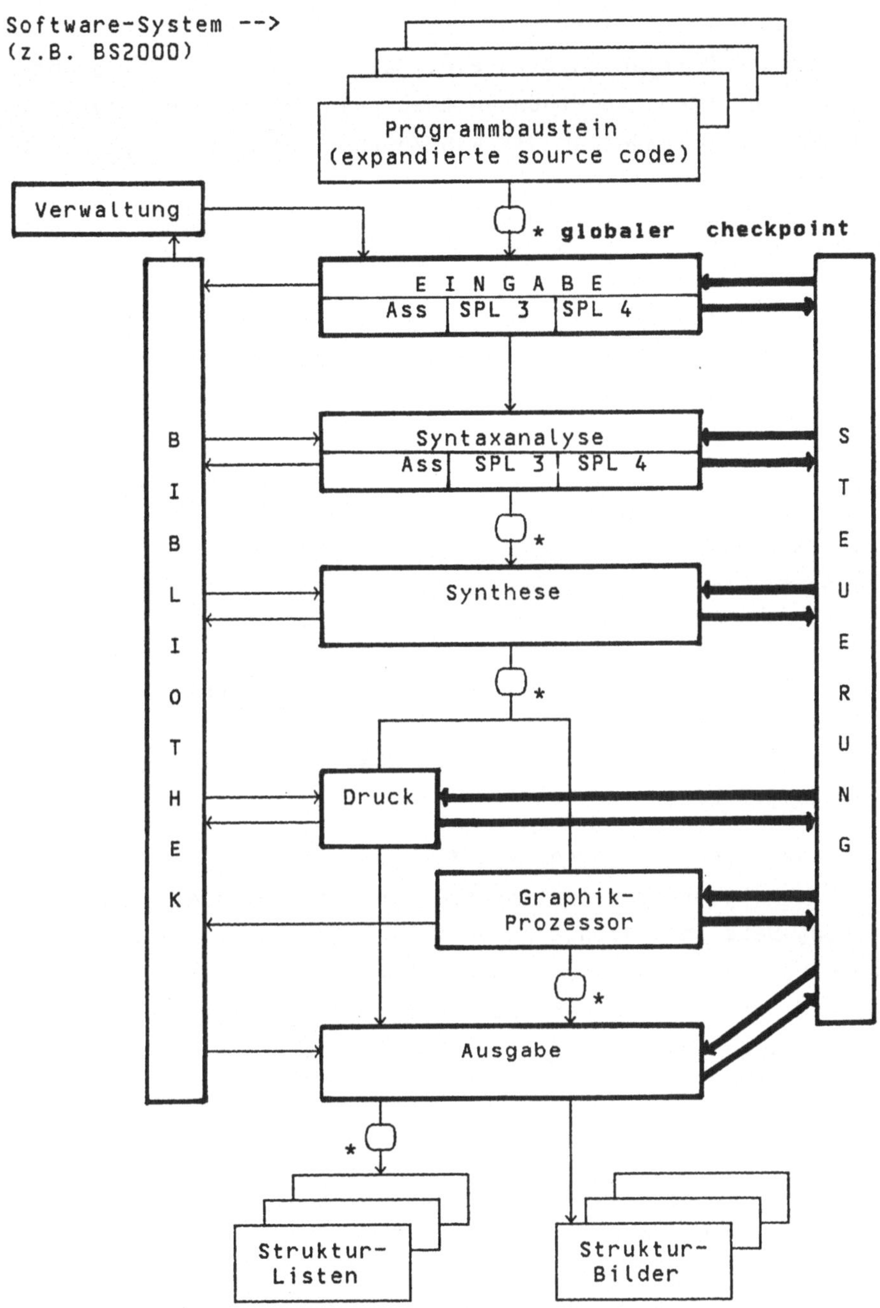

Bild 4   STAR-Übersicht

Die Datenredundanz ist durch die Beibehaltung der lokalen checkpoints (als temporäre Dateien) die zu einem globalen checkpoint gehören, bis zum zeitlichen nächsten globalen checkpoint sowie durch das Mitführen von Ablaufinformationen für die Fehlerbehandlung, sichergestellt.

3.2 STAR-Ablauf

Der Benutzer stellt das zu analysierende Software-System als Programmbaustein in dem Format eines Compiler Listung (expandierte source code erzeugt vom Compiler) bereit.

Die EINGABE prüft die Benutzereingabe mit Hilfe von Plausibilitäts-prüfungen:

- Listing-Merkmale werden untersucht
- Compiler Option werden geprüft, usw.

Fehlerhafte Programmbausteine werden markiert und im Gedächtnis der Steuerung eingetragen; die Fehlerbehandlung führt zur Übernahme des nächsten Programmbausteins und falls keiner vorhanden, zur Beendigung. Bei jedem Wiederanlauf wird das fehlerhafte Programm von der EINGABE neu geprüft.

Die Syntaxanalyse untersucht die Programmbausteine nach strukturrele-vanten Informationen und speichert diese Informationen string-weise in temporären Dateien. Sobald die letzte Codezeile eines elementaren Programmbausteins analysiert wurde, wird die gesamte Strukturinfor-mation, die in den elementaren Programmbausteinen ermittelt wurde, unter dem Namen des elementaren Programmbausteins, in der Bibliothek sichergestellt.

Lokale Prüfpunkte in dem Ablaufschritt "Syntax-Analyse" sind:

SYNA.1   Abgeschlossene Syntaxanalyse eines Assembler-Programm-
                 bausteins
SYNA.2   Abgeschlossene Auswertung (Sortierung der SYN1-Strings)
SYNA.3 bzw. 5   Abgeschlossene Syntaxanalyse (mit Auswertung) eines
                 SPL 3 bzw. SPL 4-Programmbausteins

Die Programmteile der Syntaxanalyse-Komponente sind in der Recovery-Block-Technik implementiert.

Während des Ablaufschritts "Syntax-Analyse" entsteht ein globaler checkpoint für jeden analysierten Programmbaustein mit dem Namen: SYNA.'Name des Programmbausteins' und nach Abschluß: SYNA.'Name des Systems'.

Nach der sequentiellen Syntaxanalyse des letzten elementaren Programmbausteins wird die **Synthese** aktiviert, um aus den Strukturinformationen der elementaren Programmbausteinebene, Strukturinformationen auf Subsystem- und Systemebene zu ermitteln, in Form von Strukturbäumen. Die Strukturbäume werden zusätzlich in der Bibliothek in Form von Strukturdateien sichergestellt. Die Verwaltungs-Komponente führt Buch über die bereits analysierte Version der elementaren Programmbausteine eines Software-Systems und veranlaßt die Syntaxanalyse-Komponente, bereits analysierte Versionen nicht mehr zu analysieren.

Lokale Prüfpunkte in dem Ablaufschritt "Synthese" entstehen nach Abschluß von Sortierungsarbeiten:

SYNT.1   Modul/Macro Strings
SYNT.2   Tabelle/Modul
SYNT.3   Tabellenfeld/Modul

       .

       .

    usw.

In dem Ablaufschritt "Synthese" entstehen globale checkpoints nach jedem Sortierungsschritt:

SYNT. Modul — Macro
SYNT. Modul — Tabelle
SYNT. Modul — Tabellenfeld
SYNT. Modul — Modul

    .

    .

    usw.

Bei Fehlern in der Komponente Synthese führt die Kontrollübergabe an die Steuerung zur Durchführung der Behandlung durch Aktivierung einer SORTER-Ersatzkomponente (Rekonfiguration). In diesem Ablaufschritt werden alle fehlerhaft erzeugten Dateien SYNT. <....> gelöscht.

Der Wiederanlauf unter der neuen Systemkonfiguration erfolgt aus dem letzten globalen checkpoint in der "Synthese" oder wenn keiner vorhanden, aus der Syntaxanalyse checkpoint SYNA.'Name des Systems'.

Nach Abschluß des Schrittes "Synthese" entsteht ein geprüfter globaler checkpoint: SYNT.'Name des Systems'.

Nach Abschluß des "Synthese"-Schrittes erfolgt entweder der "Druck"-Schritt, wenn Strukturlisten-Dateien erstellt werden, oder der Schritt "Graphik-Prozessor", wenn Struktur-Bilder-Dateien erstellt werden.

Die Komponente **Druck** bereitet die String-Dateien in Druckdateien auf, ohne globale oder lokale checkpoints bereitzustellen.

Die **Graphik-Prozessor** Komponente bereitet die String-Dateien in Druckdateien auf; während des Ablaufschrittes "Graphik" entstehen 5 globale checkpoints und 17 lokale checkpoints, die Fehlerbehandlung basiert auf Rückführung des Systems in den zeitlich letzten globalen checkpoint GRAPHIK.'Schritt', oder in dem geprüften globalen checkpoint von Synthese SYNT.'Name des Systems', falls kein globaler checkpoint in dem "GRAPHIK"-Schritt vorliegt.

Die Komponente **Ausgabe** für Listen erstellt aus den Druckdateien für Listen, die komprimierten Strukturdateien (ohne leere Zeilen) und startet die Drucker-Ausgabe auf Papier.

Nach Abschluß des "Ausgabe"-Ablaufschrittes entsteht der geprüfte globale checkpoint AUSL.'System-Name' für die Listen-Ausgabe.

Die Ausfallsicherheit und die Systemeffizienz stellen widersprüchliche Anforderungen an die Dimensionierung der Abstände zwischen den Wiederaufsetzpunkten.

Die Fehlerwahrscheinlichkeit als statistische Kerngröße, gewonnen im praktischen Einsatz von STAR, war die maßgebende Größe bei der Dimensionierung der Abstände zwischen den Wiederaufsetzpunkten von STAR.

4. Ausblick

Die Checkpoint/Restart-Fehlertoleranztechnik implementiert in dem Werkzeug STAR (**ST**ruktur**A**nalysato**R**) basiert auf

- Datenredundanz in Form von Redundante-Analysedateien (temporären und Bibliotheksdateien) und Informationsredundanz über den Analyseablauf (wird für die Zurückführung des STAR-Systems in einen konsistenten Zustand und für Wiederanlauf benötigt).
- Zeitredundanz in Form von Wiederholungen der bereits durchgeführten Ablaufschritte
- Dynamische Kontrolle der Steuerungseinheit über die globalen check-points.

Die Datenredundanz ist für den Systemablauf als zusätzliche Belastung anzusehen. Die Ausfallsicherheit und die Antwortzeiten stellen widersprüchliche Anforderungen an die Systemdimensionierung hinsichtlich der Sicherstellung von checkpoints:

- große zeitliche Abstände zwischen den Wiederaufsetzpunkten führen zur Senkung der Anzahl der redundanten Daten, aber im Fehlerfall zu größerem Verlust der bereits durchgeführten Arbeiten,
- kurze zeitliche Abstände zwischen den Wiederaufsetzpunkten haben den Nachteil, daß die Effizienz solcher Software-Werkzeuge aufgrund der Erhöhung der Anzahl der mitgeführten Ablaufinformationen, verschlechtert wird.

Diese Technik sichert aber eine flexible und fehlerabhängige Reaktion in Fehlersituationen und gewährleistet eine hohe Ausfallsicherheit im praktischen Einsatz, die Senkung der Analysekosten durch die Wiederverwendung der Ergebnisse eines globalen Prüfpunktes, sowie eine effiziente Ausnutzung der Rechnerresources durch die temporäre Führung der lokalen checkpoints.

Die hier präsentierte Checkpoint/Restart-Technik kann sinnvoll in der Konstruktion von Software-Systemen, die den Fehlerauftritt und anschließende Fehlerreparatur während der Ablaufzeit zulassen, eingesetzt werden. Für Systeme "ohne Reparatur", wie z.B. Flugsicherung, ist die Checkpoint/Restart-Fehlertoleranztechnik nicht geeignet.

Anhang

Strukturlisten (1-12)und **Strukturbilder** (13-19) erstellt von STAR:

1 SVC-Aufrufe im Modul

2 Module, die einen SVC aufrufen

3 Makro-Aufrufe im Modul

4 Module, die einen Makro (Include) aufrufen

5 Privilegierte Befehle im Modul

6 Module, die einen privilegierten Befehl benutzen

7 Module, die auf eine Tabelle zugreifen

8 Module, die auf ein Tabellenfeld zugreifen

9 Modulschnittstellen

10 Subsystem ruft Subsysteme

11 Subsystem wird gerufen von Subsystemen

12 Eingänge/Ausgänge eines Moduls

13 Inhaltsverzeichnis

14 Subsystem Vermaschung

15 System Ubersicht

16 Subsystem Ubersicht

17 Komponentengruppen Ubersicht

18 Modul Ubersicht

19 Tabellen Ubersicht

Bibliographie

(1) Anderson, T.; Kerr, R. "Recovery Blocks in Action"
            Proc. 2nd Int. Conf. on Sof.-Eng., 1976, S. 447-457
(2) Görke, W.   "Zur Begriffsbildung bei der Beschreibung von Fehler-
            toleranz-Verfahren"
            Bericht 6/83, Universität Karlsruhe,
            Fakultät für Informatik, 1983
(3) Pfleger,S.   "STAR-Benutzerhandbuch"
            U91004JZ191, Siemens, München, 1982
(4) Schneeweis, W.G. "Time Redundancy"
            Informatik-Bericht Nr. 36,
            Fernuniversität Hagen, 1983
(5) Syrbe, M.   "Fehlertolerante Rechensysteme"
            Bericht der GMD, Nr. 128, Oldenburg Verlag,
            München, Wien 1980

EXPERIMENTE MIT N-VERSION PROGRAMMIERUNG AUF DEM

DIRMU MULTIPROZESSORSYSTEM

Erik Maehle
Klaus Moritzen
Klaus Wirl

Universität Erlangen-Nürnberg
Institut für Mathematische Maschinen
und Datenverarbeitung (III)
Martensstr. 3, D-8520 Erlangen

Zusammenfassung: Der Beitrag beschreibt ein Experiment mit N-Version Programmierung, das auf dem DIRMU Multiprozessorsystem durchgeführt wurde. Implementiert wurden von verschiedenen Programmierern nach einer einheitlichen Spezifikation mehrere Versionen des 'Travelling Salesman' Problems. Die einzelnen Versionen wurden parallel auf je einem Prozessor ausgeführt. Ein weiterer Prozessor übernahm die Ein/ Ausgabe und fällte eine Mehrheitsentscheidung über die Ergebnisse (Voting). Die Voraussetzungen und Ergebnisse des Experiments werden vorgestellt. Schließlich wird noch auf verschiedene Möglichkeiten für Multiprozessorstrukturen mit N-Version Programmierung eingegangen.

Abstract: The paper describes an experiment with N-version programming on the DIRMU multiprocessor system. Based on a common specification several versions of the 'Travelling Salesman' problem were implemented by different programmers. All versions were run in parallel on indivi- dual processors. One more processor was used for I/O processing and for voting over the results of the different program versions. The preconditions and the results of the experiments are presented. Final- ly various other possible multiprocessor structures for N-version programming are discussed.

0 Einleitung

Ebenso wie bei der Hardware sind auch bei der Software elektronischer Rechenanlagen zwei grundsätzliche Wege zur Erhöhung der Zuverlässig- keit gangbar: Fehlerintoleranz (Fehlervermeidung) und Fehlertoleranz durch Einbringen von nützlicher Redundanz. Der vorliegende Beitrag beschäftigt sich mit einem Verfahren für fehlertolerante Software: der N-Version Programmierung.

N-Version Programmierung (CHEN/AVIZIENIS 78) geht davon aus, daß nach einer gegebenen Spezifikation von N verschiedenen Programmierteams N verschiedene Programmversionen unabhängig voneinander erstellt werden. Eine weitere (als perfekt vorausgesetzte) Softwarekomponente, der Treiber/Voter versorgt alle N Versionen mit Eingabedaten und fällt über die berechneten Ausgabedaten eine Mehrheitsentscheidung. Offenbar lassen sich damit bei N=2n+1 verschiedenen Versionen n fehlerhafte Programmversionen tolerieren, ohne daß der Voter ein fehlerhaftes Endergebnis liefert.

Über erste Erfahrungen mit diesem gelegentlich auch als Software- Diversität bezeichneten Konzept wird bereits in (KELLY/AVIZIENIS 83), in (GEMEINER/VOGES 79) und in (KAPP/DAUM 79) berichtet. Die hier beschriebenen Experimente an der Universität Erlangen-Nürnberg dienen vor allem dazu, weitere praktische Erfahrungen auf diesem insgesamt noch recht wenig untersuchten Gebiet zu sammeln.

Als wichtiger Aspekt der Erlanger Experimente kommt hinzu, daß sie ausschließlich auf einem Multiprozessorsystem (DIRMU) durchgeführt werden. Eines der Ziele ist dabei, sowohl Hardware- als auch Software-Fehlertoleranz mit Hilfe von Multiprozessorsystemen zu erreichen.

1 Versuchsaufbau mit dem DIRMU Multiprozessor-Baukastensystem

DIRMU (DIstributed Reconfigurable MUltiprocessor kit) ist ein Baukastensystem für aufgabenorientierte Multiprozessor-Konfigurationen (HÄNDLER/ROHRER 80, MAEHLE 81). Grundelement des Baukastensystems ist ein einheitlicher Mikrorechner-Bausteintyp (Abb.1). Acht Exemplare dieses Bausteins wurden bisher auf der Basis des Mikroprozessors 8086/8087 in Erlangen aufgebaut. Jeder Baustein besteht aus einem Prozessormodul (P-Modul) und einem Multiportspeicher (M-Modul), dessen Eingänge (M-Ports) von außen zugänglich sind. Die P-Module besitzen Ausgänge (P-Ports), die über steckbare Kabelverbindungen mit den M-Ports anderer Bausteine verbunden werden können. P-Port 0 und M-Port 0 sind stets miteinander verbunden.

Mit Hilfe dieser Kabelverbindungen lassen sich also mehrere DIRMU-Bausteine sehr einfach zu speichergekoppelten Multiprozessor-Konfigurationen zusammenschalten (i. a. mit begrenzten Nachbarschaften). Welche Konfiguration (Prozessoranzahl und Verbindungsstruktur) gewählt wird, hängt dabei von der zu bearbeitenden Aufgabe ab.

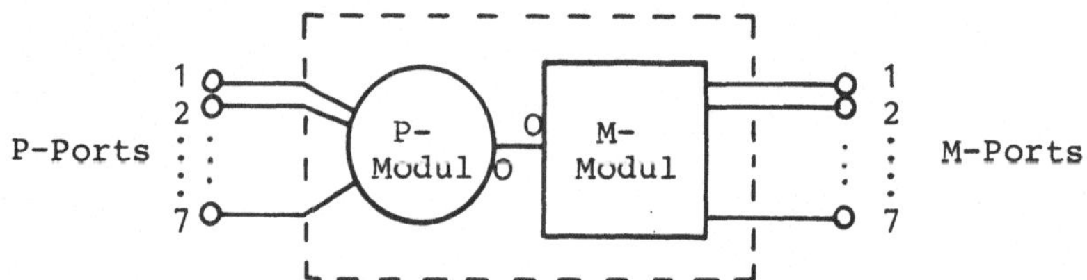

Abb. 1 : DIRMU - Baustein (schematisch)

In Abb. 2 ist der innere Aufbau eines DIRMU-Bausteins dargestellt. Der P-Modul enthält außer dem eigentlichen Mikroprozessor 8086/8087 auch noch privaten, nur ihm zugänglichen Speicher (RAM/ROM), sowie Ein/Ausgabe-Schnittstellen. Die Zahl der P- und M-Ports ist derzeit auf acht begrenzt. Im Multiportspeicher sind zusätzlich Statusregister vorhanden, die die Kommunikation und die gegenseitige Fehlerdiagnose benachbarter Bausteine unterstützen.

Abb.3 zeigt einen Versuchsaufbau aus DIRMU-Bausteinen für Experimente zur N-Version Programmierung. Baustein B0 übernimmt die Ein/Ausgabe und führt das Programm für den Treiber/Voter aus. Die N Versionen des fehlertolerant ausgeführten Programms laufen parallel auf den Bausteinen B1,...,BN ab. Der Treiber in B0 versorgt sie mit Aufträgen und fällt über die zurückgelieferten Ergebnisse eine Mehrheitsentscheidung. Das resultierende Endergebnis und eine Fehlerstatistik werden schließlich ausgegeben.

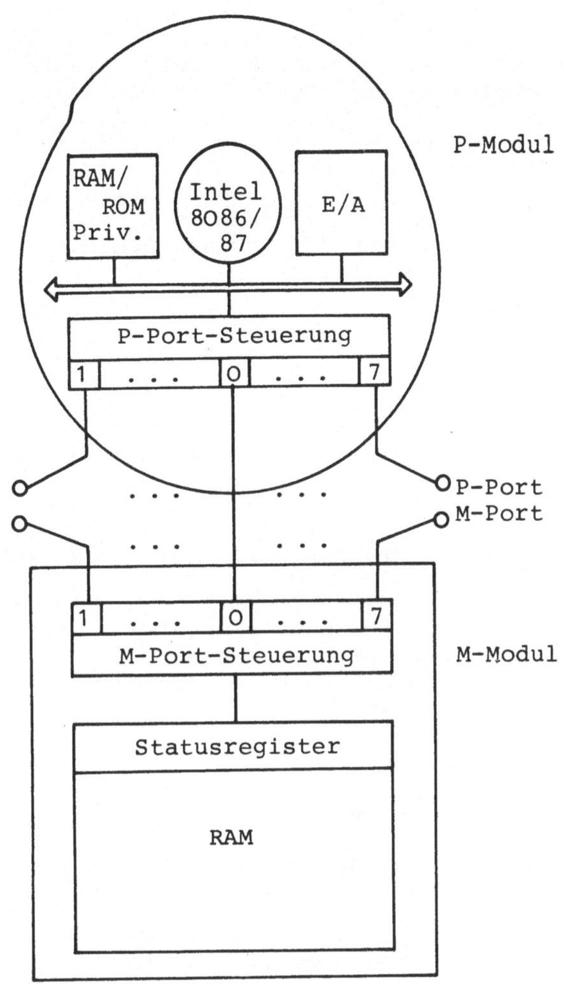

Abb. 2 : DIRMU - Baustein (innerer Aufbau)

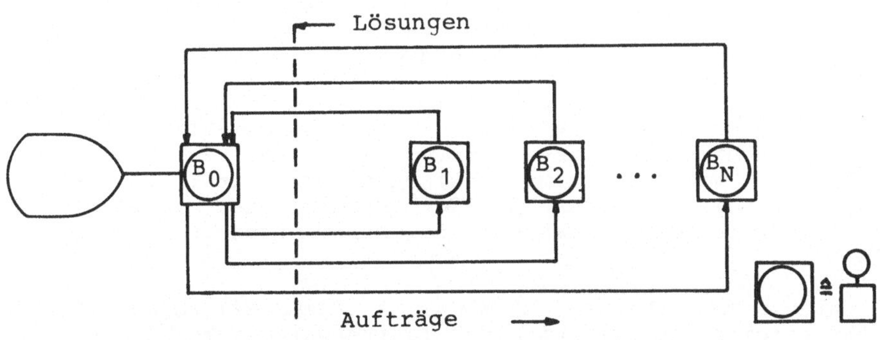

Abb. 3 : Versuchsaufbau   aus   DIRMU-Bausteinen   für   Experimente
         mit N-Version Programmierung.

Da es für den Voter unbedeutend ist, ob ein fehlerhaftes Ergebnis auf einem Softwarefehler in einer Programmversion oder auf einem Hardwarefehler in dem zugehörigen Baustein beruht, lassen sich permanente und transiente Hardwareausfälle ebenfalls tolerieren.

In dem gezeigten Versuchsaufbau wird allerdings Baustein B0 samt der auf ihm ablaufenden Software als perfekt angenommen, was sicher unrealistisch ist. Wegen ihrer konzeptionellen Einfachheit wurde trotzdem zunächst diese Konfiguration für die ersten Experimente gewählt. In Abschnitt 4 werden dann Konfigurationen diskutiert, die ohne perfekte Komponenten auskommen.

2 Versuchsbeschreibung

Die Experimente wurden mit Studenten der Informatik im Rahmen eines Projektseminars durchgeführt. Zwei Studenten hatten die Ein/Ausgabeschnittstelle und den Voter/Treiber auf Baustein B0 zu erstellen. Vier weitere Studenten sollten unabhängig voneinander je eine Programmversion zur Lösung des 'Travelling Salesman' Problems schreiben. Ausgangspunkt für die Programmerstellung war die folgende Formulierung des Problems (MEHLHORN 77):

"Gegeben sind n Städte und ihre paarweisen Entfernungen. Die Entfernungen sind natürliche Zahlen. Gesucht ist die kürzeste Rundreise, d.h. der kürzeste geschlossene Pfad, der durch jede Stadt genau einmal geht. Formaler ausgedrückt:

Gegeben ist eine Funktion

$$\text{dist:} \ \{0,\ldots,n-1\}^2 \ \rightarrow \ \mathbb{N} \ .$$

Gesucht sind die Permutationen π von $\{0,\ldots,n-1\}$, die

$$\text{trip} = \sum_{i=0}^{n-1} \ \text{dist}(\pi(i), \ \pi(i+1 \ \text{mod} \ n))$$

minimieren. Ergebnisse sind die Länge einer kürzesten Rundreise tripmin sowie eine kürzeste Rundreise selbst (Permutation π). Graphentheoretisch läßt sich das Problem als vollständiger ungerichteter markierter Graph mit n Knoten darstellen, bei dem die Knoten die Städte, und die mit den Entfernungen markierten Kanten die Wege zwischen ihnen darstellen."

Das Travelling Salesman Problem wurde deswegen gewählt, weil zu seiner Lösung zwar recht kurze, aber keineswegs triviale Programme angegeben werden können. Wegen der algorithmischen Komplexität (NP-Vollständigkeit) des Problems ist außerdem der Programmtest schwierig. Jeder Bearbeiter war für das Austesten der von ihm erstellten Version selbst zuständig.

Als Programmiersprache sollte Modula-2 (WIRTH 82) verwendet werden. Zur Interprozessorkommunikation und Taskverwaltung stand ein einheitlicher Betriebssystemkern zur Verfügung, der im Rahmen des Experiments als fehlerfrei vorausgesetzt wurde. Die Schnittstellen zum Betriebssystem und zum Treiber/Voter wurden den Bearbeitern in Form eines Modula-2 DEFINITION MODULE übergeben.

Die Schittstellenspezifikation sah dann folgendermaßen aus:

"Es ist eine Version des Travelling Salesman Algorithmus zu programmieren. Die Eingabedaten (Funktion dist) werden über die Interprozessorkommunikation von B0 empfangen (Prozedur RECEIVE). Sobald eine Nachricht eintrifft, beginnt die Berechnung. Das Ergebnis (tripmin, lexiographisch kleinste Permutation π) sind über die Interprozessorkommunikation (Prozedur SEND) an B0 zu liefern. Kann das Programm aus irgendeinem Grund keine Permutation berechnen, ist tripmin=0 zu übergeben. Nach dem Senden ist wieder auf neue Eingabedaten zu warten. Die zu den Ein/Ausgabedaten gehörigen Datenstrukturen sind wie folgt definiert:

```
DEFINITION MODULE  TravellingSalesman;

EXPORT QUALIFIED  Graph, Trip, Maxdim,Distance;

CONST Maxdim  =        20;        (* Maximum number of nodes        *)

TYPE  Distance= ARRAY [0..Maxdim-1],[0..Maxdim-1] OF CARDINAL;
      Graph   = RECORD          (* Graph description              *)
        n       : CARDINAL;  (* Actual number of nodes         *)
        dist    : Distance;  (* Distance matrix                *)
      END;

      Trip    = RECORD          (* Output record                  *)
        tripmin : CARDINAL;  (* Length of the minimal trip     *)
        pi      : ARRAY [0 .. Maxdim-1] OF CARDINAL;
      END;                   (* Nodes on the minimal trip      *)

END TravellingSalesman.
```

Die Wahl des eigentlichen Lösungsverfahrens ist den Programmierern völlig freigestellt."

3 Versuchsdurchführung und erste Erfahrungen

Nach den oben aufgeführten Spezifikationen wurden vier verschiedene Algorithmen für die Lösung des Travelling Salesman Problems implementiert und von ihren Bearbeitern ausgetestet.

Version A ist ein rekursiver Algorithmus aus (MEHLHORN 77). Der Algorithmus Version B ist ein Backtracking-Verfahren in Anlehnung an ein aus dem Operations Research bekanntes Branch-and-Bound Verfahren. Er wird mit einem beliebigen Weg gestartet und versucht durch einfaches Vertauschen der Reihenfolge der Städte kürzere Wege zu finden. Version C ist ein rekursiver Algorithmus, der eine optimierte "Brute-force" Methode realisiert. Hauptunterschied zwischen Version A und C ist die verwendete Rekursionstechnik. Bei Version C werden im Gegensatz zu Version A überflüssige Berechnungen schon auf einer frühen Rekursionsstufe erkannt und abgebrochen.

Version D erfüllte die Spezifikation nicht. Der Autor nahm die Gültigkeit der Dreiecksungleichung an. Er wurde deshalb nicht in das Experiment aufgenommen.

Die Versionen A, B und C wurden auf dem Versuchsaufbau in Abb. 3 ausgeführt. Die Eingabedaten (Funktion dist) wurden im Baustein B0 von

einem Zufallsgenerator erzeugt und vom Treiber an die Versionen A, B
und C in den Bausteinen B1, B2 und B3 verteilt. Die Experimente er-
streckten sich auf Eingabedaten mit 2 bis 12 Städten. Zu jeder Städteanzahl wurden mehrere Versuche mit unterschiedlicher Distanzmatrix
durchgeführt. In Tabelle 1 sind die Ergebnisse der Versuche zusammengefaßt. Falls für eine Städteanzahl verschiedene Ergebnisse beobachtet
wurden, sind sie in verschiedenen Zeilen aufgeführt.

Die Ausgabedaten wurden an den Voter in Baustein B0 zurückgereicht. Um
gegen Endlosschleifen, Systemzusammenbrüche und Hardwareausfälle in
den Bausteinen B1, B2 und B3 geschützt zu sein, besitzt der Voter eine
Zeitüberwachung (Timeout-Mechanismus). Der Wert in der Spalte
"Timeout" gibt die Zeitvorgabe in Minuten an.

Nach Erhalt aller berechneten Ergebnisse, spätestens aber nach Erreichen der Zeitschranke, fällt der Voter eine 2-aus-3-Mehrheitsentschei-
dung. Sind mindestens zwei Ergebnisse identisch, werden sie ausgegeben. Ansonsten erfolgt eine Fehlermeldung, in der Tabelle durch den
Eintrag "fm" gekennzeichnet. Der Voter arbeitete stets zuverlässig.

	Anzahl Städte	Timeout in min	Version A	B	C	Driver/ Voter
1	2	1	+	+	+	+
2	3	1	+	+	+	+
3	4	1	+	+	+	+
4	5	1	+	+	+	+
5	6	1	kf	kf	+	fm
6	6	1	+	+	+	+
7	7	1	+	+	+	+
8	8	1	+	lz	+	+
9	8	1	+	+	+	+
10	9	1	kf	kf	+	fm
11	9	1	to	fe	+	fm
12	9	5	+	fe	+	+
13	10	20	to	+	+	+
14	11	5	to	+	+	+
15	12	5	to	fe	+	fm

```
 +  = richtiges Ergebnis
fm = Fehlermeldung des Voters
kf = Fehler im Kommunikationssystem
fe = fehlerhaftes Ergebnis
to = Timeout
lz = Laufzeit-Fehler
```

Tabelle 1 : Ergebnis des Experiments mit 3 Versionen

Der Fehler "lz" in der Zeile 8 ist auf einen Laufzeitfehler zurückzuführen, der vermutlich durch einen arithmetischen Fehler in Version B
verursacht wurde. Der Fehler war nicht reproduzierbar. Die Laufzeitfehler "kf" in den Zeilen 5 und 10 wurden durch einen Fehler des
Kommunikationssystems ausgelöst, der die Versionen A und B betraf. Der
Fehler war darauf zurückzuführen, daß aufgrund ungenauer Dokumentation
die Modula-2 Speicherverwaltung vom Kommunikationssystem in unzulässiger Weise benutzt wurde. Mittlerweile wurde dieser Effekt erkannt
und behoben. Version C wurde wegen einer anderen Prozesstruktur davon
nicht betroffen.

Durch eine ungeschickte Implementierung der Version A wuchs die Laufzeit um den Faktor 2 - 5 schneller als bei Version C. Schon bei 9

Städten konnte das an sich korrekte Ergebnis aufgrund von Zeitüberschreitung nicht zum Votieren verwendet werden. Bei der Erhöhung der
Zeitschranke war wieder ein korrektes Votieren möglich. Ab 10 Städten
war die Laufzeit bereits so groß (ca. 45 Minuten), daß Version A jeweils mit Zeitüberschreitung abgebrochen werden mußte. Die maximale
Rechenzeit eines Programms sollte also in der Spezifikation mit aufgeführt werden. Die Fehler der Version B in den Zeilen 11 und 12 waren
in allen Fällen reproduzierbar. Die Version B lieferte zwar die korrekte Weglänge tripmin, aber der Weg hatte die entgegengesetzte Orientierung. Dieser Fehler trat aber nur bei einer Anzahl von 9 Städten
auf. Bei 12 Städten lieferte Version B völlig falsche Ergebnisse.

4 Hardware-Konfigurationen ohne zentrale Komponenten

Die bisher betrachtete Konfiguration aus Abb. 3 hatte den Nachteil,
daß ein Hardwareausfall oder ein Softwarefehler in Baustein B0 zum
Systemversagen führen kann. Eine Möglichkeit dies zu vermeiden ist,
diejenigen Programmteile, die B0 ausführt (Ein/Ausgabe und
Treiber/Voter), ebenfalls B1,...,BN zuzuordnen und damit auf B0 ganz
zu verzichten.

Abb. 4 zeigt die resultierende Konfiguration für N=3. Alle drei Bausteine können im fehlerfreien Fall prinzipiell die Ein/Ausgabe vornehmen. Ein Baustein (Master) wird vom Benutzer dafür ausgewählt. Nach
erfolgter Eingabe sendet der Master die Aufträge an seine beiden
Nachbarn, die daraufhin mit der Bearbeitung ihrer Programmversion
beginnen. Die dritte Programmversion wird im Master selbst ausgeführt.
Nach Ende der Programmausführung senden alle Versionen ihr Ergebnis an
ihre beiden Nachbarn und starten anschließend den Voter, der in der
üblichen Weise eine 2-aus-3 Mehrheitsentscheidung fällt. Das votierte
Ergebnis wird von allen drei Bausteinen ausgegeben. Abb. 5 stellt
diese Vorgehensweise noch einmal schematisch dar.

Tritt ein Softwarefehler in einer Programmversion auf, wird er von den
Votern wie üblich maskiert. Hardwareausfälle in einem der Slave-
Bausteine sind ebenfalls problemlos tolerierbar. Beim Ausfall des
Masters wird das votierte Ergebnis von den beiden Slaves ausgegeben.

Falls erforderlich lassen sich auch 3 verschiedene Versionen der
Voter- und Kommunikationssoftware einsetzen, so daß als perfekt vorausgesetzte Softwarekomponenten ebenfalls vermieden werden können.

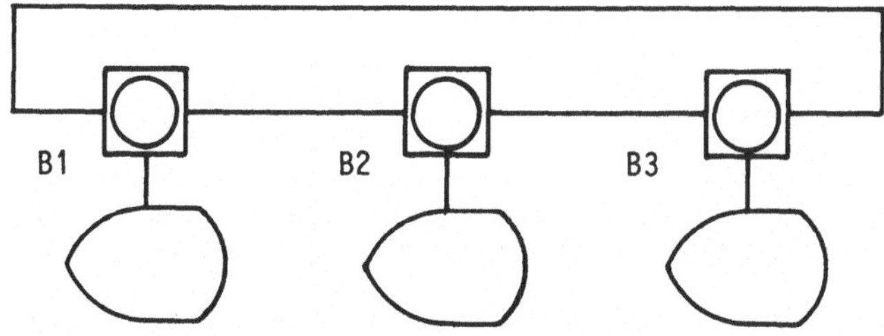

Abb. 4 : Hardware-Konfiguration für 3-Version Programmierung ohne
zentrale Komponenten.

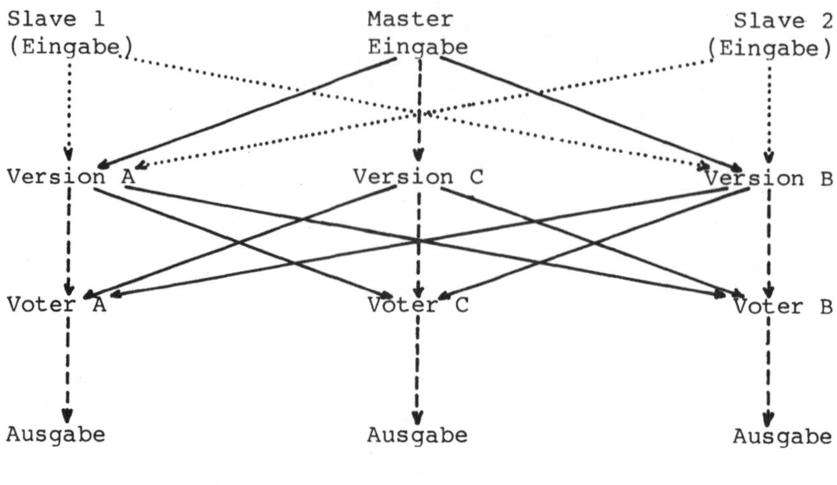

Abb. 5 : Kommunikation in der Konfiguration aus Abb. 4.

Sind die einzelnen Programmversionen in mehrere parallel ausführbare
Teilaufgaben zerlegbar, können weitere Bausteine eingesetzt werden.
Abb. 6 zeigt als Beispiel zwei Varianten einer 4-stufigen Makropipe-
line (HÄNDLER 73) mit 3 Programmversionen je Stufe. In Variante A
votiert jeder Baustein über die von der Vorgängerstufe angelieferten
Ergebnisse und reicht sein Ergebnis an alle Nachfolger weiter. In
Variante B wird wird in jeder Stufe wie in Abb. 5 dargestellt votiert
und das Mehrheitsergebnis weitergereicht.

Ähnliche Konzepte wie in diesem Abschnitt beschrieben wurden bereits
unter etwas anderen Hardwarevoraussetzungen für ein Reaktorschutzsystem vorgeschlagen (FETSCH/GMEINER/VOGES 81). Protokolle für die
Kommunikation in fehlermaskierenden verteilten Systemen werden in
(ECHTLE 84) diskutiert.

5 Schlußbemerkung

Die Experimente mit N-Version Programming auf DIRMU haben gezeigt, daß
sich dieses Konzept ohne größere Schwierigkeiten auf Multiprozessorsystemen implementieren läßt.

Wird jedem Prozessor eine der N Programmversionen zugeteilt, beträgt
die Gesamtausführungszeit nicht wie auf einem Monoprozessor die Summe
der Einzelausführungszeiten, sondern ist auf die Ausführungszeit der
längsten Programmversion bzw. eine vorgegebene Zeitschranke (Timeout)
begrenzt. Allerdings haben die Experimente auch gezeigt, daß die Wahl
dieser Zeitschranke sehr sorgfältig erfolgen muß.

Durch Verteilung der Voter- und Ein/Ausgabefunktion lassen sich auch
diese Programmteile in N Versionen und damit fehlertolerant realisieren. Transiente und permanente Hardwareausfälle sind in einem modularen Multiprozessorsystem bei geeigneten Konfigurationen ebenfalls
tolerierbar.

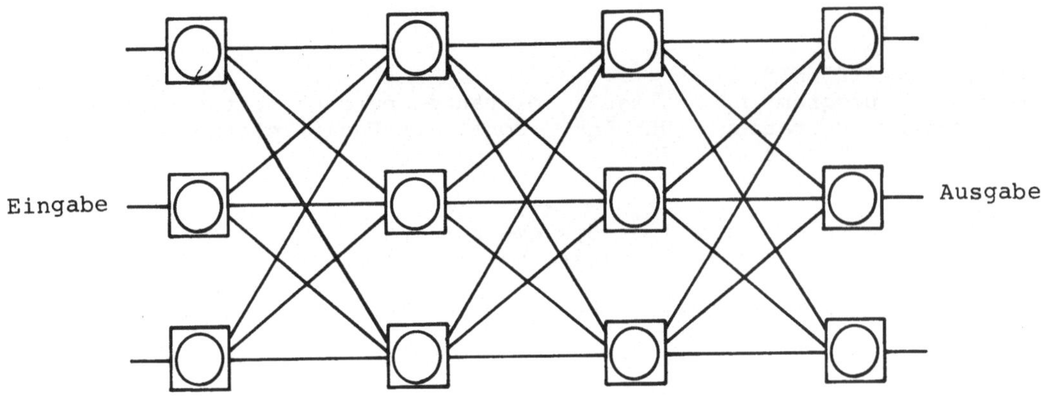

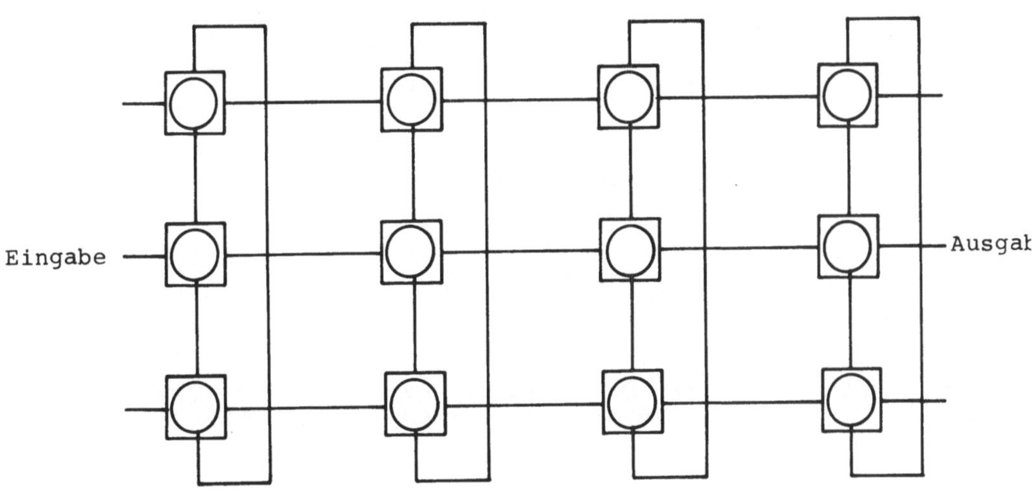

Abb. 6 : 4-stufige Makropipeline Konfigurationen mit 3-Version Programmierung je Stufe

Diesen Vorteilen stehen allerdings eine Reihe von Nachteilen der N-Version Programmierung entgegen: der hohe Aufwand bei der Software-entwicklung, die Schwierigkeit einer vollständigen und eindeutigen Spezifikation, die Probleme bei der Votierung (z. B. bei reellen Zahlen). Außerdem ist das Vorhandensein gleichzeitiger Fehler in mehreren Programmversionen nicht auszuschliessen, wie auch die hier beschriebenen Experimente zeigen.

Wenn trotz dieser Probleme N-Version Programmierung in Betracht gezogen wird, erweist sich eine Implementierung auf einem Multiprozessor- oder Mehrrechnersystem als besonders attraktiv.

6 Literatur

CHEN, L.; AVIZIENIS, A.:
N-version programming, a fault tolerance approach to the reliability of software operation. 8th Int. Conf. on Fault-Tolerant Computing FTCS-8, 3-9, Toulouse (1978)

ECHTLE, K.:
Fehlermaskierende verteilte Systeme zur Erfüllung hoher Zuverlässigkeitsanforderungen in Prozessrechner-Netzen, 8. GI-NTG Fachtagung 'Architektur und Betrieb von Rechensystemen', Informatik-Fachberichte 78, 315-328, Springer-Verlag, Berlin Heidelberg New York (1984)

FETSCH, F.; GMEINER, L.; VOGES, U.:
Entwurf eines hochzuverlässigen redundanten Mikrorechners, GI-11. Jahrestagung, Informatik-Fachberichte 50, 317-326, Springer-Verlag, Berlin Heidelberg New York (1981)

GMEINER, L.; VOGES, U.:
Software Diversity in Reactor Protection Systems: An Experiment. IFAC Workshop SAFECOMP 1979, Stuttgart (1979)

HÄNDLER, W.:
The concept of macro-pipelining with high availability, Elektronische Rechenanlagen, 15, 6, 269-274 (1973)

HÄNDLER, W.; ROHRER, H.:
Gedanken zu einem Rechner-Baukasten-System. Elektronische Rechenanlagen, 22, No.1, 3-13 (1980)

KAPP, K.; DAUM, R.:
Sicherheit und Zuverlässigkeit von Automatisierungssoftware. Informatik Spektrum, 2, 25-36, (1979)

KELLY, J.P.; AVIZIENIS, A.:
A specification-oriented multi-version software experiment. 13th Annual Int. Symposium on Fault-Tolerant Computing (FTCS-13), 120-126, Milano (1983)

MAEHLE, E.:
Modulare, fehlertolerante Multi-Mikroprozessorsysteme nach dem Baukastenprinzip. 11. VDI-Tagung 'Technische Zuverlässigkeit', VDI-Berichte 345, 91-96, Nürnberg (1981)

MEHLHORN, K.:
Effiziente Algorithmen. Teubner, Stuttgart (1977)

WIRTH, N.:
Programming in Modula-2. Springer-Verlag, Berlin Heidelberg New York (1982)

<u>Votierung in PDV-Systemen mit diversitärer Redundanz</u>

Georg Pauthner
TU Berlin, Sekr. FR 2-2,
Franklinstr. 28-29, 1000 Berlin 10

Zusammenfassung:

In Systemen, die Fehlertoleranz durch Einsatz von
aktiv-redundanten Einheiten realisieren, werden Votierer benötigt. Bei sich widersprechenden redundanten Ergebnissen entscheiden sie, welche der Resultate als korrekt angenommen werden. Unterscheiden
sich die redundanten Einheiten in ihrer Ausfallwahrscheinlichkeit, so kann eine reine Mehrheitsentscheidung zu nicht-optimalen Ergebnissen führen. Im
vorliegenden Beitrag wird ein Votierer vorgeschlagen, der das mit höchster Wahrscheinlichkeit korrekte Resultat aufgrund der Ausfallwahrscheinlichkeiten
der redundanten Einheiten ermittelt.

Abstract:

Systems which provide fault tolerance by use of hot
redundant units need a voter to come to a decision
in case of contradictory redundant results. If redundant units are not identical with regard to their
reliability and/or availability a decision based
only on majority may be non-optimal. In this paper a
voter is proposed which finds out the most probably
correct result by use of the probability of failures
of redundant units.

Schlagwörter: Verteilte Systeme, Fehlertoleranz,
Redundanz, n-Version-Programmierung, Votierung

1. <u>Einleitung</u>

Der Einsatz von PDV-Systemen zur Steuerung sicherheitskritischer
technischer Anlagen erfordert den Einsatz von fehlertolerierenden,
verteilten Computersystemen, die (zumindest theoretisch) eine beliebige Erhöhung ihrer Zuverlässigkeit unterstützen. Kostengesichtspunkte
legen es nahe, die Systeme so zu entwerfen, dass ihre Zuverlässigkeit
genau den jeweiligen Anforderungen angepasst werden kann. Wegen der
Echtzeitanforderungen können in PDV-Systemen von den prinzipiell
möglichen Methoden /Aviz 77, Ande 81/ nur diejenigen eingesetzt
werden, die ein kalkulierbares Zeitverhalten aufweisen.

Ein möglicher Weg, alle o.a. Bedingungen zu erfüllen ist der Einsatz
von parallel-redundant arbeitenden Rechnern, die über keine zentralen
Einheiten verfügen. Sollen nur physikalisch bedingte Ausfälle toleriert, bei Entwicklungsfehlern jedoch die Methode der Fehlervermeidung
angewandt werden, so führt der Ansatz, wie er z.B. in SIFT /Wens 78/
vertreten wird, zum Ziel. Sollen auch Entwicklungsfehler toleriert
werden, so ist das Prinzip der Diversifizierung redundanter Einheiten

anzuwenden, das im Rahmen der Softwarefehlertoleranz als n-Version
-Programmierung /Chen 78/ bekannt ist.

Ein zentrales Problem dieser Technik ist, aus der Menge der von
redundanten Einheiten produzierten Resultate ein mit maximal möglicher
Wahrscheinlichkeit korrektes Resultat zu selektieren. Die bisher
entwickelten Votierer /z.B. Broe 74, Wake 76, Siew 78, Gunn 83/
unterstützen ausschliesslich das TMR-Konzept und/oder lösen nur
Teilprobleme. Insbesondere vernachlässigen sie den Einfluss der unterschiedlichen Ausfallwahrscheinlichkeiten redundanter Einheiten auf
die Vertrauenswürdigkeit redundanter Resultate.

Dieser Beitrag beschreibt eine Votierungsstrategie, die eine Mehrheitsentscheidung aufgrund der (z.B. diversifizierungs-bedingt
unterschiedlichen) Ausfall-Wahrscheinlichkeiten redundanter Einheiten
fällt. Die Methode ist primär für verteilte PDV-Systeme gedacht, was
sich vor allem auf das System- und Fehler-Modell auswirkt.

2. Systemmodell

Eine automatisierte Anlage setzt sich zusammen aus der zu automatisie-
renden, technischen Anlage und dem zugehörigen Steuerungssystem, im
folgenden kurz als System bezeichnet. Es umfasst alle Einrichtungen,
die zur Automatisierung der Anlage notwendig sind, d.h. neben den
eigentlichen DV-Einrichtungen ist die gesamte Instrumentierung Teil
eines (Steuerungs-) Systems.

Die Schnittstelle zwischen System und Anlage besteht mithin aus-
schliesslich aus realen physikalischen Grössen. Abb. 2.1 zeigt einen
Teil einer automatisierten Paketverteilanlage (= "technische Anlage" +
Steuerungssystem).

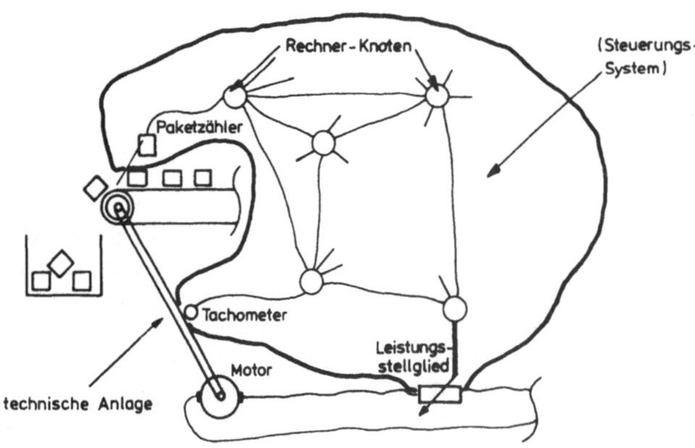

Abb. 2.1 Beispiel
einer automati-
sierten Anlage

Eine Rechner-Komponente ist ein vollständiger Rechner einschliesslich
der gesamten Applikationssoftware und aller notwendigen Einrichtungen
zur Kommunikation mit anderen Komponenten bzw. der Anlage /Kope 82a/.
Sie umfasst somit
- den (Anwendungssoftware-)Modul
- die Systemsoftware, die u.a. die (geräteabhängigen) Schnittstellen

zur technischen Anlage bedient,
- die gesamte Rechnerhardware und
- eine Kommunikationseinrichtung (Hard- und Software),
  - die dem Modul (Applikations-)Nachrichten übergibt, bzw. von ihm
    übernimmt und
  - (Leitungs-)Nachrichten von anderen Rechner-Komponenten empfängt
    bzw. an andere Rechner-Komponenten sendet.

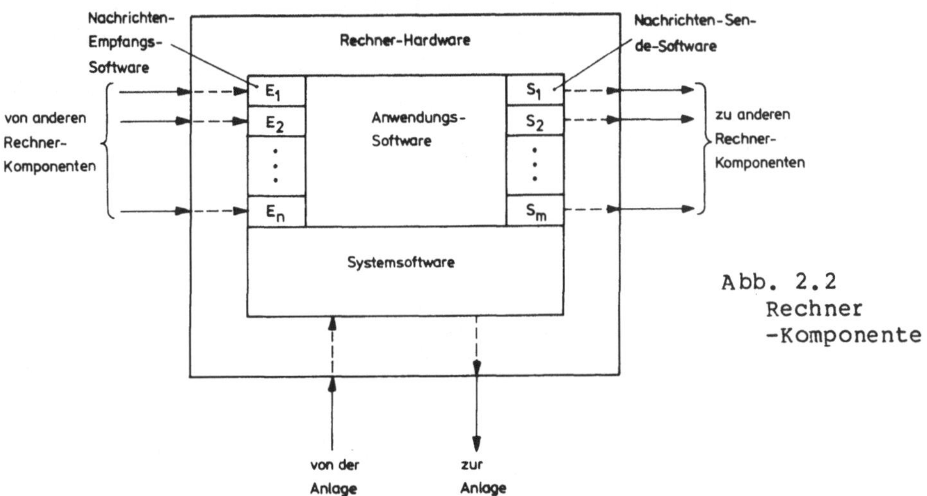

Abb. 2.2
Rechner
-Komponente

In Bezug auf die auszuführende Funktion kann eine Elementar-Einheit
isoliert werden. Sie wird im folgenden als "Funktions-Komponente" (FK)
bezeichnet und beinhaltet
- einen (Anwendungssoftware-)Modul,
- eine Kommunikationseinrichtung, die von diesem Modul gesendete Nachrichten an den Modul der Empfänger-FK überträgt,
- eine lokale Echtzeitbasis, die (genügend genau) mit der Systemzeit
  synchronisiert ist,
- gegebenenfalls eine Messeinrichtung, die physikalische Grössen der
  Anlage misst und die Messwerte dem Modul übergibt,
- gegebenenfalls eine Stelleinrichtung, die Stellwerte vom Modul
  entgegennimmt und die physikalischen Grössen der Anlage beeinflusst,
  sowie
- die gesamte zur Funktionsausführung benötigte Systemsoft- und
  Hardware.

Die Schnittstelle zwischen FKs liegt somit zwischen dem Kommunikationssystem der sendenden FK und dem Modul der empfangenden FK, d.h.
die Begrenzung einer FK ist datenflussabhängig. Bei Interaktionen mit
der technischen Anlage ist die Schnittstelle durch die physikalische
Grösse gegeben, d.h. Mess- bzw. Stelleineinrichtungen sind Teil einer
FK.

Eine FK wird durch ein "Synchronisationsereignis", d.i.
- eine empfangene Nachricht (Nachrichten-Triggerung),
- ein registrierter Messimpuls oder das Erreichen von Schwellwerten
  von Messgrössen (Messgrössen-Triggerung) oder
- der Ablauf eines bestimmten Zeitintervalls (Zeit-Triggerung)
  aktiviert.
Die zeitliche Folge von Synchronisations-Ereignissen ist nicht vorher-

sehbar.   In der Anforderungsdefinition an ein System ist jedoch i.a.
ein "minimaler Zeitabstand zwischen aufeinanderfolgenden Synchronisations-Ereignissen" festgelegt.

Im Falle fehlerfreier Funktion produziert eine FK als Reaktion auf ein
Synchronisationsereignis innerhalb eines spezifizierten Zeitintervalls ("Reaktions-Intervall") ein Ausgabedatum oder eine Folge von
Ausgabedaten (Nachrichten, Stellgrössenaufschläge). Die Reaktion einer
FK kann von mehreren Eingangs- und/oder (inneren) Zustandsvariablen
abhängig sein.   Die weiteren Betrachtungen beschränken sich darauf,
dass   ein   Synchronisations-Ereignis   genau   eine   Antwort-Nachricht
auslöst, und der vom Anwender definierte Teil des Nachrichten-Typs, im
weiteren als "Nachrichten-Inhalt" bezeichnet, genau eine Variable beinhaltet, deren Wertebereich genau zwei Werte umfasst.

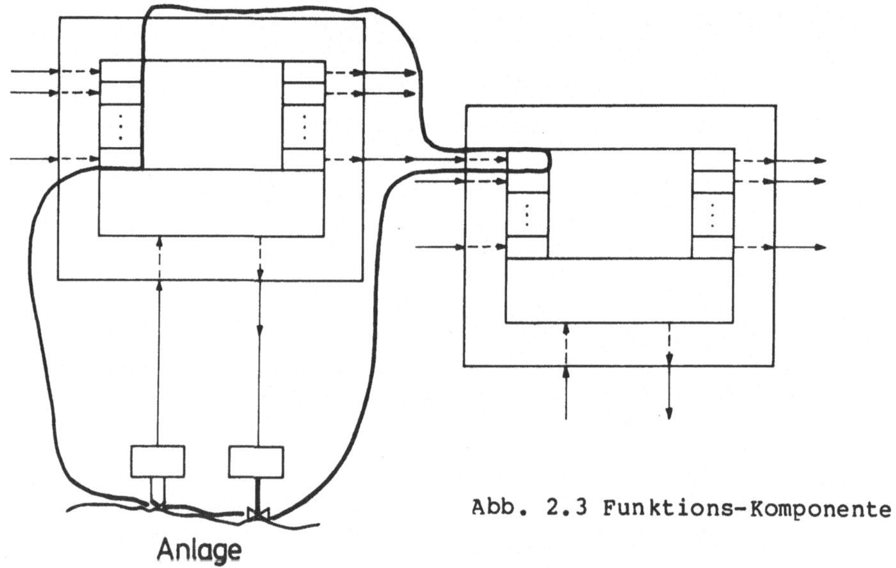

Abb. 2.3 Funktions-Komponente

Die Antwort auf ein Synchronisation-Ereignis kann frühestens nach
einer, von der speziellen Implementierung abhängigen, "minimalen
Bearbeitungszeit" erfolgen.   Bei "korrekter" Funktion trifft die
Antwort-Nachricht innerhalb des "Antwort-Intervalls", dies ist die
Differenz zwischen "Reaktions-Intervall" und "minimaler Bearbeitungszeit", bei der Empfänger-FK ein.   Bei "optimaler" Funktion antwortet
eine FK genau nach der "minimalen Bearbeitungszeit".

Der gesamte Vorgang, d.i. das Auftreten eines Synchronisations-Ereig-
nisses, die dadurch ausgelösten Berechnungen und das Senden der
Antwort-Nachricht wird als "Aktivierung" einer FK bezeichnet.

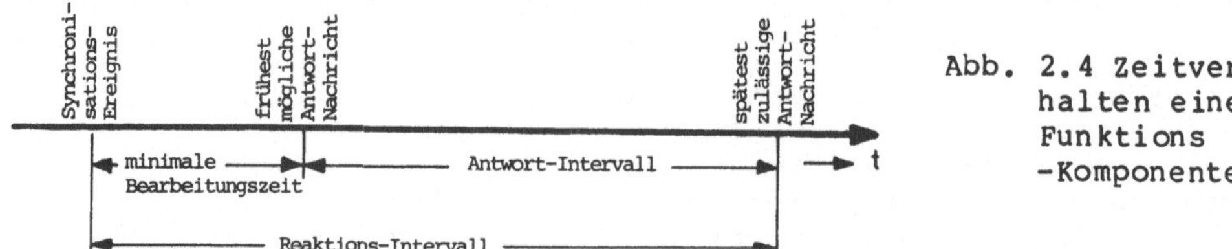

Abb. 2.4 Zeitver-
halten einer
Funktions
-Komponente

3. Fehler und Fehlertoleranz

Ein Fehler in einer FK kann verursacht werden durch
- eine (Teil-)Zerstörung der Rechner-Hardware, des Kommunikations
  -Mediums oder der Mess- bzw. Stell-Einrichtung,
- eine von aussen einwirkende Störung, (beispielsweise elektromagneti-
  sche Wellen oder Temperatur) oder durch
- die Benutzung eines durch fehlerhaften Entwurf der Hard- oder
  Software fehlerhaften Teils (Kode, Daten-Objekt, Hardware-Einheit)
  einer FK.

Tritt ein Fehler auf, so nimmt eine FK einen fehlerhaften inneren
Zustand /Kope 82b/ an. Der fehlerhafte innere Zustand kann entweder
durch FK-interne Fehlertoleranzmechanismen erkannt und behoben werden,
oder sich (irgendwann) nach aussen auswirken.

Ein FK-Fehler wirkt sich nach aussen aus, indem eine FK
- nach einem stattgefundenen Synchronisations-Ereignis während des
  Antwort-Intervalls keine Antwort-Nachrichten an die Empfänger-FK
  sendet (Total-Ausfall) oder
- eine fehlerhafte Reaktion nach aussen zeigt (Falsch-Reaktion), d.h.
  dass sie entweder
  - zum falschen Zeitpunkt Nachrichten sendet oder
  - Nachrichten sendet, deren Inhalt inkorrekt ist.

Bezogen auf die von der FK ausgeführte Funktion ist ausschliesslich
die Auswirkung eines Fehlers nach aussen von Bedeutung. Wesentlich ist
die "Auftritts-Wahrscheinlichkeit" der verschiedenen Ausfall-Modi. Es
kann von einer "Total-Ausfall-Wahrscheinlichkeit" und einer "Falsch
-Reaktions-Wahrscheinlichkeit" gesprochen werden.

Beispiel: Tab. 3.1 zeigt die MTTF von transienten und permanenten
Hardware-Ausfällen verschiedener Rechner, die zu (hardware-bedingten)
Total-Ausfällen führen. Die resultierenden Total-Ausfall-Wahrschein-
lichkeiten (= Verfügbarkeit zu Beginn * Ausfall-Wahrscheinlichkeit
während) einer Aktivierung bei automatischer Behebung von transienten Fehlern durch Restart sind in Tab. 3.2 angegeben /Lohn 84/.

Rechner	MTTF(transient)	MTTF(permanent)
PDP-10	44 h	800-1600 h
LSI-11	128 h	4200 h
TMR-LSI-11	97-328 h	4900 h
SIFT-SRU	-	8900 h

Tab. 3.1 MTTF von transienten
und permanenten
Hardware-Ausfällen

Dauer einer Aktivierung	P(Ausfall einer Aktivierung)
1 ms	0,0000277
10 ms	0,0000278
100 ms	0,000028
1 s	0,0000305
10 s	0,0000555
100 s	0,000305
1000 s	0,0028
10000 s	0,0274
24 h	0,213

Tab. 3.2 Total-Ausfall-Wahrscheinlichkeit
einer Aktivierung durch
Hardware-Fehler bei
MTTF=100h und MTTR=10s

Die Tolerierung aller Ausfall-Modi bedingt in PDV-Systemen mit
Echtzeitanforderungen

- eine diversitäre Replizierung aller Funktions-Komponenten in Hard-
  und Software,
- den aktiv-redundanten Betrieb der replizierten FKs und
- eine Votierung auf die von redundanten FKs produzierten Nachrichten.

Ein "Funktions-Verbund" besteht
- aus einer beliebigen Anzahl von aktiv-redundant arbeitenden FKs, die
  in Hard- und Software verschiedenartig implementiert sind, und
- einem Votierer, der aus den Reaktionen der redundanten FKs eine
  Reaktion des Funktions-Verbundes generiert.
Ein Funktions-Verbund erfüllt in Bezug auf die Anwendung genau die
spezifizierte, logische Funktion einer FK, sein Zeitverhalten diffe-
riert jedoch vom Zeitverhalten einer FK (s.u.).

Die redundanten FKs eines Funktions-Verbundes unterscheiden sich wegen
der diversitären Implementierungen in Hard- und Software i.a. in
- den minimalen Bearbeitungszeiten und
- den Auftrittswahrscheinlichkeiten der verschiedenen Ausfallmodi.

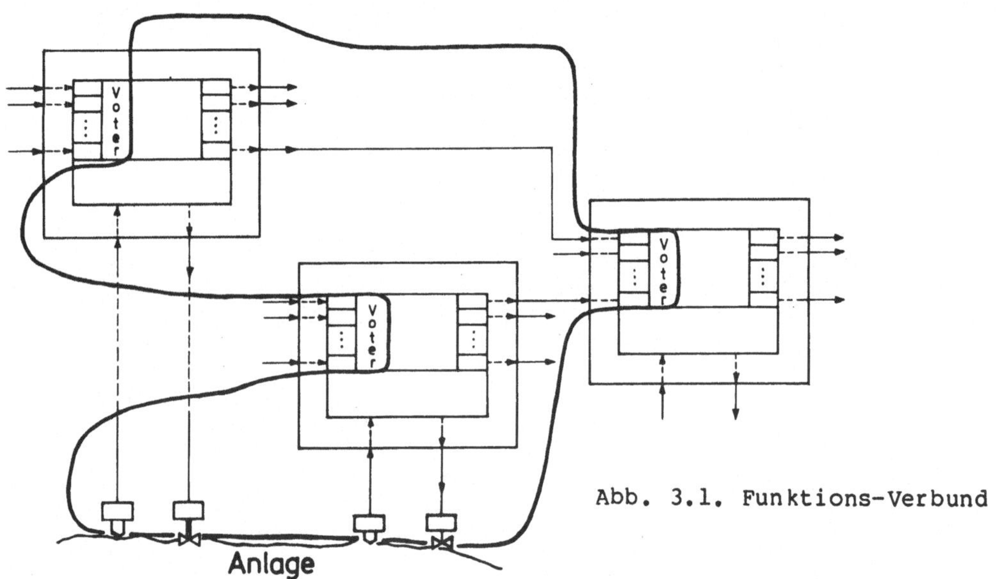

Abb. 3.1. Funktions-Verbund

Beispiel: Die o.a. Schwankungen der MTTF bei verschiedenen Rechnern
führen in Verbindung mit unterschiedlichen Hintergrundspeichern (sie
bestimmen die MTTR) zu abweichenden Total-Ausfallwahrscheinlichkeiten
einer Aktivierung.

Dauer einer Aktivierung	P(Ausfall einer Aktivierung)		
	MTTF=40h,MTTR=100s	MTTF=100h,MTTR=10s	MTTF=400h,MTTR=1s
1 ms	0,000694	0,0000277	0,000000715
10 ms	0,000694	0,0000278	0,000000715
100 ms	0,000695	0,000028	0,000000834
1 s	0,0007	0,0000305	0,00000143
10 s	0,000763	0,0000555	0,00000763
100 s	0,00139	0,000305	0,0000702
1000 s	0,00761	0,0028	0,000695
10000 s	0,0677	0,0274	0,00692
24 s	0,452	0,213	0,05

Tab. 3.3.
Unterschiede der
Total-Ausfall-Wahr-
scheinlichkeit bei
verschiedener MTTF
und MTTR der
Hardware

Beispiel: Diversitäre Implementierungen führen zu Software-Systemen
mit sehr unterschiedlicher Zuverlässigkeit. Tab. 3.4 zeigt die

Resultate eines n-Versions-Experimentes (18 Versionen, 100 Testdaten-
sätze, "Gute" Resultate = Korrekte Resultate + Resultate mit "kosmeti-
schen" Fehlern) /Kell 82/.

Die resultierende, tatsächliche Wahrscheinlichkeit eines durch
fehlerhafte Software verursachten Fehler bei einer Aktivierung ist
abhängig von der Verteilung der Eingabe-Werte. Entspricht die Testda-
tenverteilung der tatsächlichen Verteilung der Eingabewerte, dann gibt
Tab. 3.4 die (software-bedingte) Wahrscheinlichkeit für den Total-Ausfall bzw. die Falsch-Reaktion einer Aktivierung wieder (Prozent-Wer-
te). (Anmerkung: Lokal erkannte Fehler führen dazu, dass keine ver-
wertbaren Ausgabe-Werte produziert werden. Nicht erkannte Fehler ver-
sachen fehlerhafte Ausgaben.)

Version	"Gute" Resultate	Lokal erkannte Fehler	Nicht erkannte Fehler
OBJ1	73	2	25
OBJ2	89	8	3
OBJ3	78	4	18
OBJ4	72	8	20
OBJ5	79	0	21
OBJ6	46	0	54
OBJ7	69	7	24
PDL1	61	1	38
PDL2	56	32	12
PDL3	95	4	1
PDL4	73	0	27
PDL5	94	5	1
ENG1	12	0	14
ENG2	94	0	6
ENG3	98	0	2
ENG4	35	25	40
ENG5	61	0	39
ENG6	56	9	35

Tab. 3.4 Resultate eines Experimentes in n-Version-Programmierung (Anmerkung: OBJn, PDLn, ENGn beziehen sich auf die verwendete Spezifikationssprache)

4. Votierung

Aufgabe des Votierers ist es, aus den Reaktionen (= gesendete Nachrichten) der redundanten FKs eine Reaktion des Funktionsverbundes zu
generieren, die mit grösster Wahrscheinlichkeit der spezifizierten,
logischen Funktion einer FK entspricht. Dies geschieht ausschliesslich
durch Auswertung der von redundanten FKs gesendeten (redundanten)
Nachrichten. Voraussetzung aller folgenden Aussagen ist, dass das Aus-
fall-Verhalten jeder FK statistisch unabhängig vom Verhalten redundanter FKs ist.

Der Votierer kennt
- die Anzahl und die Identität aller redundanten FKs des Funktionsverbundes,
- von jeder der redundanten FKs die Auftrittswahrscheinlichkeit von
  Total-Ausfall und Falsch-Reaktion,
- von jeder der redundanten FKs die minimale Bearbeitungszeit und
- das spezifizierte Reaktionsintervall.

Der Votierer hat keine Informationen über
- das Verhalten der eine Aktivierung auslösenden und die Ergebnisse
  beeinflussenden Variablen (Synchronisations-Ereignisse, Eingangs-
  und Zustandsvariablen)
- die spezifizierte, logische Funktion einer FK.

Der Votierer kann somit
- weder den Beginn der Antwort-Intervalle, d.h. den Beginn des
  Empfangszeitraums einer Gruppe redundanter Nachrichten vorhersehen,
- noch ist es ihm möglich, die Korrektheit der Nachrichten-Inhalte
  anhand der spezifizierten, logischen Funktion zu bestimmen.

Der Votierer wird aktiviert, sobald die erste Nachricht von einer der
redundanten FKs bei ihm eintrifft. Er empfängt anschliessend über
einen Zeitraum, der dem doppelten Reaktions-Intervall ("Votierungs
-Intervall") entspricht, alle von den redundanten FKs gesendeten Nachrichten und speichert deren Empfangszeitpunkte. Die Empfangszeitpunkte
der von diversitär-redundanten FKs produzierten Nachrichten werden vom
Votierer korrigiert, so dass der Einfluss der unterschiedlichen minimalen Bearbeitungszeiten eliminiert wird.

Die Verdopplung des Reaktions-Intervalls ist nötig, um zu vermeiden,
dass bei Aktivierung des Votierers durch eine Falsch-Reaktion einer FK
die Gruppe der korrekten redundanten Nachrichten zwei verschiedenen
Synchronisations-Ereignissen zugeordnet wird.

Die innerhalb eines Votierungsintervalls empfangene Menge von Nachrichten kann durch unterschiedliche Verhaltensweisen der redundanten
FKs verursacht worden sein. Folgende unterschiedlichen Hypothesen sind
möglich:

Hypothese <i>:
Hat eine FK <i> eine Nachricht <i> gesendet, die während des Votie-
rungsintervalls empfangen wird, so basiert die Hypothese <i> auf der
Annahme:

        "Die FK <i> ist fehlerfrei, die von ihr gesendete
        Nachricht <i> ist korrekt."

Die Folgerungen:
a) Alle FKs, die eine Nachricht mit gleichem Inhalt sendeten, sind
   ebenfalls fehlerfrei.
b) Alle Nachrichten, deren Inhalt vom Inhalt der Nachricht <i>
   abweicht, sind eine Falsch-Reaktion der sendenden FK.
c) Alle nicht-sendenden FKs sind total-ausgefallen.

Hypothese PH:
Die Hypothese PH (= Phantom) geht von der Annahme aus:

        "Alle nicht-sendenden FKs sind fehlerfrei, es hat
        kein Synchronisations-Ereignis stattgefunden."

Die Folgerung: Alle sendenden FKs des Funktions-Verbundes zeigen eine
Falsch-Reaktion.

Hypothese EX:
Die Hypothese EX deckt den Extremfall ab und besagt:

        "Alle sendenden FKs zeigen eine Falsch-Reaktion,
        alle nicht sendenden FKs sind total-ausgefallen."

Die Festlegung der Reaktion des Funktions-Verbundes durch den Votierer
geschieht in 3 Schritten:

1) Mit Hilfe der Wahrscheinlichkeitsangaben über das Fehlerverhalten
   jeder der redundanten FKs des Funktions-Verbundes bestimmt der
   Votierer die Auftritts-Wahrscheinlichkeit einer Hypothese.
2) Der Votierer wählt die Hypothese mit der höchsten Auftritts-Wahr-
   scheinlichkeit aus und bestimmt ihre Signifikanz. Die Signifikanz
   einer Hypothese ist die bedingte Wahrscheinlichkeit der ausgewählten
   Hypothese bezogen auf die Summe der Wahrscheinlichkeiten aller
   Hypothesen, die für die im Votierungs-Intervall empfangenen
   Nachrichten möglich sind.
3) Überschreitet die Signifikanz einer Hypothese eine vorgegebene
   Schwelle, so gibt der Votierer die ihr entsprechende Reaktion als
   Reaktion des Funktions-Verbundes nach aussen. Das heisst:
   - Ist eine Hypothese <i> signifikant, so wird die Nachricht <i> als
     Funktions-Verbund-Nachricht gesendet.
   - Trifft die Hypothese PH mit signifikanter Wahrscheinlichkeit zu,
     so zeigt der Funktions-Verbund keine Reaktion nach aussen.
   Überschreitet die Signifikanz keiner Hypothese die vorgegebene
   Schwelle oder ist die Hypothese EX am wahrscheinlichsten, so
   generiert der Votierer eine Fehlermeldung.

Mögliche sinnvolle Signifikanz-Schwellen sind die in der Statistik
üblichen Werte 0.999, 0.99, 0.95 oder 0.9. Unter speziellen Bedingungen kann eine Hypothese sinnvoll sein, wenn sie wahrscheinlicher als
alle anderen Hypothesen zusammengenommen (Signifikanz-Schwelle = 0.5)
oder wenn sie nur die wahrscheinlichste aller möglichen Alternativen
ist.

5. Anwendungsbeispiel

Aus den Werten von Tab.3.3 und 3.4 können Kombinationen gebildet
werden, die das Fehler-Verhalten einer FK modellieren. Für ein System
mit 3-facher Redundanz wurden in diesem Beispiel die verschiedenen
Hardware- Daten mit den Software-Versionen PDL3, PDL5 und OBJ3
kombiniert. Tab. 5.1 zeigt die Ausfall-Wahrscheinlichkeiten bei langer
Aktivierungsdauer (Wahrscheinlichkeit für Total-Ausfall = P(TA),
Falsch-Reaktion = P(FR) und korrekte Funktion = P(OK)).

FK	P(TA)	P(FR)	P(OK)
1	.104992	.01	.885008
2	.07603	.01	.91397
3	.0863664	.03	.883634

Tab. 5.1 Ausfall-Wahrscheinlichkeiten einer Aktivierung

In Tab. 5.2 sind alle möglichen Kombinationen des Verhaltens der
redundanten FKs, ihre absoluten Auftritts-Wahrscheinlichkeiten P(Hyp.)
und die Signifikanz-Werte P(Sig.) der jeweils wahrscheinlichsten
Hypothese angegeben.

	Hyp.	FK 1	FK 2	FK 3	P(Hyp.)	P(Sig.)
Nachrichten von 1,2,3;	1,2,3,	OK	OK	OK	.714745	.999996
gleiche Inhalte	PH,EX,	FR	FR	FR	3.00000E-06	
Nachrichten von 1,2,3;	1,2,	OK	OK	FR	.0242661	.996249
Inhalt von 3 weicht	3,	FR	FR	OK	8.83634E-05	
von 1 und 2 ab	PH,EX,	FR	FR	FR	3.00000E-06	
Nachrichten von 1,2,3;	1,3,	OK	FR	OK	7.82023E-03	.965768
Inhalt von 2 weicht	2,	FR	OK	FR	2.74191E-04	
von 1 und 3 ab	PH,EX,	FR	FR	FR	3.00000E-06	
Nachrichten von 1,2,3;	1,	OK	FR	FR	2.65502E-04	
Inhalt von 1 weicht	2,3,	FR	OK	OK	8.07615E-03	.967823
von 2 und 3 ab	PH,EX,	FR	FR	FR	3.00000E-06	
Nachrichten von 1,2;	1,2,	OK	OK	TA	.0698592	.998613
gleiche Inhalte	PH	FR	FR	OK	8.83634E-05	
	EX	FR	FR	TA	8.63664E-06	
Nachrichten von 1,3;	1,3,	OK	TA	OK	.0594572	.99503
gleiche Inhalte	PH	FR	OK	FR	2.74191E-04	
	EX	FR	TA	FR	2.28090E-05	
Nachrichten von 2,3;	2,3,	TA	OK	OK	.0847931	.99651
gleiche Inhalte	PH	OK	FR	FR	2.65502E-04	
	EX	TA	FR	FR	3.14976E-05	
Nachrichten von 1,2;	1,	OK	FR	TA	7.64349E-04	
ungleiche Inhalte	2,	FR	OK	TA	7.89363E-04	.478195
	PH	FR	FR	OK	8.83634E-05	
	EX	FR	FR	TA	8.63664E-06	
Nachrichten von 1,3;	1,	OK	TA	FR	2.01862E-03	.675701
ungleiche Inhalte	3,	FR	TA	OK	6.71827E-04	
	PH	FR	OK	FR	2.74191E-04	
	EX	FR	TA	FR	2.28090E-05	
Nachrichten von 2,3;	2,	TA	OK	FR	2.87879E-03	.701539
ungleiche Inhalte	3,	TA	FR	OK	9.27744E-04	
	PH	OK	FR	FR	2.65502E-04	
	EX	TA	FR	FR	3.14976E-05	
Nachricht von 1;	1,	OK	TA	TA	5.81135E-03	
	PH	FR	OK	OK	8.07615E-03	.578804
	EX	FR	TA	TA	6.56644E-05	
Nachricht von 2;	2,	TA	OK	TA	8.28767E-03	.51163
	PH	OK	FR	OK	7.82023E-03	
	EX	TA	FR	TA	9.06777E-05	
Nachricht von 3;	3,	TA	TA	OK	7.05364E-03	
	PH	OK	OK	FR	.0242661	.768907
	EX	TA	TA	FR	2.39476E-04	
keine Nachricht,	--	TA	TA	TA	6.89423E-04	
Votierer nicht aktiv	--	OK	OK	OK	.714745	

Tab. 5.2 Mögliche Kombinationen bei einem 3-fach redundantem System
mit Auftritts-Wahrscheinlichkeiten aller und Signifikanz der
jeweils wahrscheinlichsten Hypothese

Je nach gewählter Signifikanz-Schwelle liefert der Votierer bei
- nur 1 Kombination (Signifikanz = 0.999),
- 5 verschiedenen Kombinationen (Signifikanz = 0.99),
- 7 verschiedenen Kombinationen (Signifikanz = 0.95) oder
- 12 Kombinationen (Signifikanz = 0.5) verwertbare Ausgangswerte.
Empfängt der Votierer keine Nachricht von FK3 und sich widersprechen-
de Nachrichten von FK1 und FK2, so kann nur eine relativ-wahrschein-
lichste Alternative bestimmt werden.

Interessant ist die Tatsache, dass bereits bei einem System mit drei-
facher Redundanz, das aus FKs mit nur leicht voneinander abweichenden

Ausfall-Parametern besteht, im Falle nur einer empfangenen Nachricht unterschiedliche Hypothesen die wahrscheinlichste Alternative darstellen (siehe Nachricht von 2 im Gegensatz zu Nachricht von 1 bzw. 3). Dies widerspricht dem gängigen TMR-Prinzip.

Die Abweichung vom TMR-Prinzip wird noch deutlicher, wenn z.B. eine FK in Bezug auf die Falsch-Reaktions-Wahrscheinlichkeit beträchtlich bessere Werte aufweisst, als die zu ihr redundanten FKs (d.h. wenn sie mit einer sehr viel zuverlässigeren Software betrieben wird). Tab. 5.3 zeigt die zugrunde liegenden Ausfall-Wahrscheinlichkeiten, Tab. 5.4 die Resultate bei nur einer eintreffenden Nachricht.

FK	P(TA)	P(FR)	P(OK)
1	.104992	.01	.885008
2	.07603	.001	.92297
3	.0863664	.03	.883634

Tab. 5.3 Veränderte Ausfall-Wahrscheinlichkeiten einer Aktivierung

	Hyp.	FK 1	FK 2	FK 3	P(Hyp.)	P(Sig.)
Nachricht von 1;	1,	OK	TA	TA	5.81135E-03	
	PH	FR	OK	OK	8.15567E-03	.581191
	EX	FR	TA	TA	6.56644E-05	
Nachricht von 2;	2,	TA	OK	TA	8.36928E-03	.91364
	PH	OK	FR	OK	7.82023E-04	
	EX	TA	FR	TA	9.06777E-06	
Nachricht von 3;	3,	TA	TA	OK	7.05364E-03	
	PH	OK	OK	FR	.0245051	.770644
	EX	TA	TA	FR	2.39476E-04	

Tab. 5.4 Auftritts-Wahrscheinlichkeiten aller und Signikanz der jeweils wahrscheinlichsten Hypothese bei 3-facher Redundanz und einer einzigen empfangenen Nachricht bei redundanten FK mit unterschiedlichen Ausfall-Wahrscheinlichkeiten

Aus Tab. 5.4 geht hervor, dass bei Empfang von nur 1 Nachricht von FK2 mit mehr als 90%er Wahrscheinlichkeit ein Total-Ausfall von FK1 und FK3 vorliegt. Beim reinen TMR-Prinzip würde eine Falsch-Reaktion von FK2 angenommen.

6. Zusamenfassung und Ausblick

Die gezeigte Methode ist im Prinzip für Systeme, die aus einer beliebigen Anzahl aktiv-redundanter FKs bestehen, geeignet. Sie ist jedoch in erster Linie für Systeme gedacht, in denen mehr als 3 FKs aktiv-redundant eingesetzt sind, oder die Ausfall-Wahrscheinlichkeiten der redundanten FKs sehr stark voneinander abweichen. In diesen Fällen weicht häufig die tatsächlich wahrscheinlichste von der subjektiv erwarteten Alternative ab.

Geplant ist, die Methode so zu erweitern, dass Nachrichten-Inhalte, deren korrekte Werte nicht "bit-identisch" sind, in die Votierung miteinbezogen werden. Ausserdem sollen Abweichungen von der typischen Bearbeitungszeit einer Aktivierung in die Auswahl der wahrscheinlichsten Alternative eingehen.

Zur Zeit wird an einer experimentellen Evaluation der Anwendbarkeit der gezeigten Methode gearbeitet. Es stehen insgesamt 64 Software-Pakete zur Verfügung, die alle die gleiche Spezifikation erfüllen. Eine beliebige Anzahl (ca. 3-9) von ihnen soll unter Verwendung des hier beschreibenen Votierers aktiv-redundant eingesetzt werden.

Anmerkung: Für Anregungen und die kritische Durchsicht der Arbeit bedanke ich mich bei den Herren W. Merker, J. Bohne, B. Hochstetter und Dr. F. Lohnert.

Literatur

/Ande 81/   Anderson, T., Lee, P.A., Fault Tolerance, Principles and
            Practice, Prentice Hall, 1981
/Aviz 77/   Avižienis, A., Fault-Tolerant Computing - Progress,
            Problems, and Prospects, 1977 IFIP Congress Proceedings,
            p. 405 - 420, 1977
/Broe 74/   Broen, R.B., A Non Linear Voter-Estimator for Redundant
            Systems, Proc. of IEEE-Conference on Decision and Control,
            Phoenix, Arizona, 1974
/Chen 78/   Chen, L., Avižienis, A., n-Version Programming, A
            Fault-Tolerant Approach to Reliability of Software
            Operation, Digest of Papers FTCS-8, Toulouse, June 1978
/Gunn 83/   Gunningberg, P., Fault-Tolerance Implemented by Voting
            Protocols in Distibuted Systems, Dissertation, Uppsala
            University, 1983
/Kell 82/   Kelly, J.P., Specification of Fault-Tolerant Multi-Version
            Software: Experimental Studies of a Design Diversity
            Approach, Dissertation, University of California, Los
            Angeles, 1982
/Kope 82a/ Kopetz, H., Lohnert, F., Merker, W., Pauthner, G., The
            Architecture of MARS, Report MA 82/2, TU Berlin, 1982
/Kope 82b/ Kopetz, H., The Failure-Fault Model, Proceedings of
            FTCS 12, Santa Monica, 1982
/Lohn 84/   Lohnert, F., Wiederanlaufverfahren von Prozessrechnern als
            Teil der Fehlertoleranz in verteilten PDV-Systemen,
            Dissertation, TU Berlin, 1984
/Siew 78/   Siewiorek, D.P., Kini, V., Mashburn, H., McConnel, S.,
            Tsao, M., A Case Study of C.mmp, Cm* C.vmp: Part I -
            Experiences with Fault-Tolerance in Multiprocessor Systems,
            Part II - Predicting and Calibrating of Multiprocessor
            Systems, Procedings of the IEEE, Vol. 66, No. 10., October
            1978
/Wake 76/   Wakerley, J., Microcomputer Reliability Improvement Using
            Triple-Modular Redundancy, Proceedings of the IEEE,
            Vol. 64, No. 6, June 1976
/Wens 78/   Wensley, J.H., Lamport, L., Goldberg, J., Green, M.W.,
            Levitt, K.N., Melliar-Smith, P.M., Shostak, R.E.,
            Weinstock, C.B., SIFT: The Design and Analysis of a
            Fault-Tolerant Computer for Aircraft Control, Proceedings
            of the IEEE, Vol. 66, No. 10, October 1978

Der Einsatz von Software-Diversität
in Systemen mit hohen Zuverlässigkeitsanforderungen

Udo Voges
Kernforschungszentrum Karlsruhe GmbH
Institut für Datenverarbeitung in der Technik
Postfach 3640, D-7500 Karlsruhe 1

Zusammenfassung

Systeme mit hohen Zuverlässigkeitsanforderungen verlangen nicht nur auf der Hardware-Seite, sondern auch auf der Software-Seite einen entsprechend hohen Einsatz. Ein Ansatz bei der Software Konstruktion ist die Verwendung von Diversität. Dieser Ansatz wird in einer Reihe von Anwendungen in sicherheitsrelevanten Bereichen verfolgt. Auf eine Realisierung wird näher eingegangen, die Art der Diversität wird beschrieben, und auf die Vorteile und Nachteile wird eingegangen.

Keywords: Software-Diversität, Zuverlässigkeit, Qualität, Redundanz, Fehlertoleranz.

The Use of Software Diversity in Systems with High Reliability Requirements

Abstract

Systems with high reliability requirements have a high demand not only concerning the hardware, but also the software. In case of software, diversity is one of the possible constructive solutions. There exist several safety related applications which make use of this technique, one of which will be explained in more detail, especially concerning the kind of diversity, its benefits and its disadvantages.

Keywords: software diversity, reliability, quality, redundancy, n-version programming, fault tolerance.

1. Einleitung

In verstärktem Maße wird der Einsatz von Rechnern in Bereichen propagiert, in denen hohe Zuverlässigkeitsanforderungen gestellt werden. Dies sind insbesondere sicherheitsrelevante Bereiche, wie z. B. Luft- und Raumfahrt, Verkehr, Medizin, Kernkraftwerke. Von der Hardware-Seite wird versucht, die entsprechende Zuverlässigkeit z. B. durch Redundanz zu erreichen. Doch auch von der Software-Seite muß etwas getan werden, um die erforderliche Systemzuverlässigkeit zu gewährleisten. Dabei genügen nicht nur rein analytische Verfahren, die einen entsprechenden Qualitätsnachweis erbringen sollen, sondern zunächst einmal ist auf der konstruktiven Seite ein Aufwand erforderlich. Neben Methoden wie strukturierte Programmierung, Einsatz formaler Entwurfsverfahren und Modularität besteht auch die Möglichkeit, Software-Diversität einzusetzen.

2. Was ist Software-Diversität

Diversität ist eine Spezialform der Redundanz. Die in der Hardware übliche Redundanz ist die Verdopplung oder Vervielfachung der jeweiligen Komponente. Bei der Hardware reicht in der Regel dieser Ansatz aus, da dadurch Alterungsausfälle erkannt bzw. ihre Auswirkungen auf das Gesamtsystem verhindert werden können.

In der Software haben wir es mit anderen Fehlermechanismen zu tun. Alterungsfehler spielen keine Rolle, dafür aber sogenannte Geburtsfehler. Um diese zu erkennen bzw. ihre Auswirkungen zu verhindern, nützt keine einfache Vervielfachung der Software, da dadurch auch die Fehler kopiert werden. Diversität hingegen ist die unterschiedliche Vervielfachung der Software, d. h. Vervielfachung nicht durch Kopieren, sondern durch Neu-Erstellen. Bei dieser Neu-Erstellung ist darauf zu achten, daß die Wahrscheinlichkeit für identische Fehler gering gehalten wird. Denn identische Fehler in diversitärer Software machen den Ansatz sinnlos, da sie i. a. nicht zu einer Verbesserung der Gesamtleistung führen. Die Unterschiedlichkeit der diversitären Programme kann auf verschiedene Art erreicht werden:

- unterschiedliche Programmierer
- unterschiedliche Hilfsmittel (z. B. Programmiersprachen, Spezifikations- und Entwurfssysteme)
- unterschiedliche Algorithmen.

Auf verschiedene Arten von Realisierungen und ihre Bedeutung wird im folgenden noch näher eingegangen.

Für die Software-Diversität hat sich noch kein einheitlicher Name eingebürgert. So sind insbesondere in der englischsprachigen Literatur die Begriffe n-version programming, dual coding und dissimilar software zu finden.

Diversität kann als eine Methode zur Fehlertoleranz bezeichnet werden. Einzelfehler in einem der diversitären Programme, die nicht identisch in allen Programmen existieren, können toleriert werden, wenn entsprechende zusätzliche Maßnahmen existieren, die zu ihrer Entdeckung führen und eine Maskierung o. ä. zur Folge haben.

3. Beispiele

Im folgenden soll anhand von einigen Beispielen gezeigt werden, wie in einer Reihe von Projekten mit Diversität gearbeitet wurde.

3.1 Recovery Blocks

Ein Verfahren, das auf funktionaler Diversität aufbaut, ist die Technik der Recovery Blocks /ANDERSON77/. Ein mögliches Programmgerüst ist in Abb. 1 dargestellt.

```
ENSURE <acceptance test>
BY <alternative 1>
ELSE BY <alternative 2>
  ...
ELSE BY <alternative n>
ELSE <error handling>
```

Abb. 1: Recovery Blocks

Für die Lösung der gestellten Aufgabe wird ein Abnahmetest formuliert. Wenn die erste Lösungsalternative nicht korrekt gelaufen ist, d. h. den Abnahmetest nicht besteht, wird die zweite Alternative aktiviert, usw. Dies ist die Realisierung einer sogenannten passiven Redundanz, da die Alternativen zur ersten Lösung nur im Bedarfsfall, d. h. bei Versagen der ersten Lösung, aktiviert werden. Recovery Blocks können in erster Linie dort eingesetzt werden, wo die Formulierung für einen Abnahmetest keine Schwierigkeiten bereitet, und wo ebenso verschiedene Lösungsalternativen existieren, die sich z. B. in der Effizienz unterscheiden können (z. B. Sortierverfahren, Näherungslösungen).

3.2 Göteborg

Bei der Schwedischen Eisenbahn ist für ein Stellwerk im Bereich von Göteborg ein rechnergesteuertes System mit diversitärer Software erstellt worden /STERNER78/. In einem Rechner bearbeiten zwei Programme die einkommenden Daten. Die entsprechenden Ergebnisse werden miteinander verglichen. Die beiden Programme sind von unterschiedlichen Teams entwickelt worden und arbeiten auf diversitären Darstellungen der Daten. Dieses System befindet sich bereits seit einigen Jahren im Einsatz.

3.3 Halden-Finnland Projekt

In einer Kooperation zwischen dem Halden Projekt und dem VTT Finnland wurde für einen Reaktor ein Programm von zwei Teams in zwei Ländern in zwei Programmiersprachen (Fortran und Pascal) entwickelt /DAHLL79/. Zum Testen der Programme wurden vom Ersteller künstliche Fehler induziert und die Programme dann ausgetauscht, so daß die Validation vom jeweils anderen Team gemacht wurde. Dieses Projekt war nur ein Experiment, die Programme sind nicht im Einsatz.

3.4 EPRI-Projekt

Ebenfalls mit einer Anwendung aus dem Reaktorbereich wurde in den USA ein Experiment mit Diversität gemacht /RAMAMOORTHY81/. Hier waren im wesentlichen drei Teams involviert, wobei aber nur zwei die diversitäre Entwicklung machten, während das dritte Team in erster Linie zur Überprüfung eingesetzt war.

Neben unterschiedlichen Teams wurden auch unterschiedliche Tools eingesetzt. Für den Endeinsatz ist allerdings vorgesehen, nur eine Version zu benutzen. Die diversitäre Entwicklung soll nur dazu dienen, während der Entwicklung Fehler zu entdecken und zu beseitigen bzw. die bessere Version für den späteren Einsatz zu identifizieren.

3.5 UCLA

Kelly /KELLY82/ hat die Wirksamkeit von unterschiedlichen Spezifikationen auf die Fehlerzahl untersucht. Dabei ergab sich, daß die Spezifikationen unterschiedlich verständlich waren bzw. unterschiedliche Fehlerzahlen produzierten. In Versuchsreihen wurden jeweils drei Implementierungen in Testläufen miteinander verglichen. Dabei tauchten teilweise identische Fehler in den Routinen auf, zum großen Teil aber unterschiedliche Fehler, die durch den Vergleich der

Ausgaben der diversitären Implementierungen entdeckt werden konnten.

3.6 BESSY Pilotimplementierung

Innerhalb eines ersten Diversitäts-Experimentes im KFK wurden Teile eines Reaktorschutzsytems für die Programmierung spezifiziert und in drei Realisierungen implementiert /GMEINER79/. Die Spezifikation wurde unabhängig von drei Programmierern realisiert, und zwar in den Sprachen IFTRAN (strukturiertes Fortran), Pascal und PHI2 (strukturierter Assembler). Bei der Implementierung wurden einige Unklarheiten bzw. Fehler in der Spezifikation entdeckt. Zum Testen wurden die Programme ausgetauscht, wodurch wiederum einige Fehler aufgedeckt wurden. Zum Abschluß wurden die drei Programme parallel mit Daten versorgt und es wurde kontrolliert, ob die Ergebnisse übereinstimmen.

Dabei zeigte sich, daß ein reiner Vergleich der Endergebnisse nicht ausreichte, sondern daß auf den Vergleich von Zwischenergebnissen zurückgegriffen werden mußte. Dadurch waren relevante Unterschiede der drei Implementierungen erkennbar, die beim Endergebnis (binärer Wert) bei den jeweils gewählten Eingabedaten nicht in Erscheinung traten.

3.7 Weitere Beispiele

Es gibt eine Reihe von weiteren Projekten, Experimenten, Untersuchungen und Realisierungen, die hier aus Platzgründen nur kurz erwähnt werden können: eine Untersuchung in Newcastle /ANDERSON84/, das Projekt PODS von CERL, Halden und VTT /BLOOMFIELD84/ sowie verschiedene Anwendungen in der Flugzeugsteuerung /HACK83, HARTMANN83, MARTIN82, STOCKER83/. Diese Liste kann keinen Anspruch auf Vollständigkeit erheben und enthält nur neuere Arbeiten.

3.8 Zusammenfassung der Ergebnisse

Die aufgeführten Beispiele zeigen m. E., daß mit Diversität viel erreicht werden kann. Wesentliche Punkte zur Erreichung von Diversität scheinen mir dabei zu sein:

- unterschiedliche Hersteller-Teams
- unterschiedliche Programmiersprachen

- unterschiedliche Spezifikationssprachen
- unterschiedliche Lösungen
- unterschiedliche Test-Teams
- Vergleich beim Test
- Vergleich zur Laufzeit.

Auch wenn nicht alle hier angegebenen Punkte eingesetzt und realisiert werden können, so kann auch mit Einzelpunkten bereits ein Erfolg erreicht werden. In späteren Kapiteln wird auf einzelne Punkte noch eingegangen.

4. Diversität in MIRA

Innerhalb eines laufenden Projekts wird für ein Reaktorschutzsystem der Einsatz von Software-Diversität geplant. Die Hardware-Struktur sieht eine dreifache Redundanz vor. Diese dreifache Redundanz soll auch in der Software durch dreifache Diversität ausgenutzt werden. Es wird vom Systemaspekt her keine vollständige Diversität realisiert, d. h. die Hardware-Redundanz beinhaltet identische Hardware. Die wesentlichen Software-Diversitätsmerkmale sind:

- unterschiedliche Hersteller
- unterschiedliche Programmiersprachen
- unterschiedliche Test-Teams
- Vergleich beim Testen
- Vergleich zur Laufzeit.

Auf die einzelnen Punkte soll im folgenden näher eingegangen werden. Zunächst aber soll überblickmäßig die Hardware-Struktur erläutert werden, da sie einige Software-Diversitäts-Mechanismen bedingt. Das System besteht aus einem Netz von Mikrorechnern mit einer kaskadierenden Verarbeitung /FETSCH81/. Die Eingaben der einzelnen Rechner werden unter den redundanten Rechnern ausgetauscht. Es besteht keine Synchronisierung zwischen den Rechnern. An Informationen werden ca. 100 Rohmeßdaten vom System verarbeitet.

Bei der Realisierung der Software wird mit einer einheitlichen Spezifikation begonnen (vgl. Abb. 2). Unterschiedliche Teams, die nicht direkt miteinander kommunizieren, sondern nur diese Spezifikation bzw. den Spezifikationsersteller als gemeinsamen Punkt haben, realisieren ihre Lösung jeweils in einer anderen Sprache (IFTRAN/FORTRAN; PASCAL; PL/M). Dabei sind gewisse Programmierrichtlinien einzuhalten, die aber recht allgemein und

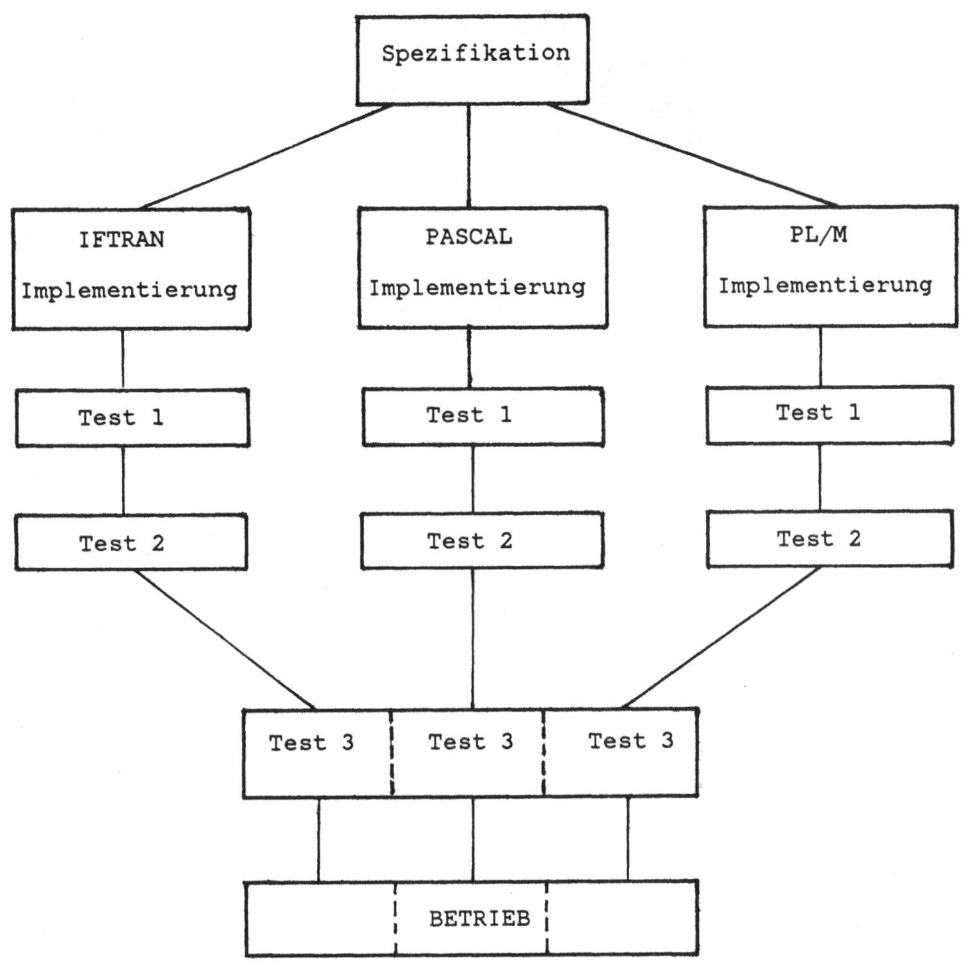

Abb. 2: MIRA Projektablaufschema

nicht lösungsspezifischer Natur sind, die Diversität also nicht negativ beeinflussen sollten. Nachdem jedes Team seine Entwicklung getestet und für gut befunden hat (Test 1), findet eine unabhängige Begutachtung statt (Test 2). Diese bezieht sich nicht nur auf die eigentliche Ausführung des Programms (black-box-testing), sondern beinhaltet auch eine Programmanalyse, Inspektion etc. In dieser Phase wird aber auch noch jedes Programm für sich geprüft. Bezüglich des Gesamtsystemtests besagt dies, daß die identischen Programme in die drei redundanten Rechner geladen wird. Der nachfolgende Testschritt (Test 3) sieht die gemeinsame Aktivierung der diversitären Programme vor. Dabei werden Testdaten genommen, die wiederum von unterschiedlichen Quellen kommen:

- programm-interne Information
- System-Spezifikation
- Software-Spezifikation
- Zufallserzeugt
- Prozeßsimulation.

Falls beim Testen Fehler auftreten, ist darauf zu achten, daß die Fehlerursachenbestimmung und -behebung von dem jeweiligen Herstellerteam gemacht wird. Sonst ergibt sich die Gefahr, daß sich auf diesem Wege Common Mode Fehler (CMF) einschleichen.

Das Systemkonzept sieht vor, daß nicht nur zu Testzwecken, sondern auch während des laufenden Betriebs die diversitären Programme parallel betrieben werden. Da die Systemausgabe aber nur eine binäre Ausgabe ist, reicht der Vergleich auf dieser Ebene nicht aus. Daher wird auf jeder Rechnerebene ein Informationsaustausch gemacht, der dazu dient, die Ergebnisse der Vorgruppen zu vergleichen. Werte, die außerhalb zulässiger Toleranzen liegen, die durch Zyklusverschiebungen, Rechenungenauigkeiten, unterschiedliche Rundungen etc. verursacht werden können, werden erkannt und können entsprechend bewertet werden.

Die Wirkung der Diversität beschränkt sich nicht nur auf Fehler bei der eigentlichen Programmierung (Herstellungsfehler), sondern erstreckt sich außerdem auf folgende Bereiche:

- Hardware
- Betriebssystem
- Spezifikation.

Aufgrund der diversitären Programmierung ist die Wahrscheinlichkeit für CMF gering. Zusätzlich hat die Diversität zur Folge, daß die Aktivierung der unteren Ebenen (Betriebssystem, Hardware) nicht identisch und nicht zur gleichen Zeiten erfolgt. Mißverständliche und mehrdeutige Spezifikation kann ebenfalls durch Diversität aufgedeckt werden, und zwar sowohl in der Implementierungsphase als auch automatisch durch Ergebnisvergleich in den späteren Phasen.

5. Vorteile

Für hochzuverlässige Systeme ist in der Regel ein entsprechend hoher Aufwand zu treiben, um den Nachweis zu erbringen, daß die in das System gestellte Zuverlässigkeitserwartung erfüllt ist. Dies bedingt

z. B. einen hohen Testaufwand, der die Entwicklung eines Modells beinhalten kann. Liegen nun mehrere Implementierungen der Aufgabenstellung vor, so kann man allen die identischen Testdaten anbieten und die Endergebnisse miteinander vergleichen. Dabei kann in der Regel, d. h. unter Vernachlässigung von CMF, davon ausgegangen werden, daß zumindest eine Version für den jeweiligen Testfall korrekt ist. So können große Mengen von Tests automatisch durchgeführt werden, und die Fehler werden durch den Vergleicher automatisch entdeckt.

Neben diesem Vorteil für die Testphase ergibt sich aber auch für die gesamte Benutzungsdauer ein entscheidender Vorteil: auch im laufenden Betrieb besteht die Möglichkeit, durch entsprechende Voter einen dauernden Vergleich der diversitären Systeme zu machen. Dies führt somit zu einer entscheidenden Erhöhung der Zuverlässigkeit des Gesamtsystems. Allerdings ist eine Voraussetzung hierfür, daß eine ausreichende Anzahl von diversitären Systemen existiert, damit der Voter nicht nur eine Abweichung erkennen, sondern nach einer Mehrheitsentscheidung mit hoher Sicherheit auch das fehlerhafte System identifizieren kann.

6. Nachteile

Es gibt natürlich nicht nur Vorteile bei der Realisierung von Diversität. Als wesentliche Nachteile sind zu erwähnen:

- erhöhte Erstellungskosten
- erhöhte Wartungskosten
- Synchronisierungsaufwand
- Bestimmung der Diversität.

Die Erstellungskosten sind für n-fache Diversität naturgemäß etwa n-fach bezogen auf den Teil, der divers gemacht wird. Ähnliches gilt für die Wartungskosten. Ein weiteres Problem ist die Verfügbarkeit von dem entsprechenden Wartungspersonal, wenn auch nach der Inbetriebnahme der Diversitätsgesichtpunkt bzgl. der Wartung aufrecht erhalten werden soll.

In einem redundanten System kann bei diversitärer Software ein Synchronisierungsproblem auftauchen. Wenn es auf taktsynchrones Arbeiten und auf identische Werte ankommt, muß hier ggf. ein zusätzlicher Aufwand getrieben werden. Bei paralleler Abarbeitung der diversitären Programme können Laufzeitunterschiede auftreten, was insbesondere bei Verwendung von unterschiedlichen Sprachen der Fall sein wird. Bei sequentieller Abarbeitung der verschiedenen Programme in einem Rechner bedeutet es einen n-fachen Zeitaufwand.

Um den Nutzen der Diversität bestimmen zu können, ist der Grad der Diversität zu ermitteln. Dies kann zu Problemen führen. Entsprechende Bewertungsmaßstäbe sind aufzustellen. Es muß Aufwand getrieben werden, um die Bewertung durchzuführen.

7. Schlußbemerkung

Die hier gezeigten Anwendungen und Beispiele zeigen, daß durch den Einsatz von Software-Diversität zwar primär ein erhöhter Aufwand zu leisten ist, insgesamt aber auch ein Aufwandsnutzen herauskommen kann, wenn man die Testphase und den dort zu leistenden Aufwand mit berücksichtigt. Ein zahlenmäßiger Vergleich ist z. B. auch in /EHRENBERGER83/ zu finden.

Neben diesem Vorteil erscheint mir auch der psychologische, nicht meßbare Vorteil von Bedeutung: auch wenn zur Erstellung und Prüfung von Software viel Sorgfalt und Wissen aufgewandt wurde, kann eventuell durch Redundanz/Diversität mehr erreicht werden. Dies gilt insbesondere, wenn die Benutzung der Diversität sich nicht auf die Erstellung und den Test, sondern auch auf den laufenden Betrieb bezieht.

Allerdings verbleibt das Problem, den Grad der Diversität zu bestimmen. Dafür geeignete Verfahren und Hilfsmittel zur Verfügung zu stellen, ist eine noch zu lösende Aufgabe.

8. Literatur

/ANDERSON77/
T. Anderson
Software Fault Tolerance: A System Supporting Fault-Tolerant Software.
Infotech State of the Art Conference on Reliable Software,
London, 1977.

/ANDERSON84/
T. Anderson
Private Kommunikation, 1984.

/BLOOMFIELD84/
R. E. Bloomfield, P. Bishop
Private Kommunikation, 1984.

/DAHLL79/
G. Dahll, J. Lahti
Investigation of Methods for Production and Verification of
Highly Reliable Software.
IFAC Workshop Safecomp'79, Stuttgart, 16-18 May 1979.

/EHRENBERGER83/
W. Ehrenberger
Safety, Availability, and Cost Questions about Diversity.
IFAC Conference 'Control in Transportation Systems',
Baden-Baden, April 1983.

/FETSCH81/
F. Fetsch, L. Gmeiner, U. Voges
Entwurf eines hochzuverlässigen redundanten Mikrorechnernetzes.
GI-11.Jahrestagung, München 1981, S. 317-326.

/GMEINER79/
L. Gmeiner, U. Voges
Software Diversity in Reactor Protection Systems: An Experiment.
IFAC Workshop Safecomp'79, Stuttgart, 16-18 May 1979.

/HACK83/
J. P. Hack
Digitale Elektronik in Verkehrsflugzeugen.
DGLR-Symposium, Köln, 25-26 Oct 1983.

/HARTMANN83/
Hartmann
Erfahrungen mit Flight Standard Software.
DGLR-Symposium, Köln, 25-26 Oct 1983.

/KELLY82/
J. Kelly
Specification of Fault-Tolerant Multi-Version Software,
Experimental Studies of a Design Diversity Approach.
Dissertation, UCLA 1982.

/MARTIN82/
D. J. Martin
Dissimilar Software in high integrity applications in flight
controls.
AGARD-CP-330, 1982.

/RAMAMOORTHY81/
C. V. Ramamoorthy et al.
Application of a Methodology for the Development and Validation
of Reliable Process Control Software.
IEEE Trans. Softw. Eng. SE-7 (Nov. 1981) 6, 537-555.

/STERNER78/
B. Sterner
Computerised interlocking system - a multidimensional structure
in the pursuit of safety.
IMechE (Nov/Dec 1978) p.29-30.

/STOCKER83/
J. Stocker, J. Rauch
CSTS: Ein Software-Testsystem für den Tornado-Autopiloten.
DGLR-Symposium, Köln, 25-26 Oct 1983.

<u>CPS 32, ein neues Computer-Konzept für</u>

<u>Fehlertoleranz und Erweiterbarkeit</u>

Dipl.-Ing. Klaus Borel
Deutsche Olivetti GmbH

<u>- Warum Fehlertoleranz und Erweiterbarkeit?</u>

Stellen Sie sich vor, Ihr Auto würde jährlich durch technische Mängel durchschnittlich 10 mal für jeweils 4 Stunden zu nicht vorhersehbaren Zeitpunkten ausfallen. Die "gelbe Zitrone" wäre diesem Fahrzeug sicher, obwohl es statistisch immer noch 99,5 % verfügbar ist.

Mit gleichen und schlechteren Verfügbarkeiten haben sich in der Vergangenheit die meisten Computer-Benutzer zufriedengegeben. Durch den Stapel-Charakter der Programme war dies zu vertreten. Je mehr Dialog-Teilnehmer jedoch an einen Computer angeschlossen sind, desto teuerer wird ein Ausfall. In einigen Bereichen von Banken, Fertigungsbetrieben, Kraftwerken, Verkehrsbetrieben, Krankenhäusern und öffentlichen Verwaltungen ist daher ein wachsendes Interesse nach Fehlertoleranz vorhanden. Da bei der Einführung einer neuen Organisation bzw. Programmierung der Software- Aufwand den Hardware-Aufwand bei weitem übersteigen kann, ist eine voll software- verträgliche Erweiterbarkeit eine weitere Forderung an ein modernes, möglicherweise vielseitig vermaschtes Dialogsystem.

<u>- Wie wird Fehlertoleranz erreicht?</u>

Fehlertoleranz ist die Eigenschaft eines Systems, trotz auftretender Hard- oder Softwarefehler befriedigende Ergebnisse zu gewährleisten.

a) <u>Software-Fehlertoleranz</u>

Software-Fehler können auf fehlerhafte Anwenderprogramme, Compiler, Hilfsprogramme oder Betriebssysteme zurückzuführen sein. Für letztere hat der Hersteller eine Nachbesserungspflicht und wird von vorneherein bemüht sein, diese Fehler gering zu halten. Beim System CPS 32 ist inzwischen ein "Reifegrad" der Systemsoftware erreicht, der weitgehend zufriedenstellt. Für das Abfangen von Anwenderprogramm- oder Eingabefehlern wird empfohlen, das Abspeichern von Log-Dateien z.B. über jeweils 24 Stunden auf separatem Datenträger (Platte, Band) anzulegen. Um das Abschließen von Transaktionen zu gewährleisten (Konsistenz einer Datei oder Datenbank), erlaubt CPS 32 die Befehle commit- bzw. abort-transaction.

b) Hardware-Fehlertoleranz

Die erste Lösung hierfür waren nebeneinander aufgestellte Rechner gleicher Bauart mit gleichen Programmen. Im Hardware-Fehlerfall mußte auf den Zeitpunkt der letzten Datensicherung zurückgegangen und die dazwischenliegenden Eingaben wiederholt werden. Dieser Vorgang konnte jedoch 20 Minuten bis mehrere Stunden dauern. Ab 1976 wurde deshalb erstmalig ein Multiprozessorsystem kommerziell angeboten, das bei gewünschter Fehlertoleranz in einem Nachbarprozessor sogenannte Schattenprogramme führt. Der Anwender muß entscheiden, wo und wieviele Wiederaufsetzpunkte (check-points) er in seinem Programm haben will. Bei Ausfall eines Prozessors wird vom letzten check-point ausgehend das Programm innerhalb weniger Sekunden neu aufgesetzt. Die lückenlose Weiterführung der Programme erfordert jedoch ein ständiges Austauschen der Transaktionsdaten zwischen zwei Prozessoren. Außerdem muß zyklisch das "I am alive"-Signal jedes Prozessors überwacht werden, um bei Ausbleiben desselben das Schattenprogramm starten zu können. Firma Stratus in Natick/Mass. brachte deshalb 1980 ein System auf den Markt, das ohne Schatten-programme auskommt.

Dieses System vermeidet check-points bzw. Meldungen zwischen Prozessoren und erlaubt das gesicherte Ablaufen ganz normaler Programme. Der Grundaufbau für ein Modul ist in Bild 1 dargestellt.

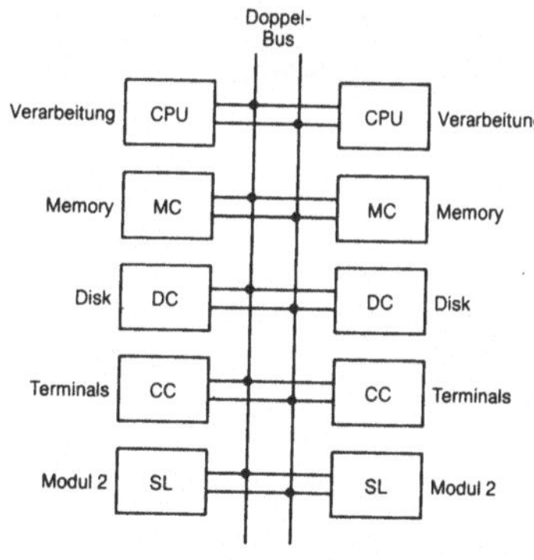

Bild 1 Modul CPS 32

Grundaufbau eines Moduls:
Jedes Rechteck symbolisiert ein Board. Jedes Board enthält die Funktionslogik bereits doppelt (zum Zweck des »Self Checking«). Jedes Board wiederum ist doppelt vorhanden (»Duplexing«).

Jedes Rechteck bedeutet eine Platine (board). Jede Platine hat die ihr entsprechen-de Funktion elektronisch in doppelter Ausführung, d.h. zweifach redundant. Ferner gibt es zu jeder Platine eine "Schwester"-Platine gleicher Bauart.

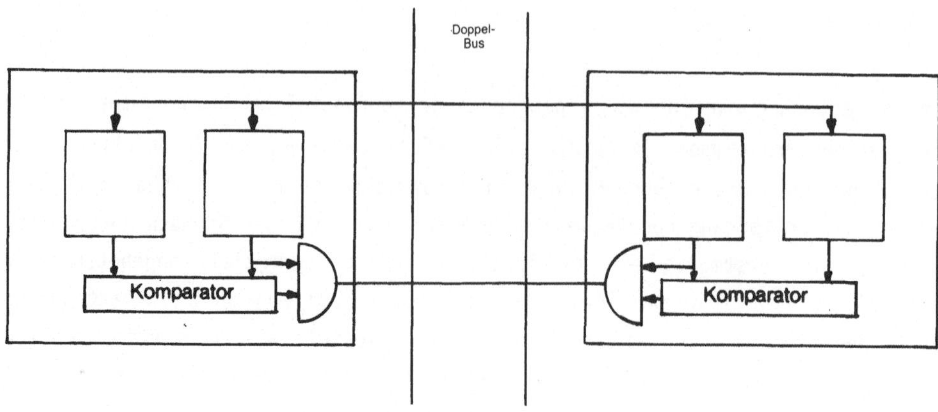

Bild 2

Bild 2 zeigt eine Platine mit Schwester-Platine, wie beide auf den doppelt ausgelegten BUS arbeiten. Diese (4-fache) Redundanz erlaubt eine extreme Fehlertoleranz durch Kombination der folgenden Funktionen:

1. Das "self-checking". Jedes Prozessor- bzw. Controller-Board enthält die gleiche Logik doppelt und sperrt die Datenweitergabe strikt, wenn der Komparator Ungleichheiten bei den Ausgangssignalen entdeckt. Eine Fehlerfortpflanzung wird daher bereits im Nanosekundenbereich von der Hardware unterbunden. Der aufgetretene Fehler wird jedoch an das Betriebssystem (VOS) gemeldet.

2. Das "Duplexieren". Sollte ein Board durch einen auf ihm aufgetretenen Fehler seinen Ausgabe-Datenfluß selbst blockieren, meldet es diesen Umstand dem Betriebssystem. Das zweite Board erzeugt die gleichen Daten wie das soeben ausgefallene. Deshalb läuft der Betrieb unterbrechungsfrei und ohne Leistungseinbuße weiter.

3. Die "Diagnose". Das Betriebssystem schaltet regelmäßig Prüfroutinen auf die Boards, die deren korrekte Betriebsweise einschließlich Fehlerprüfung und - -behandlung überprüfen. Werden Fehler festgestellt, so wird das fehlerhafte Board außer Betrieb gesetzt und das Duplex-Board übernimmt die Funktion des defekten Boards. Das defekte Board zeigt seinen abgeschalteten Zustand durch ein rotes Lämpchen an. Das Betriebssystem führt ein fortlaufendes Fehlerlog, das jederzeit vom Wartungstechniker über Modem-Einwahl von einem anderen System aus, typischerweise dem System der zuständigen Niederlassung, abgerufen werden kann.

4. Das "Austauschen von Boards während des vollen Betriebes". Auch der Nicht- Fachmann kann das Leuchten des roten Lämpchens leicht sehen und das betreffende Board gegen ein neues austauschen. Ca. 2 Sekunden nach dem Einschieben des neuen Boards sind alle Prüfroutinen und die automatische neue Systemgenerierung abgelaufen. Das rote Lämpchen erlischt und das System fährt wieder geduplext mit erhöhter Sicherheit weiter.

5. Die "Verlagerung der kritischen Teile der Stromversorgung auf die Boards". Die Stromversorgungen eines Duplex-Systems sind nicht nur doppelt vorhanden, sondern auch so angelegt, daß sich der empfindlichste Teil der Stromversorgung, nämlich die Spannungsregelung, separat auf jedem Board befindet. Da ein Ausfall eines Boards keine negativen Konsequezen für den Betrieb des Computers hat, ist durch diese Anordnung der Elektronik die Sicherheit des Systems um eine weitere Stufe erhöht.

die Sicherheit des Moduls CPS 32 wird weiter gesteigert durch gespiegelte Platten-laufwerke, gedoppelten Hauptspeicher und Ferndiagnose über Einwahl-Modem.

- Wie wird Erweiterbarkeit erreicht?

Das Betriebssystem VOS ist grundsätzlich ein Mehrprozessorsystem für bis zu 32 Module. Es wird auf jedem Modul erneut geladen. Der Anwender "sieht" nur einen Computer, d.h. das vollständige "Directory" ist in jedem Modul vorhanden. Der jeweilige File- oder Programmname führt den Anwender automatisch über das "local area network" zu dem physikalischen Ort, wo sich die Daten befinden. Die physikalische
Verbindung erfolgt hierbei über die in Bild 1 gezeigten Platinen SL (Strata Link) und daran anschließende Koaxialkabel. Die Module können bis zu 4 Km voneinander entfernt stehen und eine "verteilte" Datenbank beinhalten.

Zusammenfassung

Komplexe Kommunikations- und Dialogsysteme erfordern große Zuverlässigkeit und Erweiterbarkeit. CPS 32 erreicht diese Eigenschaften durch Verwendung 4-facher Hardware-Redundanz und mit einem auf Multiprozessor-Betrieb ausgelegten Betriebssyste-m.

VISO-DATA - Fehlertoleranter Systemverbund

==

Paul Dorfmeister
Viso-Data Computer GesmbH & Co KG
1040 Wien, Rainergasse 1
Austria

Der fehlertolerante Systemverbund basiert auf Rechnern von DIGITAL EQUIPMENT und dem Betriebssystem VISOS (Viso-Data-Operating-System) der Firma VISO-DATA Computer, einem Systemhaus in Wien (Austria).

Der Einsatz des Systemverbundes kann evolutionär in mehreren Stufen erfolgen, wobei Zentraleinheiten unterschiedlicher Leistung und Platten mit verschiedenen Speicherkapazitäten einsetzbar sind.

Die Erst-Installation erfolgte 1981, derzeit sind 10 Systeme in unterschiedlichen Konfigurationen in BRD und Österreich im Einsatz.

VISO-DATA - Fail-Safe Distributed Database System

===

The fail-safe distributed database system is based on DIGITAL-EQUIPMENT computers and VISOS, the VISO-DATA Operating System, developed by VISO-DATA Computer, a systems house in Vienna, Austria.

The system can be applied with different levels of data security and backup possibilities, combining a number of CPUs with adequate processing power and a whole range of discs with appropriate capacities.

The first fail-safe system has been installed in 1981. Currently about 10 systems with varying configurations are used throughout Austria and Germany.

1. **HARDWAREVORAUSSETZUNGEN**

    ========================

    1. Einsetzbar sind alle Rechner des Herstellers DIGITAL EQUIPMENT mit den
        Produktfamilien PDP 11 und VAX 11 und den Modellen
        11/23, 11/24, 11/44, VAX 11/730, 11/750, 11/780

    2. Plattenlaufwerke in FIX- oder Wechselplattentechnik mit Dual-Access zum
        wechselseitigen Zugriff auf mehrere Rechner

    3. Rechner-Verbindung mit einem schnellen lokalen Bus (1MB)

    4. Symmetrische Konfiguration der Peripherieanschlüsse (Multiplexer)

2. **SOFTWARE-VORAUSSETZUNGEN**

    ==========================

    1. Betriebssystem VISOS mit Programmiersprache ANSI-MUMPS

    2. Programme werden auf beiden Systemen geführt

    3. Dateien werden zur gemeinsamen Nutzung auf 2 getrennten Plattensystemen,
        jedoch als e i n e Datenbank geführt.

    4. Die Dateibibliothek wird mit dem jeweiligen Verweis, auf welchem System
        die Daten r e a l gespeichert sind, auf jedem System geführt.

3. **VISOS-BETRIEBSSYSTEM**

    =====================

    VISOS (VISO-DATA Operating System) ist ein integriertes Betriebssystem, das
    den Anforderungen höchster Funktionalität und Effektivität in allen Bereichen
    gerecht wird.

    - Bedienerfreundliche Dialog-Verarbeitung
    - Multi-Terminal- und Time-Sharing-Betrieb
    - Selbstverwaltende Datenbank
    - Datenschutz und Datensicherung

- Programmiersprache MUMPS
- Komfortable Systemsteuerung (operatorloser Betrieb)
- Transparente System-Kopplung
- Umfassende Spooling-Möglichkeiten
- Autonomer Stapelbetrieb

Bedienerfreundliche Dialogverarbeitung

Der Terminal-Dialog-Betrieb gewährleistet die ständige Kommunikation zwischen Anwender und System. Die schrittweise Bedienerführung durch das Programm in deutscher Sprache und die jederzeit abrufbaren Zusatzinformationen zur Entscheidungshilfe (Help) erübrigen dabei die Notwendigkeit komplexer Bedienungshandbücher.

Testbetrieb

Im Testbetrieb (Command Mode) werden Programme erstellt, modifiziert, getestet und unter spezifizierten Namen in der Programm-Bibliothek abgespeichert.

Ablaufbetrieb

Im Ablaufbetrieb (Run Mode) werden zur Verarbeitung freigegebene Programme aus der Programm-Bibliothek aufgerufen. Der Zugriff auf die Programme ist terminalunabhängig und wird über das persönliche Losungswort des Anwenders abgesichert.

Multi-Terminal- und Time-Sharing-Betrieb

Der Anschluß von bis zu 200 Terminals und Simultan-Betrieb von 63 Programmen ist möglich. Der zur Verfügung stehende Hauptspeicher kann dabei abhängig vom Rechner für eine Kapazität von 128 KB bis 8129 KB ausgelegt werden und enthält:

- das komplett speicherresidente Betriebssystem
  Platzbedarf im Hauptspeicher 48 KB - 66 KB
- die Systemtabellen zur internen Systemsteuerung
- die Systempuffer zur physischen Abwicklung der Ein- und Ausgaben
- die Benutzerbereiche (Partitions) für den Simultan-Betrieb der aktivierten
  Programme

Selbstverwaltende Datenbank

Alle für eine integrierte Verarbeitung benötigten Daten werden in einer hierarchisch gegliederten, baumstrukturierten Datenbank zusammengefaßt, die allen
Benutzern der spezifischen Benutzerklasse zur Verfügung steht.

Alle Dateien der Datenbank sind mit variabler Länge dynamisch strukturiert.
Es werden nur die benötigten Daten in tatsächlicher Länge abgespeichert -
nicht definierte Datenelemente belegen keinen physischen Speicherplatz.

Überlaufbereiche und Datenreorganisation sind nicht erforderlich. Das Daten-
bank-System achtet bei der Aufnahme neuer Daten bzw. bei der Änderung beste-
hender Daten während der Rückspeicherung selbständig auf die richtige Sor-
tierfolge bei geringstmöglicher Redundanz.

Dateiverwaltung

Das Dateiverwaltungspaket ist parameter-gesteuert. Durch die Erfassung der
notwendigen Parameter (Datei-Inhalte) ist die jeweilige Dateistruktur definiert und eine sofortige Satz-Bearbeitung - Anlage, Änderung, Löschen, Ausgabe - gewährleistet. Alle Parameter können nachträglich jederzeit modifiziert werden, ohne den Ablauf bereits erstellter Programme zu beeinflussen.

Die verwalteten Daten können mit Hilfe der Abfragesprache IDAS selektiv abgerufen werden. Die Formulierung beliebiger Bedingungen oder die Verknüpfung
von Informationen aus verschiedenen Dateien erfolgt direkt durch den Benutzer
nach einfachen Regeln in deutscher Sprache.

Datenschutz und Datensicherung

Alle Daten und Programme werden durch Zugriffshierarchien gesichert. Jedem
Anwender wird ein spezifisches Losungswort zugeteilt, mit dem die Berechti-
gung zur Nutzung bestimmter Programme und Daten verbunden ist.

Jede Nutzung des Systems wird zusätzlich in einem Logbuch registriert. Es
werden auch Abfragen dokumentiert, die aufgrund des Losungswortes nicht be-
rechtigt waren.

Ein Änderungs-Archiv, das als Datei geführt wird, verzeichnet darüberhinaus
jede Neuanlage, Änderung und Löschung eines Datensatzes mit Benutzernamen.

Programmiersprache MUMPS
(Multi-User Multiprogramming System)

VISOS arbeitet sowohl zur Programmerstellung als auch zur Systemsteuerung mit
der höheren problemorientierten Programmiersprache MUMPS, die bereits 1977
zum internationalen Standard erhoben wurde (ANSI STD X 11.1-1977). Die Sprache ist nicht auf einen Hersteller beschränkt, sondern wird von verschiedenen
Hardware-Lieferanten aufgrund ihrer Flexibilität verwendet.

Die wesentliche Stärke liegt in der Möglichkeit der Zeichenketten-Verarbei-
tung, der dynamischen Datendefinition und dem integrierten, aktuellen Daten-
bank-Zugriff.

Der im Betriebssystem integrierte Sprachinterpreter entschlüsselt während des
Programmablaufes die codierten Befehle und aktiviert entsprechende Betriebs-
system-Module.

System-Steuerung

Eine Vielzahl von Dienstprogrammen unterstützt den System-Anwender in der
Überwachung und Steuerung der organisatorischen Abläufe:

- System-Initialisierung und Abschluß
- Datensicherung und -rücksicherung auf Magnetplatte oder -band
- Losungswort-Verwaltung
- Überwachung und Beeinflussung aller stapelorientierten Abläufe
- Terminal-Kommunikation

4. FEHLERTOLERANTER SYSTEM-VERBUND

4.1 Leistung eines fehlertoleranten Systems

4.1.1 Durchsatzsteigerung

Die Durchsatzsteigerung erfolgt durch:

- Systemkopplung

    = Bei gleichem Transaktionsvolumen stehen 2 - 9 Prozessoren für die Bewältigung der Aufgaben in Verwendung.

    = Bei gleichem Datenvolumen werden die Magnetplatten-Zugriffe auf die einzelnen Systeme aufgeteilt.

- Spiegelung der Datenbank

    = Alle Daten werden physisch auf jeweils 2 Platteneinheiten gespeichert. Da in der Praxis bei Dialogsystemen das Verhältnis der physischen Schreibvorgänge zu den Leseoperationen 1:4 beträgt, wird durch Zugriffsoptimierung, unter Berücksichtigung der Magnetkopfposition der gespiegelten Platten, nicht nur der doppelte Schreibaufwand kompensiert, sondern eine weitere wesentliche Durchsatzsteigerung erzielt.

4.1.2 Fehlertoleranz

Die fehlertolerante Hardware-Konfiguration

verbindet 2 - 9 Systeme gleicher oder verschiedener Leistungsstärke innerhalb der DEC-PDP 11- bzw. der PDP VAX-Familie durch Hochgeschwindigkeits-
Interfaces zu einem logischen Datenbanksystem.

4.1.3 Durchsatzerhöhung bei Viso-Data System-Verbund

Das Betriebssystem stellt jedem ablaufenden Job folgende Betriebsmittel
zur Verfügung:
- CPU-Rechenzeit
- einen Hauptspeicher-Bereich zur Aufnahme von Programmen und lokalen
  Daten
- Systempuffer zur Abwicklung der physischen Ein/Ausgabe und
- die Zugriffsmöglichkeiten auf die gesamte Datenbank

In einer EINZEL-KONFIGURATION werden die vorhandenen, konfigurationsbe-
dingten Betriebsmittel M auf alle zur gleichen Zeit aktiven Jobs J
aufgeteilt. Der erzielbare Durchsatz D errechnet sich pro Job aus

$$D = M/J$$

```
 _____________________      _______
!                     !_______! CPU A !
!   Betriebssytem A   !      !_______!
!_____________________!       _______
!                     !      ! Daten- !
!   Systempuffer  A   !_______! bank A !
!_____________________!      !_______!
!      Job 1          !       _______
!---------------------!      !       !
!                     !_______!  T   !
!                     !      !_______!
!---------------------!
!      Job J          !
!_____________________!
```

Durch den SYSTEM-VERBUND zweier oder mehrerer Systeme ergeben sich folgende
Änderungen in den Betriebsmitteln:

- Die CPU-Rechenzeit vervielfacht sich, da jedes System eigenverantwort-
  lich und unabhängig die Abarbeitung der aktivierten Jobs durchführt.

- Die Hauptspeicherkapazität vervielfacht sich, da jedes System voll konfiguriert ist.

- Die Anzahl der Systempuffer bleibt jedem System voll erhalten und

- die Zugriffsmöglichkeit auf die gesamte Datenbank bleibt trotz der Auf-
  teilung der Dateien auf verschiedene Systeme voll erhalten.

Bei V verbundenen Systemen ergibt sich daraus eine Erhöhung der Betriebsmittel auf V * M . Gleichzeitig tritt eine Verminderung durch die notwendige Interkommunikation beim Zugriff auf eine fremde Datenbank um den Ver-
bundfaktor K auf, der bei schnellen Verbundkanälen (z.B. 1 Megabit pro
Sekunde) einen empirisch ermittelten Durchschnittswert von 0,9 hat. Dies
führt zu einem Gesamtdurchsatz von

$$D = K * V * M/J$$

In der Praxis kommt es bei zwei verbundenen Systemen zu einem Durchsatz von
D = 0,9 * 2 * M/J , das entspricht einer Durchsatzerhöhung von 80 %.

Durch die Möglichkeit, bei Ausfall eines Systems die Datenbank einem anderen System zuzuschalten, bleibt die Verfügbarkeit des Gesamtsystems bei
entsprechend reduziertem Durchsatz voll erhalten.

```
 _______________________        _____    __   _____        _________________________
!                       !___! CPU A !__! ! CPU B !___!                         !
! Betriebssystem A !    !_______!        !_______!     ! Betriebssytem B !
!_______________________!    _______    _______    !_________________________!
!                       !    ! Daten- !  ! Daten-  !    !                         !
! Systempuffer   A !___! bank A !  ! bank B  !___! Systempuffer   B !
!_______________________!    !_______!  !_______!    !_________________________!
!      Job 1            !      _______    _______    !      Job x+1           !
!---------------------!    !        !  !        !    !-----------------------!
!                       !___!   T   !  !   T   !___!                         !
!                       !    !_______!  !_______!    !                         !
!---------------------!                              !-----------------------!
!       Job x          !                             !       Job  J          !
!_______________________!                              !_________________________!
```

5.   SYSTEM-VARIANTEN
=================

1 Rechner, gespiegelte Datenbank

```
         _______
        ! CPU !
        !_______!
            !
       ______!______
       ! Controller !
       !___________!
            !
   _________!_________
   !                 !
  _!_               _!_
 ! A !             ! S !
 !___!             !___!
```

Vorteile:

-   gespiegelte fehlertolerante Datenbank
-   permanente Sicherung
-   Leistungssteigerung durch schnelleren
    Zugriff

Nachteil:

-   keine   Ausfallsicherheit   der   CPU

Systemverbund mit 2 Rechnern

```
 ___                    ___
!   !__________________!   !      Vorteile:
! A !________DMC_______! B !      --------
!___!                  !___!
                                  - Leistungssteigerung  des  Durchsatzes
  !                     !           um 80 %
 _!_                   _!_        - Ausfallsicherheit der CPU
!   !<------.    .------>!   !
! C !       !    !       ! C !    Nachteil:
!___!       !    !       !___!    --------
  !         !    !         !
 _!_        !    !        _!_     - keine Ausfallsicherheit der Datenbank
!   !-------!-----!       !   !
! W1!       !           !W2 !
!___!       !-------------!___!
```

2 Rechner, gespiegelte Datenbank

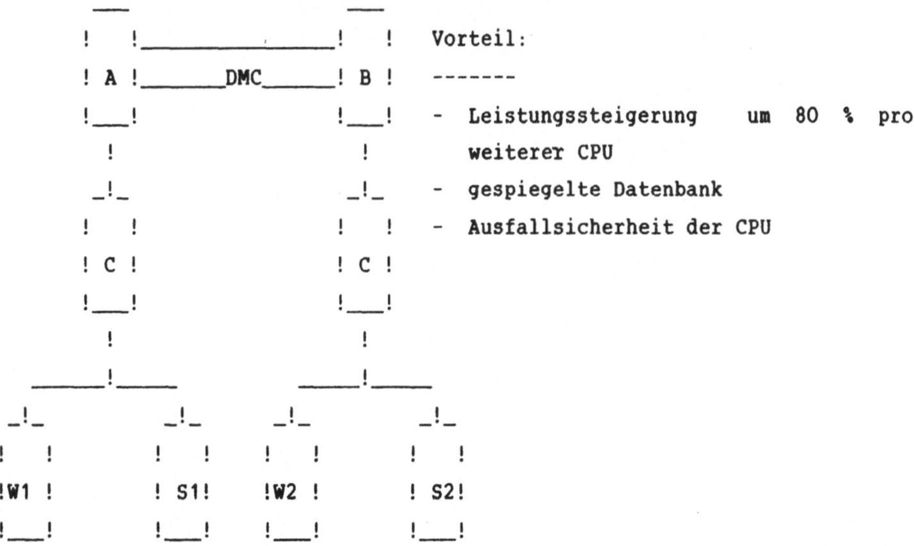

```
     ___                ___
    !   !______________!   !    Vorteil:
    ! A !_______DMC_____! B !   -------
    !___!              !___!
                                - Leistungssteigerung    um  80  % pro
      !                  !        weiterer CPU
     _!_                _!_     - gespiegelte Datenbank
    !   !              !   !    - Ausfallsicherheit der CPU
    ! C !              ! C !
    !___!              !___!
      !                  !
   ____!____          ____!____
  _!_      _!_      _!_      _!_
 !   !    !   !    !   !    !   !
 !W1 !    ! S1!    !W2 !    ! S2!
 !___!    !___!    !___!    !___!
```

Das Fehlertolerante Informationssystem 8832
Das Fehlertoleranzkonzept

Ferdinand Herrmann
Nixdorf Computer AG
Entwicklung Fehlertolerante Informationssysteme
4790 Paderborn
Unterer Frankfurter Weg

Zusammenfassung

Die Fehlertoleranz der 8832 basiert auf den Konzepten redundanter
Hardware, automatischem Check Pointing und systemgesteuertem Roll
Forward.
Die 8832 ist ein lose gekoppeltes Multicomputersystem. Jeder Computer
ist eine autonome Verarbeitungseinheit mit dedizierten Prozessoren aus
der Mikroprozessorfamilie MC68000 von Motorola. Das Betriebssystem ist
eine kompatible Weiterentwicklung von UNIX System III. Die redundanten
Hardwareeinheiten sind einzelne Computer, die im Normalbetrieb
unterschiedliche Programme ausfuehren. Bei Ausfall eines Computers
uebernehmen die uebrigen die Last des ausgefallenen, die Verfuegbarkeit
des Gesamtsystems wird nicht beeintraechtigt.

Summary

The fault tolerance of the 8832 is based on the concepts of redundant
hardware, automatic check pointing and system controlled roll forward.
The 8832 is a losely coupled multi computer system. Each computer is an
autonomous system with dedicated processors of the Motorola
microprocessor family MC68000. The operating system is a compatible but
enhanced version of UNIX System III. The redundant components are
single computers. In normal mode each computer executes different
programs. Only if one fails the other computers take over the load. The
fault of one computer does not effect the reliability of the whole
system.

UNIX (TM) is a trademark of Bell Labaratories
MC68000 (TM) is a trademark of Motorola Inc.

1. Einleitung

Alle fehlertolerierenden Rechensysteme basieren auf dem Grundkonzept redundanter Hardware. Der Ausfall einer einzelnen Hardware-Komponente darf nicht zu dem Ausfall des Gesamtsystems fuehren, sondern andere Komponenten muessen die Aufgaben der ausgefallenen Einheit uebernehmen.

Bei Betrachtung existierender Systeme stellt man zwei Grundkonzepte fest:

- Die Fehlertoleranz wird ausschliesslich durch Hardwareredundanz erzielt. Identische Hardwarekomponenten fuehren taktgleich die gleichen Operationen aus. Bei Ausfall einer Komponente kann die andere weiterarbeiten, ohne dass der Ausfall Auswirkungen auf das Gesamtsystem hat.

- Die Fehlertoleranz wird durch Softwarekonzepte realisiert. Beim Erkennen des Ausfalls einer Komponente werden alle von ihr ausgefuehrten Rechenvorgaenge von einer anderen wiederholt und damit wird an der unterbrochenen Stelle fortgesetzt.

  Im Normalbetrieb stehen die redundanten Hardwarekomponenten fuer unterschiedliche Rechenaufgaben zur Verfuegung und erhoehen die Leistung des Gesamtsystems.

Die 8832 ist ein System der zweiten Klasse. Die redundanten Komponenten sind einzelne Computer, die Fehlertoleranz wird durch das Betriebssystem realisiert und bedarf keiner Unterstuetzung durch den Anwendungsprogrammierer.

2. Hardware

2.1 Systemaufbau

Die 8832 ist ein Multicomputer-System. Bis zu 32 Computer koennen zu einem Multicomputer zusammengeschaltet werden. Die Computer sind ueber einen System-Bus lose miteinander gekoppelt. Die Datenuebertragungsrate betraegt auf dem System-Bus zweimal 16 MB/sec (Bild 1).

Jeder Computer ist ein Multiprozessor-System. Die Prozessoren sind MC68010 von Motorola mit dedizierten Funktionen.
Ein Computer besteht aus folgenden Komponenten (Bild 2):

- Der Message-Processor ist fuer die Steuerung des Computers zustaendig. Wesentliche Teile des Betriebssystems werden von ihm ausgefuehrt. Die Steuerung des System-Bus, ueber den die Computer miteinander verbunden sind, erfolgt ebenfalls durch den Message-Processor. Er empfaengt Nachrichten von den uebrigen Computern und sendet Nachrichten an diese.

  Der Message-Processor enthaelt einen Mikroprozessor und 512 KB lokalen Speicher. Fuer den System-Bus steht ein Cache-Speicher von 4 KB zur Verfuegung.

- Auf dem Application-Processor laufen alle Anwendungs- und
  Systemprozesse ab. Er enthaelt zwei Mikroprozessoren und eine
  Memory-Management-Unit, die die Umrechnung von virtuellen Adressen
  in den realen Adressraum durchfuehrt. Die beiden Mikroprozessoren
  arbeiten unabhaengig voneinander, die Zuordnung von Prozessen zu
  Prozessoren erfolgt durch den Message-Processor.

- Der IO-Processor steuert auf logischer Ebene die Terminals und
  die Datenfernuebertragungsleitungen. Die physikalische Steuerung
  erfolgt durch IO-Controler, die ueber einen IO-Bus angeschlossen
  sind. Der IO-Processor enthaelt die dafuer notwendigen Driver und
  Prozeduren. Auftraege werden von dem Application-Processor ueber
  den Hauptspeicher uebergeben. Fuer den Code und die lokalen Daten
  steht ein lokaler Speicher von 512 KB zur Verfuegung.

- Die Speichereinheiten enthalten je ein Megabyte. Ein Computer kann
  mit 1 bis 3 MB konfiguriert werden.

- Ueber einen Disk-Controller koennen bis zu vier 160 MB oder 320 MB
  Festplatten und eine Magnetbandstation angeschlossen werden. Ein
  Computer kann zwei Disk-Controller enthalten.

- Der lokale Computer-Bus ist 32 Bit breit und hat eine
  Datenuebertragungsrate von 20 MB/sec.

2.2 Redundanz

Die redundanten Hardware-Einheiten sind die einzelnen Computer. Die
Computer ueberwachen sich wechselseitig. Sie tauschen in regelmaessigen
Zeitabstaenden I'm alive Nachrichten aus. Das Ausbleiben einer I'm
alive Nachricht eines einzelnen Computers wird von den uebrigen
erkannt. Die bisher von diesem Computer geleistete Arbeit wird durch
das Betriebssystem gesteuert von den uebrigen uebernommen.

Darueberhinsaus sind alle Datenwege zu peripheren Einheiten doppelt
ausgelegt. Die Platten sind ueber eine Dualport-Einheit an zwei
Computer angeschlossen, der Zugriff zu den IO-Controlern ist ebenfalls
von zwei Computern aus moeglich.

Zur Absicherung von Plattenfehlern werden generell Spiegelplatten
eingesetzt. Alle geaenderten Sektoren werden auf beide Platten
geschrieben, gelesen wird von der Platte mit der geringsten
Zugriffszeit.

Der System-Bus ist doppelt ausgelegt (Bild 3). Normalerweise werden
beide gleichzeitig genutzt. Der Ausfall eines einzelnen hat keine
Auswirkung auf das Gesamt-System.

Das gesamt Versorgungskonzept wie Stromversorgung, Kuehlung,
Notstromversorgung ist so ausgelegt, dass bei Ausfall einer Komponente
das Gesamtsystem nicht abgeschaltet werden muss.

2.3 Fehlererkennung

Die Fehlererkennung ist fuer ein fehlertolerantes System von besonderer
Wichtigkeit. In der 8832 wird gerade auf diesem Gebiet ein sehr hoher
Aufwand betrieben. Ziel ist nicht nur die sofortige Erkennung sondern
auch eine genaue Diagnostizierung, damit der Wartungsaufwand reduziert
werden kann.

Alle internen Datenwege sind durch Parity-Generatoren abgesichert. Die
Speicher sind mit ECC-Logic ausgestattet, um 1-Bit-Fehler korrigieren
und 2-Bit-Fehler erkennen zu koennen. Der Disk-Processor enthaelt zur
Fehlererkennung und -korrektur einen Burst Error Processor, mit dem bis
zu 24-Bit-Fehler erkannt und korrigiert werden koennen.

Jeder Komponente in einem Computer ist ein Diagnoseprozessor
zugeordnet, der sie ueberwacht und auftretende Fehlersituationen
festschreibt. Die Diagnoseprozessoren eines Computers sind ueber einen
Bus miteinander verbunden, um den Ausfall einer Komponente erkenen und
deren Ursache unabhaengig vom lokalen Computer-Bus mitteilen zu
koennen. Die Diagnoseprozessoren speichern die Fehlerursache und auch
die Fehlerhistorie in einem nicht fluechtigen Speicher, so dass eine
schnelle Diagnose und Reparatur der defekten Komponente moeglich ist.
Darueberhinaus wird von den Diagnoseprozessoren eine
Schwellwertueberwachung fuer unterschiedliche Fehlerklassen
vorgenommen, um auch einen vorbeugenden Austausch von Komponenten
veranlassen zu koennen.

Die Diagnoseprozessoren melden Fehler an den Message-Processor, der
dann den gesamten Computer anhaelt.

3. Betriebssystem

Das Betriebssystem ist eine kompatible Weiterentwicklung von UNIX
System III. Im Betriebssystemkern wurden wesentliche Erweiterungen
fuer die Multicomputer- und Multiprozessor-Architektur und fuer die
Fehlertoleranz durchgefuehrt.

Das 8832-PPX (Parallel Processing Executive) ist ein Betriebssystem mit
folgenden Eigenschaften:

  - Dynamische Lastverteilung zwischen Computern

  - Computeruebergreifende Kommunikation zwischen Prozessen

  - Dynamische Lastverteilung in einem Computer

  - Demand Paging

  - Fehlertoleranz

3.1 Dynamische Lastverteilung zwischen Computern

Die dynamische Lastverteilung zwischen Computern erfolgt auf Prozessebene. Bei der Erzeugung eines Prozesses wird der Computer ausgewaehlt, der die besten Voraussetzungen fuer die Programmausfuehrung bietet. Kriterien sind unter anderen:

- CPU-Auslastung des Computers

- IO-Last auf dem Computer

- Ausfuehrung des Programms im Code-Sharing

Um Prozesse auf beliebige Computer verteilen zu koennen, muss gewaehrleistet sein, dass der Zugriff auf alle angeschlossenen peripheren Einheiten moeglich ist.

Deshalb werden zentrale Betriebssystem-Funktionen nicht mehr prozedural aufgerufen, sondern durch Systemprozesse erbracht. Solche Systemprozesse sind:

- File-Server-Prozesse, die die Platten-Ein/Ausgabe realisieren und

- Terminal- und Datenfernuebertragungsprozesse.

Die Server-Prozesse werden beim Systemanlauf in dem Computer erzeugt, an denen die zu steuernden Einheiten angeschlossen sind. Die Verteilung der Anwenderprozesse ist beliebig.

3.2 Computeruebergreifende Kommunikation

Die Kommunikation zwischen Prozessen erfolgt ueber computeruebergreifende Kanaele.

Kanaele sind bidirektionale Verbindungen zwischen zwei Prozessen. Der Zugriff auf einen Kanal ist ueber Lese- und Schreiboperationen moeglich.

Jeder Anwenderprozess hat einen Kanal zu einem TTY-Server-Prozess, auf dem er die Terminaldaten lesen oder schreiben kann und einen Kanal zu einem File-Server-Prozess, ueber den alle Dateioperationen ausgefuehrt werden.

Kanaele koennen auch zwischen beliebigen Anwenderprozessen existieren. Die Prozesse, die miteinander kommunizieren wollen, muessen eine OPEN-Operation mit einem vereinbarten Kanalnamen ausfuehren. Das Betriebssystem inkarniert den Kanal und eine eventuell computeruebergreifende Kommunikation zwischen den Prozessen ist hergestellt.

3.3 Dynamische Lastverteilung in einem Computer

Die Ausfuehrung von Anwender- und Systemprozessen erfolgt durch den Application-Processor. Der Application-Processor enthaelt zwei MC68010 zur Programmausfuehrung und eine MMU, die von beiden Mikroprozessoren genutzt wird. Die Aufgabe des Prozess-Scheduling hat der Message-Processor. Er berechnet die aktuellen Prozessprioritaeten und ordnet die Prozesse den Prozessoren dynamisch zu. Da die Verwaltungsstrukturen im Hauptspeicher liegen und die MMU-Informationen von beiden Mikroprozessoren gemeinsam genutzt werden, koennen die Prozesse beliebig verteilt werden.

3.4 Demand Paging

Die 8832 ist ein Demand Paging System mit hardwareunterstuetzter Working-Set-Berechnung. Der virtuelle Adressraum eines Prozesses betraegt 32 MB aufgeteilt in je 16 MB fuer Code und Daten. Die Umsetzung der virtuellen Adressen in reale Adressen erfolgt in der Memory Management Unit (MMU), die auf dem Application Processor Board liegt.

Auf ein Kopieren der Code- und Datenseiten aus der Programmdatei auf das Paging-Device kann verzichtet werden, da zur Laufzeit alle noch nicht geaenderten Seiten, also insbesondere alle Codeseiten aus der Programmdatei geladen werden. Nur die geaenderten Datenseiten werden auf das Paging-Device geschrieben.

Die Verwaltung eines Paging Device erfolgt durch einen Page-Server-Prozess. Die aus- und einzulagernden Seiten werden ueber einen Kanal zum und vom Page-Server-Prozess uebertragen. Durch Nutzung des Kanal-Mechanismus wird erreicht, dass das Paging ebenfalls computerunabhaengig ist. Nicht jeder Computer muss ein privates Paging Device haben, sondern ein Zugriff auf ein beliebiges Paging Device ist ueber den System Bus moeglich.

Zur besseren Nutzung des Hauptspeichers wird der Code eines Programms, das mehrfach ausgefuehrt wird, nur einmal geladen und im Code-Sharing ausgefuehrt. Des weiteren koennen sowohl Code- als auch Datenseiten eines Programms im Hauptspeicher fixiert werden, um die Paging-Raten zu senken.

3.5 Ausfallsicherheit

Die Ausfallsicherheit wird durch das Betriebssystem gewaehrleistet. Zu jedem aktiven Prozess, Primary-Prozess genannt, gibt es einen Backup-Prozess in einem anderen Computer. Bei Ausfall eines Computers werden die zu den Primary-Prozessen gehoerenden Backup-Prozesse aktiviert.

Grundkonzept fuer das Rollforward von Backup-Prozessen ist, dass ein Backup-Prozes die gleichen Ergebnisse wie der Primary-Prozess erzeugt, wenn er mit den gleichen Daten beginnt und die gleichen Eingabedaten erhaelt.

Alle Eingabedaten erhaelt der Prozess als Nachrichten von einem anderen Prozess. Zur Gewaehrleistung der Fehlertoleranz muessen alle Nachrichten, die an einen Prozess geschickt werden, ebenfalls an den Backup-Prozess gesandt und ihm bei Aktivierung in der gleichen Reihenfolge zur Verfuegung gestelt werden.

Bei Ausfall eines Computers werden nur die zugehoerigen Backup-Prozesse aktiviert. Der Backup-Prozess beginnt mit der Programmausfuehrung auf den Anfangsdaten. Bei der Programmausfuehrung liest er die gespeicherten Eingabedaten und erzeugt die gleichen Ausgabedaten, die auch der Primary- Prozess erzeugt hat. Diese Ausgabedaten duerfen jedoch nicht an die Empfaenger-Prozesse versandt werden, da sie diese bereits von dem Primary-Prozess erhalten haben. Deshalb muessen alle bereits versandten Nachrichten unterdrueckt werden.

Hieraus ergibt sich fuer das Versenden von Nachrichten folgendes Schema:

Jede Nachricht, die versandt werden soll, wird verdreifacht. Die Nachrichten gehen an folgende Stellen:

1. Der Empfaenger-Prozess erhaelt sie und kann sie verarbeiten.

2. Der Backup-Prozess des Empfaengers erhaelt die Nachricht. Sie verbleibt in der Nachrichtenkette und wird nur bei Aktivierung des Backup-Prozesses verarbeitet.

3. der Backup-Prozess des Senders erhaelt die Nachricht. In dem Ausgangskanal wird ein Zaehler fuer die versandten Nachrichten gefuehrt.

Die Verdreifachung der Nachrichten ist eine atomare Operation, die durch den System-Bus hardwaremaessig gewaehrleistet wird. In einer ersten Phase werden die drei betroffenen Computer adressiert. In einer zweiten Phase wird die Nachricht an alle drei Computer auf einmal geschickt.

Bei der Aktivierung des Backup-Prozesses wird die Programmausfuehrung mit den Initialisierungsdaten begonnen. Bei Leseoperationen werden die Nachrichten aus dem Eingangskanal entnommen, bei Schreiboperationen werden die bereits vom Primary-Prozess versandten Nachrichten vernichtet.

Hat der Prozess einen Zustand erreicht, in dem keine Nachrichten mehr existieren bzw. alle bereits verschickten Nachrichten erneut erzeugt wurden, dann hat der Backup-Prozess das Rollforward beendet und kann die Aufgaben des Primary-Prozesses lueckenlos uebernehmen.

Um bei grossen Programmen die Rollforward-Zeiten und den Speicherbedarf fuer die Nachrichten zu begrenzen, muss zu gewissen Zeiten eine Synchronisierung zwischen Primary- und Backup-Prozess hergestellt werden.

Hierzu werden fuer den Backup-Prozess die aktuellen Daten und der Prozesszustand festgehalten. Die bisher fuer den Backup-Prozess gespeicherten Nachrichten werden vernichtet und die Ausgangszaehler geloescht.

Das Sichern des Datenbestandes erfolgt auf dem Paging-Device. Fuer jeden Prozess existiert ein Current- und ein Previous-Image. Das Previous-Image enthaelt den letzten eingefrorenen Zustand. Das Current-Image alle seit der letzten Synchronisierung veraenderten und verdraengten Datenseiten. Bei einer Synchronisierung muessen alle veraenderten, aber noch nicht verdraengten Datenseiten auf das Paging-Device geschrieben werden. Anschliessend wird das Current-Image zum Previous-Image gemacht und damit eingefroren.

4. Zusammenfassung

Die 8832 ist ein ausfallsicheres Multicomputersystem mit verteilter Kontrolle. Die fuer die Multicomputerarchitektur und Fehlertoleranz notwendigen Mechanismen werden auf das Kanalkonzept abgebildet, das ein wesentlicher Bestandteil des Betriebssystemkerns ist. Bezueglich der redundanten Hardware wurde eine Loesung gewaehlt, die es erlaubt, im Normalfall alle Resourcen zu nutzen. In Kauf genommen wurden damit Recovery-Zeiten, die jedoch im Sekundenbereich liegen.

Die Verteilung der Anwendungen auf die einzelnen Computer wird vollstaendig durch das Betriebssystem vorgenommen, ebenso braucht der Anwendungsprogrammierer keinerlei Massnahmen fuer die Fehlertoleranz zu ergreifen. Sowohl das Check Pointing als auch das Rollforward einer Anwendung werden durch das Betriebssystem realisiert. Die Probleme der Einteilung eines Programms in atomare Transaktionen, deren Restart und Abstimmung mit Datenbankrecoverykonzepten werden vermieden. Durch die Realisierung der Fehlertoleranz durch Betriebssystemkonzepte wird insbesondere erreicht, dass alle existierende UNIX-Software fehlertolerant ablaufen kann.

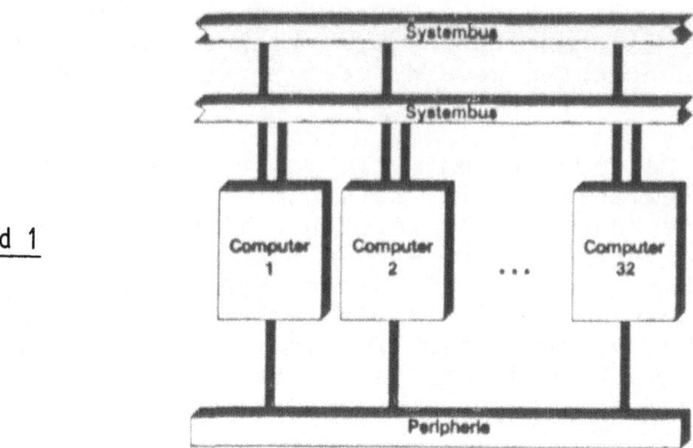

Bild 1

Bild 2

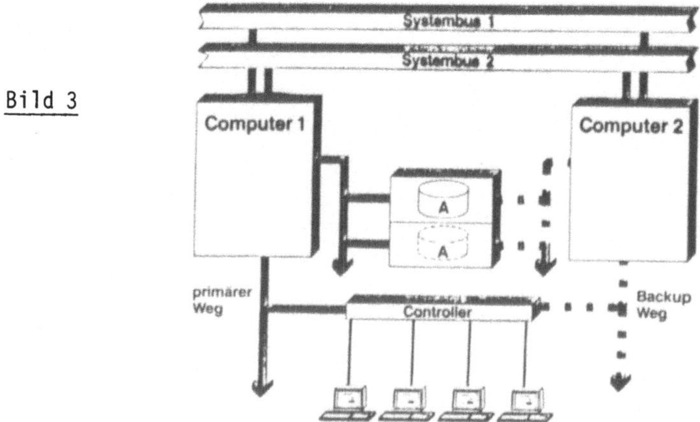

Bild 3

<u>"DAS FEHLERTOLERANTE SYSTEM TANDEM T16"</u>

Schulz, Alfred
TANDEM COMPUTERS GMBH,
Geschäftsstelle Hamburg
Große Bleichen 30
2000 Hamburg 36
Tel.: 040 / 35 17 21

Zusammenfassung

Im Jahre 1976 lieferte TANDEM sein erstes System T16 aus. Dieses war das
erste kommerziell nutzbare Standard-Non-Stop-System.

Die Non-Stop Funktionen werden im Bereich der Hardware durch Vervielfachung der einzelnen Komponenten erreicht. Im Fehlerfall können die Aufgaben der ausgefallenen Komponente auf die noch vorhandenen Komponenten
(z. B. Prozessoren) verteilt werden. Im Normalfall führen alle Komponenten
ihre eigenen Aufgaben aus (= aktive Redundanz). Stromausfall bis zu 80
min wird über Batteriepuffer toleriert.

Die Behandlung der Hardwarefehler und ggf. die Umschaltung auf andere
Hardwarekomponenten wird vom Betriebssystem GUARDIAN durchgeführt. Status
informationen und Daten werden über Checkpointing auch an andere Prozessoren übertragen.

Für die Anwenderprogramme gibt es neben dem normalen Verarbeitungsmodus
zwei Möglichkeiten der Non-Stop Verarbeitung:

    a) durch Checkpoints
    b) unter der Kontrolle von TMF. Hierbei ist die
       Datenkonsistenz auch bei Mehrfachfehlern, Pro-
       grammfehlern und bei Netzwerk-Fehlern gewährleistet.

Summary

The TANDEM System T16 was shipped in 1976 as the first "non-stop" comput
system available for commercial use.

Fault tolerance is achieved from a hardware viewpoint by duplicating critical system components. In the case of a single component failure during system operating the work previously done by the failed component (e. g. a processor module) is redistributed across the still remaining components and processing continues. Battery backup allows for the toleration of power loss forup to approx. 80 minutes.

The handling of hardware errors e.g. loss of a processor module, and the subsequent reassignment of hardware resources are automatically executed by the GUARDIAN operating system. Critical information pertinent to an executing program are sent from the primary process in a process pair to it's backup (in another processor) in the form of checkpoints.

For applications software there are two methods to achieve fault tolerance:

    a) By defining restart points within the program
       (checkpoints).

    b) By employing the services of TMF (Transaction
       Monitor Facility) for ensuring database con-
       sistency in the case of both single and multiple
       component failures as well as errors in the appli-
       cation program. These database integrity functions
       are also fully supported for operation within a
       network of system.

---

1. Designziele für das TANDEM NON-STOP-SYSTEM T16 (1974)

Für das seit 1976 auf dem Markt befindliche System TANDEM T16 wurden 1974 die folgenden Designziele festgelegt:

a) Fehlertoleranz
   Das System soll robust gegen Hardwarefehler sein. Forderung: Kein Einzelfehler darf zu einem Systemstillstand führen.

b) Wartung im laufenden Betrieb
   Reparatur von Einzelkomponenten sowie (vorbeugende) Wartung soll im laufenden Betrieb möglich sein.

c) Dialog- und transaktionsorientiertes System

Hardware und Systemsoftware sollen so konzipiert werden, daß die
transaktionsorientierte Verarbeitung besonders effektiv abläuft.

d) Modulare Ausbaufähigkeit

Die im Dialogbetrieb wichtigen Erweiterungen sollen auch in großem
Umfange ohne Betriebssystem-Wechsel möglich sein.

Auf die Punkte c) und d) werde ich in diesem Zusammenhang nicht weiter
eingehen. Die Forderung in Punkt b) nach Wartung im laufenden Betrieb
wurde durch die konsequente Realisierung von Punkt a) gelöst: Jede beliebige Hardware-Komponente kann auch zum Zwecke der Wartung oder Reparatur dem System entnommen werden und im laufenden Betrieb wieder eingeführt werden.
Im folgenden wird auf die Lösung der Forderung a) nach Fehlertoleranz
eingegangen. Es wird das Hardwarekonzept erläutert, auf einige Besonderheiten des Betriebssystems eingegangen und auf die Möglichkeiten der
Anwender diese Fehlertoleranz in ihren Programmen zu nutzen. Im Anschluß
daran wird auf einige Besonderheiten des NON-STOP-Betriebes in Netzwerke
und die Fehlerbehandlung im Netzwerk eingegangen.

2. Was versteht TANDEM unter NON-STOP?

Hardware-Ausfälle kann man nicht vermeiden; man muß sie handhaben könner
Eine Toleranz von Hardware-Ausfällen ist hardwareseitig nur über eine
Vervielfachung aller wichtigen Komponenten zu erreichen. Bei der Hand-
habung im Fehlerfall gibt es zwei grundsätzliche Möglichkeiten:

- Problembehandlung in der Hardware (Stichwort: Hot Stand By)
- Problembehandlung durch Software

Die erste Lösung - Problembehandlung in der Hardware - basiert auf der
parallelen Verarbeitung in gleichwertigen Hardwarekomponenten und in
einem nachgeschalteten Vergleich der (Zwischen-) Ergebnisse. Der Vorteil dieser Lösung liegt in dem relativ geringen Aufwand in der Systemsoftware. Nachteile liegen in der Inflexibilität der Lösung gegenüber
veränderten bzw. erweiterten Anforderungen an das Non-Stop-Verhalten (z.
Non-Stop Verarbeitung im Netzwerk) sowie die Kosten die durch die nicht
produktiv nutzbaren Hardware-Moduln (passive Redundanz) entstehen. Wenn
man mit dieser Lösung nicht nur Hardware-Ausfälle, sondern auch falsch

arbeitende Hardware tolerieren möchte, sind mindestens 3 parallele Ver-
arbeitungen nötig, um im Falle eines falschen Ergebnisses eine Entscheidung treffen zu können.

Die zweite Lösung - Problembehandlung durch Software - basiert auf der
Erkennung von Fehlern durch die Systemsoftware und eine Fehlerbehandlung unter Einbeziehung alternativer Hardwarekomponenten. Diese Lösung
erlaubt die produktive Nutzung aller Hardware-Komponenten (= aktive
Redundanz). TANDEM hat diese Lösung für sein Systemkonzept zugrunde
gelegt. Die Flexibilität dieser Lösung wird durch die Tatsache unter-
mauert, daß TANDEM z. Z. schon 2 alternative Möglichkeiten der Non-Stop-
Verarbeitung anbietet.

2.1 Die Hardware des NON-Stop-Systems T16

Von den vielen Möglichkeiten der Kopplung von Hardware hat sich TANDEM
für eine weitestgehend lose Kopplung entschieden, weil dabei die Gefahr
der Fehlerübertragung am geringsten ist. Das Ergebnis ist ein modular
ausbaufähiges Multiprozessor-System.

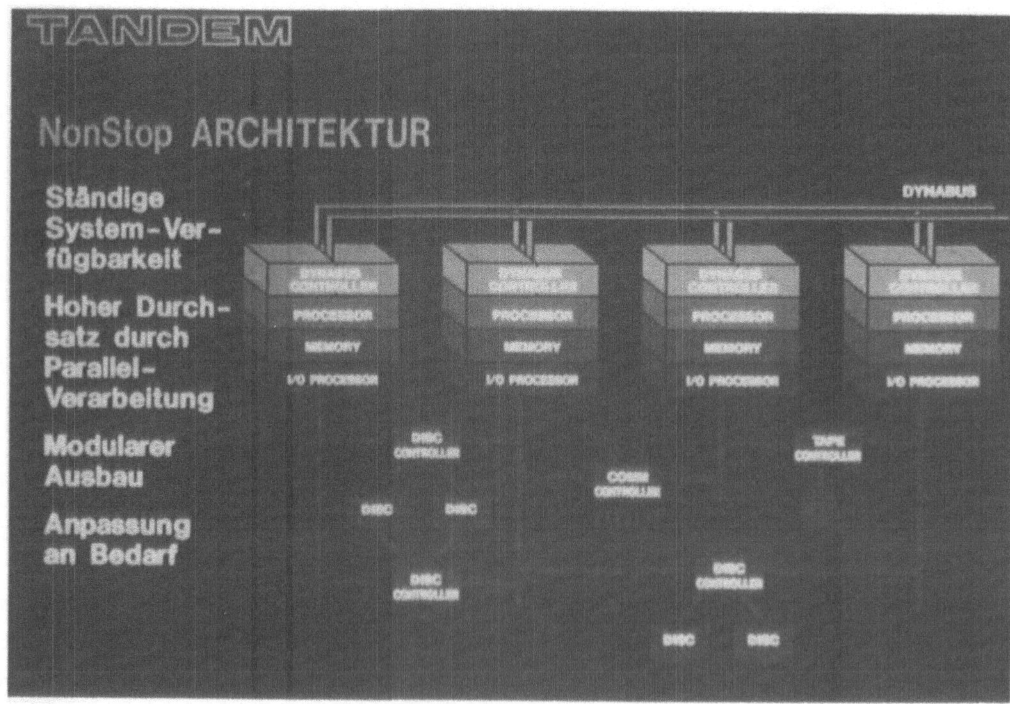

Beschreibung der wichtigsten Hardware-Komponenten:

a) Prozessoren

Ein TANDEM-System beinhaltet 2 bis 16 Prozessoren. Die Prozessoren sind nicht paarweise zugeordnet, so daß je nach Leistungsbedarf auch Erweiterungen mit einem Prozessor möglich sind. Jeder Prozessor arbeitet selbständig und absolut unabhängig von den anderen Prozessoren Alle Prozessoren in einem System arbeiten gleichberechtigt nebeneinander und bewältigen eigene Aufgaben.

b) Dynabus

Der Dynabus ist für die Kommunikation der Prozessoren untereinander da, für den Austausch von Statusinformationen und Daten. Der Dynabus besteht aus 2 physikalisch völlig getrennten Bussen, die jeweils bis zu 13 MB/sec übertragen können, also zusammen 26 MB/sec.

c) E/A-Bus

Jeder Prozessor hat seinen eigenen E/A-Bus mit einer Übertragungsrate von 4 MB/sec bzw. 5 MB/sec. Über diesen E/A-Kanal kann der Prozessor über die Controller mit der dort angeschlossenen Peripherie kommunizieren. Bei Ausfall des E/A-Busses kann der Prozessor über den Dynabus und einen anderen Prozessor und dessen E/A-Kanal mit der Peripherie kommunizieren.

d) Controller

Alle Peripheriegeräte sind über Controller an jeweils zwei E/A-Kanäle angeschlossen, d. h. alle Controller sind "dual-ported". Sowohl Platten als auch Terminals und DFÜ-Verbindungen können zwischen 2 Controller geschaltet werden, so daß auch der Ausfall eines Controllers keinen Verlust der Peripherie bedeutet.

e) Gespiegelte Plattenlaufwerke

Das Betriebssystem und das Datenbanksystem unterstützen standardmäßig gespiegelte Plattenlaufwerke, d. h. alle Daten werden auf zwei physikalisch getrennten Laufwerken aufgezeichnet. Das bedeutet, daß der Ausfall eines Plattenlaufwerkes die Verarbeitung nicht behindert.

f) Stromversorgung

Jeder Prozessor hat eine eigene Stromversorgung. Alle Controller werden von zwei unabhängigen Stromversorgungen bedient, so daß bei Ausfall einer Stromversorgung der Controller voll funktionsfähig bleibt.

Zur Überbrückung von Stromausfällen ist pro Prozessor standardmäßig ein Batteriepuffer vorhanden, der für ca. 80 min. die Halbleiterelemente des Prozessors mit Strom versorgt. Bei Rückkehr des Netzstromes läuft ein automatischer Startvorgang an, der die gesamte Verarbeitung ohne Operationseingriff an der Stelle fortführt, an dem der Stromausfall stattfand.

2.2 Die System-Software des NON-STOP-Systems TANDEM T16

2.2.1 Das Betriebssystem GUARDIAN

a) Grundsätzliche Funktionen

Bedingt durch die Hardware-Architektur und die Forderung einer losen Kopplung voneinander unabhängiger Prozessoren ist das Betriebssystem GUARDIAN nachrichtenorientiert. Das Herzstück des Betriebssystems ist das Message-System, das alle Nachrichten wie Anwenderdaten, Steuer- und Status-Informationen, Checkpoints usw. transportiert. Für den Nachrichtenaustausch zwischen verschiedenen Prozessoren benutzt das Message-System den Dynabus. GUARDIAN verwaltet die Prozessoren in einem System T16 wie gleichberechtigte Netzwerkknoten in einem Netzwerk.

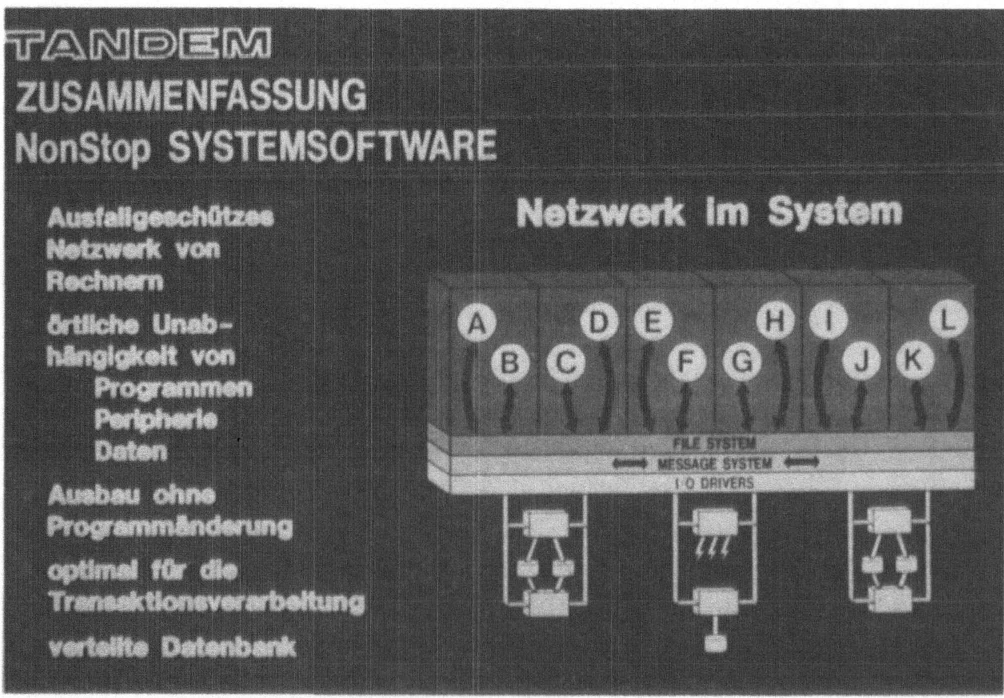

b) Funktionen im Hinblick auf die Fehlertoleranz

Im Hinblick auf die Fehlertoleranz nimmt GUARDIAN folgende Funktionen
wahr:

- Fehlererkennung für alle Komponenten im Funktionsbereich
  des Prozessors
- angepaßte Reaktion auf den Fehlerfall, z. B, umschalten der
  Verarbeitung auf eine andere Hardware-Komponente
- ständige überprüfung der nur lose gekoppelten Prozessoren
  untereinander.

Wichtig ist auch der Zeitpunkt der Fehlererkennung. Fehler im Rechenwerk eines Prozessors werden beim TANDEM TXP-Prozessor bereits im
nano-sec-Bereich erkannt, weil dort zwei unabhängige Rechenwerke eine:
Teil der Instruktionen parallel abarbeiten und die Ergebnisse nachher
verglichen werden. Wenn das Betriebssystem im Funktionsbereich eines
Prozessors einen Fehler feststellt, für den keine Fehlerbehandlung
(mehr) möglich ist, z. B. Fehler im Rechenwerk, wird die Komponente
(z. B. Prozessor) gestoppt.

c) Fehlererkennung der Prozessoren untereinander

Die Überwachung der Prozessoren untereinander über den Austausch von
speziellen "I am alive" (= Mir geht es gut) - Nachrichten. In zyklischen Abständen werden diese Nachrichten untereinander ausgetauscht.

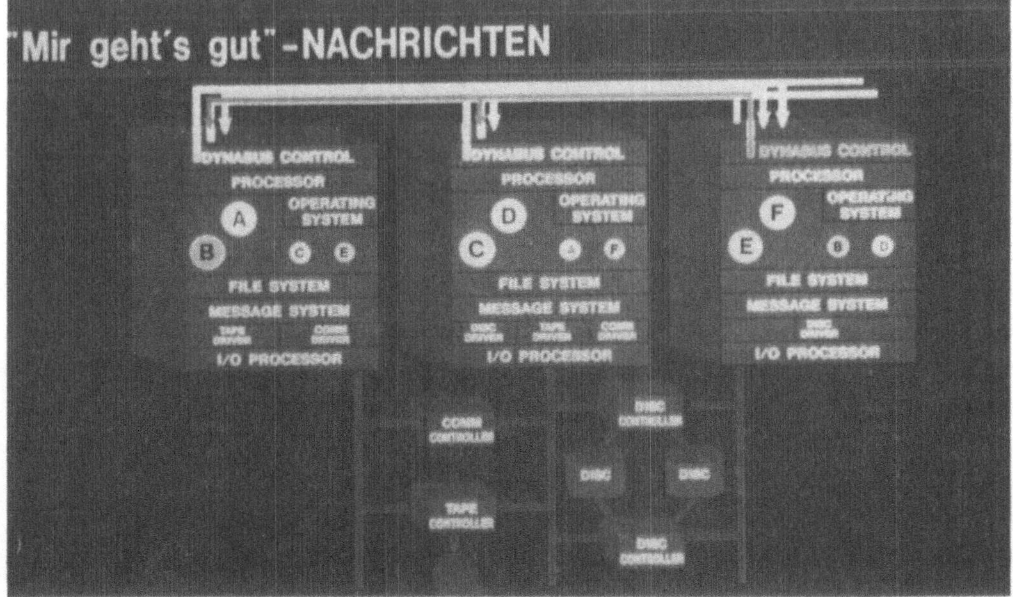

Wenn eine solche Nachricht zwei Zyklen ausbleibt oder nicht korrekt
ist, tragen die anderen Prozessoren diesen Prozessor in ihre Tabelle
als defekt ein und akzeptieren keine Nachrichten von diesem Prozessor mehr. Die Aufgaben des ausgefallenen Prozessors werden dann von
den verbleibenden Prozessoren übernommen und weitergeführt.

2.2.2 Das Datenbanksystem ENSCRIBE

Die Forderung an das Datenbanksystem lautet, auch im Fehlerfall sicherzustellen, daß die Datenintegrität, d. h. kein Datenverlust und keine
Datenfälschung, gewährleistet ist. Hardwarefehler (z. B. Ausfall eines
Prozessors) werden durch Checkpointing des Datenbankprozesses mit seinem Backup derart bewältigt, daß auch bei Blocksplitting und Verwaltung
mehrerer invertierter Listen die Datenintegrität erhalten bleibt. Bei
Datenbanken, die von TMF (s. u.) verwaltet werden, ist darüber hinaus
die Datenintegrität und -konsistenz einer Datenbank auch bei Mehrfachfehlern, bei Programmierfehlern und bei in einem Rechner-Netzwerk verteilten Datenbanken gewährleistet.

3. NON-STOP-Betrieb bei Anwender-Software

Neben dem "einfachen" Verarbeitungsmodus ohne NON-STOP Funktionen sind
zwei Verarbeitungsmodi mit NON-STOP Funktionen möglich:

- NON-STOP Betrieb durch Checkpointing
- NON-STOP Betrieb unter der Kontrolle
  von TMF (Transaction Monitoring Facility)

3.1 NON-STOP Verarbeitung durch Checkpointing

Bei dieser Art der NON-STOP Verarbeitung wird in einem zweiten Prozessor eine Kopie des ausführenden Programms (= Backup-Prozeß) gehalten,
die in der Lage ist, bei Abbruch des Primär-Prozesses die Arbeit möglichst verzögerungsfrei fortzuführen. Dazu müssen in der Programm-Source
Wiederaufsetzpunkte definiert werden.

Das Betriebssystem unterstützt dieses durch eine CALL-Schnittstelle zur
Definition der Wiederaufsetzpunkte und durch eine selbständige Verwaltung der Backup-Prozesse, der Checkpoint-Nachrichten und des Übernahme-

vorgangs.

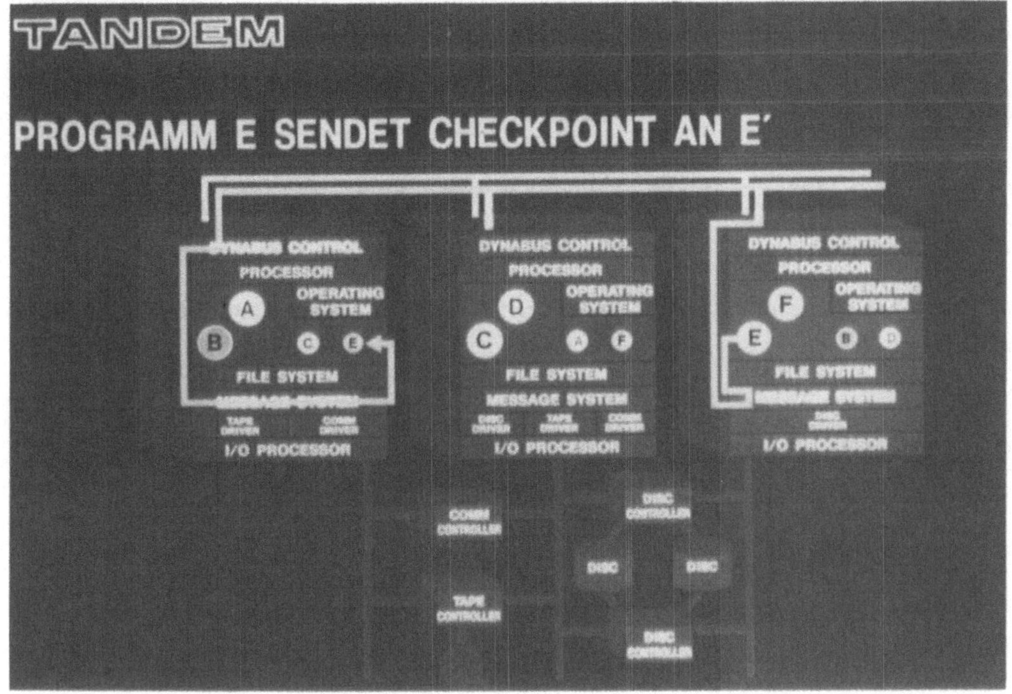

Im Fehlerfall aktiviert das Betriebssystem den Backup-Prozeß und informiert ihn über die Fehlerursache (Hardware, Operatoreingriff oder das Anwenderprogramm)

Bei einem Hardwarefehler (Prozessor-Ausfall) wird im allgemeinen als erstes ein neuer Backup-Prozeß in einem noch verfügbaren Prozessor gestartet und dann erst mit der Verarbeitung fortgefahren.

Wenn die Fehlerursache ein Operator-Eingriff oder ein Programmfehler war, sind andere Strategien möglich, wie z. B.

- bei der nächsten Möglichkeit auf einen
  Programm-Stop springen
- zu einem Verzweigungspunkt zurückspringen
  und einen anderen Verarbeitungszweig
  durchlaufen

3.2 NON-STOP Verarbeitung unter TMF

Die NON-STOP Verarbeitung mit Checkpointing hat sich hervorragend zur
Fehlerbehandlung in lokalen Systemen bewährt. Im Bereich der Netzwerk-
verarbeitung insbesondere mit verteilten Datenbanken kann durch Checkpointing nur noch die Datenintegrität innerhalb eines Netzknotens sichergestellt werden, jedoch nicht mehr die Datenkonsistenz der verteilten
Datenbank. Vor allem für diesen Anwendungsbereich aber auch für die Problematik von Mehrfachfehlern, Programmfehlern und falsches Operating
hat TANDEM die NON-STOP Verarbeitung unter TMF entwickelt.

Der neue Ansatz geht von der Erkenntnis aus, daß das Ziel einer transak-
tionsorientierten Verarbeitung eine Datenbankveränderung ist:

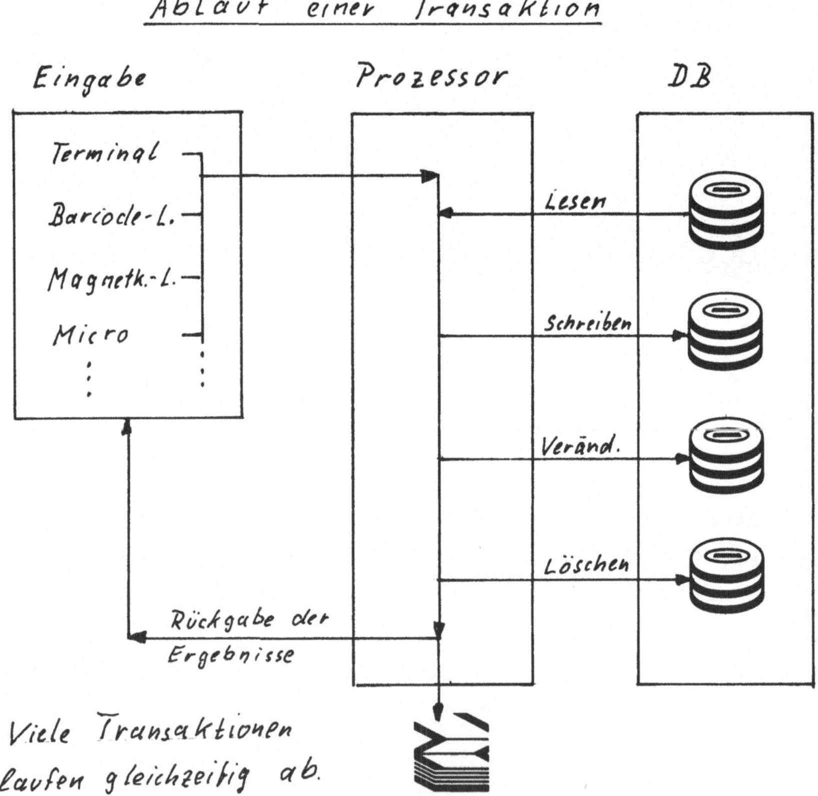

TMF kennt nur noch Transaktionen. Eine Transaktion ist zum Beispiel eine
bestimmte Datenbank-Abfrage oder eine Modifikation der Datenbank, die aus
insgesamt 20 Updates besteht. Zum Beginn der Transaktion wird der Zustand
aller betroffenen Daten der Datenbank gesichert. Wenn während der Transaktion ein Fehler auftritt, wird die Datenbank in den Zustand vor Beginn

der Transaktion zurückgesetzt und damit die Datenbankkonsistenz wieder
hergestellt. Durch dieses Verfahren können sowohl Mehrfachfehler in der
Hardware, Programmfehler, die erst zur Ausführungszeit erkannt werden ode
Fehler im Netzwerk abgefangen werden. Sogar fehlerhaftes Systemoperating
(z. B. stoppen eines Datenbank-Verwaltungsprogramms während der Ausführur
zerstört weder die Integrität noch die Konsistenz der Datenbank.

Wenn die Programmausführung durch Hardwarefehler unterbrochen wurde, wird
das Programm von TMF automatisch in einem anderen Prozessor gestartet. De
Wiederaufsetzpunkt ist der Beginn der Transaktion.

4. NON-STOP Verarbeitung in Rechner-Netzen

Unter einer Netzwerk-Transaktion sei eine Transaktion verstanden, an dere
Bewältigung mehrere Netzwerkknoten beteiligt sind. In einem Beispiel (sie
nachfolgendes Bild) sei an einer Transaktion eine verteilte Datenbank beteiligt, die in allen 5 Knoten verändert wird. Der Sachbearbeiter an eine
Terminal am Bremer Netzwerkknoten löst die Transaktion aus.
Wenn während der Verarbeitung der Transaktion ein Netzwerkknoten nicht me
erreichbar ist (DFÜ-Leitung gestört, Stromausfall in ganz München ...) is
dieser Geschäftsvorgang nicht mehr durchführbar.

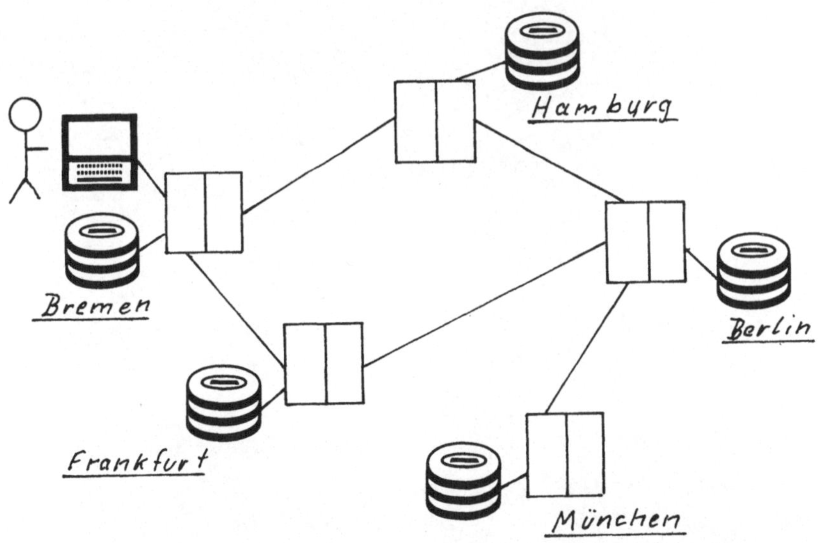

Auch hier wird die Forderung nach der Datenbankkonsistenz gestellt.
Diese wird von TMF wie folgt gewährleistet:
In allen beteiligten Netzwerkknoten wird die Transaktion eröffnet. So-

lange die Transaktion nicht abgeschlossen ist, sind die betroffenen Da-
tensätze für alle anderen Anwender gesperrt. Im Fehlerfall bleiben die
Datensätze in allen beteiligten Netzwerkknoten solange gesperrt, bis der
Initiator-Netzwerknoten Anweisung gibt, wie weiter verfahren wird.

Wenn z. B. in München der Strom für eine Stunde ausfällt, fragt der Mün-
chener Netzwerkknoten nach Wiederanlauf "Was soll ich tun?". Wenn der
Sachbearbeiter in Bremen entschieden hatte, daß er warten will, wird eine
Stunde später der Datenbank-Update in München ausgeführt und anschließend
die Transaktion ordnungsgemäß abgeschlossen. Wenn der Sachbearbeiter in
Bremen entschieden hatte, daß die Transaktion abgebrochen werden soll,
wird eine Stunde später in München die Datenbank in den Zustand vor Beginn der Transaktion zurückgesetzt. Damit ist die Datenbankkonsistenz
wieder hergestellt.

5. Einsatz in der Industrie

Das folgende Bild zeigt eine interessante Statistik: Die Verteilung der
installierten TANDEM T16 Prozessoren auf die Branchen. Die Ergebnisse
dürften zwar nicht repräsentativ sein, aber eine Idee von dem Stellenwert
der Non-Stop-Verarbeitung in den Industrie-Branchen vermitteln:

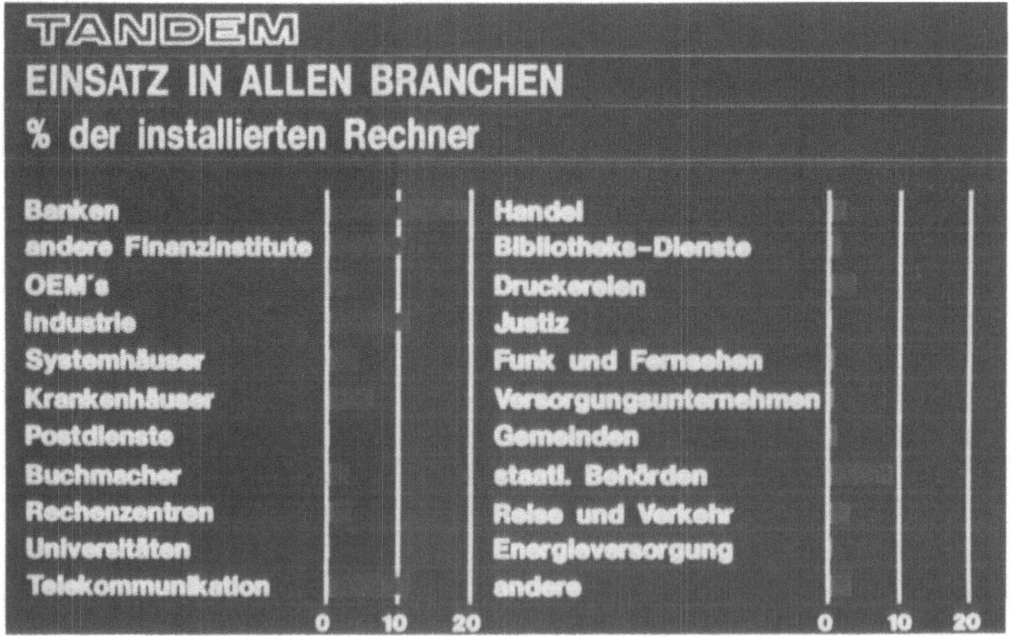

Stand 30. Sept. 1983, weltweit, Basis 5824 installierte Prozessoren

<u>Recovery-Verfahren bei UDS ab Version V4.∅,</u>
<u>dargestellt anhand ausgewählter Problemfälle</u>

Benno Steger
SIEMENS AG
ZTI PRIMUS 2
Otto-Hahn-Ring 6
8000 München 83

Zusammenfassung:

An ein Datenbanksystem werden hohe Anforderungen bezüglich
Datensicherheit gestellt. Es wird dargestellt, welche
Sicherungs- und Wiederanlaufmechanismen das SIEMENS Datenbanksystem UDS bietet und wie sie beim Auftreten ausgewählter Problemfälle zusammenspielen.

Abstract:

There are, among others, very strong requirements to
protection- and recovery techniques in a database-management
system. The mechanisms offered by the SIEMENS-dbms "UDS"
are shown by discussing a few selected and special error-
situations.

1. Einleitung und Allgemeines

Eine der vordringlichsten Aufgaben eines Datenbanksystems
besteht darin, jederzeit die Konsistenz der Daten, d.h.
sowohl die physikalische Speicherkonsistenz, als auch die
logische Richtigkeit des Datenbestandes zu gewährleisten.
Insbesondere muß das System in der Lage sein, den Verlust
und die Verfälschung von Daten zu verhindern.
Nach eventuell aufgetretenen Fehlern, und diese sind auch
im Datenbankbetrieb nicht gänzlich auszuschliessen, muss
das Wiederherstellen eines konsistenten Zustands möglich
sein.
Die folgenden Ausführungen sind somit dem Themenkreis
"Wiederaufsetzverfahren" (Recovery) zuzuordnen. Es soll hier
hauptsächlich beschrieben werden, was das Datenbanksystem
UDS bei aufgetretenen Fehlern an Unterstützung zur Vermeidung
von Folgeschäden bietet. In diesem Sinne ist der Begriff
Fehlertoleranz in diesem Papier zu verstehen.
In der Regel gehen Sicherungsmassnahmen zu Lasten der
allgemeinen Performance, also der Reaktionsgeschwindigkeit
des Systems. Hier muss von jedem UDS-Anwender ein tragfähiger
Kompromiss gefunden werden, und zwar zwischen der Dichte des
(Sicherungs-) Netzes und den Ansprüchen an die Ausführungs-
geschwindigkeit des Systems.

2. Voraussetzungen und Gegebenheiten zur UDS-Fehlertoleranz

Alle Massnahmen, die auf die Erhaltung und Wiederherstellung
der Konsistenz der Daten ausgerichtet sind, sind Teile eines
in UDS integrierten Sicherungssystems.
Sie lassen sich aufteilen in die <u>Ablaufsicherung</u> und die
<u>Bestandssicherung</u>.

2.1 Ablaufsicherung

Die Ablaufsicherung umfasst alle Sicherungsmassnahmen des
Database-Handlers (DBH) während des laufendes Betriebs.
Eine wesentliche Säule der Ablaufsicherung bildet das
UDS-Transaktionskonzept.
Der Sinn einer Transaktion besteht darin, einen konsistenten
Datenbankzustand in einen anderen konsistenten Zustand über-
zuführen, d.h. eine Transaktion ist eine abgeschlossene Folge
von Anweisungen, die entweder vollständig oder überhaupt nicht
ausgeführt wird. Sie beginnt mit einem sogenannten READY-
Statement und endet mit einem FINISH-Statement.

Eine Datenbank heisst in diesem Sinne konsistent, wenn keine
ändernde (update) Transaktion auf ihr offen ist. (Dies ist
keine vollständige Definition, aber für das Verständnis des
Folgenden ausreichend.)

Bestimmte konsistente Zustände, die eine Datenbank während
ihrer Lebensdauer erreicht, können (müssen aber nicht notwendigerweise) festgehalten werden. Wir sprechen dann von
Setzen eines sogenannten Konsistenzpunktes.

Before-Image-Dateien (BFIM´s)

Damit der DBH Änderungen in der Datenbank gegebenenfalls
rueckgängig machen kann, muss der alte Wert eines Daten-
elements erhalten bleiben. Hierfür werden Before-Image-
Dateien angelegt und transaktionsspezifisch geführt.
Der DBH protokolliert in den BFIM-Dateien jeden zu ändernden
Block vor seinen Änderung.

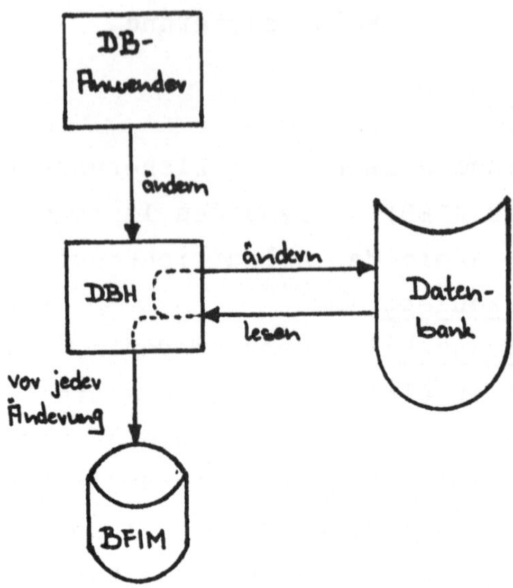

Tritt ein Fehler auf, der das <u>Rücksetzen</u> der Transaktion notwendig macht, so werden die Blöcke, die die Transaktion geändert hat mit ihren zugehörigen Before-Images überschrieben,
und so diese Änderungen rückgängig gemacht.
Dieser Vorgang wird auch als <u>Rollback</u> oder <u>CANCEL</u> der
Transaktion bezeichnet.

Das abnormale Ende einer Session (Unterbrechung wegen System-
ausfall o.ä.) hinterlässt in der Regel eine inkonsistente
Datenbank. Diese kann durch einen sogenannten <u>Warmstart</u> oder
<u>Wiederanlauf</u> wieder konsistent gemacht werden. Dies geschieht
indem <u>alle</u> offenen Transaktionen mit Hilfe der Before-Images
auf ihren Anfangspunkt zurückgesetzt werden.

2.2 Bestandssicherung

Die Bestandssicherung umfasst alle Massnahmen, die dazu dienen,
den Bestand der Datenbank über ihre gesamte Lebensdauer zu
erhalten.

Im Normalfall gliedert sich eine Datenbank in mehrere Dateien,
die im UDS-Sprachgebrauch (CODASYL) als <u>Areas</u> oder <u>Realms</u>
bezeichnet werden.

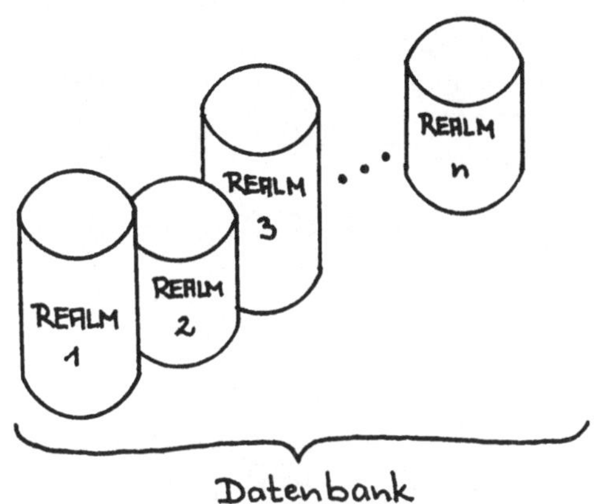

Von jedem Realm existiert jeweils nur <u>ein Original</u>.
UDS bietet darüberhinaus die Möglichkeit, Kopien der einzelnen
Realms anzulegen. Wird dies für jeden Realm der Datenbank
durchgeführt, so bezeichnet man die Menge aller Realmkopien
auch als <u>Schattendatenbank</u>.
Eine Schattendatenbank spiegelt also immer einen (in der
Regel) konsistenten, aber zeitlich zurückliegenden Zustand
der Datenbank wieder.

                After-Images (AFIM'S), AFIM-Log-Pool

Damit der DBH Änderungen in der Datenbank nachvollziehen kann,
weil sie auf irgendeine Art und Weise verlorengegangen sind,
muss der geänderte Wert eines Datenelements gesichert werden.
Dazu wird jeder geänderte Block <u>nach</u> seiner Änderung in der
After-Image-Datei protokolliert.

Pro Datenbank wird ein <u>Afim-Log-Pool</u> angelegt, der aus einer
Folge von AFIM-Dateien besteht.

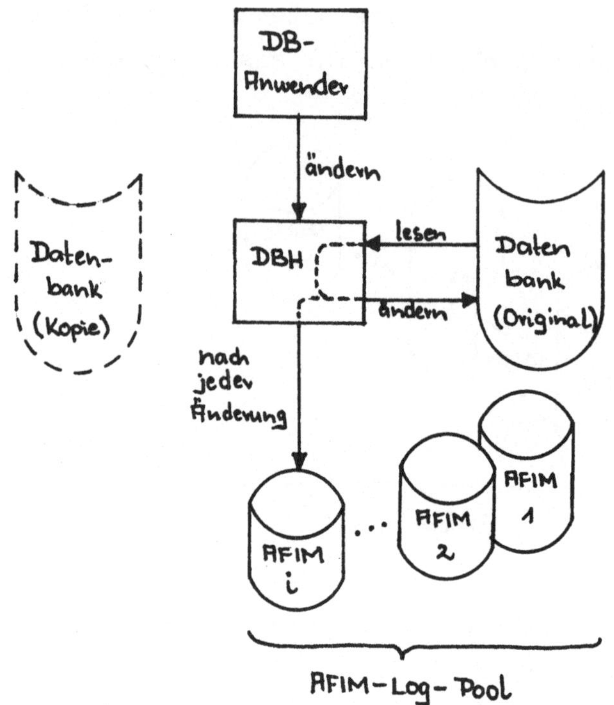

Mit Hilfe der After-Image-Dateien kann eine Datenbankkopie
(aber auch jede Realmkopie für sich) aktualisiert werden, d.h.
aus seinem konsistenten aber veralteten Zustand in "Richtung"
bzw. maximal auf den Stand des Originals gebracht werden.
Dies kann ausserhalb einer Session, aber auch im laufenden
Betrieb geschehen.

Das Setzen eines Konsistenzpunktes in der Datenbank ist mit
einem Wechsel der Afim-Datei innerhalb des AFIM-Log-Pools
verbunden. Dabei wird die aktuelle AFIM-Datei abgeschlossen
(und somit zur Bearbeitung der Aktualisierung freigegeben)
und eine Folgedatei eröffnet. Dieses Vorgehen kann in beliebigen Abständen wiederholt werden.

Damit besteht die Möglichkeit, After-Image-Dateien bis zu einem
beliebigen (maximal zum aktuellsten) Konsistenzpunkt in die
Schattendatenbank einzuspielen.

Durch dieses Verfahren kann der "Abstand" zwischen Original-
und Schattendatenbank sehr kurz gehalten werden, was eine
wesentliche Voraussetzung für ein schnelles Wiederherstellen
der Datenbank im Fehlerfall darstellt und eine hohe Verfügbarkeit der Anwenderdaten gewährleistet.

3.Allgemeines zur UDS-Fehlertoleranz

Das Zusammenspiel der verschiedenen Sicherungsmassnahmen bei
UDS soll im Weiteren anhand einiger ausgewählter Problemfälle
im Beispiel dargestellt werden.

In der jüngsten Version von UDS (Version V4.0) ist in einer
ersten Ausbaustufe dem Verhalten bei physikalischen Ein/Aus-
gabe-Fehlern besondere Bedeutung beigemessen worden. Die
Auswahl der Problemfälle in Kapitel 4 der Ausführungen trägt
dem Rechnung.

Aber auch innerhalb der Reaktionen auf Fehler- und Ausnahme-
situationen müssen bestimmte Prioritäten gesetzt und beachtet
werden.
UDS hat bei der Ausarbeitung der derzeitigen und künftigen
Reaktionen folgende Reihenfolge gewählt:

1. Höchste Priorität hat die Konsistenzerhaltung der Anwenderdaten; d.h. das Vermeiden von Daten-Verlusten und unnötigen
   Rekonstruktionsmassnahmen hat absoltuten Vorrang.

2. Danach wird die grösste Bedeutung der Verfügbarkeit des
   UDS-Zugriffssystems beigemessen, d.h. dem Vermeiden von
   Session-Unterbrechungen oder zwangsweise eingeleiteten
   (normalen) Session-Ende.

3. Danach folgt in der Prioritätenreihenfolge die Verfügbarkeit
   der Anwenderdaten, d.h. bei Defekten in Anwenderdaten sollen
   Sperren und Abschaltungen von Dateien auf das absolut notwendige Minimum beschränkt werden.

4. Als relativ unkritisch wird das Ruecksetzen von Transaktionei
   unter Erhaltung der Datenkonsistenz bzw. Verfügbarkeit
   betrachtet und erhält daher eine (relativ) niedrige Prioritä'

3.3 Generelle UDS-Reaktion und Unterscheidung von Fehlertypen

UDS versucht Fehlersituationen zunächst immer durch einen
Rollback der betroffenen Transaktion(en) zu umgehen, sofern
dies möglich ist.
Falls ein Rollback nicht (mehr) möglich ist, oder der Fehler
in der Rollback-Phase (wieder) auftritt, dann unterscheidet
UDS grundsätzlich zwischen zwei verschiedenen Typen von
dateispezifischen Ein/Ausgabefehlern.

o Fehler, die als <u>permanent</u> anzusehen sind.
   Bei diesen Fehlern muss davon ausgegangen werden, dass der
   betroffenen Datenbestand physikalisch zerstört ist.
   Fehler dieser Art werden in der Regel als "Hardware-
   Error" bezeichnet und gemeldet.

o Fehler die ihrer Natur nach temporär sind.
   Solche Fehler bedeuten i.a. nicht, dass der betroffene
   Datenbestand physikalisch defekt ist.
   Diese Fehler werden in Diagnose-Meldungen mit Bezeichnungen
   wie "FILE-INOP" , "PASSWORD-ERROR" o.ä. umschrieben.

Bei temporären Fehlern, die durch Rollback der betroffenen
Transaktion nicht zu umgehen sind, bricht UDS i.a. die Session
ab, um damit die Möglichkeit zu eröffnen, den entsprechenden
Fehler zu beseitigen bzw. zu umgehen.

Wenn in den folgenden Ausführungen von "Fehlern" die Rede ist,
so meinen wir permanente Fehler nach obiger Definition.

3.4   Fehlererkennungsmöglichkeiten

Die Architektur von UDS bzw. die Einbettung ins BS 2000 bietet
über ausgewählte Schnittstellen (mit Hilfe einer Return-Code-
Logik) die Möglichkeit der Fehlerinformationsweitergabe.

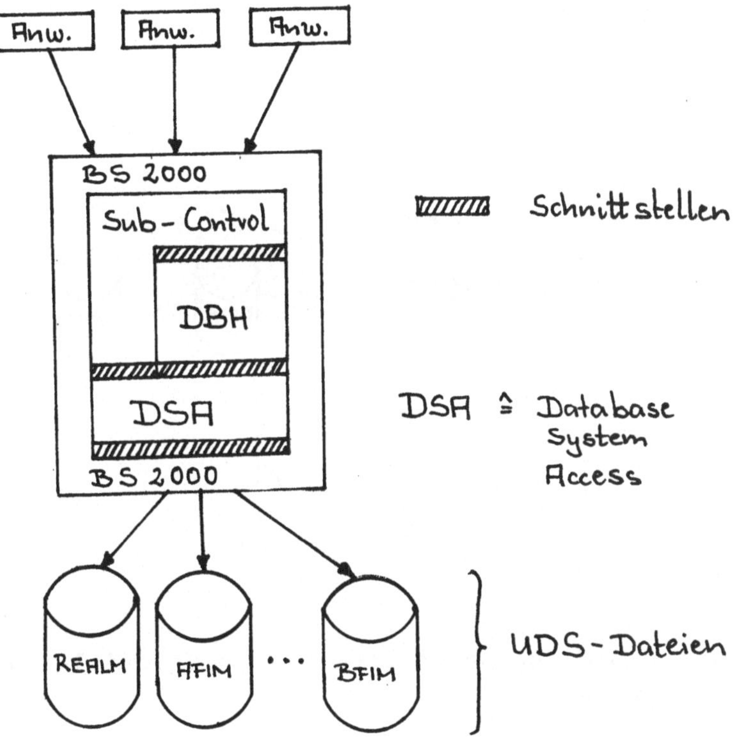

Die Ein/Ausgabe-Anforderung wird beispielsweise vom DBH an die
UDS-I/O-Komponente DSA weitergeleitet, dort mit Hilfe des
BS 2000-DVS bearbeitet und im Normalfall wird das Ergebnis
dem DBH zur weiteren Verarbeitung zur Verfügung gestellt.
Im Fehlerfall wird die Return-Information des BS 2000 im DSA
interpretiert und im Sinne obiger Fehlertypen im Rahmen einer
definierten Return-Code-Menge an den DBH durchgereicht, der
dann letztlich die Entscheidung über die erforderlichen Massnahmen zu treffen hat.

4. Fehlertoleranz bei UDS

4.1   Der Normalfall

Eine normale UDS-Anwendung lässt sich vereinfacht etwa folgendermassen darstellen:

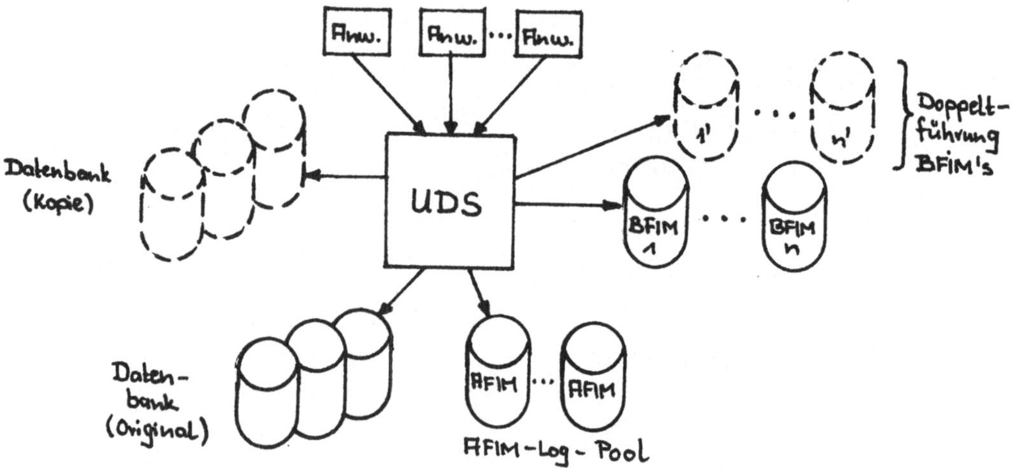

Dabei umfasst das Sicherungssystem dieser Beispiel-Anwendung
folgende Massnahmen:

o Das Führen von Kopien der Datenbank (= konsistenter Stand
   der DB zu einem früheren Zeitpunkt, aus dem sich das Original
   inzwischen "herausbewegt" hat.

o Das Anlegen und Führen von AFIM-Dateien

o Das doppelte Führen von BFIM-Dateien

4.2   Ausgewählte Fehlerfälle

a)   Originaldatei (Realm) defekt.

Bei vorhandener und fehlerfreier AFIM-Datei reagiert UDS ohne
Systemabsturz und Gefährdung des Datenbestandes folgendermassen

- Der DBH sperrt automatisch den Zugriff auf diesen (und nur
  diesen) Realm der Datenbank.

- Alle Transaktionen werden zurückgesetzt (Diejenige, die auf
  dem betroffenen Realm gearbeitet hat, natürlich innerhalb
  der zugehörigen AFIM-Datei.)

- Es wird ein Konsistenzpunkt gesetzt, und innerhalb des AFIM-
  Log-Pools auf eine neue Datei umgeschaltet.

- Danach können die übrigen Realms der Datenbank ungehindert
  weiter prozessiert werden. Alle neuen Transaktionen, die
  auf den gesperrten Realm zugreifen wollen, werden zurück-
  gewiesen.

Reparaturmassnahmen:

Parallel zum laufenden Betrieb kann der defekte Realm re-
konstruiert werden.
Hierzu ist es notwendig, den Realm durch eine Kopie zu ersetzen
und die seit dem Zeitpunkt der Erstellung der Kopie angefallene
After-Images (bis einschliesslich der gerade wegen des aufge-
tretenen Fehlers konsistent abgeschlossenen Datei) einzuspielen
Nach erfolgter Rekonstruktion kann der Realm per Administrator-
Kommando dieser Session wieder zugänglich gemacht, die vom
DBH gesetzte Zugriffssperre also wiederaufgehoben werden.

Die Zeit für die Rekonstruktion hängt dabei neben der Grösse
des zu rekonstruierenden Realms und der Menge der anfallenden
After-Images auch vom "Abstand" der Schattendatenbank vom
Original ab.

b)   After-Image-Datei defekt

Das heisst, das gewählte Sicherungsnetz ist an einer Stelle
gerissen.
Nach einer Meldung an den Administrator werden alle offenen
Transaktionen zurückgesetzt. Anschliessend schaltet der DBH
auf eine neue AFIM-Folgedatei um, und setzt die Session
normal fort.

Im AFIM-Logging entsteht dadurch allerdings eine Lücke. (Die
defekte Datei !), die durch normale Rekonstruktionsmassnahmen
nicht überbrückt werden kann.

Der Administrator muss deshalb folgende Massnahmen zusätzlich
ergreifen:

- Eine sogenannte Interimskopie der Datenbank im laufenden
  Betrieb erstellen. Dies ist in der Regel keine konsistente
  Kopie sondern vielmehr ein freigewählter zeitabhängiger
  Zustand der Datenbank. Deshalb sollte

- nach Abschluss des Kopiervorgangs ein Konsistenzpunkt gesetzt
  und die Interimskopie durch Einspielen der After-Images
  aktualisiert und somit konsistent gemacht werden.

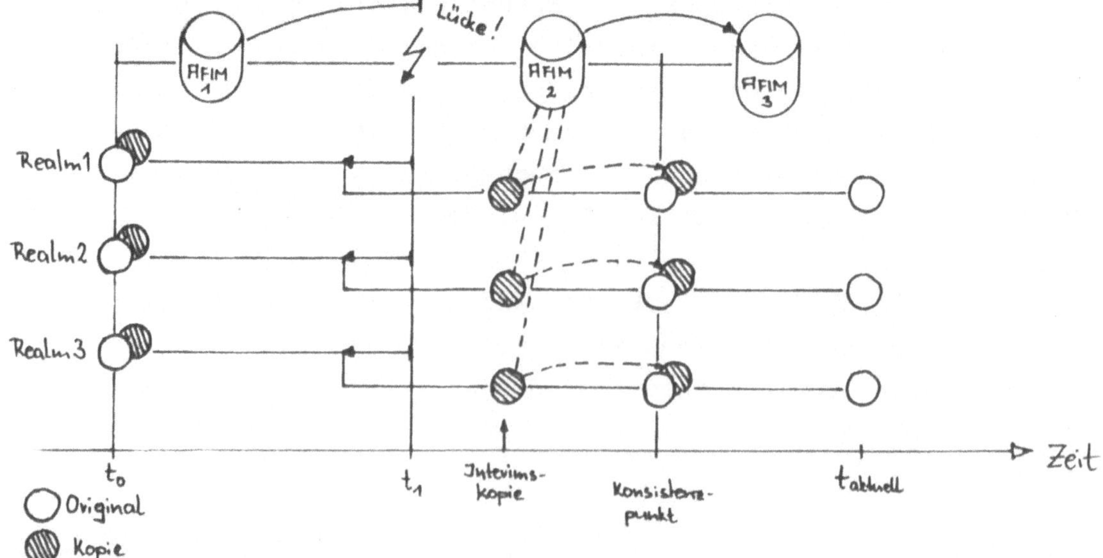

c)   BFIM-datei defekt

Zur Erinnerung: Before-Image-Dateien werden transaktionsspezifisch geführt.

Hier sind zwei Fälle zu unterscheiden:

1) Über Programmparameter wurde zu Sessionbeginn nur einfache
   BFIM-Protokollierung gewählt.
2) Die BFIM-Dateien werden aus Sicherheitsgründen doppelt
   geführt (Dies ist zu Sessionbeginn ebenfalls einstellbar;
   die Dateien sollten nach Möglichkeit auf verschiedenen
   Plattenstapeln verteilt werden.)

Reaktionen zu:

1) Es wird versucht die Transaktionen ohne weitere BFIM-
   Protokollierung zu einem normalen Transaktionsende zu
   bringen. Gelingt diese "Flucht nach vorne" , so läuft die
   Session normal weiter.
   Falls kein ordnungsgemässe Beendigung der Transaktion
   durchgeführt werden kann (Fehler im Anwenderprogramm oder
   FINISH-WITH-CANCEL Anweisung vom Anwender) wird die Daten-
   bank als defekt markiert und gesperrt.
   Ein Rücksetzen auf einen früheren Stand ist dann unum-
   gänglich.
2) Bei doppelter BFIM-Führung kann dieser Fall ausgeschlossen
   werden.
   Der DBH setzt in diesem Fall mit Hilfe der zweiten BFIM-
   Datei die Transaktion zurück.
   Nach dem Rollback der Transaktion wird die defekte BFIM-
   Datei und das dazugehörige Duplikat gesperrt, damit auch
   im weiteren Betrieb die gleiche Sicherheit geboten werden
   kann

Wie auch in dem unter 1) beschriebenen Fall wird damit die
Anzahl parallel zulässiger Transaktionen für die Dauer dieser
Session um 1 vermindert.

Rechnerarchitekturen zur Unterstützung korrekter und transparenter Programmierung

K.-E. Großpietsch
Gesellschaft für Mathematik und Datenverarbeitung
Schloß Birlinghoven
Postfach 1240
5205 St. Augustin

Abstract

Bei einer wachsenden Zahl von Rechneranwendungen werden heute sehr hohe Anforderungen an die Korrektheit von Programmen gestellt. Bedenkt man die gleichzeitig stark
anwachsende Komplexität der Softwaresysteme, so erscheint die Problematik, Software
fehlerfrei zu erstellen, immer gravierender. Als einer der Gründe für die mangelhafte Qualität der heutigen Software kann angesehen werden, daß die Struktur
herkömmlicher Programmiersprachen auf eine unter dem Gesichtspunkt heutiger
Realisierungsmöglichkeiten veraltete Rechnerarchitektur ausgerichtet ist.
Im Verlauf der Rechnerentwicklung wurde eine Reihe von Ansätzen entwickelt, um diese
Architektur abzulösen. Der nachfolgende Beitrag soll einen kurzen Überblick über
derartige Alternativen bringen. Behandelt werden dabei insbesondere Datenfluß- und
Reduktionskonzepte.

1. Einführung

Die technologische Entwicklung der letzten drei Jahrzehnte hat die Hardware von
Rechensystemen stark verbilligt und insbesondere durch das Verfügbarmachen immer
größerer Arbeitsspeicher und höherer Rechengeschwindigkeit die Voraussetzung dafür
geschaffen, daß auch auf der Softwareseite immer komplexere Programmsysteme effizient implementierbar sind. Im Zuge der Entwicklung sind andererseits die Anforderungen der Benutzer bezüglich der Komplexität von Softwaresystemen sowie bezüglich
ihrer Sicherheit stark angestiegen; in wachsendem Maße werden hochkomplexe Programm-
und Rechensysteme für Anwendungen eingesetzt, bei denen weder Ausfälle der verwendeten Hardwarekomponenten noch Fehler beim Entwurf der Software tolerierbar sind.
Während die Anfälligkeit der Hardware gegenüber Ausfällen im Lauf der Entwicklung
stark reduziert werden konnte, ist die Softwaretechnologie im Vergleich dazu
zurückgeblieben. Immer mehr wird erkannt, daß man mit den herkömmlichen Methoden der
Softwareerstellung der Komplexitätsprobleme in den Programmsysteme nicht mehr Herr
wird; in diesem Zusammenhang ist der Begriff der 'Softwarekrise' aufgekommen.
Als einer der Gründe für die mangelhafte Qualität der Software kann die Architektur
der heutigen Rechner angesehen werden. Unter dem Begriff der Rechnerarchitektur sol-

len dabei die grundlegenden Strukturen und Operationsprinzipien der Rechnerhardware verstanden werden.

Vielen Datenverarbeitungsfachleuten, die auf der Softwareebene tätig sind, ist nur in geringem Maße bewußt, in wie weit die Rechnerarchitektur auch die Art und Weise beeinflußt, in der sie Programme erstellen. Diese Einschätzung wird noch gefördert durch die Charakterisierung höherer Programmiersprachen als 'maschinenunabhängig'. Eine solche Charakterisierung trifft zwar in Bezug auf Implementierungsdetails der Rechnerhardware, z.B. welche spezifischen Maschineninstruktionen verwendet werden, zu. Nichtsdestoweniger liegt auch den höheren Programmiersprachen implizit eine Modellvorstellung von dem hardwaremäßigen Rechensystem zugrunde, auf dem die Programme ablaufen.

Die bisher überwiegend verwendeten Programmiersprachen sind dabei fast alle auf eine Rechnerarchitektur ausgerichtet, die unter dem Blickwinkel heutiger Realisierungsmöglichkeiten als primitiv und veraltet angesehen werden kann. Es handelt sich dabei um die sog. von Neumann-Architektur (im folgenden abgekürzt vNA), deren Prinzipien John von Neumann Mitte der vierziger Jahre formulierte. Kennzeichen der von Neumann-Architektur sind:

- Der Rechner verfügt über einen einzigen Prozessor.
- Es gibt einen einzigen Speicher; der Zugriff zu ihm ist sequentiell.
- Die Wortzellen des Speichers werden in einem linearen Adreßraum verwaltet.
- Die Hardware kennt keinen Unterschied zwischen Instruktionen und Daten.
- Es gibt in den Daten keine Typenkennung.

Diese Architektur war ausgerichtet auf die Beschränkungen der Anfangszeit der Rechnerentwicklung, als die technologischen Realisierungsmöglichkeiten sowie die Hardwarekosten stark begrenzende Faktoren waren und bezüglich der Organisation von Rechensystemen erst geringe Erfahrungen bestanden.

Mit dem Aufkommen höherer Programmiersprachen entwickelte sich eine Anzahl von Sprachelementen, die mit der vNA im Grunde nur wenig kompatibel sind. Beispielsweise besteht bei höheren Programmiersprachen der logische Adreßraum aus einem diskreten Satz von Variablen, die durch logisch völlig voneinander unabhängige Namen gekennzeichnet sind und erst auf den linearen Adreßraum des Speichers abgebildet werden müssen. Häufig benutzen höhere Programmiersprachen auch mehrdimensionale oder hierarchisch strukturierte Datentypen, während auf der Maschinenebene nur ein einziger Datentyp, das Maschinenwort, verfügbar ist. Viele Operationen bei höheren Sprachen sind typengesteuert (z.B. wird in vielen Sprachen die Art einer Additionsoperation den Datentypen der Operanden automatisch angepaßt). Schließlich unterscheiden höhere Sprachen i.a. scharf zwischen Instruktionen und Daten.

Diese Sprachelemente müssen durch entsprechende Übersetzerprogramme auf die sehr allgemeine, strukturell amorphe Hardwareebene des Rechensystems abgebildet werden. Je weiter sich das Grundkonzept einer Sprache von der Architektur des Rechners entfernt, auf umso umständlichere Art muß die Sprache auf die Hardwarestruktur abgebildet werden. Hieraus können starke Leistungsverluste resultieren, die u.U. dazu führen, daß die Sprache nur in Bezug auf einen eingeschränkten Problemkreis für anwendbar gehalten wird.

Weiterhin bewirkt die 'semantische Lücke' zwischen den Programmiersprachen auf der Softwareebene und der vNA Quellen für mögliche Fehler bei der Softwareerstellung oder zumindest den Verzicht auf Fehlerprüfmöglichkeiten, die dem Sprachkonzept nach möglich wären. Darüberhinaus gefährdet die in logischer Sicht amorphe Struktur der Hardwareebene auch die Sicherheit fehlerfreier Software, z.B. im Hinblick auf Zerstörungen von Software durch inkorrekte Systemprogramme, auf mangelhafte Sicherung von Benutzerprogrammen gegeneinander während ihrer Ausführung, auf Schutz gegen mißbräuchlichen Zugriff usw.

Abhilfe könnte hier eine Reihe von Ansätzen auf der Ebene der Rechnerarchitektur schaffen, die auf eine Ablösung der vorherrschenden vNA abzielen. Die Verwendung einer Architektur, welche eine bessere logische Strukturierung des Rechensystems unterstützt, vermag dabei die Qualität der Software auf folgende Weise zu erhöhen: Zum einen können auf der Architekturebene Kontrollmöglichkeiten realisiert werden, die semantische Programmfehler zur Laufzeit sichtbar machen; darüberhinaus sind die Auswirkungen solcher sichtbar gewordener Fehler besser eingrenzbar. Zum anderen können durch Unterstützung auf der Architekturebene auch unorthodoxe, innovative Programmierprinzipien verwirklicht werden, die eine besser strukturierte, transparentere Programmierung ermöglichen, aber bei Abbildung auf die herkömmliche vNA zu indiskutablen Leistungsverlusten führen. Im folgenden soll ein kurzer Überblick über einige solche Ansätze gegeben werden.

Dabei liegt der Schwerpunkt auf der Betrachtung von Konzepten, die Veränderungen an den Kontrollstrukturen der Rechensysteme vornehmen; die Architekturen, die die hardwaremäßige Unterstützung komfortablerer Datenstrukturen vorsehen, sollen hier aus Platzgründen nicht behandelt werden; eine gute Einführung in letzteres Gebiet gibt /MY1/.

2.Datenfluß-Architekturen

Zur Beschreibung der Kooperation nebenläufiger Prozesse haben als Modellierungsmittel Petri-Netze wachsende Bedeutung gefunden. Eine Programmiermethode, die der Struktur der Petri-Netze in sehr natürlicher Weise entspricht, ist das sog. Datenflußkonzept /DE1,DE2/. Bei diesem Ansatz sind die Befehle eines Programms nicht mehr linear geordnet. Die Abarbeitung des Programms wird vielmehr dezentral durch den Fluß von Befehlsoperanden zwischen Befehlen des Programms geregelt.

Jeder Befehl des Programms besteht aus einem elementaren Operator und zwei Eingabeoperanden, bei denen es sich entweder um Konstanten oder um noch nicht definierte Variablenwerte handelt; letztere sind durch Platzhalterklammern ( ) gekennzeichnet. Außerdem enthält der Befehl als Zieladresse eine Operandenposition in einem anderen

Befehl; in diese Operandenposition wird das Resultat des ausgeführten Befehls transferiert; durch Angabe mehrerer solcher Adressen kann das Resultat an mehr als eine
Instruktion übergeben werden.

Jeder Befehl ist erst dann ausführbereit, wenn beide Eingabeoperanden definierte
Werte besitzen. Ist dies der Fall, kann der Befehl abgearbeitet werden und das Ergebnis wird zur Zieloperandenposition übertragen; danach wird der Befehl gelöscht.
Sind mehrere Befehle ausführbereit, so können diese grundsätzlich nebenläufig zueinander ausgeführt werden.

Eine solche nebenläufige Abarbeitung eines Programmstücks sei am Beispiel der Berechnung des arithmetischen Ausdrucks (b+1)*(b-c) dargestellt (s. Abb. 1). Die
hierzu benötigten Befehle sind durch die Labels i1,i2 und i3 gekennzeichnet. Nachdem
die Befehle i1 und i2 die benötigten Eingabewerte für ihre Platzhalter (z.B. 2 und
4) erhalten haben, können beide Befehle nebenläufig zueinander ausgeführt werden.
Danach ist der Befehl i3 exekutierbar und liefert bei seiner Ausführung das
gewünschte Resultat der Berechnung (s. Abb. 1).

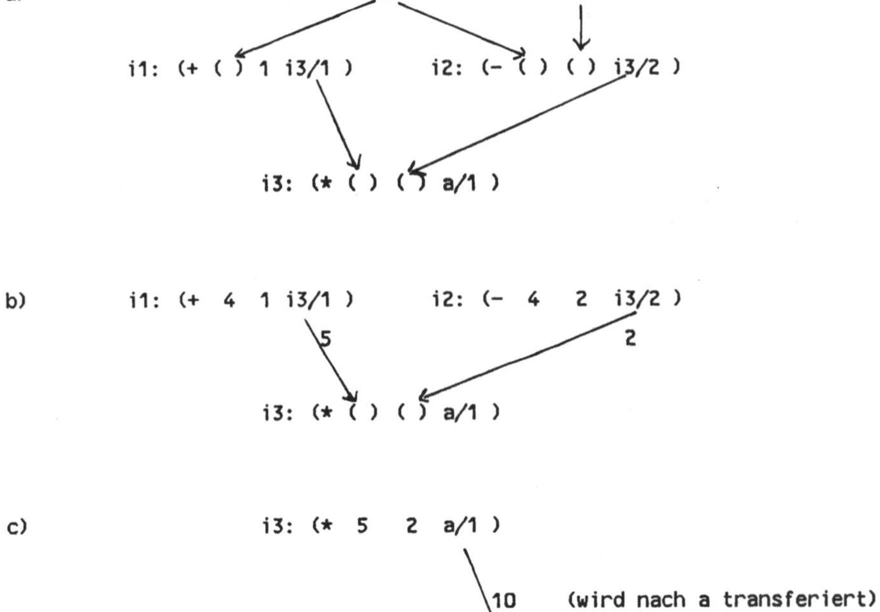

Abb. 1 Drei Schritte der Berechnung des Ausdrucks a=(b+1)*(b-c) nach dem
Datenflußkonzept (nach /TR1/)

Sinnvoll ist ein solches Konzept, das in Programmen inhärent vorhandene
Nebenläufigkeit auszunutzen gestattet, allerdings nur, wenn auch eine größere Anzahl
von Prozessoren im System existiert. Die Architektur von Datenfluß-Maschinen ist
darauf ausgelegt, in möglichst effizienter Weise eine nebenläufige Verarbeitung von
Instruktionen durch Verteilung ausführbereiter Befehle zu ermöglichen. Der grundle-
gende Aufbau einer solchen Maschine ist in Abb. 2 am Beispiel des von Dennis am MIT
entwickelten Datenfluß-Rechners dargestellt /DE1,DE2/: Die Instruktionen des Programms sind in einem Speicher abgelegt, wobei jeder Instruktion eine eindeutig
adressierbare 'Instruction Cell' zugeordnet ist; die Instruktion Cell enthält dabei
auch Platzhalterfelder für die Eingabeoperanden. Eine spezielle Kennung gibt für jeden Befehl an, ob er bereits ausführbar ist oder nicht. Ausführbereite Befehle werden paketweise durch ein sog. Arbitration-Netzwerk zu den verfügbaren Prozessoren
übertragen. Die von diesen berechneten Resultate werden durch ein
'Distribution'-Netzwerk zu den Zielinstruktionen im Speicher transferiert. Neben der
MIT-Datenflußmaschine sind noch einige weitere derartige Systeme prototypisch realisiert worden; einen Überblick hierüber gibt /TR1/.

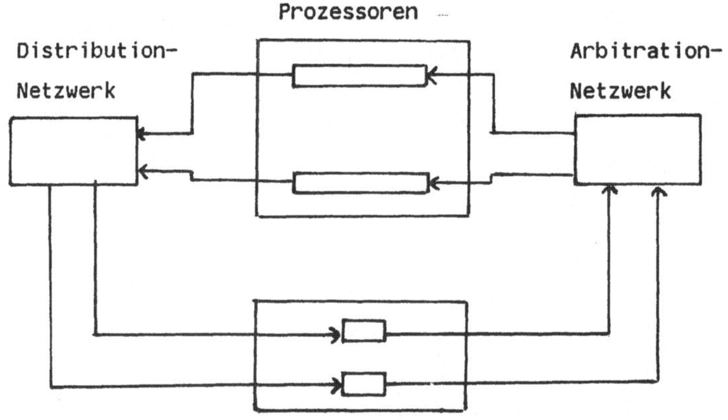

Abb.2 Architektur der MIT-Datenflußmaschine (nach /DE1,TR1/)

Das Datenflußkonzept könnte unter folgenden Gesichtspunkten ausgenützt werden, um
die Qualität und Fehlertoleranzeigenschaften der Software zu verbessern: Zunächst
einmal stellt das Konzept einen sehr natürlichen Rahmen für die Entwicklung
nebenläufiger Programme dar. Bei solchen Programmen erscheint der Ansatz, sie in der
üblichen linearen Befehlsanordnung niederzuschreiben, nicht mehr adäquat. Die Programme sollten vielmehr bereits in der Dokumentation ihres Entwurfs die Graphen-
struktur der Abhängigkeit zwischen Befehlen, wie sie in Abb. 1 illustriert worden

ist, widerspiegeln. Es bietet sich hier eine Verknüpfung mit netztheoretischen Darstellungsmitteln an.

Beispielsweise erscheint es sinnvoll, zunächst das zu implementierende nebenläufige Programmsystem durch ein Transitionsnetz zu spezifizieren. Da die Verwendung der elementaren, relativ unstrukturierten Stellen/Transitions-Netze (engl. place/transition nets) zu sehr umfangreichen grafischen Darstellungen führt, sollten hier neue, in den letzten Jahren eingeführte und untersuchte Netzklassen wie etwa die Prädikat/Transitions-Netze (PrT-Netze) /BR1,GE1/ benutzt werden, die eine kompaktere, übersichtlicher strukturierbare und nichtsdestoweniger genauso präzise formale Darstellung wie die Stellen/Transitions-Netze bieten. Es ist dabei z.B. vorgeschlagen worden, eine solche Spezifikation und Modellierung des Systems unter schrittweiser Verfeinerung bis zu derjenigen Ebene zu treiben, bei der die gesamte Nebenläufigkeitsstruktur im Netzmodell enthalten ist /GR1/. Für darunterliegende, rein sequentielle Programmstrukturen erscheint eine sich nahtlos anschließende Modellierung durch speziell auf Sequentialität ausgerichtete Beschreibungsmittel, wie z.B. reguläre Ausdrücke, möglich /GR1/. Am schrittweise von Ebene zu Ebene verfeinerten Netzmodell können mithilfe der Netztheorie systematisch Systemeigenschaften analysiert und verifiziert werden /BR1,GE1/.

Nützlich ist hier insbesondere die Betrachtung von sog. Invarianzeigenschaften, d.h. Eigenschaften des Netzes, die unabhängig von der aktuellen Belegung des Netzes mit Markierungen sind /GE1/. Solche Invarianzeigenschaften erscheinen grundsätzlich auch ausnutzbar für Laufzeitprüfungen von auf Datenflußsystemen implementierten Programmen. Dies sei an einem einfachen Beispiel erläutert: Die Nachbarschaftsbeziehungen zwischen Stellen (bzw. Prädikaten) und Transitionen eines Netzes lassen sich durch eine Inzidenzmatrix C linearalgebraisch beschreiben. Für spezielle Invarianz- Vektoren x, die Lösungen des linearen Gleichungssystems $C^T \cdot x = 0$ (C^T Transponierte der Matrix C), gilt, daß ihr Skalarprodukt mit dem Vektor M der aktuellen Markierungsbelegung des Netzes unter der Schaltfoge des Netzes, die von einer Anfangsmarkierung MO ausgeht /GE1/ (d.h. einer Folge von aufeinanderfolgenden Zuständen des nebenläufigen Systems), konstant bleibt:

$$MO \cdot x = M \cdot x = Const.$$

Ein solcher Invarianzvektor, der in der Spezifikationsphase ermittelt worden ist, kann daher in sehr einfacher Weise in einem nebenläufigen Programmsystem zur Laufzeit benutzt werden, um zu prüfen, ob das Erreichen eines vorliegenden Systemzustands von einem vorgegebenen Anfangszustand aus legal möglich ist, d.h. ob das Programmsystem sich in einem zulässigen Zustand befindet. Derartige Invarianzeigenschaften lassen sich in analoger Weise auch für PrT-Netze ableiten.

Die Netzmodellierung eines nebenläufigen Systems kann in natürlicher Weise in eine Implementierung auf einer Datenflußmaschine übertragen werden. Damit stellt sich die Kombination einer Spezifikation und Modellierung durch Netze mit einer anschließenden Implementierung auf einem Datenflußsystem als interessante Alternative zur Erstellung von Software auf von Neumann-Rechnern dar.

3. Reduktionsmaschinen

Beim Datenflußkonzept wird die Programmkontrolle durch den Fluß fertig berechneter
Teilresultate gesteuert. Im Gegensatz dazu wird beim sog. Reduktionskonzept der Kontrollfluß umgekehrt 'demand-getrieben' durch Referenzen bewirkt, die für einen unbe-
stimmten sysmbolischen Ausdruck dessen Ersetzung durch seine Bedeutung, d.h. gewisse
Werte, anfordern /BE1,TR1/. Dies sei an dem bereits in Abschnitt 2 betrachteten
Berechnungs-Beispiel erläutert. Im Abarbeitungsprozeß nach dem Reduktionskonzept
fordert am Anfang der Ausdruck z durch eine Referenz auf den Ausdruck i3 einen Wert
an, der dem Ausdruck i3 entspricht. Der Ausdruck i3 benötigt zu seiner Auswertung
wiederum Referenzen auf die Ausdrücke i1 und i2, diese benötigen Referenzen auf b
und c. Führen die letzteren Referenzen auf definierte Werte, wie z.B. die Werte 2
und 4 in Abb.3, so können anschließend nebenläufig i1 und i2 vollständig reduziert
werden; die sich ergebenden Werte 5 und 2 ermöglichen danach die vollständige Reduktion des Ausdrucks i3 auf den Wert 10.

a) Ausdrücke mit Referenzen

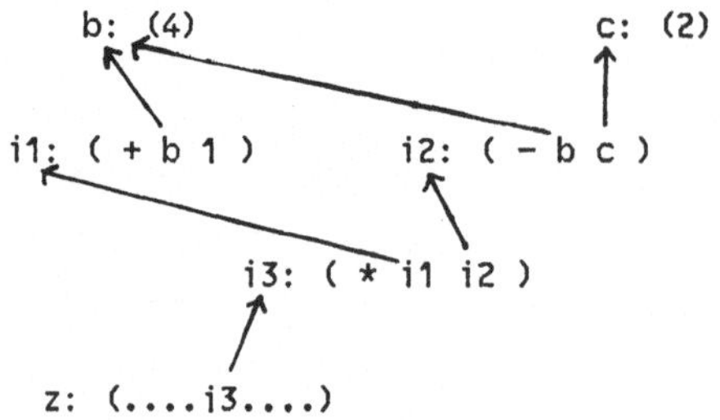

b) Reduktionsschritt 1   i1: (+ 4 1)   i2: (- 4 2)

   Reduktionsschritt 2   i3: (* 5 2)

   Reduktionsschritt 3   z: (....10....)

Abb. 3 Berechnung des Ausdrucks (b+1)*(b-c) nach dem Reduktionskonzept (nach /TR1/)

Im Gegensatz zum Datenflußprinzip ist die Ausführung der Berechnung jedoch nicht davon abhängig, daß alle auftretenden Größen definierte Werte besitzen; ist dies nicht
der Fall, so wird die Reduktion so weit wie möglich durchgeführt; besitzt z.B. c
keinen definierten Wert, so liefert i1 statt des Werts 2 den partiell reduzierten
Wert 4-c und der resultierende Endausdruck für a lautet 5*(4-c).
Das rekursive, demand-getriebene Berechnungskonzept spiegelt sich im Aufbau eines
Programms nach dem Reduktionskonzept als einer Hierarchie von ineinander geschach-

telten Ausdrücken wider. Häufig wird eine solche Hierarchie bei Reduktionsansätzen aus baumartigen Konstrukten

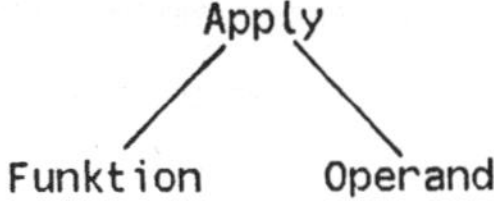

aufgebaut, wobei der Konstruktor 'apply' die Anwendung der Funktion auf den Operanden repräsentiert; Funktion und Operanden können dabei wiederum zusammengesetzte Ausdrücke sein. Diese Art der Programmierung wird daher auch als applikative oder funktionale Programmierung bezeichnet /BA1/. Die Baumstruktur des Programms wird im Rechner zweckmäßigerweise als in Polnischer Notation geschriebener String (im Rechenbeispiel hätte dieser die Form *+b1-bc) realisiert. In dem String werden Teilausdrücke schrittweise substituiert; solche Ersetzungen können dabei sowohl in Funktions- als auch in Operandenausdrücken stattfinden. Bei Referenzen auf zur Auswertung benötigte andere Ausdrücke bläht sich der String dabei auf; umgekehrt schrumpft er bei Reduktionen in seiner Länge. Derartige Ersetzungsvorgänge können auf der Architekturebene hardwaremäßig durch die Verwendung von Stacks effizient unterstützt werden.

Die bekannteste Realisierung des Reduktionsprinzips ist die von Berkling und Kluge in der GMD entwickelte Reduktionsmaschine /BE1,KL1/. Dieser Rechner benutzt einen Source-Stack, in dem der ursprüngliche Ausdruck steht, und einen Sink-Stack zum Ablegen des reduzierten Endausdrucks; für eine Reihe von Zwischenoperationen stehen zusätzliche Hilfsstacks zur Verfügung. Die Ausführung eines Programms baut auf der systematischen Erkennung reduzierbarer Ausdrücke und ihrer schrittweisen Ersetzung durch andere Ausdrücke auf. Diese Operationen werden so lange wiederholt, bis ein nicht mehr weiter reduzierbarer Ausdruck vorliegt, der das Ergebnis des Programms darstellt. Ihre Ausführung wird hardwaremäßig durch spezielle Prozessoren zum Traversieren baumartiger Ausdrücke, zum Erkennen reduzierbarer Teilstrings sowie zur effizienten Ausführung der Reduktion und der damit verbundenen arithmetischen Operationen unterstützt. Eine ausführliche Darstellung der Architektur dieses Rechners findet man in /KL1/. Einen Überblick über weitere prototypische Realisierungen von Reduktionsrechnern gibt /TR1/.

Bezüglich der Unterstützung der Softwarequalität und der Erkennung bzw. Eingrenzung von Fehlern besitzt das Reduktionskonzept folgende nützliche Eigenschaften: Das Programmieren erfolgt nach einer klar strukturierten hierarchisch gegliederten Vorgehensweise; dabei müssen insbesondere Kontrollstrukturen für nebenläufiges Programmieren nicht explizit angegeben werden, sondern sind implizit im Aufbau des Ausdrucks vorhanden. Ein Adreßraum für die Instruktionen und Daten, in dem Pfade definiert werden müssen, wird nicht benötigt. Größen mit undefiniertem Wert führen nicht wie bei der vNA zu undefinierten Zuständen; ein Programmausdruck, der nicht vollständig reduziert wurde, ist für den Benutzer in einfacher Weise durchschaubar. Die Möglichkeit des Rechnens mit ungebundenen Variablen vereinfacht darüberhinaus bei vielen Problemstellungen den resultierenden Programmaufbau und trägt damit zur Fehlervermeidung bei.

Der Aufbau von Ausdrücken, die nach dem Reduktionskonzept programmiert sind, spiegelt gerade die innere Nebenläufigkeit wider, die während einer Programmausführung ausgenutzt werden kann. Die Unterbäume, die von einem Knoten eines Baums ausgehen, repräsentieren logisch voneinander unabhängige Prozesse und können nebenläufig zueinander reduziert werden. Die Unterbäume stellen dabei Programmteile dar, die in hierarchischer Weise vom Ausgangskoten abhängen. Nach Abarbeitung der Unterbäume fließt, entsprechend dem Traversieren eines Baums, die Kontrolle an den Ausgangsknoten zurück; es liegt hier also eine klare hierarchische Beziehung vor.

Ausgehend von diesem Konzept ist die Ausdehnung von Reduktionsarchitekturen auf Systeme mit mehreren Prozessoren untersucht worden /SC1/. Die zur Ausnutzung von Nebenläufigkeit notwendige Kooperation von Prozessen wird dabei in folgender einfacher Weise organisiert: Ein Prozeß, der einen Teilausdruck e abarbeitet und hierin nebenläufig ausführbare Unterausdrücke e1,e2 auffindet, separiert diese vom übrigen Ausdruck, setzt in e für sie Platzhalter ein und generiert zwei Unterprozesse. Nachdem diese nebenläufig zueinander e1 und e2 so weit wie möglich reduziert haben, werden die reduzierten Werte e1' und e2' an den Platzhalterstellen eingesetzt, so daß auf diese Weise aus e ein partiell reduzierter Ausdruck e'=... e1'..e2' .. entsteht. Die auf diese Weise etablierte Hierarchie von Prozessen kann auch als System virtueller Reduktionsmaschinen aufgefaßt werden /SC1/. Durch Simulationen wurde untersucht, wie ein solches System virtueller Reduktionsmaschinen auf ein Netz realer Maschinen abgebildet werden kann. Um den Verwaltungsaufwand für die damit verbundenen Verteilungsmechanismen nicht zu sehr anwachsen zu lassen, wurde davon ausgegangen, daß die Teilausdrücke eines Programms, die einer virtuellen Maschine zugeordnet sind, nicht zu kleine Programmteile darstellen.

Die virtuellen Maschinen werden in folgender Weise auf die Menge der realen Reduktionsmaschinen abgebildet: Jeder realen Maschine i wird eine Menge Ri verfügbarer anderer realer Reduktionsmaschinen zugeordnet, zu denen eine auf i laufende virtuelle Maschine Unterprozesse transferieren darf. Auf ein und derselben realen Maschine können grundsätzlich virtuelle Maschinen laufen, die logisch voneinander unabhängig sind, d.h. nicht in einer hierarchischen Beziehung zueinander stehen.

Es sei besonders betont, daß das dargelegte Zuordnungsschema inhärent deadlockfrei ist. Das Reduktionskonzept kann daher insbesondere auch als eine sehr interessante Alternative angesehen werden, um die Kooperation zwischen nebenläufigen Prozessen erheblich sicherer zu gestalten, als dies bei der vNA möglich ist.

Insgesamt leisten Reduktionsarchitekturen implizit einen Beitrag zur Verbesserung der Prozeßkooperation, zur Erhöhung der Transparenz der einzelnen Benutzerprozesse und zur besseren Analysierbarkeit des Systemzustands; sie unterstützen damit sowohl die

Fehlervermeidung bei der Programmierung als auch die bessere Erkennung und Eingrenzung fehlerhafter Systemzustände.

4. Architekturen für logisches Programmieren

Abschließend sei kurz noch ein weiteres unorthodoxes Programmierkonzept erwähnt, das in letzter Zeit steigende Aufmerksamkeit, insbesondere für Anwendungen im Bereich der Künstlichen Intelligenz und im Datenbankbereich, gefunden hat. Es ist das logische oder prädikative Programmieren, wie es z.B. in der Sprache Prolog exemplarisch Niederschlag fand. Es beruht auf der Benutzung der Prädikatenlogik zur Manipulation logischer Beziehungen. Fakten werden in Form relationaler Aussagen formuliert. Dies sei am Beispiel von Abb. 4 verdeutlicht, in dem anhand gegebener Fakten die Erfüllung einer logischen Beziehung abgefragt wird /CL1/:

```
        likes(john,flowers).        'John liebt Blumen'
        likes(john,mary).           'John liebt Mary'
        likes(paul,mary).           'Paul liebt Mary'
        ?- likes(john,X).           'Gibt es ein X, das John liebt?'
Antwort des Prolog-Systems:
        X=flowers
```

Abb.4 Einfaches Beispiel einer Programmierung in Prolog (nach /CL1/)

Das Grundkonzept der Sprache beinhaltet, daß der Benutzer lediglich ein Ziel formuliert, nicht aber mehr den Weg zu diesem Ziel explizit vorschreiben muß. Daraus resultiert eine Entlastung von unnötigen Details beim Programmieren, so daß der Programmaufbau kompakter, übersichtlicher und damit auch weniger fehleranfällig wird. Die Implementierung der Sprache Prolog beruht auf der Benutzung einer Datenbank, in der die im Programm definierten Fakten abgelegt werden. Die Prolog-Operationen zur Verwaltung der Datenbank entsprechen dabei in ihrem Grundkonzept einer relationalen Datenbanksprache. Gerade bei Prolog macht sich allerdings der störende Einfluß der Abbildung eines im Grunde mengenorientierten Konzepts auf die vNA bemerkbar. Die notwendigen Suchoperationen auf der Datenbank, die vom logischen Gesichtspunkt her nebenläufig erfolgen könnten, werden in der Sprache explizit sequentialisiert. Um die Effizienz der Programmausführung auf der vNA zu erhöhen, wurden spezielle Kontrollkonstrukte wie z.B. der 'Cut'-Befehl /CL1/ in die Sprache integriert, die dem Basiskonzept von Prolog im Grunde fremd sind. Verbesserungen und Erweiterungen des Sprachkonzepts von Prolog zwecks besserer Ausnutzung von Nebenläufigkeit sind gegenwärtig in der Diskussion.
Vorläufig wird Prolog noch durch vergleichsweise langsame interpretierende Softwaresysteme realisiert. Eine hardwaremäßige Unterstützung durch eine geeignete Architektur würde auch hier die Akzeptanz der Sprache sehr erhöhen. Als ein erster Schritt

hierzu erschiene eine wirksame Unterstützung durch eine datenbankorientierte Architektur, die hardwaremäßig assoziative Such- und Verarbeitungsschritte realisiert. Ein Überblick über Ansätze für derartige Architekturen findet sich in /MY1/.

5. Zusammenfassung

In dieser Arbeit wurde eine Anzahl von neuartigen Rechnerarchitektur-Konzepten überblicksmäßig dargestellt, die sich gegenüber dem Aufbau herkömmlicher Rechensysteme durch alternative, vorteilhafte Kontrollstrukturen auszeichnen. Der Einfluß derartiger Architekturen auf die Qualität und Fehlertoleranzeigenschaften von Software wurde diskutiert.

6. Literatur

/BA1/   J. Backus

Can Programming be liberated from the von Neumann style? A functional style and its algebra of programs

Comm. ACM 21, 8 (August 1978), S. 613-641

/BE1/   K.J. Berkling

Reduction languages for reduction machines

Proc. 2nd Int. Symp. Computer Architecture, 1975, S.133-140

/BR1/   W. Brauer (ed.)

Net theory and applications

Springer-Verlag Berlin Heidelberg 1980

/CL1/   W.F. Clocksin, C.S. Mellish

Programming in Prolog

Springer-Verlag Berlin Heidelberg New York 1981

/DE1/   J.B. Dennis

Data flow supercomputers

Computer, November 1980, S.48-56

/DE2/   J.B. Dennis

The varieties of data flow computers

Proc. 1st Int. Conf. on Distr. Computing Systems, 1979, s.430-439

/GE1/   H.J. Genrich, K. Lautenbach

System level modelling with high level Petri nets

Theoretical Computer Science 13(1981), S. 109-136

North Holland Publishing Company 1981

/GR1/   K.-E. Großpietsch

Systemspezifikation durch Prädikat/Transitionsnetze sowie reguläre Ausdrücke und daraus resultierende Fehlermodelle

GI-Workshop 'Prognosemodelle für Fehleranfälligkeit', Siemens AG 1983, S. 16-30

/KL1/   W.E. Kluge, H. Schlütter
          An architecture for the direct execution of reduction languages
          Proc. Int. Workshop High-Level Language Comp. Arch., 1980, S. 174-180
/MY1/   G.J. Myers
          Advances in computer architecture (Second edition)
          j. Wiley and Sons, New York 1982
/SC1/   C. Schmittgen, W. Kluge
          A system architecture for the concurrent evaluation of applicative program
          expressions
          10th Int. Symp. Computer Architecture, 1983, S. 356-369
/TR1/   P.C. Treleaven, D.R. Brownbridge, R.C. Hopkins
          Data-driven and demand-driven computer architecture
          Computing surveys, Vol. 14, March 1982, S. 93-143

Die Fehlertoleranzeigenschaften der Puffermaschine

K. v. d. Heide, FFM/FGAN, 5307 Werthhoven

Abstract: The main reason of the software crisis is the use of the von Neumann computer architecture and of programming languages related to it. A way out, there-fore, necessitates both, new architectures and new languages. The buffer machine Puma (which stands for the German Puffer-Maschine) is the result of such an investi-gation. It has an abstract storage (or data type) architecture. But, more important than addressing objects by their names, is the organization of the control flow in Puma. There are no GOTOs on machine level. Any machine program has the form of a Nassi Schneiderman diagram, i.e. a sequence of instructions called an action. Instr-uctions may be atoms or conditional or unconditional calls of actions. Reaching the end of an action at run time is automatically interpreted as "return to the calling action". Actions are compiled separately. Since all objects are context-independent-ly addressed by their names, a binding is unnecessary. Puma has excellent detection capabilities for sofware and hardware faults by the use of object descriptors and tags. Since the processor neither has a program counter nor any other register, exception handling can immediately be inserted. Conventional languages like Pascal, Ada and FORTRAN can be compiled, but the Puma assembler in some sense is more user-oriented, since the assembly program is not a linear sequence of code, but a set of independent actions.

1. EINFÜHRUNG

Unter Softwarefehlern sollen im Folgenden Fehler in syntakisch korrekten Programmen verstanden werden. Grob einteilen kann man sie in zwei Klassen:

  1. Fehler, die zur Laufzeit zu Widersprüchen innerhalb des Programms führen

  2. alle übrigen.

Ein typischer Vertreter der ersten Klasse ist die Indizierung eines Feldes mit einem außerhalb der definierten Grenzen liegenden Index. Dies kann erst zur Lauf-zeit erkannt werden, weil beliebige Indexausdrücke erlaubt sind, die erst zur Lauf-zeit evaluiert werden. Ebenso häufig dürfte die Benutzung nicht initialisierter Variablen in Ausdrücken sein.

Ein Beispiel für die zweite Klasse ist die Vertauschung der Indizes einer qua-dratischen Matrix oder generell die Verwechslung zweier initialisierter Variablen gleichen Typs. Fehler dieser Klasse sind nur durch Methoden der Perfektion oder durch Programmieren in n Versionen zu finden. Wir betrachten deshalb nur noch Fehler der ersten Klasse.

Die Möglichkeit von Fehlern der ersten Klasse wird bei den konventionellen Programmiersprachen vielleicht bewußt in Kauf genommen, um den Programmierer nicht zu sehr in seiner schöpferischen Freiheit zu behindern, vielleicht aber auch unbe-wußt einfach aufgrund ihrer auf dem von-Neumann-Rechner basierenden Entstehungsge-schichte. Wir gehen davon aus, daß auch in Zukunft Fehler der ersten Klasse zuläs-sig und deshalb auch allgegenwärtig sind.

Sofwarefehler werden erst dadurch kritisch, daß sie an der Stelle des ersten Auftretens unerkannt bleiben, so daß das betreffende Programm dadurch entweder ein nicht unmittelbar nachvollziehbares überraschendes Verhalten zeigt oder stillschweigend falsche Ergebnisse liefert. Die so wichtige Fehlererkennung wird dabei häufig bewußt durch den Benutzer eingeschränkt, um effizienteren Objektcode zu erhalten. Der Grund für die Diskrepanz zwischen Effizienz und Sicherheit ist in der Informationsstruktur des von-Neumann-Rechners begründet: Strukturierte Daten müssen bei ihm durch Software simuliert werden. Dies kann rudimentär und deshalb effizient durch indizierten Zugriff auf den Hauptspeicher erfolgen oder aufwendig mit der programmierten Prüfung auf Verletzungen der definierten Datenstruktur. Die Notwendigkeit der Entscheidung zwischen an sich orthogonalen Größen, nämlich hier zwischen Effizienz und Fehlererkennung, die erst durch Randbedingungen (Benutzung des von-Neumann-Rechners) abhängig werden, ist sehr unglücklich. An dieser Stelle setzten die Überlegungen zur Puffermaschine ein und führten auf natürliche Weise auch zur einschneidenden Veränderung der Konstrollstruktur.

Die Entwurfsziele der Puffermaschine waren:

* sehr weitgehende sofortige Erkennung von Soft- und Hardwarefehlern,

* gute Diagnostizierbarkeit der Soft- und Hardware,

* sehr hohe Rechenleistung.

Insbesondere dem letzten Punkt ist bei Software-orientierten Maschinen bisher nicht so großes Gewicht beigemessen worden. Die Puffermaschine erreicht dieses Ziel. Doch soll diesbezüglich hier auf die Architekturbeschreibungen in [3-5] verwiesen werden. Wir wollen uns im nächsten Abschnitt auf die Darstellung des Operationsprinzips beschränken, auf dem die Fehlertoleranzeigenschaften beruhen. Der dritte Abschnitt behandelt diese Eigenschaften im einzelnen.

Die Architektur der Puffermaschine befindet sich noch in der Konzeptphase. Vorgesehen ist zunächst nur eine Simulation. Dieser Vortrag liefert also keine Ergebnisse. Er soll vielmehr durch die unkonventionelle Betrachtungsweise Denkanstöße liefern.

2. DAS OPERATIONSPRINZIP DER PUFFERMASCHINE

Die Puffermaschine unterscheidet sich vom von-Neumann-Rechner sowohl in ihrer Informationsstruktur wie auch in der Kontrollstruktur.

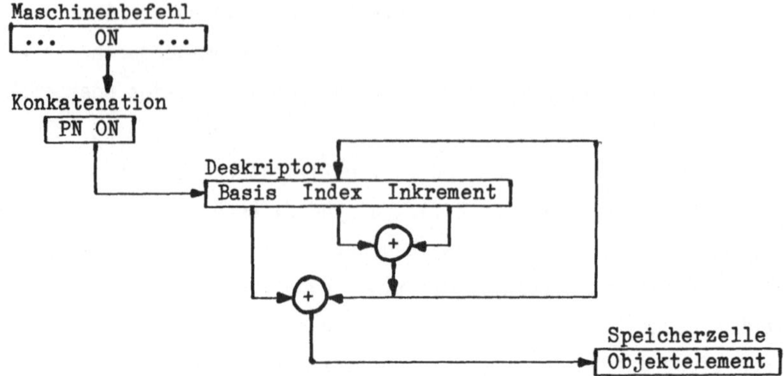

Abb.1. Adressierungsschema der Puffermaschine
(PN = Prozeßname; ON = Prozeß-relativer Objektname)

2.1. Die Informationsstruktur

Will man erstens konventionelle Sprachen benutzen, zweitens aus Effizienzgründen Datenstrukturen nicht vollständig simulieren und drittens Verletzungen der Datenstrukturen sofort zur Laufzeit entdecken, so muß man offenbar parallel zur (oder vor der) Adressierung des gewünschten Objektelements ein Hardware-Subsystem ansprechen, das eine Strukturbeschreibung des Objekts enthält und die Korrektheit des Zugriffs prüfen kann. Dieses Subsystem wird bei der Puffermaschine Adreßgenerator genannt. Der Adreßgenerator ist nicht programmierbar und wird als zum Hauptspeicher gehörig betrachtet. Er enthält die Objektbeschreibungen in Form von Deskriptoren. Die Puffermaschine hat damit nach Tokoro und Takizuka [9] eine "Abstract Storage Architecture" bzw. gehört nach Giloi [2] in die Klasse der DRAMA-Architekturen.

Bei der Puffermaschine gibt es nur eine einzige Adressierungsart: die direkte Nennung des gewünschten Objekts mit dessen Namen. Das Schema der Adressierung ist in Abb.1 dargestellt. Ein Objektname ist immer die Verkettung des Prozeßnamens mit dem Prozeß-relativen Objektnamen. Der Prozeß-relative Objektname ist ein Muster fester Länge (10 Bit). Wegen dieser begrenzten Maschinendarstellung müssen die in einem Quellprogramm benutzten symbolischen Variablennamen über eine für die Lebensdauer des Objektcodes unveränderliche Tabelle in solche Bitmuster übersetzt werden.

Tatsächlich sind diese 10-Bit-Felder die Adressen der zugehörigen Deskriptoren. Doch soll der Begriff "Adresse" hier vermieden werden, weil auf diese Namen keine arithmetischen Operationen anwendbar sind, so daß die Architektur nicht die Linearität des Deskriptorspeichers voraussetzt.

Der Deskriptor eines Objektes enthält folgende Angaben:

* den Typ des Objekts

* Objektschutzbits für Schreib- und Leseschutz

* die Basisadresse des Objekts im linearen Hauptspeicher

* die Länge des Objekts

* den Index des Elementes, auf das der letzte lesende Zugriff erfolgte

* den Index des Elementes, auf das der letzte schreibende Zugriff erfolgte

* das Inkrement für die lineare Fortschaltung der Indizes

Der Adreßgenerator realisiert folgende Objekttypen und liefert beim Versuch, die Struktur oder die Zugriffsberechtigung zu verletzen, spezifische Fehlermeldungen:

* das nicht definierte Objekt

* das lineare Objekt

* das zyklische Objekt

* den Keller

* den Puffer

Die in Abb.1 gezeigte Adressierungsart heißt eigentlich "indirekt und indiziert". Da die Adreßberechnung aber im Maschinenbefehl unsichtbar bleibt, ist die Bezeichnung "direkte Adressierung beim Namen" angebracht. Um gezielt einzelne Elemente eines Objekts außerhalb der linearen Fortschaltung adressieren zu können, gibt es einen Deskriptorbefehl, mit dem die Indizes von linearen Objekten beliebig gesetzt werden können. Bei anderen Objekten führt er zum Fehler.

Das Rechnen mit nicht initialisierten Variablen ist ein häufiger Softwarefehler. Da Feldelemente in beliebiger Reihenfolge initialisiert werden dürfen, reicht eine Kennzeichnung im Deskriptor nicht aus, um solche Fehler zu erkennen. Bei der Puffermaschine sind deshalb Tags für alle Elemente vorgesehen. Eine ausführliche Darstellung der Vorteile von Tags liefert Feustel [1]. Die Tags werden bei der Puffermaschine zusätzlich zur Einschränkung des Gültigkeitsbereiches vieler Befehle benutzt. Doch darf dies nicht darüber hinwegtäuschen, daß sie nur wegen einer speziellen Eigenschaft konventioneller Sprachen eingeführt werden.

Prozeßname   Objektname   Prozeß-Status   CPU-Zeitzähler

Abb.2. Prinzipieller Aufbau eines Auftragswortes

2.2. Die Kontrollstruktur

Bei der Puffermaschine wurde eine klare Trennung zwischen Speicher und Prozessor vorgenommen. Nur der Speicher kann Daten, Deskriptoren und Programme speichern. Der Prozessor kann dagegen nur auf dem Inhalt des Speichers operieren. Der Gesamtinhalt des Speichers zur Zeit t sei mit $A[t]$ bezeichnet. Dann ist der Speicherinhalt nach der Bearbeitung eines Maschinenbefehls

$$A[t + 1] = P(A[t])$$

wo P die Funktion des Prozessors darstellt. Beim von-Neumann-Rechner hat diese Funktion noch verborgene Parameter wie die Inhalte von Befehlszähler, Statusregister, Akkumulator und anderen Registern, die zum Prozeß, die zugeordneten Hardware-Betriebsmittel aber zum Prozessor gehören, so daß eine Prozeß-Prozessor-Zuteilung nötig ist. Bei der Puffermaschine erfolgt die Ablaufkontrolle nach dem Prinzip der Auftragsanziehung. Statt mit einem internen Befehlszähler den nächsten Befehl zu adressieren, muß der Prozessor zunächst eine dem Befehlszählerinhalt äquivalente Information - im Folgenden "Auftrag" genannt - aus dem Speicher lesen, und zwar aus dem Objekt "Auftragspuffer". Der Name "Auftragspuffer" ist nicht Prozeß-relativ sondern absolut. Die Aufträge aller Prozesse gelangen also in denselben Puffer, der von mehreren Prozessoren gelesen werden kann. Auch für alle Operanden und Ergebnisse sind Speicherzugriffe nötig, weil der Prozessor keine Register hierfür besitzt. Der Auftrag für einen Maschinenbefehl enthält die Information, woher dieser Befehl zu lesen ist (ein Objektname), und den Prozeß-Status. Abb.2 zeigt den prinzipiellen Aufbau eines Auftragswortes. Als letzte Aktion im Befehlszyklus des Prozessors wird der nächste Auftrag für denselben Prozeß in den Auftragspuffer abgelegt, so daß sich der Prozessor wieder im neutralen Zustand befindet. Der Ablauf des Maschinenzyklus ist schematisch in Abb.3 wiedergegeben. Abb.4 demonstriert die durch das Prinzip der Auftragsanziehung bedingte Durchmischung der Befehle mehrerer Prozesse.

Ein weiteres wesentliches Merkmal der Puffermaschine ist das Fehlen von Sprunganweisungen. Beim von-Neumann-Rechner ist die Adresse, unter der ein Maschinenbefehl abgelegt sein sollte, das Atom der Kontrollflußprogrammierung. Sprünge sind im Prinzip auf jede Speicheradresse erlaubt, bei vielen Rechnern also auf Bytes, bei manchen (z.B. Intel 432) auf Bits. Statt Adressen können bei der Puffermaschine nur Objektnamen verwendet werden. Die Atome oder "Ausführungseinheiten" der Kontrollflußprogrammierung der Puffermaschine sind also Objekte. Solche Objekte, die Code enthalten (und selbstverständlich gegen Überschreiben geschützt sind), nennen wir

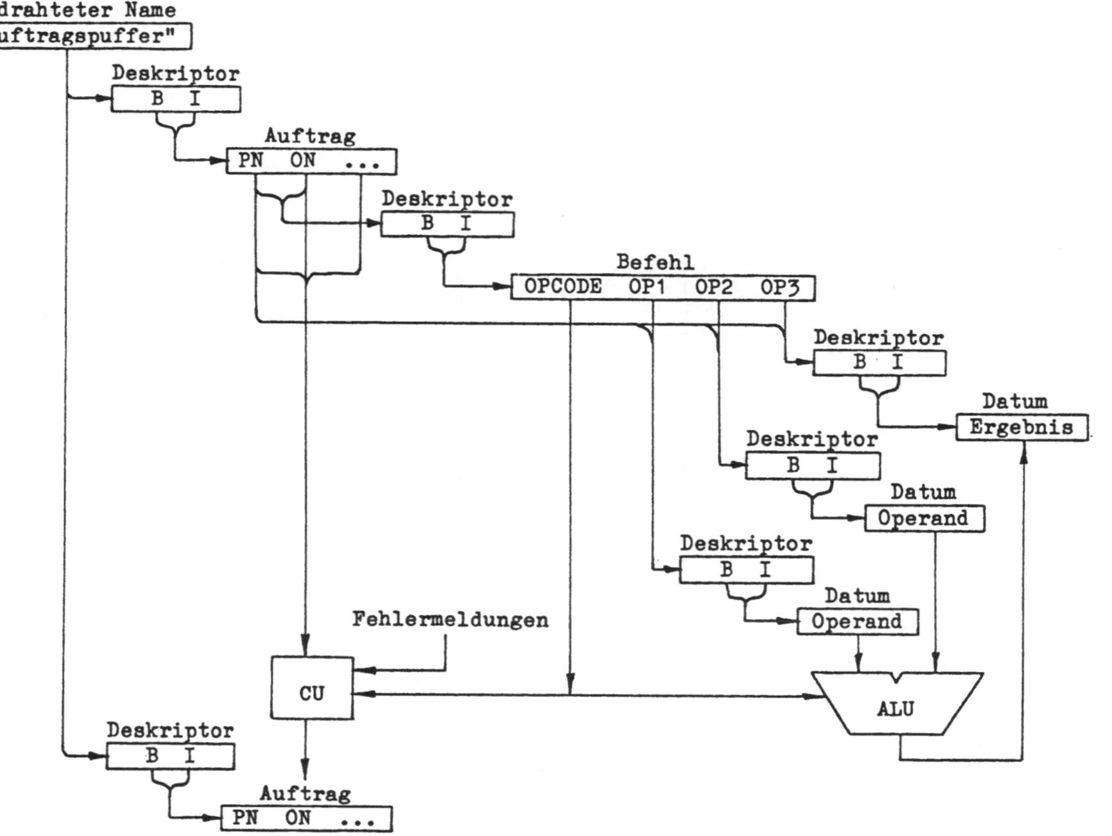

Abb.3. Der Maschinenzyklus hat seine Wurzel grundsätzlich in der Adressierung des Auftragspuffers. Dargestellt ist hier das gesamte Adressierungsschema bei einem Dreiadreßbefehl. Die Abkürzungen bedeuten: B : Basisadresse; I : Zeiger (Index); PN : Prozeßname; ON : Prozeß-relativer Objektname; CU : Kontrolleinheit; ALU : Arithmetisch-logische Einheit; OPCODE : Operationscode und Befehlsklasse.

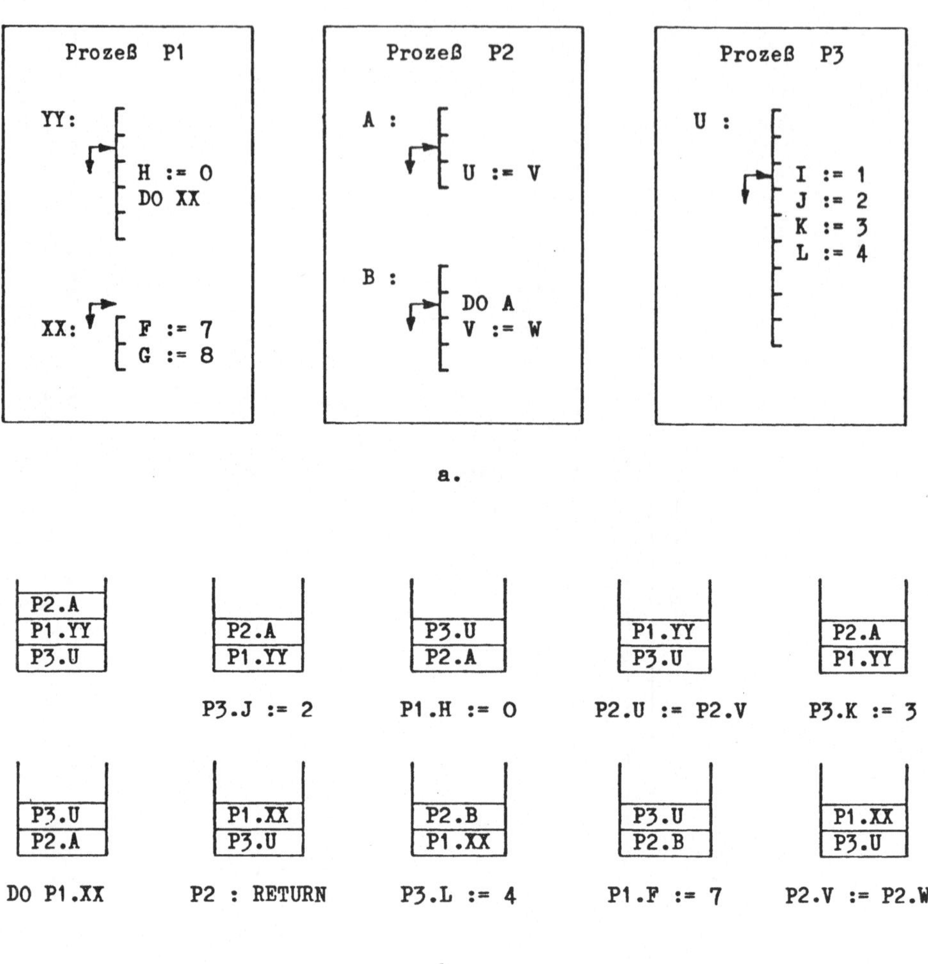

Abb.4. Demonstration der Durchmischung von Prozessen und des Aufrufs von Aktionen. P1, P2 und P3 sind Prozeßnamen. Die übrigen Identifier bezeichnen Prozeß-lokale Objekte.

a. Schematische Darstellung von Codeobjekten mit den lokalen Namen YY, XX, A, B und U und den Anfangszuständen für die Lesezeiger. Das Inkrement ist als Pfeil nach unten angedeutet. Der Übersichtlichkeit halber sind nur wenige Trivialbefehle eingetragen.

b. Zehn aufeinander folgende Zustände des Auftragspuffers mit jeweils darunter angegebenem Befehl, der gerade vom Prozessor ausgeführt wird. Die Stackoperationen, die im Befehl DO und in der auf die Fehlermeldung "Indexüberschreitung beim Befehllesen" automatisch ausgeführte Reaktion RETURN stattfinden, sind nicht gezeigt.

Aktionen. In dieser Ebene könnten absolute Sprungbefehle implementiert werden. Da Sprünge auf undefinierte Objekte oder auf Daten- bzw. Deskriptorobjekte sofort zu Fehlermeldungen führen würden, wäre dies allein schon ein großer Schritt hin zu zuverlässiger Software. Doch bietet es sich an, hier gleich noch einen Schritt weiter zu gehen durch die Festlegung: Aktionen können <u>nur aufgerufen</u> werden, die Kontrolle geht danach - ohne return-Anweisung - automatisch zurück an die aufrufende Aktion. Als Kontrollflußgraphen sind damit nur noch Bäume möglich (gegenüber allgemeinen Graphen mit beliebigen Schleifen). Da diese Baumartigkeit durch die Hardware festgelegt wird, ist ein Verlassen des Baumes durch Programmierung unmöglich, d.h. ein nicht rückverfolgbares Verirren der Kontrolle aufgrund von Softwarefehlern kann es nicht geben. Entweder der Baum wird ordnungsgemäß traversiert - dann gelangt die Kontrolle schließlich wieder zur Wurzel - oder es gibt eine Fehlermeldung an einem Ast des Baumes, der aber durch das Traversieren erreicht wurde.

2.3. Die Ereignis-gesteuerte Kontrolle

Fehlermeldungen sollen hier allgemeiner als Ereignisse bezeichnet werden, da solche Meldungen bei der Puffermaschine gezielt vom Programmierer eingesetzt werden können, um eingeplante Ausnahmen übersichtlich zu behandeln. So kann z.B das Ende einer Programmschleife, die als zyklisches und damit im Prinzip unendliches Objekt abgelegt ist, definiert werden als das Ereignis "Indexüberschreitung beim ersten Operanden eines Befehls".

Jedes Ereignis wird im Statusfeld des Auftragswortes eingetragen. Die weitere Bearbeitung des Befehls, in dem das Ereignis eintraf, wird gestoppt, nur der Auftrag wird noch geschrieben (in Abb.3 der untere Zugriff auf den Auftragspuffer). Wird ein solcher Auftrag mit einem Status gelesen, der auf ein Ereignis hinweist (oberer Zugriff auf den Auftragspuffer in Abb.3), so wird kein Befehl gelesen, sondern ein im Prozessor immer vorhandener Befehl ausgeführt, der die der Ereignisklasse zugeordnete Aktion mit festem Namen aufruft. Solch ein Aufruf erfolgt durch Eintrag des Namens der zu bearbeitenden Aktion im Auftragswort. Im selben Befehl wird vorher der alte Auftrag in einem dem konventionellen Unterprogrammstack entsprechenden "Aufrufstack" gerettet, wobei in diesem Fall das Wiederholungsbit im Auftragswort gesetzt wird. Um in der Fehlerbehandlungsroutine differenzieren zu können, wird ihr zusätzlich der Fehlerstatus über einen weiteren Stack mitgegeben.

Im Unterschied zu normalen Aktionen, die nur einen Ausgang, nämlich die Rückkehr zur aufrufenden Aktion kennen, gibt es bei Fehlerroutinen eine Reihe möglicher Ausgänge:

1. Die Kontrolle geht direkt wieder an die Aktion, in der das Ereignis eintraf. Das Wiederholungsbit zusammen mit dem Status bewirkt, daß der letzte Befehl wiederholt wird (jedoch mit ausgeschalteter linearer Fortschaltung bei der Adressierung der Operanden bis zu der Stelle, an der die Befehlsbearbeitung wegen des Ereignisses abgebrochen wurde). Das Programm wird also korrekt wieder aufgesetzt.

2. Wie 1. jedoch ohne Wiederholung des Befehls, der zu dem Ereignis führte.

3. Die ganze Aktion, in der das Ereignis eintraf, wird abgebrochen. Die Kontrolle geht an die aufrufende Aktion mit einer Fehlermeldung zurück. Die Fehlerbehandlung wird also an die nächst höhere Stufe der Aufrufhierarchie abgegeben.

Die Ereignis-gesteuerte Kontrolle zerstört nicht die vorteilhafte Baumstruktur an sich, sie ändert nur den Baum durch Ersetzen und Absägen morscher Äste. Eine Dynamik dieser Art ist durch bedingte Aufrufe von Aktionen ohnehin vorhanden.

Das Wiederaufsetzen von Befehlen, die Operanden schon aus Puffern entnommen hatten, bevor ein Ereignis (z.B. Zielpuffer ist voll) die Weiterbearbeitung stoppte, ist nicht trivial. Deshalb ist nur ein Transportbefehl dieser Art vorgesehen. Jeder Prozeß hält eigens für diesen Befehl einen ein Element tiefen Ausweichpuffer bereit, in den die Information gerettet wird, falls das Ziel nicht bereit ist, diese anzunehmen. Abb.5 veranschaulicht die Situation.

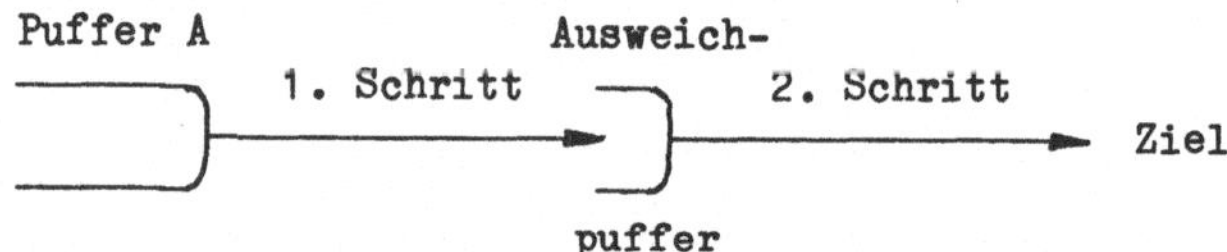

Abb.5. Damit aus Puffern gelesene Information nicht verlorengehen kann, wenn das für diese Information vorgesehene Ziel nicht bereit ist, diese anzunehmen, arbeitet der Kommunikationsbefehl intern über einen Ausweichpuffer. Nach einem Fehler werden nur die noch nicht vollzogenen Schritte wiederholt.

3. DIE FEHLERTOLERANZEIGENSCHAFTEN

Die Entwurfsziele der Puffermaschine sind bezüglich der Software-Fehlertoleranz dieselben wie die des Experimentalsystems SWARD (software oriented). Dies sind nach Myers [8]:

1. Die Entdeckung semantischer Fehler in Programmen

2. Die Begrenzung der Konsequenzen von Softwarefehlern

3. Die Förderung der Übersichtlichkeit des Software-Entwurfs und entsprechender Programmiertechniken

4. Die Vereinfachung der Programmierung

5. Die Unterstützung des Testens und der Fehlersuche durch Bereitstellung von Hilfsmitteln für Entwicklung und Gebrauch entsprechender Software-Werkzeuge

6. Die Reduzierung der Komplexität zweier traditionell komplexen Klassen von System-Software: Betriebssysteme und Compiler

Die genannten Punkte sollen wieder in Anlehnung an [8] im Folgenden besprochen werden. Dabei bleiben die mit (*) markierten Aussagen als undiskutierte Behauptungen stehen. In diesen Fällen wurde für das jeweilige Problem eine prinzipielle Lösung gefunden, doch die Art der Implementierung noch offen gelassen.

3.1. Die Entdeckung semantischer Fehler in Programmen

Semantische Fehler sind hier jene semantischen Widersprüche, die sich syntaktisch korrekt formulieren lassen, also die Fehler der ersten Klasse. Im Folgenden sind einige typische Vertreter genannt, die je nach Sprache auch zu den syntaktischen Fehlern gehören können. Wesentlich ist hier nur, daß die Architektur Hilfsmittel bietet, diese Fehler auf möglichst tiefer Ebene zu erkennen.

Ein sehr häufiger Fehler ist der lesende Zugriff auf noch nicht initialisierte Elemente. Wie schon im Abschnitt 2.1. erwähnt sieht die Puffermaschine zur Erkennung dieses Fehlertyps Tags bei allen Elementen eines Objekts vor.

An zweiter Stelle dürfte die Überschreitung von Indexgrenzen beim Zugriff auf Feldelemente stehen. Der Index eindimensionaler Felder wird bei der Puffermaschine durch Hardware geprüft. Mehrdimensionale Felder werden als Menge der benötigten linearen Subobjekte wie Zeilen, Spalten und Diagonale von Matrizen auf dem eigentlichen Objekt realisiert, so daß alle Indizes überwacht werden.

Der dritte und vierte von Myers genannte Fehler, nämlich Adressierung nicht zum Prozeß gehöriger Speicherbereiche über eine pointer/reference/access-Variable bzw. Benutzung einer pointer-Variablen, die auf inzwischen freigegebenen Speicher verweist, können bei der Puffermaschine prinzipiell nicht vorkommen, da ein Prozeß aufgrund des implementierten Objektschutzes sich den entsprechenden Deskriptor weder verschaffen noch erzeugen (*), bzw. den Speicherplatz nicht ohne Rückgabe des Deskriptors und aller Kopien davon freigeben kann (*).

Die fünfte Fehlerklasse betrifft Typ- und Strukturinkonsistenzen, die der Compiler nicht feststellen kann, z.B. solche zwischen einzulesenden Objekten und tatsächlich hierfür gebotener Datei. Wie weit die Fehlererkennung hier getrieben werden kann, hängt wesentlich von den Strukturierungsmöglichkeiten in der Datei ab. Eine Datei, in der numerische Daten mit Tags als integer, real u.dgl. gespeichert sind, bietet selbstverständlich mehr als frei interpretierbare Binärinformation.

Der sechste Fehler ist die Übergabe einer falschen Anzahl von Parametern an eine Prozedur. Er wird bei der Puffermaschine (auch in Assemblerprogrammen) zur Laufzeit gemeldet (*).

Als siebten Fehler nennt Myers die Inkonsistenz von formalen und aktuellen Parametern. Durch die Typenkennung und die Objektbeschreibung in den Deskriptoren besteht eine relativ große Entdeckungswahrscheinlichkeit. Es empfiehlt sich aber, die Konsistenz mit einigen Prüfbefehlen schon bei der Parameterübergabe sicherzustellen, da sonst evtl. Objekte unbeabsichtigt geändert werden könnten, bevor der Fehler - wenn überhaupt - bemerkt wird.

Der achte Fehler besteht in der inkonsistenten Deklaration einer globalen Variablen von zwei Modulen. Wenn die Sprache diesen Fehler zuläßt und der Compiler ihn nicht merkt, so stellt die Puffermaschine ihn erst beim Zugriff fest wie im vorigen Fall (oder auch nicht).

Auch der neunte Fehler - das über einen pointer angesprochene Objekt hat nicht die vom Compiler angenommenen Atribute - entspricht dem siebenten.

Der zehnte Fehler schließlich ist die Änderung einer als Eingabeparameter erklärten Variablen durch eine Prozedur. Durch Setzen der Schreibsperre bei der Parameterübergabe läßt sich auch dieser Fehler zur Laufzeit entdecken.

Wie SWARD kann auch die Puffermaschine bei Bereichstypen nicht die Einhaltung des Bereiches schon beim Zugriff prüfen. Diese Prüfung muß mit einem zusätzlichen Befehl erfolgen.

3.2. Die Begrenzung der Konsequenzen von Softwarefehlern

Die Konsequenzen von Softwarefehlern kann man einteilen in solche, die den fehlerhaften Prozeß selbst betreffen, und solche, die es für unschuldige Prozesse gibt. Aufgrund der differenzierten und unmittelbaren Fehlererkennung bewirken die bemerkten Fehler in dem fehlerhaften Prozeß keine Folgefehler. Der Prozeß wird durch das Fehlerereignis genau beim letzten noch korrekten Zustand angehalten. Die anderen Prozesse werden nicht beeinträchtigt. Problematisch sind nur jene wenigen Fehler der ersten Klasse, die durch die Hardware nicht erkannt werden. Diese haben durchweg jedoch nur Konsequenzen für den fehlerhaften Prozeß selbst. Ein Übergreifen auf andere Prozesse ist nicht möglich, da dieser Versuch durch die Hardwaremaßnahmen erkannt wird.

Etwas anders liegt der Fall bei kommunizierenden Prozessen. Konsequenzen sind in Partnerprozessen möglich durch Übermittlung falscher Daten oder durch deren Ausbleiben. Der Fehler nimmt jedoch nur den Weg durch das offene Kommunikationsfenster. Da jeder Prozeß mit dem Betriebssystem kommuniziert, kommt diesem besondere Bedeutung zu (s. Abschnitt 3.6).

3.3. Die Unterstützung des Software-Engineering

Zwei Schlagworte des Software-Engineering sind "strukturierte Programmierung" und "modulare Programmierung". Diese beziehen sich auf das Programmieren in höheren Sprachen. Trotzdem bietet die Puffermaschine eine indirekte Unterstützung der strukturierten Programmierung auf ihre Weise: auf belohnende einerseits und bestrafende andererseits.

Die Assemblersprache der Puffermaschine dürfte zur Zeit die Sprache mit der stärksten Forderung nach Strukturierung überhaupt sein. Sogar die compound statements der then- und else-Zweige einer bedingten Anweisung sind als eigene Aktionen zu programmieren und werden wie alle Aktionen auch unabhängig übersetzt und erst durch den Aufruf an die Umgebung gebunden. Ein Assemblerprogramm entspricht damit genau einem Nassi-Schneiderman-Diagramm, das bis in von der Maschine ausführbare Sequenzen von Maschinenbefehlen - eben die Aktionen - aufgelöst ist.

Höhere Sprachen, die diesem Assembler nahe stehen, können naturgemäß in effizienteren Objektcode übersetzt werden als andere. Die Benutzung von GOTO-freien Sprachen wird also durch Effizienz belohnt. Für ein FORTRAN-Programm dagegen müssen bei der Puffermaschine der lineare Adreßraum und alle GOTOs, im Prinzip also der ganze von-Neumann-Rechner simuliert werden, wodurch der Schutz einzelner Objekte zunächst aufgegeben wird. Der Objektcode ist wegen der Simulation ineffizient und wird dies noch mehr, wenn der Schutz der einzelnen Datenobjekte gewährleistet sein soll.

Bei der modularen Programmierung gibt es nur an einer Stelle einen deutlichen Unterschied zum von-Neumann-Rechner: Wird eine Aufgabe als Netzwerk kommunizierender sequentieller Prozesse, wie ursprünglich von Hoare [6] vorgeschlagen, programmiert, so kosten bei der Puffermaschine (ein Monoprozessor!) der Datenfluß-gesteuerte Prozeßwechsel und die Kommunikation (wegen in Hardware implementierter Kommunikationspuffer, die zur Übergabe von Deskriptoren dienen) nicht mehr als die Kontrolle in einem dieselbe Aufgabe lösenden monolithischen Programm. Die Netzwerkprogrammierung wird bei der Puffermaschine nicht durch Ineffizienz bestraft wie dies bei von-Neumann-Monoprozessoren je nach Anwendung mehr oder weniger der Fall ist, was zu Bestrebungen geführt hat, die Netzwerkprogrammierung als übersichtliche Programmiermethode einzusetzen, jedoch durch automatische Verschmelzung von Prozessen Kommunikationen einzusparen [7].

3.4. Die Vereinfachung der Programmierung

Wie einfach die Programmierung einer gegebenen Aufgabe ist, hängt von den Ausdrucksmöglichkeiten der benutzten Sprache ab und nicht von der Rechnerarchitektur. Allerdings sind alle heutigen imperativen Sprachen - insbesondere auch die moderneren wie Pascal und Ada - zwar "höhere Sprachen", aber trotzdem unverkennbar für den von-Neumann-Rechner entworfen. Sie sind also Rechnerarchitektur-orientiert und nicht Problem-orientiert wie früher bisweilen in der Euphorie des Fortschritts gegenüber dem Assembler behauptet wurde. Ein solcher Einfluß auf Programmiersprachen ist auch für neuartige Architekturen denkbar. Dabei sind allerdings die meisten Neuerungen schon lange theoretisch vorgedacht wie etwa die Baum-artige Kontrolle bei der Puffermaschine. Doch werden solche Ideen erst ihren Niederschlag in Sprachen finden, wenn entsprechende Rechner nicht nur realisiert, sondern auch verbreitet sind. Die genannte Baum-artige Kontrolle, die Programmierbarkeit der Ausnahmebehandlungen, die aus der Adressierung mit Objektnamen resultierende Identität von Aufruf- und Blockverschachtelung und die durchweg auf Puffern beruhende Schnittstelle zwischen Prozessen untereinander und zum Betriebssystem - dies sind Dinge, die in Sprachen ihre Entsprechung finden könnten.

Über die genannten Dinge hinaus bietet die Puffermaschine Hardwareunterstützung für die single-assignment-Regel und für das dynamische Kreieren neuer Objekte. Objekte mit single-assignment-Zugriff haben den Lebenslauf

1. Kreation des Objektes. Der Deskriptor hat die Attribute "single assignment", "das Objekt ist beschreibbar", "das Objekt ist nicht lesbar" und "es sind keine Deskriptoroperationen außer 2. zugelassen"

2. Umschaltung des Deskriptors auf die Attribute "das Objekt ist nicht beschreibbar", "das Objekt ist lesbar" und "die Schreibsperre ist nicht lösbar"

3. Rückgabe des Deskriptors an die Freispeicherverwaltung

Felder können bei dieser Implementierung nur unter linearer Fortschaltung beschrieben werden. Ein Beschreiben in beliebiger Reihenfolge wie etwa

$$A[2] := X; \quad A[1] := Y; \quad A[3] := Z;$$

würde die Implementierung der Regel für jedes einzelne Element und damit eine zusätzliche Adressierungsstufe nötig machen.

Obwohl die Puffermaschine die Blockstruktur unterstützt, ist ihr Befehlssatz nicht in diese Richtung orientiert. Datenbereiche sind nicht durch den Übersetzungs- und Bindevorgang implizit vorhanden oder werden beim Aufruf von Unterprogrammen aus einem zum Prozeß gehörigen Stack erzeugt, sondern dynamisch von der allgemeinen Freispeicherverwaltung angefordert (s. Abschnitt 3.6). Das Laden eines Programmes erfolgt also durch das Laden der benötigten Codeobjekte (Aktionen). Mit dem Schreiben eines Auftrags für die Wurzelaktion dieses Programms entsteht ein Prozeß, der Datenobjekte zu jeder Zeit kreieren, ihnen Namen zuordnen, sie einem anderen Prozeß übergeben oder der Freispeicherverwaltung zurückgeben kann. Das Abgeben von Objekten durch Versenden des zugehörigen Deskriptors über einen Kommunikationspuffer widerspricht sogar den Vorstellungen der Blockstruktur - aber durchaus nicht der natürlichen menschlichen Vorstellung. Die Puffermaschine öffnet hier effizient implementierbare Alternativen zur Blockstruktur, die vielleicht ein intuitiveres Programmieren ermöglichen.

3.5. Die Unterstützung des Testens und der Fehlersuche

Die für das Testen wichtigste Eigenschaft einer Architektur ist die Erkennung von Fehlern. Obwohl die Puffermaschine den Ort des ersten Auftretens und den Fehler selbst genau beschreibt, bietet sie darüber hinaus eine Reihe sehr nützlicher Hilfsmittel, die im Folgenden zu besprechen sind.

Die Objekte vom Typ Puffer sind als Ringpuffer realisiert. Wird die Tiefe des Auftragspuffers zu M Worten gewählt und gibt es N Aufträge für rechenwillige Prozesse in diesem Puffer, so sind die restlichen M - N Zellen des Auftragspuffers jedem lesenden Zugriff versperrt. Sie enthalten aber die Auftragsworte der letzten M - N erledigten Aufträge, und zwar genau die tatsächlich abgelaufene gemischte Sequenz von Befehlen verschiedener Prozesse und des Betriebssystems. Es bietet sich an, im Notfall einen neuen Auftragspuffer zu kreieren und den alten als lineares Objekt lesbar zu machen. Dies widerspricht natürlich dem Konzept des Objektschutzes (das gerade wegen solcher Details noch nicht festgelegt ist; vgl. Abschnitt 3.1). Aus der Spur der Aufträge kann eindeutig die Spur der Befehle rekonstruiert werden - und zwar über Prozeduraufrufe und Ausnahmebehandlungen hinweg.

Die Spur eines einzelnen Prozesses läßt sich aber auch anders festhalten: Durch Setzen eines speziellen Bits im Auftrag wird am Ende der Befehlsausführung der Auftrag für den nächsten Befehl nicht in den Auftragspuffer geschrieben, sondern in einen Puffer, über den der zu testende Prozeß mit einem Testsystem kommuniziert. Nach entsprechender Analyse schreibt das Testsystem diesen Auftrag in den Auftragspuffer, wodurch der nächste einzelne Befehl zur Ausführung gelangt.

Aufgrund der Adressierung mit Namen können mit solch einem Testsystem auch aktuelle Daten des Prozesses gelesen und verändert werden, ohne daß man diesem Testsystem mitteilen muß, wo diese gespeichert sind. Im Prinzip ist es wegen der dynamischen Bindung über die Objektnamen sogar möglich, interaktiv fehlende Datenobjekte zu kreieren und den Prozeß wieder aufzusetzen. Dies setzt natürlich eine entsprechende interaktive Umgebung voraus. Das Wiederaufsetzen ist in vielen Fällen selbst nach Programmänderungen möglich. Z.B. werde in dem Statement A := B beim Ablauf der Fehler "B ist nicht initialisiert" gemeldet. Dann kann vor dieses Statement irgendeines zur Besetzung von B in die Quelle eingefügt, die entsprechende Aktion neu übersetzt und anschließend dort im Ablauf fortgefahren werden. Wegen der Benutzung von Distanzen und relativen Sprüngen sowie der unübersichtlichen Benutzung von Registern sind solche Operationen bei klassischen Rechnern nicht so einfach zu realisieren.

3.6. Die Reduzierung der Komplexität von Compilern und Betriebssystem

Die Komplexität eines Compilers hängt davon ab, wie groß die sogenannte semantische Lücke zwischen der benutzten Programmiersprache und dem Maschinenbefehlssatz ist. Die Lücke kann groß sein aufgrund eines sehr eingeschränkten Satzes primitiver Befehle, aber auch durch Anbietung sehr vieler Varianten derselben Befehle mit vielen möglichen Adressierungsarten, die nur eingeführt sind, um den Objektcode in verschiedene Richtungen hin optimieren zu können.

Die Puffermaschine bietet einen relativ einfachen Befehlssatz mit nur einer Adressierungsart: der direkten Nennung des Objektnamens. Die verschiedenen Adressierungsarten werden ersetzt durch Deskriptoroperationen. Der Compilerdesigner muß hier etwas umdenken, und es kann ohne Erfahrungen nicht von vornherein gesagt werden, welche der beiden Möglichkeiten einfacher ist.

Mit Sicherheit ein Vorteil der Puffermaschine ist das Fehlen von Registern, so daß auch deren Verwaltung entfällt. Stacks können in beliebiger Zahl und Größe kreiert werden. Hier liegt also keine Beschränkung durch die Architektur vor.

Auch über die Komplexität eines Betriebssystems kann nichts endgültiges gesagt werden, solange es nicht läuft - der Teufel mag da noch im Detail verborgen sein. Aber immerhin gibt es bei der Puffermaschine einige positive Punkte zu vermerken:

Wegen des in den Prozessorzyklus eingebauten Prinzips der Auftragsanziehung in der Befehlsebene ist eine Prozeß-Prozessor-Zuteilung auf der Betriebssystemebene zumindest in feiner Granulation überflüssig.

Kritische Bereiche können einheitlich durch Kommunikationspuffer geschützt werden: Der Eintritt in den Bereich erfolgt durch das Lesen des Deskriptors der Aktion aus dem Puffer und Ablage im Deskriptorspeicher unter deren Namen, der Austritt durch das Zurückschreiben. Die Reaktion auf die Fehlermeldung "der Puffer ist leer" ist getrennt zu programmieren. Auch hierbei bietet sich der Einsatz eines Wartepuffers für Aufträge an. Kritische Bereiche sind damit nichts besonderes. Sie werden als gewöhnliche Interprozeßkommunikationen programmiert. Dabei zeigt sich, daß Puffer noch anschaulicher sind als Semaphoren und im Gebrauch auch mächtigere Werkzeuge darstellen.

Auch die Freispeicherverwaltung läßt sich mit Hilfe von Puffern sehr einfach und effizient realisieren: Der von Prozessen nicht belegte Speicherraum ist aufgeteilt in freie Objekte. Für jede Längenklasse von Objekten (1 Wort; 4, 16, 64, ... Worte o.ä.) hält die Maschine einen speziellen Kommunikationspuffer bereit, der die Deskriptor-Rohlinge dieser freien Objekte enthält. Es gibt einen Maschinenbefehl, der einen Deskriptor aus dem passenden Puffer entnimmt, ihn vervollständigt bezüglich genauer Länge, Indexvorbesetzung, Inkrement, Schutzbits und ihm einen Namen zuweist. Im Prinzip könnte die Rückgabe ebenso einfach verlaufen durch Schreiben des Deskriptors in den passenden Puffer. Weil aber alle Elemente des freigegebenen Objektes wieder auf "undefiniert" zu setzen sind und auch zu prüfen ist, ob nicht doch noch jemand einen Zweitschlüssel (Deskriptorkopie) für das Objekt besitzt, ist es günstiger, den Deskriptor in einen "Müll"-Puffer zu werfen, der von einer Routine ausgewertet wird, die als Ausnahmebehandlung für den Fehler "der Puffer ist leer" beim Lesen aus den vorgenannten Puffern für Deskriptor-Rohlinge eingesetzt wird.

Das Betriebssystem besteht also aus einer Reihe voneinander unabhängigen Ausnahmebehandlungsroutinen für Ereignisse, die durch die Endlichkeit der Betriebsmittel bedingt sind. Dem Benutzer bleiben diese Routinen verborgen, ihm wird die Unendlichkeit der Betriebsmittel vorgetäuscht.

4. ZUSAMMENFASSUNG

Die Fehlertoleranzeigenschaften der Puffermaschine basieren auf einer Reihe von Maßnahmen. Die wichtigsten sind:

* Einführung der zweistufigen Adressierung (Abb.1) über Deskriptoren. Die Deskriptoren enthalten Strukturangaben des Objektes und ermöglichen den Objektschutz auf der Objektebene (small protection domains).

* Benutzung von Tags. Zwar werden Objekte adressiert, doch kann die Maschine nur Elemente von Objekten einzeln verarbeiten. Mit Hilfe der Tags dieser Elemente wird der Gültigkeitsbereich der Maschinenbefehle sehr stark eingeschränkt. Ein großer Teil der üblichen Softwarefehler wird hierdurch erkannt.

* Anbietung des Objekttyps "Puffer". Mit Puffern können alle Schnittstellen zwischen Prozessen untereinander und zum Betriebssystem einheitlich realisiert werden.

* Implementierung des Prinzips der Auftragsanziehung in der Maschinenbefehlsebene. Dies ermöglicht sehr schnelle Reaktionen auf Ereignisse. Ein Interrupt-Mechanismus wird überflüssig und ebenso eine Prozeß-Prozessor-Zuteilung durch das Betriebssystem.

Die Puffermaschine weist darüber hinaus noch Eigenschaften auf, die beim von-Neumann-Rechner nicht vorkommen. Beispiele sind die vorgeschriebene Baum-artige Kontrolle und die Unterstützung der single-assignment-Regel. Alle zur Zeit verbreiteten höheren Programmiersprachen sind viel zu stark von-Neumann-orientiert, um auch nur solch kleine Abweichungen unterstützen zu können. Hier ist ein lebender Anpassungsprozeß zu wünschen mit entsprechenden Schritten auf der Hardwareseite und auf der Seite der Programmiersprachen. Weder eine totale Orientierung der Sprachen auf die Rechnerarchitekturen noch eine Unterwerfung der Hardware durch ohnehin schon irgendwie orientierte Sprachen (direct execution machines) führen weiter. Die Puffermaschine ist das Ergebnis eines solchen Architekturschrittes. Er führt offenbar in die Richtung der "definitial languages" und der Datenfluß-Sprachen, doch bleibt diese Richtung letztlich vage, und das ist auch gut so, denn mit der Puffermaschine sollen hier nur Denkanstöße gegeben werden und keine fertigen Lösungen - schließlich ist sie ja universell genug, um sich zukünftigen Strömungen anzupassen.

5. LITERATUR

(1) E. A. Feustel, "On the Advantages of Tagged Architectures", IEEE Trans. Comput. C 22, 644-656 (1973).

(2) W. K. Giloi, "Rechnerarchitektur", Springer, Berlin 1981.

(3) K. von der Heide, "Objektorientierte Speicheradressierung ermöglicht hohen Durchsatz und hohe Verfügbarkeit", in Soyan und Wedekind (Hrsg.): Objektorientierte Software und Hardwarearchitekturen, Teubner, Stuttgart 1983.

(4) K. von der Heide, "Eine Rechnerarchitektur mit Auftragsanziehung auf der Befehlsebene", in I. Kupka (Hrsg.): Informatik Fachberichte 73, S. 117-133, Springer, Berlin 1983.

(5) K. von der Heide, "Puma: die Puffermaschine", GI-NTG-Workshop "Fehlertolerante Mehrprozessor- und Mehrrechnersysteme", Arbeitsberichte des IMMD der Friedrich Alexander Universität Erlangen Nürnberg (E. Maehle, E. Schmitter, Hrsg.), S. 70-80 (1983).

(6) C. A. R. Hoare, "Communicating Sequential Processes", Commun. ACM 21, 666-677 (1978).

(7) H. von Issendorff, "Dezentrale Software-Erstellung durch Netzwerkprogrammierung", in I. Kupka (Hrsg.): Informatik Fachberichte 73, S. 146-160, Springer, Berlin 1983.

(8) G. J. Myers, "Advances in Computer Architecture, Second Edition", John Wiley, New York 1982.

(9) M. Tokoro and T. Takizuka, "On the Semantic Structure of Information - A Proposal of the Abstract Storage Architecture", Proceedings of the 9th Annual Symposium on Computer Architecture, pp. 211-217, Austin 1982.

Leistungsbreite von automatischen Analyse-
und Testwerkzeugen für FORTRAN und PL/1
- Ein Erfahrungsbericht -

Axel Stöhr
Rheinisch-Westfälischer
Technischer Überwachungs-
Verein e. V.
Steubenstraße 53
4300 Essen 1

Abstract:

Ausgehend von der Situation, daß im RWTÜV für die Vorprüfung und Begutachtung umfangreiche Fremd- und Eigenprogramme in FORTRAN und PL/1
eingesetzt werden, mußten diese häufig an spezifische Probleme angepaßt werden. Diese Programme verursachten aufgrund der schlechten und
sogar teilweise fehlenden Dokumentation einen hohen Personalaufwand.
Zur Reduzierung dieses Aufwandes wurden die automatische Nachdokumen-
tations- und Testwerkzeuge RXVP, IFTRAN, SOFTDOC und SOFTEST ange-
schafft. Die langjährigen Erfahrungen mit diesen Werkzeugen führten
zu einem eigenen RWTÜV-Software-Qualitätssicherungsmodell.

Abstract:

RWTÜV uses extensive programmes, produced both externally and inter-
nally, for its work in connection with the approval of design docu-
ments and the assessment of technical installations. These programmes
are in FORTRAN and PL/1 and they must frequently be adapted for spe-

cific purposes.

Because of inadequate documentation and in some cases even a lack, these programmes have made necessary the use of large numbers of personnel. To reduce this personnel requirement the automatic tools RXVP, IFTRAN, SOFTDOC and SOFTEST were acquired to generate documentation and perform tests. RWTÜV's many years' experience with these tools has resulted in the development of its own software quality assurance model.

1. Historie

Der Rheinisch-Westfälische Technische Überwachungs-Verein e. V. (RWTÜV) erbringt in nahezu allen Gebieten wie z. B. Kraftfahrwesen, Dampf- und Drucktechnik, Elektrotechnik, Umweltschutz, Energietechnik, Chemie, Medizinisch-Psychologische Untersuchungen etc. Dienstleistungen mit dem Ziel, Menschen, Umwelt und Sachwerte vor den möglichen nachteiligen Auswirkungen der Technik zu schützen, unter der Berücksichtigung eines zweckmäßigen und wirtschaftlichen Betriebs der technischen Einrichtungen. Im Rahmen dieser Aufgabenstellung wird auch die Datenverarbeitung sowohl im kommerziellen als auch im technisch-wissenschaftlichen Bereich eingesetzt. Insbesondere bei technisch-wissenschaftlichen Anwendungen für Großprojekte mußten umfangreiche (mehr als 100 000 Statements) Programme von internationalen Programmbibliotheken oder Forschungsinstituten auf unseren Rechnern installiert und auf unsere Bedürfnisse angepaßt werden. Diese Programme waren nahezu durchgehend schwach oder kaum dokumentiert. Teilweise hatten die Programmversionen schon die Benutzerdokumente überholt, so daß sich schon bei der Ausführung der Programme mit den in den Handbüchern angegebenen Beispielen Schwierigkeiten ergaben. Um diese Programme in den Griff zu bekommen und sie sogar noch an die Wünsche der Sachverständigen anzupassen, mußten hoch qualifizierte Mitarbeiter zeitraubende und teilweise frustrierende manuelle Analysen der Programme durchführen. Hierzu gehörten die Erstellung von Modulaufrufberichten, Modulaufrufstrukturen, globale Kreuzreferenzlisten und Analyse der COMMON-Bereiche, um sowohl die änderungsbedürftigen Teile zu lokalisieren als auch die Folgen von Änderungen zu kontrollieren. Da diese Tätigkeiten einerseits als schematisch erkannt wurden, andererseits aufgrund der manuellen Durchführung eine hohe Sorgfalt benötigen, um möglichst korrekt zu sein, kam der Gedanke auf, den Softwaremarkt nach geeigneten automatischen Werkzeugen zu erforschen. Hier boten sich dann RXVP mit IFTRAN für FORTRAN-Programme an und später SOFTDOC und SOFTEST für die PL/1-Sprache.

2. Automatische Werkzeuge

2.1 RXVP

Das Programmsystem RXVP wurde von der Firma General Research Corporation (GRC) in Santa Barbara, Kalifornien, entwickelt. Es dient der Analyse und dem Test von FORTRAN- und IFTRAN-Programmen. (Auf IFTRAN wird später noch eingegangen). Das System RXVP benötigt als Eingaben sowohl ein Quellprogramm als auch mehrere Informationsdateien, die während des Betriebs von RXVP selbst erstellt und verwaltet werden. RXVP selbst wird bedient durch eine Kommandosprache, die dem Benutzer die möglichen Funktionen in der gewünschten Kombination zur Verfügung stellt. Dabei kann RXVP sowohl eine statische Analyse auf der Basis des Quellprogramms als auch eine dynamische Analyse über die Ausführung der Programme durchführen.

In der statischen Analyse wird das zu untersuchende Testobjekt (FORTRAN-Programm, -Subroutine, -Function) auf Daten, Schnittstellen und Struktur untersucht und die Information in die schon erwähnten Dateien eingebracht. Aus diesen Informationen können über die Kommandosprache unterschiedliche Berichte erzeugt werden. Zu diesen gehören im wesentlichen folgende:

a) Es wird eine Quellprogrammliste in einer für die Lesbarkeit geeigneten Form erzeugt mit Herausstellung der Programmstruktur. Gleichzeitig erfolgen Hinweise auf nicht erreichbare Code (Graph Checking), auf Schnittstellenfehler in Typ und Anzahl der Parameter (Call Checking), auf Anomalien in Zuweisungen (Mode Checking) und auf Anomalien bei den Variablenverwendungen (Set/Use Checking).

b) Des weiteren kann ein Modulaufrufbericht, in dem alle Aufrufe
   von und alle Aufrufe zu dem untersuchten Modul dargestellt sind,
   erzeugt werden. Unterstützt wird dieser Bericht noch durch eine
   Darstellung der Modulaufrufstruktur in Form eines lokalen Aufruf-
   baums über und unter dem betreffenden Modul.

c) Schließlich werden lokale und globale Kreuzreferenzlisten für
   Variable- und Common-Bereiche erstellt, die den Verwendungszweck
   der Variablen, der Common-Variablen und der Common-Bereiche selbst
   nach den Kriterien "definiert", "verändert" und "benutzt" darstellen.

d) Und zuletzt kann die Benutzeroberfläche des zu untersuchenden
   Objekts in der Form der Darstellung alle READ- und WRITE-State-
   ments mit den zugehörigen FORMAT-Statements transparent gemacht
   werden.

Während der dynamischen Analyse wird das strukturelle Ablaufverhalten
des Testobjektes reportiert. Hierzu muß im Rahmen der statischen Analyse eine Instrumentierung mit Subroutinenaufrufen an allen möglichen
Verzweigungspunkten (IF-, Do-Anweisungen etc.) erfolgen. Die State-
mentsequenzen zwischen zwei Verzweigungen heißen DD-Path (Decision-to-
Decision-Path). Nach Ausführung des instrumentierten Objektes erfolgt
ein Nachweis über die angesprochenen DD-Paths mit Angabe der Anzahl
der Durchläufe je DD-Path. Nicht ausgeführte DD-Paths werden geson-
dert gekennzeichnet. Als Testhilfe wird zur Erreichung der nicht
ausgeführten DD-Paths eine automatische Generierung von DD-Path-Fol-
gen angeboten, wenn der Ziel-DD-Path und der Start-DD-Path vorgegeben
werden. Insgesamt können mit RXVP 16 Reports erzeugt werden.

2.2 IFTRAN

IFTRAN ist ein Softwarewerkzeug von der Firma GRC und dient der FOR-
TRAN Programmierung und zwar der strukturierten Programmierung. Über
FORTRAN hinaus bietet es folgende Kontrollstrukturen:

1. IF...ORIF...ELSE...ENDIF
2. WHILE...END WHILE

3. REPEAT...UNTIL

4. DO...END DO

5. CASE0...CASEN...CASEELSE...ENDCASE

6. LOOP...EXITIF...ENDLOOP

7. FOR...ENDFOR

8. BLOCK...ENDBLOCK

9. INVOKE

Neben verschiedenen Optionen sind die wichtigsten die ASSERT- und die INSTRUMENT-Optionen. Die ausführbaren ASSERTIONEN sind:

1. INITIAL (Logischer Ausdruck) /FAIL INVOKE BLOCK/

2. ASSERT   (Logischer Ausdruck) /FAIL INVOKE BLOCK/

3. FINAL   (Logischer Ausdruck) /FAIL INVOKE BLOCK/

Als logische Ausdrücke können gewählt werden:

1. Logischer Ausdruck in FORTRAN = LOFO

2. .ALL.I.IN.(N1,N2)(LoFo) = Für alle gilt

3. .SOME.I.IN.(N1,N2)(LoFo) = Für eins gilt

4. LOFO.IMP.LOFO = Implikation

2.3 SOFTDOC

Das System SOFTDOC wurde von der Firma Software Engineering Service (SES) in Neubiberg erstellt und dient der statischen Analyse von ASSEMBLER-, COBOL- und PL1-Programmen. Es erzeugt ähnlich wie RXVP eine große Anzahl unterschiedlicher Dokumente, die der

1. automatischen Dokumentation,

2. syntaktischen und strukturellen Analyse
   von Quellprogrammen,

3. Datenverwendungsanalyse

4. Programmpfad-Analyse und

5. Schnittstellenanalyse

dienen.

Der Einsatz von SOFTDOC geschieht BOTTOM-UP und beginnt bei der Modul-
ebene. Dabei werden bis zu 7 Dokumente automatisch erzeugt:

1. Modulbaum
2. Modul EVA-Diagramm
3. Moduldatenbeschreibung
4. Modulablaufstruktur (Pseudo Code)
5. Testpfadtabelle (mit Angabe der Prädikate)
6. Datenverwendungsnachweis
7. Code-Mängelbericht

Auf der Programmebene können bis zu 6 Berichte erzeugt werden:

1. Programmbaum
2. Programm EVA-Diagramm
3. Programm Schnittstellenliste
4. Programm Datenkatalog
5. Datenflußtabelle
6. Strukturmängelbericht

Auf der Systemebene stehen unter Einbeziehung von Job Control Language (JCL) maximal 5 verschiedene Dokumente zur Verfügung:

1. Systembindungstabelle
2. System EVA-Diagramm
3. System SADT-Diagramm
4. Datenflußtabelle
5. System-Datenkatalog

2.4 SOFTEST

Das automatische Werkzeug SOFTEST stammt auch von der Firma SES und
unterstützt die Testphase der Module. Dabei wird das betrachtete
Quellprogramm instrumentiert, eine künstliche Testumgebung generiert,
der Test dokumentiert und der Testdeckungsgrad gemäß C1-Deckung aus-
gewiesen. Besonders hervorzuheben ist, daß alle Schnittstellen zu

Dateien, Datenbanken und anderen Modulen durch eine automatisch generierte Testumgebung simuliert werden. Die Testdaten werden dabei aus der Modulspezifikation gewonnen und mit Hilfe einer Testdaten-Spezifikationssprache formuliert. Diese Sprache ist PL/1-ähnlich und wird als ASSERTION bezeichnet. Für alle Datenschnittstellen werden INPUT/OUTPUT-ASSERTIONS und für alle Modulschnittstellen PRE-/POST-ASSERTIONS geschrieben. Zum Zeitpunkt der Benutzung dieser Schnittstellen werden die spezifizierten Werte gesetzt bzw. geprüft.

3. Erfahrungen

Alle Werkzeuge dienen der Nachdokumentation und dem Test von Programmen. Gleichzeitig werden auch noch Hinweise zu Programmanomalien oder auch zu Verletzungen von Programmierstandards gegeben. Die Nachdokumentation von Programmen liefert den tatsächlichen Entwicklungsstand und ist damit im Gegensatz zu allen manuell erzeugten Dokumenten aktuell und von gleichbleibender, personenunabhängiger Güte. Für die in der Einleitung erwähnten Aufgaben der Evolution fremder Programme sind mehr als 50 % Zeitersparnis zu erzielen. Die aus diesem Einsatz der Programme gewonnene Erfahrung hat uns veranlaßt, ein eigenes Software-Entwicklungsmodell für den RWTÜV zu erstellen, in dem diese Werkzeuge einen festen Bestandteil bilden. Dabei werden alle beschriebenen Instrumente gleichermaßen für die Validation unserer eigenen Software eingesetzt. Der Umfang des Einsatzes hängt dabei von unserer hauseigenen Klassifizierung der Software ab. Dabei werden fünf Klassen unterschieden und als Klassifikationskriterium die zu erwartenden Folgen bei Fehlverhalten von Software benutzt. Häufigstes Einsatzgebiet dieser Werkzeuge sind neben der Abnahme der Programme und Übergabe an die Produktion die Nachdokumentation zur Wartung und Änderung von großen Systemen. Dabei erweisen sich die statischen Analysen als notwendige Bestandteile für konstruktive Eingriffe in solche Programme. Die C1-Testdeckungsanalyse erzeugt nach solchen Eingriffen das notwendige Vertrauen in die Nutzung der Programme. Die durch IFTRAN möglichen ausführbaren ASSERTIONS, insbesondere in nicht getesteten Zweigen, liefert eine befriedigende Robustheit und teilweise auch eine Fehlertoleranz bei Abhandlung verletzter Bedingungen.

Schließlich darf nicht unerwähnt bleiben, daß der Report über die Anzahl und die Art von Zweigdurchläufen einerseits der Validation andererseits in besonderem Maße den Tuning-Maßnahmen dient.

Abschließend wollen wir noch einige Bemerkungen zu dem Aufwand bei dem Einsatz dieser Instrumente machen. Für die statische Analyse entsteht vernachlässigbarer Aufwand, da im wesentlichen Maschinenkosten der Rechner entstehen. Viel schwieriger wird der Fall, wenn ein vorgegebener Testdeckungsgrad gemäß C1 gefordert wird. Allein aus der Spezifikation hergeleitete Testfälle erzielen etwa 60 % C1-Deckung. Weitere 30 % können aus Entwurf erzielt werden. Um 100 % C1-Deckung zu erreichen, müssen im allgemeinen das Quellprogramm und die Zweigprädikate sorgfältig analysiert werden. Oftmals ist es notwendig, unsinnige Abfragen aus dem Programm zu eliminieren, um überhaupt 100 % C1-Deckung zu erreichen. Global kann gesagt werden, daß mit der Forderung 90 % C1-Deckung etwa zwischen 50 % und 75 % aller Erstfehler entdeckt werden. Der Aufwand hierzu liegt etwa bei 10 % bis 15 % des Erstellungsaufwandes. Im wesentlichen hängt dieser Aufwand von dem Programmstil und der Komplexität der Programme und Module ab. Wurde während der Spezifikation über den Entwurf bis hin zur Codierung homogen nach dem Prinzip der schrittweisen Verfeinerung strukturiert vorgegangen, dann vermindert sich der Testaufwand drastisch. Aufgrund der von uns bevorzugten SADT-Methode konnten in vielen Fällen auf Anhieb 90 % C1-Testdeckung und mehr erreicht werden.

4. Zukunft

Im vorangehenden wurden die Gründe für den Einsatz von Dokumentations- und Testwerkzeugen und die Arbeitsweise der Systeme RXVP, IFTRAN, SOFTDOC und SOFTEST vorgestellt und über die Erfahrung mit deren Umgang berichtet. In verschiedenen Veröffentlichungen wird für ein Systemversagen mit 40 % die Hardware und mit 60 % die Software verantwortlich gemacht. Aufgrund unserer Erfahrungen kann mit solchen Instrumenten die Anzahl der Softwarefehler um 75 % gesenkt und damit die ausfallfreie Zeit des Systems um ca. 80 % erhöht werden. Gleichzeitig können durch reduzierten Wartungsaufwand Kosten eingespart werden, die über dem beschriebenen Qualitätssicherungsaufwand liegen. Diese Tatsachen allein drängen zu einer automatischen Qualitätssicherung. Andererseits ist es besonders beklagenswert, daß für die verschiedenen Softwareentwicklungsphasen noch keine durchgehenden, praxisnahen Instrumente existieren. Hierbei denken wir besonders an die Spezifikation und den Entwurf. Im übrigen könnten gerade in diesen Bereichen neue Instrumente entstehen, da die von uns beschriebenen Werkzeuge eigentlich - und hier muß den Compilerherstellern ein Vorwurf gemacht werden -fehlende Funktionen von Compilern ergänzen und deren Mängel beheben.

Literatur

/1/   "IFTRAN Structured Programming for FORTRAN"
        User's Manual
        General Research Corporation, Santa Barbara, Kalifornien

/2/   "V-IFTRAN Verifiable Programming for FORTRAN"
        User's Manual
        GRC, Santa Barbara, Kalifornien

/3/   "RXVP-80 User's Manual"
        GRC, Santa Barbara, Kalifornien

/4/   SOFTDOC, SOFTEST
        Benutzerhandbuch
        SES, Neubiberg, Deutschland

/5/   Stöhr, A.
        "Eignungsprüfung von Software"
        in RWTÜV Schriftenreihe Heft 22
        "Mikroelektronik und Mikroprozessoren in Kraftwerken"
        August 1983, 37-40

/6/   Stöhr, A.
        "Höhere Wirtschaftlichkeit durch zuverlässigere Software" in
        "Elektronischen Steuerungen und Mikroprozessoren im Bergbau"
        Juni 1983, 163-169
        ISBN3-88585-159-8

/7/   Tobergte, J.
        "Software-Zuverlässigkeit: Ein integraler Bestandteil technischer Sicherheit"
        in TÜ-Technische Überwachung, Band 21 (1980),
        Heft 7/8, 335-339

Ein Bündel heuristischer Methoden zur kostenoptimalen Bestimmung und Sicherung
von Software-Zuverlässigkeit

F. Belli

Hochschule Bremerhaven
Columbusstr. 2
2850 Bremerhaven

Zusammenfassung

Ausgehend von den Methoden der konventionellen Qualitätssicherung und den vorhandenen
Techniken des Software-Engineering wird in dieser Arbeit ein Ansatz vorgestellt,
welcher die Zuverlässigkeit von Software-Produkten unter Berücksichtigung der Wirt-
schaftlicheitsaspekte bestimmt und sichert. Die Komponenten der Methode sind: Prüfen
des Software-Produktes, Bestimmung der Zuverlässigkeit (Messen) und Optimierung dieser Prüf- und Meß-Prozedur im Hinblick auf ihre Kosten und Nutzen.

Abstract

An assemble of methods established in quality control and software engineering will
be presented to determine and to assure the software quality and reliability. The
elements of the approach are (i) product verification, (ii) reliability measurement,
and (iii) cost optimization.

1. Einleitung

Die Probleme der Zuverlässigkeit von Rechnerprogrammen sind so alt wie der Einsatz
der programmierbaren Rechner selbst. Während die Hardware immer zuverlässiger und
billiger wird, bleibt die Erstellung zuverlässiger und wirtschaftlicher Software noch
immer eine "Kunst", ja fast eine "Magie", wie auch die Titel einschlägiger Fachbücher
andeuten /KNUT, MYE3 etc./.

Die Ausgangslage der Software-Entwicklung und -Verifikation kann wie folgt beschrieben werden /BHAR, CHAN, COMP, IEE1, IEE2, HETZ, MICR, MIL1, PDV , VDI /: Jede Software-Entwicklung stellt einen Prototypen dar, und mit relativ geringer Mühe kann hohe
Komplexität erreicht werden. Im Gegensatz zu anderen Ingenieur-Disziplinen existieren
für die Software-Entwicklung keine allgemein anerkannten Verfahren und Werkzeuge,
sondern eine große Vielfalt von Ansätzen. Zur Verifikation von Software-Produkten
existieren ebenfalls eine Reihe von formalen und nicht-formalen Verfahren. Exakte
Verfahren, wie z.B. Korrektheitsbeweise /BOYE, DIJ1, DIJ2/ sind aufwendig und berücksichtigen die dynamischen Eigenschaften der Produkte und die Interaktion dieser Produkte mit den Hardware-Schnittstellen nicht bzw. auf nur sehr aufwendig durchführbare
Weise. Reine ad-hoc-Prüfverfahren dagegen ermöglichen nur eine "punktuelle" Beurteilung der Software-Produkte bzw. ihrer eng begrenzten Eigenschaften.

In dieser Arbeit wird der Versuch unternommen, bewährte Methoden der konventionellen
Qualitäts- und Zuverlässigkeitssicherung zusammen mit Ergebnissen des Software-
Engineering, die nach bestimmten Kriterien ausgewählt werden, zu einem Methodenbündel
zusammenzufassen. Dabei wird die Erhöhung der Zuverlässigkeit nicht "um jeden Preis"

angestrebt, sondern Wirtschaftlicheits-Aspekte werden als eine der Hauptkomponenten berücksichtigt. Die Komponenten des Ansatzes sind (s. auch Bild 1):

- Prüfen des Produktes mit Hilfe von statischen und dynamischen Verfahren, die auf fundierten Kenntnissen wie auf Ergebnissen der Test-, Domain- und Mutationstheorien basieren /BUDD, GOOD, HOWD, MYE2 etc./. Durch diesen Schritt werden Fehler aufgedeckt, Korrekturmaßnahmen eingeleitet und vor allem das beobachtete Fehlverhalten des Produktes und die Störungen seiner Umgebung, kurz die unerwünschten Ereignisse /6/ protokolliert.

- Messen, d.h. die Ermittlung der Zuverlässigkeitskenngrößen /in Anlehnung an DIN , IRES, MIL2 etc./ des Produktes mit Hilfe von statistischen Modellen /DAC2, LITT, EHR1,INF1, INF2, MLLS etc./. Die im ersten Schritt protokollierten Werte werden als Eingangsparameter dieser Modelle benutzt.

Durch eine iterative Durchführung dieser beiden Schritte wird es möglich, Abnahme- und Freigabevoraussetzungen für das Produkt herbeizuschaffen, z.B. nach /MIL1/.

- Eine wichtige Entscheidung für den Anwender ist, den Zeitpunkt zu bestimmen, wann der iterative Prüf- und Meßvorgang terminiert werden kann. Zu diesem Zweck wird in Anlehnung an /BOUL/ ein Modell beschrieben, das eine Entscheidung durch Vergleich des Testaufwands (als Kosten) mit den durch diesen Aufwand vermiedenen Fehlerfolgekosten (als Nutzen) ermöglicht. Durch diese Analyse wird die Wirtschaftlichkeit folgender Alternativen während des Modul- und Integrationstests untersucht:

  + das Programm weitertesten oder nicht mehr testen

  + das Programm annehmen oder ablehnen und die erwünschte Zuverlässigkeit auf anderen Wegen gewinnen.

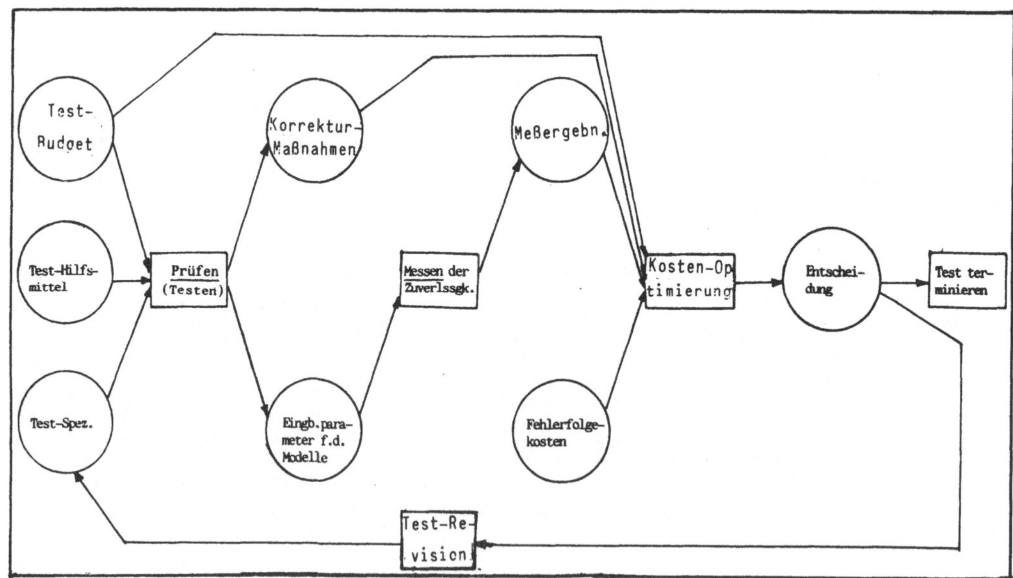

Bild 1: Zusammenfassung des Ansatzes

Damit sind die drei Komponenten (Prüfen, Bestimmung der Zuverlässigkeit (Messen) und Bestimmung des optimalen Terminierungszeitpunktes des Prüf- und Meßvorgangs) Methode kurz beschrieben, die interaktiv einzusetzen sind.

Im nächsten Abschnitt wird eine Übersicht über untersuchte Prüfmethoden gegeben und

Auswahlkriterien aufgestellt. Hierfür wird aus Gründen der Durchführbarkeit und der Berücksichtigung dynamischer Eigenschaften der Software-Produkte sowie ihrer Interaktion mit der Hardware grundsätzlich für Testtechniken entschieden, die halb formal und nicht ad-hoc sind.

Zum Messen der Zuverlässigkeit werden im dritten Abschnitt statistische Methoden vorgeschlagen und ebenfalls Kriterien für ihre Auswahl aufgestellt.

Im Abschnitt 4 wird die dritte Komponente des Ansatzes dargestellt: Eine Entscheidungsbaum-Analyse , die jeden Schritt dieses iterativen Vorgangs mit einer Gegenüberstellung seiner Kosten und Nutzen abschließt. Als Kosten werden dabei die geschätzten Kosten des Weitertestens zur Erhöhung der Zuverlässigkeit genommen. Als Nutzen werden die geschätzten Folgekosten der Restfehler genommen, die durch die Erhöhung der Zuverlässigkeit vermieden werden. Der Test wird dann terminiert, wenn die Kosten den Nutzen überschreiten.

Ausdrücklich zu betonen ist noch, daß der vorzustellende Ansatz für die Erstellung von sicherheitsrelevanten Software-Produkten nicht allein verwendet werden darf. Er ist vielmehr komplementär mit anderen Methoden zu benutzen, die für Software-Entwurf und Spezifikation so einzusetzen sind, daß Fehler größtenteils von Anfang an vermieden bzw. im operationellen System toleriert werden. Aus Gründen des Umfangs wird auf diese Fehlervermeidungs- und Fehlertoleranz-Methoden hier nicht eingegangen, sondern lediglich auf die anderen Beiträge dieses Workshops und auf Literatur hingewiesen /BEL2, BEL3, MYE2, PROC u.v.a./.

2. Prüfen

Nach DIN 55350 /DIN 2/ bedeutet die (Qualitäts-)Prüfung" die Feststellung, inwieweit Produkte oder Tätigkeiten die an sie gestellten (Qualitäts-)Anforderungen erfüllen".

Für Software kann diese Definition wie folgt interpretiert werden: Feststellen, ob die Programme die durch ihre Spezifikation definierten Funktionen erfüllen und dabei ggf. das Aufdecken von Software-Fehlern sowie deren Ursachen. Im letzteren Fall erfolgen entsprechende Korrekturmaßnahmen.

Wichtig für die Verwendung der Meßmethoden, die im nächsten Abschnitt beschrieben werden, ist die Protokollierung des Fehlverhaltens der zu prüfenden Programme als Eingabeparameter der Zuverlässigkeitsmodelle.

Bevor wir uns mit den Software-Prüfmethoden beschäftigen, ist es notwendig, den Begriff "Software-Fehler" etwas näher zu untersuchen.

2.1 Software-Erstellung als Übersetzungstätigkeit

Die Software-Erstellung kann im allgemeinen als eine Folge von Übersetzungstätigkeiten aufgefaßt werden, wenn man von der phasenweisen Entwicklung ausgeht: Zunächst werden Nutzer-Anforderungen in ein Lastenheft oder in eine Aufgabenbeschreibung aus Kundensicht umgesetzt, dann diese in eine Leistungsbeschreibung oder eine Anforderungsdefinition aus der gemeinsamen Sicht der Entwickler und des Kunden, dann in Entwurfs-Spezifikationen usw. bis schließlich die lauffähigen Programme in codierter Form entstehen. Zu den Entwicklungsarbeiten gehören auch die Erstellung der Prüf-Spezifikationen, welche die korrekte Umsetzung der Ergebnisse einer Phase in die nächste durch den jeweiligen Übersetzungsschritt sichern sollen. Obwohl über die Benennung und über den genauen Inhalt und die Ergebnisse dieser Phasen noch keine Einigkeit besteht, ist der Zweck ihrer Einführung klar: Schrittweise Reduktion der Komplexität der Gesamtentwicklung und Erhöhung der Abstraktion, um die am Ende entstandenen Programme in eine für die Wartung und Pflege transparente Form zu bringen, und vor allem, die Entwicklung selbst für alle Beteiligten transparenter zu gestalten.

2.2 Software-Fehler

Ein großer Teil der globalen Übersetzungstätigkeit erfolgt manuell, vor allem in den Anfangsphasen. Tatsächlich werden die Spezifikationen meist umgangssprachlich formuliert, was eine automatische Aufdeckung der Fehler nicht ermöglicht.

Software-Fehler können in jedem Schritt dieser Übersetzungstätigkeit entstehen, wenn

- die Syntax-Regeln nicht eingehalten werden,

- die Semantik durch die Übersetzung gefälscht wird, oder

- die Pragmatik nicht klar ist, d.h. falsche Interpretation nicht exakt beschriebener bzw. beschreibbarer Anforderungen, obwohl sie "eigentlich allen klar" waren, wie z.B. bei Benutzerfreundlichkeit, Flexibilität etc.

Sofern für die Formulierung der Vorgaben und Ergebnisse einer Phase ein formales Mittel zur Verfügung gestellt wird, kör   Fehler syntaktischer Art weitgehend automatisch aufgedeckt werden, und zwar dur᎙ Verwendung nicht-prozeduraler Sprachen und ihrer Übersetzer wie z.B. PSL/PSA, EPOS etc. in den Anfangsphasen oder durch Programmiersprachen und ihre Compiler bei der Codierung.

Eine formale Behandlung der semantischen Fehler ist schwieriger. Obwohl hierfür Methoden vorhanden sind, wie z.B. denotationale Semantik /STRA/, scheint ihre Anwendung für größere Programme mit Echtzeit-Charakter noch nicht praktikabel.

Eine ausschöpfende Behandlung der pragmatischen Fehler ist noch erheblich schwieriger, wenn nicht unmöglich. Daher wird hier versucht, mit empirischen Methoden die entstehenden Probleme zu lösen /BOEH, COOP, DEUT, GILB, GLAS, HALS, RAM2/.

2.3 Betrachtete Prüfverfahren und Auswahlkriterien

Aus den im letzten Abschnitt aufgeführten Gründen werden hier nur die Methoden zur Behandlung syntaktischer und semantischer Fehler in Betracht gezogen. Diese sind im allgemeinen Prüfmethoden zur Sicherung der Korrektheit der Programme und zur Sicherung der Übereinstimmung mit ihren präzise definierten Spezifikationen wie Genauigkeit, Effizienz bzgl. ihrer Verweildauer, Speicherplatzbelegung etc., und nicht Prüfmethoden zur Sicherung der Übereinstimmung mit ihren präzise kaum definierbaren Spezifikationen wie Benutzerfreundlichkeit, leichter Änderbarkeit etc.

Diese Prüf-Methoden werden im Bild 2.1 und Bild 2.2 schematisch wiedergegeben.

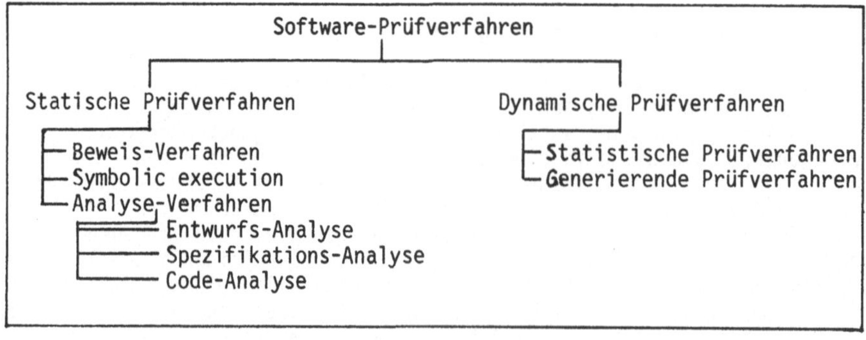

Bild 2.1: Software-Prüfverfahren

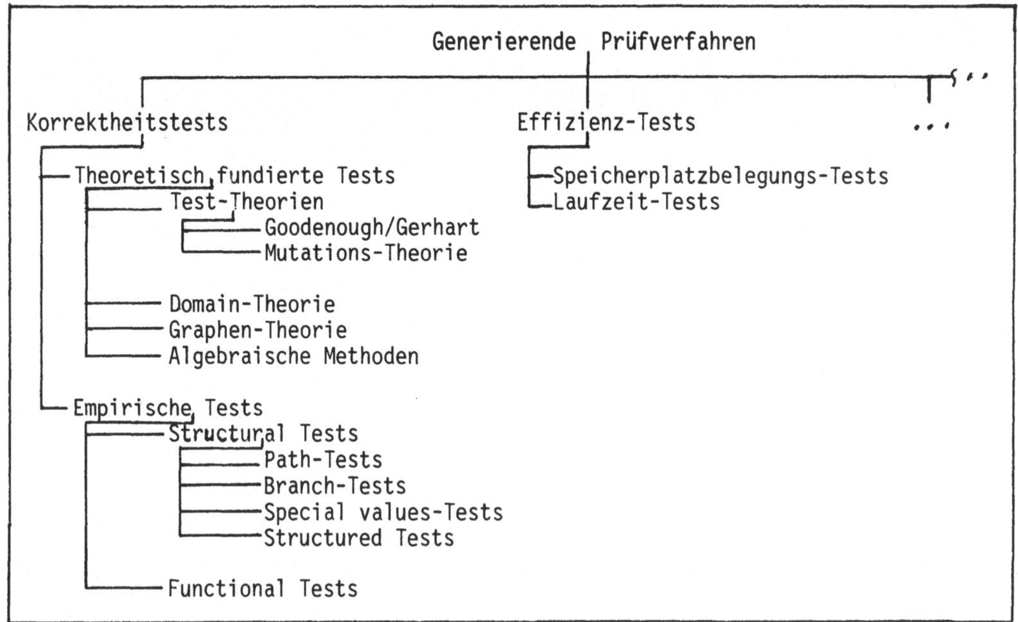

Bild 2.2: Generierende Prüfverfahren

Als nächstes werden folgende Auswahlkriterien zur Untersuchung dieser Methoden aufgestellt (Bild 3).

Prüfverfahren-Auswahl-Kriterium 1:	<u>Praktibilität</u>, d.h. Durchführbarkeit des Prüfverfahrens an größeren, nicht-trivialen Echtzeit-Software-Paketen durch einen "Durchschnitts-"Entwickler, Kompliziertheit und Aufwand des Verfahrens etc.
Prüfverfahren-Auswahl-Kriterium 2:	<u>Vollständigkeit</u> des Korrektheitsnachweises, d.h. inwieweit alle möglichen Ausführungen eines Programms berücksichtigt werden.
Prüfverfahren-Auswahl-Kriterium 3:	<u>Realitätsnähe</u>, d.h. Berücksichtigung der dynamischen, Echtzeiteigenschaften, der Interaktion der zu prüfenden Software mit der dazu gehörenden Hardware, Abstraktion von der Programmimplementierung, Detaillierung der Prüfung etc.
Prüfverfahren-Auswahl-Kriterium 4:	<u>Gewinnung der Eingabeparameter</u> für Zuverlässigkeitsmodelle (s. folgenden Abschnitt)

Bild 3: Kriterien zur Auswahl von Prüfverfahren

Nun können die im Bild 2.1 und 2.2 dargestellten Prüfverfahren nach diesen Kriterien untersucht werden. Die Verfahren werden hier nur soweit beschrieben, wie es für die Untersuchung relevant ist. Ausführliche Beschreibungen finden sich in /CHAN, COMP, EHR2, FAIR, GOOD, HETZ, HOWD, IEE1, IEE2, INF2, KING, MIL1, MIL2, MYE3, PDV , PETE etc./.

Die Prüfverfahren können zunächst in zwei Klassen zusammengefaßt werden:

- Statische Verfahren
- Dynamische Verfahren

Statische Verfahren umfassen weitgehend "Schreibtisch-Arbeit", d.h. keine oder nur geringfügige Einbeziehung der Hardware-Umgebung in die Untersuchung und Konzentrierung der Aufmerksamkeit auf die reine, isolierte Software. Die Verfahren hierfür sind Beweisverfahren, symbolic execution und Analyseverfahren.

Auch wenn das zweite Kriterium nur bei Beweisverfahren weitgehend erfüllt wird und vielversprechende Ansätze für ihre Durchführbarkeit vorhanden sind /z.B. GRIES/, sind diese Verfahren für breite Schichten von Entwicklern und längere Programme noch nicht praktikabel und erfüllen die übrigen Kriterien nicht, sie werden deswegen von der weiteren Betrachtung ausgeschlossen.

Interessant ist die symbolic execution-Methode, bei der statt konkreter Werte der Testdaten symbolische, d.h. algebraische, Parameter das Programm per Schreibtisch-Simulation durchlaufen und das ebenfalls symbolische Ergebnis als algebraischer Ausdruck auf Richtigkeit hin untersucht wird /KING/. Damit kommt dieses Verfahren dem Beweisverfahren nahe, ist aber leichter zu handhaben. Es erfüllt jedoch nicht die Kriterien 3 und 4.

Weitaus praktikabler sind die Analyseverfahren. Diese Verfahren sind unter den Begriffen "Walk-throughs" und "Inspektionen" bekannt /FAGA/. Aus Erfahrungsberichten und aus eigenen Erfahrungen des Autors sind sie auch sehr wirksam bzgl. Fehleraufdeckung und somit bzgl. Parameter-Gewinnnung für die Zuverlässigkeitsmodelle. Nachteile sind dagegen der hohe Aufwand zur Vorbereitung (Erstellung von Checklisten, Bereitschaft der Entwickler) und zur Durchführung (Notwendigkeit vieler Teilnehmer). Weil sie nicht formalisierbar sind, kann eine Vollständigkeit nicht garantiert werden. Außerdem ist die Realitätsnähe nur bedingt gegeben.

Für die Code-Analyse können weitgehend Übersetzer eingesetzt werden. Zu bemerken ist jedoch, daß die meisten Compiler nur einen Teil der Fehler aufdecken, die zur Übersetzungszeit erkennbar sind. So könnten z.B.

- Variablen, die definiert aber nicht verwendet werden,

- Variablen, denen hintereinander Werte zugewiesen werden, ohne zwischendurch verwendet zu werden,

- Variablen, die ohne Initialisierung verwendet werden

als potentielle Laufzeitfehler-Quellen identifiziert werden. Natürlich können durch Erweiterung dieser Überlegung ein erheblicher Teil statistische Semantik-Fehler durch Compiler bzw. Pre-Compiler erkannt werden /HAML/.

Die statistischen Verfahren werden von weiteren Betrachtungen ausgeklammert, weil diese Verfahren die zu prüfende Software als "black box" betrachten und ihre strukturellen Eigenschaften außerachtlassen. Sie arbeiten mit Testdaten, die zufällig erzeugt werden. Das Ergebnis ist hoher Test-Aufwand und geringe Praktibilität. Für einige modifizierte Arten wird jedoch von positiven Erfahrungen berichtet /EHR1, MLLS/.

Die nächste Gruppe (die eigentlichen Tests) wird "generierende" Prüfverfahren genannt, weil sie mit Testdaten arbeitet, die eigens für die Prüfung nach verschiedenen Kriterien erzeugt werden. Für jedes Test-Eingabedatum wird ein entsprechendes, erwartetes Testergebnis (Ausgabedatum oder Systemreaktion) definiert. Dieses Testergebnis wird zusammmen mit dem Test-Eingabedatum als Testfall bezeichnet /MLL2, PETE etc./.

Als erste Teilgruppe dieser Verfahren werden die theoretisch fundierten Testverfahren betrachtet.

Die anfangs zitierte Test-Theorie von Goodenough/Gerhart liefert große Beiträge für die einheitliche Notation und viele Hoffnungen für die Erfüllung der Vollständigkeit durch Tests. Praktibilität wird jedoch nicht ohne weiteres gewährleistet /CHAN, WEGN/.

Auf die Schwächen dieser Methode bezieht sich die Mutations-Theorie /BUDD, WEGN/ und versucht weniger perfektionistisch, der Testmethode eine bessere Praktibilität zu geben. Die Theorie kann wie folgt zusammengefaßt werden.

Die von erfahrenen Programmierern erstellten Programme sind verdächtig, richtig zu sein oder nur gerinfügige Fehler zu enthalten. Das bedeutet, wenn die Programme Fehler enthalten, dann sind diese vom Entwerfer und weniger vom Programmierer vertretbare Fehler. Wenn man nun **Mutationen** (d.h. nach bestimmten Prinzipien geringfügig geänderte Versionen) dieser Programme generiert (natürlich nur automatisch und in großer Anzahl), und ausführt (wieder automatisch mit gleichen Testfällen wie bei dem ursprünglichen Programm), dann kann zweierlei passieren: Die Mutation läuft so, daß die Änderung sichtbar wird (crash oder verfolgbares Fehlverhalten). Oder aber das Programm wird so ausgeführt, als wäre nichts geändert worden. Im ersten Fall ist alles in Ordnung: Die Mutation reagiert anders als das ursprüngliche Programm, und das war zu erwarten. Im zweiten Fall dagegen liegt ein Problem vor, das analysiert werden muß. Diese Inkomformität kann ihre Gründe schwerlich in Codierungsfehlern haben; es ist vielmehr nach einem Entwurfsfehler zu suchen (coupling effect: "einfache Fehlerauswirkungen deuten auf schwerwiegende Fehler hin"). In diesem Fall hat man beste Chancen, ernste semantische Fehler aufzudecken.

Obwohl auch hier das Vollständigkeitskriterium nicht erfüllt wird, ist dieses Verfahren sehr interessant, denn es erfüllt die anderen Kriterien weitgehend. Es kann auch ohne Mühe mit einem anderen Verfahren kombiniert werden, um die Wahrscheinlichkeit der Restfehler in einem Programm zu bestimmen /DAC2, GILB/.

Von den übrigen Verfahren dieser Gruppe sind die Domain- und Graph-Theorien /HOWD/ sehr interessant. Anhand der graphischen Darstellung eines Programms erzeugen sie automatisch Testfälle, die zur Aktivierung bestimmter Sektoren (Pfade, Segmente etc.) benutzt werden können. Damit kann das Vollständigkeitskriterium weitgehend erfüllt werden, zumindest für die wichtigsten Teile eines Programms.

Die **empirischen Verfahren** /HOWD/ können grundsätzlich dazu verwendet werden, einen Gesamt-Testrahmen zu bilden, z.B. zur Vorbereitung der Abnahme-Bedingungen nach /COOP, MIL1/. Diese Methoden sind in der Praxis bekannt und werden hier nicht im einzelnen besprochen, sondern es wird auf Literatur hingewiesen /BEL3, HOWDEN, INF2 etc./.

Insgesamt kann nun zur Erfüllung der aufgestellten Kriterien folgende Kombination von statischen und dynamischen Verfahren vorgeschlagen werden:

- Von statischen Verfahren: Analyse-Verfahren, symbolic execution

- Von dynamischen Verfahren: Eine strukturierte, empirische Methode als Gesamt-
  Testrahmen und eine Kombination bestehend aus Methoden der Mutations-Theorie
  (Test-Generierung) und Domain-Theorie (Testfall-Generierung).

Es kann jedoch nicht ausdrücklich genug betont werden, daß die Anwendung dieser Methoden keineswegs den Einsatz moderner Software-Engineering-Methoden zur Fehlervermeidung ersetzen bzw. ihren Ausschluß kompensieren können.

3 Bestimmung der Zuverlässigkeit (Messen)

3.1 Software-Zuverlässigkeit versus Software-Korrektheit

Der herkömmliche Zuverlässigkeitsbegriff z.B. nach /DIN1, IRES, MIL2 etc./ kann für Software nur bedingt übernommen werden, denn Software kann entweder

- fehlerfrei, d.h. korrekt implementiert und dokumentiert sein oder
- fehlerbehaftet sein.

Im ersten Fall hat Software eine sehr hohe, im Grunde absolute Zuverlässigkeit, denn sie kann keine falschen Ergebnisse liefern, weil sie nicht abgenutzt wird. Man kann höchstens die Ausfallwahrscheinlichkeit der sie ausführenden und umgebenden Hardware durch Abnutzung, thermische Faktoren, Kopierfehler etc. in Betracht ziehen. Diese Wahrscheinlichkeit ist jedoch sehr gering und kann daher praktisch vernachlässigt werden.

Wenn man konsequent bei dieser Sichtweise bleibt, darf man nur von Korrektheit der Software und nicht von ihrer Zuverlässigkeit sprechen. Dann kämen allerdings für ihre Prüfung auch nur formale Methoden in Frage, die im letzten Kapitel diskutiert und für sehr schwer praktikabel gefunden wurden. Aus der Praxis ist jedoch bekannt, daß man mit der Tatsache leben muß, daß eher der zweite Fall der Wirklichkeit entspricht: Software kann fehlerbehaftet sein, auch wenn sie längere Zeit ohne Probleme erfolgreich verwendet wurde. Aus diesen Gründen wird für Software eine etwas modifizierte und nicht so perfektionistische Definition der Zuverlässigkeit benutzt, so z.B.

- nach /MYE1/: "the probability that the software will execute for a particular period of time without a failure, weighted by the cost to user of each failure encountered"

- nach /GLAS/: "the degree to which a software system both satisfies its requirement and delivers usable services"

- nach /DAC1/: "Software is reliable if its use enables a system to perform within a specified error tolerance."

All diese Definitionen zeigen eine Bereitschaft zum Kompromiß: Eine absolute Software-Korrektheit ist für nicht-triviale Echtzeit-Systeme kaum erreichbar bzw. nicht bezahlbar.

Eine gute Formulierung dieses Kompromisses findet sich bei /WEIG/, die sinngemäß so wiedergegeben werden kann: Die Wahrscheinlichkeit für das Auftreten der versteckten Fehler steigt mit der Verwendungshäufigkeit und -vielseitigkeit des betrachteten Programms und sinkt mit seiner Komplexität, nicht einfach mit seiner statischen Länge. Daher kann ein Programm jahrelang zur Zufriedenheit seiner Benutzer funktionieren, aber plötzlich problematisch werden, wenn sich das Verhalten der Benutzer ändert oder ein anderer Benutzerkreis auftritt.

3.2 Zuverlässigkeitsmodelle für Software und Auswahlkriterien

Aus den genannten Gründen wird nun versucht, die Software-Zuverlässigkeit nach Grundsätzen der Wahrscheinlichkeitslehre zu erfassen. Die interessanten Kenngrößen sind:

- Wahrscheinlichkeit für das Auftreten eines Fehlers bestimmter Klasse (gestuft nach Kosten der Folgen)

- geschätzte Menge an Restfehlern

- geschätzter Zeitraum für das Auftreten eines Fehlers aus dieser Restmenge

- Vertrauensgrad der Prüfmethoden, ihre Zuverlässigkeit

Die Kenngrößen bestimmen einen Teil der Kriterien für die Auswahl der Modelle: Sie müssen als Ausgabeparameter dieser Modelle zur Verfügung gestellt werden.

Der zweite Teil der Kriterien ergibt sich aus der Betrachtung der Eingabeparameter

der Modelle: Sie müssen vielseitige Eigenschaften und die Struktur der zu   prüfenden
Software-Produkte in ihren Berechnungen berücksichtigen. Diese Eingabegrößen sind:

- Ausfallverhalten des Programms während des Prüfvorgangs (s.   Abschnitt 3) und evtl.
  in der Nutzungsphase.

- Fehlermeldungen in der Entwurfsphase

- Struktur der Software-Produkte

- Hardware-Parameter (zur Berücksichtigung der Interaktion mit der Hardware)

Schließlich   zielen folgende Kriterien auf die verwendeten Verfahren selbst in diesen
Modellen:

- Praktibilität der Berechnungen, d.h. ihre Komplexität

- Die Möglichkeit der Einbeziehung dieser Verfahren in ein universelles Software-
  Werkzeug, d.h. ihre automatische Ausführbarkeit über möglichst viele Entwick-
  lungsphasen einschl. der Nutzungsphase

Im Hinblick auf diese Kriterien können in Anlehnung an /BHAR, DAC2, EHR1, GILB, GLAS,
HALS, INF1, KOPE, LITT, MYE1, PROC etc./ eine Vielzahl von Zuverlässigkeitsmodellen
identifiziert (Bild 4.1, 4.2) und untersucht werden.

Eine nähere Betrachtung zeigt, daß viele dieser Modelle versagen, wenn während des
Testens kein Fehler festgestellt wird, weil sie nur diese, relativ kurze Experimen-
tierphase in ihre Eingabeparameter einbeziehen. Weiterhin wird festgestellt, daß
keines dieser Modelle (einzeln eingesetzt) alle aufgestellten Kriterien erfüllt.

1.	Schick-Wolwerton Model	(Reliability Estimation-Failure Prediction)
2.	Modified Wolwerton Model	(Reliability Estimation-Failure Prediction)
3.	Jelinski-Moranda Geometric Poisson Model	(Reliability Estimation-Failure Prediction)
4.	Jelinski-Moranda DE-Eutrophication Model)	(Reliability Estimation-Failure Prediction)
5.	Jelinski-Moranda Geometric De-Eutorphication Model	(Reliability Estimation-Failure Prediction)
6.	Modified Geometric De-Eutrophication Model	(Reliability Estimation-Failure Prediction)
7.	Reability Growth Model	(Reliability Estimation)
8.	Schooman Exponential Model	(Reliability Estimation-Failure Prediction)
9.	Schooman and Natarajan Model	(Reliability Estimation-Failure Prediction)
10.	Weibull Model.	(Reliability Estimation-Failure Prediction)
11.	Goel and Okumoto Bayesian Model	(Reliability Estimation-Failure Prediction)
12.	Littlewood and Vervall Bayesian Model.	(Reliability Estimation-Failure Prediction)
13.	Shoomann and Trivedi Markow Modell	(Reliability Estimation-Failure Prediction)
14.	Littlewood Markov Model	(Reliability Estimation-Failure Prediction)
15.	Littlewood Semi-Markov Model	(Reliability Estimation-Failure Prediction)
16.	Moranda Model	(Reliability Estimation-A Priori)
17.	Shooman Micromodel	(Reliability Prediction)
18.	Nelson Model	(Reliability Measurement)
19.	Hecht Model	(Reliability Estimation-Failure Prediction (Reliability Measurement)
20.	Musa Model	(Reliability Estimation-Failure Prediction)
21.	Halstead Model	(Reliability-Error Prediction)
22.	McCall, Richards, and Walters Model	(Reliability-Metrics)
23.	Rudner Model (Seeding/Tagging)	(Reliability-Error Prediction)
24.	Mottey and Brooks (IBM) Model	(Reliability-Error Prediction)

Bild 4.1: Software-Zuverlässigkeitsmodelle

Modell-Nr.	Input	Output
1	CPU time between failures, length of debugging intervals, nbr.of debugging intervals	Reliability, MTTF, PDF time to find remaining errors, failure rate parameters
2	w.o.	w.o.
3	Nbr.of debugging intervals, nbr.of errors per debugging interval	Failure rate parameters
4,5,6	CPU time between failures length of debugging intervals, nbr.of errors per interval	Reliability, MTTF, PDF time to find remaining errors, failure rate parameters
7	Nbr.of stages, nbr.of tests per stage, nbr.of unsuccessful tests per stage	Reliability, growth parameter
8	Debugging time per test (excluding operating time), nbr.of tests, nbr.of runs per test, nbr.of unsuccessful runs per test, nbr.of SW failures, nbr.of machine language instructions	Reliability, MTTF
9	First occurence of ltd.man power phase(calender time) nbr.of errors in SW at start of limited man power phase, error correction rate for ltd.man power phase(a constant), error generation rate to error content, error correction rate to error content for ltd.man power phase	Error content, nbr.of corrected errors, man month for specified error reduction
10	Length of test interval measured in CPU time, nbr.of errors per interval, nbr.of intervals	Reliability, MTTF
11	CPU time between failures, error due to imperfect debugging, nbr.of observed failures, nbr.of errors, parameters for the prior distr.model	Reliability, CDF remaining error, PDF time tonext failure, expected nbr of errors, CDF time to spec.
12	Time of failure, time of error correction, an infinite sequence of error correcting parameters for distr.of failure rate (Gamma-distr.)	PDF time to next failure, PDF time for failure rates
13	Time of failure, time of error correction, type-nbr.error repairs as a function of debug state (estim.), failure rate, repair rate, error generation rate, rate of unsuccessful repair	Reliability, MTTF, state occupancy, probability, availlability
14	Failure rate for subsystem, state transition probability transition failure probability, distr.of initial states	Expected value time to next failure
15	Failure rate for subsystem, state transition probability mean&variance sojourn time	Failure rate for system
16	Nbr.of failures, nbr.of instructions per run, nbr.of runs, nbr.of program pathes nbr.of errors per program path, PDF for sampling data space	Average operational content
17	Run time per path, probability of error per path, frequenz of runs per path, id.of functions per path	Failure rate
18	Nbr.of trials, nbr.of unsuccessful trials, logic paths, data space, data space decomposition based on logic paths, PDF to sample components	Reliability
19.1	CPU time processing from each data space component, total operation time during test	Reliability, failure rate
19.2	Pre-determined total running time, nbr.of unsuccessful runs, nbr.of runs, nbr.of machine instructions, nbr.of submitted and executed instructions	Reliability, failure rate, MTTF
20	Execution time between failures, nbr.of cumulative failures, initial error content, parameters of underlying failure arrival process (poisson)	PDF time to next failure, MTTF, relation between calendar time &execution time, initial error content
21	Nbr.of distinct operators in program, nbr.of distinct operands in program, total nbr.of occurence of each in program	Initial error conte t
22	(s. /DAC2/)	Reliability metrics
23	Nbr.of tagged errors, nbr.of seeded errors, nbr.of tagged&seeded errors	Various estimates of initial error content
24	Nbr.of source instructions, nbr.of variables, nbr.of program interfaces	Initial error content, error rate

PDF: Probability distibution function CDF: cumulative distribution

Bild 4.2: Ein-/Ausgabeparameter der Modelle

Daher wird vorgeschlagen, ähnlich wie bei den Prüfmethoden, mit einer Kombination dieser Modelle zu arbeiten.

Diese Kombination könnte lauten: Modell Nr. 2, 12, 19, 22, 23.

Von einem genaueren Vorschlag wird hier abgesehen, da die allgemeineren Kenngrößen (reliability estimation, reliability prediction etc.) von vielen Modellen konkurrierend angeboten werden und relativ wenige Erfahrungsberichte vorliegen (s. z.B. /LITT, PROC/). Es empfiehlt sich daher die Erstellung individuellerer Kriterien, die an die Besonderheiten des jeweiligen Software-Produkts angepaßt sind.

4. Bestimmung des Terminierungszeitpunktes des Prüf- und Meßvorgangs

Wie bereits in der Einleitung besprochen, ist die Ermittlung des optimalen Zeitpunktes zur Terminierung des in den Abschnitten 3 und 4 beschriebenen Prüf- und Meßvorgangs die wichtigste Entscheidung der vorgestellten Methode.

Diese Entscheidung wird in zwei Schritten getroffen:

- Prior-Entscheidung P zwischen den Alternativen
  + P1: Den Prüf und Meßvorgang fortsetzen und die Zuverlässigkeit weiter erhöhen
  + P2: Prüf- und Meßvorgang terminieren

- Posterior-Entscheidung A zwischen den Alternativen
  + A1: das Programm annehmen oder
  + A2: das Programm ablehnen, d.h. die Entwicklung stoppen und das erwünschte
        Ergebnis anderweitig herbeiführen.

Als Randbedingung müssen die Kosten geschätzt werden (dieser Aspekt wird im Anschluß diskutiert):

- Folgekosten der Restfehler verschiedener Klassen
- Kosten des Prüf- und Meßvorgangs

Um die Arbeit zu erleichtern und der üblichen Software-Entwicklung anzupassen, wird davon ausgegangen, daß die Abnahme modulweise erfolgt.

In diesem Fall werden folgende Zuverlässigkeitskenngrößen oder Wahrscheinlichkeitswerte für einen betrachteten Modul m_i als Ergebnisse des
Prüf- und Meßvorgangs als verfügbar vorausgesetzt:

- R_{prior} : Wahrscheinlichkeit, daß der m_i keinen Fehler hat (ermittelt vor
        Beginn eines Prüf- und Meßschritts)

- $R_{posterior}$: Wahrscheinlichkeit, daß m_i keinen Restfehler hat, wenn am Ende eines
        Prüf- und Meßschritts kein Fehler beobachtet wird; wenn ein Fehler

        beobachtet wird, ist $R_{posterior} = 0$

- R_{test} : Wahrscheinlichkeit, daß Fehler durch den Test aufgedeckt werden

Diese Größen werden aufgrund der Ergebnisse des Prüf- und Meßvorgangs bzw. nach der Wahrscheinlichkeitstheorie ermittelt /BOUL, IRES etc./. Hier wird von Einzelheiten abgesehen und z.B. auf /BEL3/ hingewiesen.

Die Entscheidung P muß vor der Entscheidung A getroffen werden; dazu muß jedoch der

Wert der Information ermittelt werden, die durch Weiterprüfen/-Messen erhalten wird. Erst dann, wenn dieser Wert die Kosten des Prüfens übersteigt, kann ein weiterer Schritt des Prüf- und Meßvorgangs initiiert werden.

Nun kann ein Entscheidungsbaum (mit jeweiligen Wahrscheinlichkeiten als Gewichtungsfaktoren) konstruiert und analysiert werden (s. Bild 5).

Entsprechend den Entscheidungen T und A werden zunächst folgende Folgeereignisse mit entsprechenden Erwartungswerten als den Folgekosten der Entscheidungen definiert werden:

- u_{i1} : Folgekosten, die dadurch entstehen, daß m_i Fehler enthält und angenommen wird

- u_{i2} : Folgekosten, die dadurch entstehen, daß m_i keinen Fehler enthält und angenommen wird (=0)

- u_{i3} : Folgekosten, die dadurch entstehen, daß m_i Fehler enthält und die Entwicklung des Programms gestoppt wird

- u_{i4} : Folgekosten, die dadurch entstehen, daß m_i keinen Fehler enthält und die Entwicklung des Programms gestoppt wird (i.a. ist $u_{i3} = u_{i4}$)

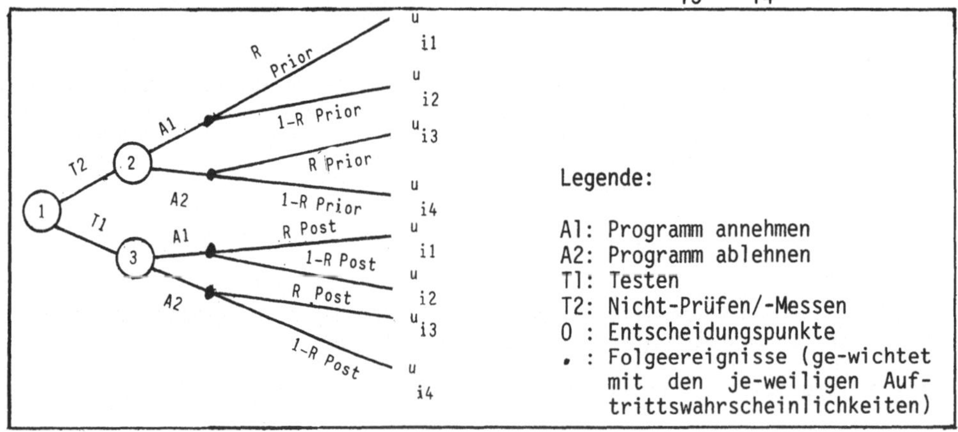

Bild 5: Entscheidungsbaum

Folgekosten der Entscheidung A (Programm annehmen/ablehnen):

Entscheidungspunkt 2:

$$K_{2A1} = P_{prior} \cdot u_{i1} + (1-R_{prior}) u_{i2}$$

$$K_{2A2} = P_{prior} \cdot u_{i3} + (1-R_{prior}) u_{i4}$$

Entscheidungspunkt 3:

$$K_{3A1} = P_{posterior} \cdot u_{i1} + (1-R_{posterior}) u_{i2}$$

$$K_{3A2} = P_{posterior\,i3}\,u + (1-R_{posterior\,i4})u$$

Aufgrund dieser Erwartungswerte können die Folgekosten der Primärentscheidung (Entscheidungspunkt 1: Prüfen-Messen/Nicht-Prüfen-Messen) bestimmt werden:

$$K_{1T2} = Min\,(K_{2A1}, K_{2A2})$$

$$K_{1T1} = Min\,(K_{3A1}, K_{3A2})R_{test}$$

Durch

$$(*) \quad Min\,(K_{1T2}, K_{1T1})$$

kann schließlich die kostengünstigere Alternative von den Möglichkeiten (Prüfen/Messen, Nicht-Prüfen/Messen) und der erwartete Wert der Information mit

$$Abs(K_{1T2} - K_{1T1})$$

ermittelt werden.

Wenn dieser Wert geringer ist als die Kosten der durch (*) ermittelten Alternative, dann sollte für diese Alternative entschieden werden, andernfalls für die andere.

Aus Übersichtlichkeitsgründen wurde bei der Darstellung des Modells von speziellen Formeln, notwendigen Verallgemeinerungen etc. abgesehen. Ebenfalls wurden weitere Erklärungen des zugrunde gelegten Bayes-Modells weggelassen. Nicht berücksichtigt wurden außerdem

- die Interaktion zwischen den Statements des Moduls (d.h., wenn ein Statement s ausgeführt wird, welche anderen Statements können oder müssen vorher oder nachher ausgeführt werden?)

- die Wichtigkeit der Fehlerfolgen (severity).

Diese Faktoren gehen multiplikativ in die Betrachtung. Sie sind für jedes Programm individuell zu ermitteln: Der erste Faktor z.B. nach graphischer Darstellung des Programms. Der zweite Faktor kann durch die Festlegung von Fehlerklassen für das Gesamtsystem im Anschluß an die Leistungsbeschreibung ermittelt werden. Die Projizierung auf einzelne Moduln kann nach dem Systementwurf geschehen. Diese Einzelheiten werden in /BEL3/ erläutert.

5. Ergebnisse

Es wurde ein Ansatz vorgestellt, welcher die Zuverlässigkeit von Software-Produkten interaktiv, d.h. im Zusammenspiel mit der Entwicklung und den Entwicklern, als Bestandteil des Entwicklungsprozesses kostenoptimal bestimmt.

Das Rüstzeug bilden einmal die konventiellen Methoden der Qualitätssicherung: Kontinuierliches Prüfen und Messen unter Berücksichtigung der Fehlerfolge-Kosten der Software und der Kosten des Verfahrens selbst. Das fachliche Rüstzeug bilden die vorhandenen Methoden, Techniken und Erfahrungen aus dem Software-Engineering. Es wurde gezeigt, daß in dieser relativ jungen Disziplin bereits jezt genügend Fundament für ingenieurwissenschaftliches Arbeiten vorhanden ist.

Wegen des relativ hohen Aufwands des Ansatzes ist sein Einsatz grundsätzlich nur dann wirtschaftlich und praktikabel, wenn er durch Rechner gestützt wird, wenn z.B. die Gewinnung und Bewertung der Parameter der vorgeschlagenen Methoden automatisch erfolgt. Am zweckmäßigsten ist es, wenn die Komponenten in ein universelles Software-Entwicklungswerkzeug einbezogen werden /BURF, EHR2, RAM1, VOGE etc./.

Schließlich wird noch einmal darauf hingewiesen, daß die hier propagierten Verfahren nicht allein eingesetzt werden dürfen. Es ist eine alte Weisheit der Qualitätssicherung, daß die Qualität und Zuverlässigkeit in ein Produkt nicht "hineingeprüft" werden kann; Qualität und Zuverlässigkeit können nur durch über alle Phasen begleitende Maßnahmen erreicht werden. Für Software-Entwicklung bedeutet das, daß Methoden der Fehlervermeidung und -toleranz ebenso streng, wenn nicht strenger, beachtet werden müssen /BENS, RAM2, VDI , WEIG etc./.

Literaturhinweise

/AVIZ/ Avizienis, A., "The Four-Universe Information System Model for the Study of Fault-Tolerance", Digest of Papers 12th Internat'l Faul't Tolerant Comp. Symposium , Internat'l. Comp. Press (IEEE), New York (1982), pp. 6-13

/BHAR/ Bhargard, B., "Software Reliability in Real-Time Systems", Proc. of IFIP Internat'l. Comp. Conf. (1981), pp. 297-315

/BEL1/ Belli, F., "Kritik an Entwurfsverfahren im Hinblick auf Qualitätsanforderungen", Tagungsband German Chapter of ACM "Software-Engineering: Entwurf und Spezifikation", Teubner Verlag, Stuttgart (1981), pp. 354-356

/BEL2/ Belli, F., Großpietsch, K.-E., "A Strategy for the Development of Communication Fault-Tolerant Systems", Digest of Papers 13th Internat'l. Fault-Tolerant Comp. Symposium , Internat'l. Comp. Press (IEEE), New York (1983), pp. 66-73

/BENS/ Benson J.P. et al, " A Software Quality Assurance Experiment", Proc. of ACM SIGMETRICS/SIGSOFT Workshop on Software Quality and Assurance, San Diego (1978) pp. 87-91

/BOEH/ Boehm, B.W. et al., "Characteristics of Software Quality", North Holland (1978)

/BOYE/ Boyer, R.S., Strother-Moore, J. (eds.), "The Correctness Problem in Computer Science", Academic Press London, New York etc. (1981)

/BOUL/ Boulton, P.I.P., Kittler, M.A.R., "Estimating Program Reliability", The Computer Journal, 22/4 (1979), pp. 328-331

/BUDD/ Budd, T., DeMillo, R., Lipton, R., Sayward, F., "The Design of a Prototype Mutation System for Program Testing", Proc. ACM National Comp. Conf. (1978)

/BURF/ Burford M.A.J., Belli, F., "CADAS: A Tool for Rapid Prototyping and Testing of Embedded Software", Proc. of IEEE/ACM SIGSOFT Symposium on Application and Assessment of Automated Tools for Software Development, IEEE Computer Society Press (1983)

/CHAN/ Chandrasekaran B., Radicchi S. (eds.), "Computer Program Testing", North Holland, Amsterdam etc. (1981)

/COMP/ Computer, IEEE, Special Issue on Software-Testing (April 1978)

/COOP/ Cooper, J.D., Fisher, M.J. (Eds.), "Software Quality Management", Petrocelli Books (1978)

/DAC1/ DACS/Rome Air Development Center, "The DACS Glossary - A Bibliography of Software Engineering Terms" (1979)

/DAC2/ DACS/Rome Air Development Center, "Quantitative Software Models" (1979)

/DEUT/ Deutsch, M.S., "Software Verification an Validation - Realistic Project Approaches", Prentice Hall, Englewood Cliffs, NJ (1982)

/DIJ1/ Dijkstra, E.W., "Notes on Structured Programming", in "Structured Programming", Dahl, O.J. et al. (eds.), Academic Press, London etc. (1972)

/DIJ2/ Dijkstra, E.W., "Why Correctness Must be a Mathematical Concern", in /BOYE/

/DIN1/ DIN 40041, 40042, "Zuverlässigkeit ...; Begriffe/Kenngrößen"

/DIN2/ DIN 55350, "Begriffe der Qualitätssicherung"

/EHR1/ Ehrenberger, W.D., "Systematische und statistische Verfahren zur Gewinnung von Zuverlässigkeitskenngrößen für Programme", in /VDI /, pp. 71-77

/EHR2/ Ehrenberger, W.D., "Aspects of Development and Verification of Reliable Process Computer Software", Proc. IFAC Comp. Appl. to Proc. Control (1981), pp. 35-48

/FAGA/ Fagan, M.E., "Design and Code Inspections to Reduce Errors in Program Development", IBM System

Journal 15 (1976), pp. 182-211
/FAIR/ Fairley R.E., "Tutorial: Static Analysis and Dynamic Testing of Computer Software", IEEE Computer (April 1978), pp. 350-357
/GILB/ Gilb, T., "Software Metrics", Winthrop (1977)
/GLAS/ Glass, R.L., "Software Reliability Guidebook", Prentice Hall (1979)
/GOOD/ Goodenough, J.B., Gerhart, S.L., "Toward a Theory of Test Data Selection", IEEE Trans. on Software Engineering (June 1975), pp. 156-173
/GRIE/ Gries, D., "An Illustration of Current Ideas on the Derivation of Correction Proofs and Correct Programs", IEEE Trans. on Software Engineering, (dwc.1976), pp. 238-244
/HALS/ Halstead, M., "Elements of Software Science", Elsevier (1977)
/HAML/ Hamlet, R.G., "Testing Programs with the Aid of a Compiler", IEEE Trans. on Software Engineering, (July 1977), pp. 279-290
/HETZ/ Hetzel, W.C., "Program Test Methods", Prentice Hall (1973)
/HOWD/ Howden, W.E., "Theoretical and Empirical Studies of Program Testing", IEEE Trans. on Software Engineering (July 1978), pp. 293-298
/IEE1/ IEEE, Trans. on Software Engineering, Special Issue on Software-Testing (Sept. 1976)
/IEE2/ IEEE, Trans. on Software-Engineering, Special Collection on Program Testing (May 1980)
/INF1/ INFOTECH, "State of the Arts Report Software Reliability" (1977)
/INF2/ INFOTECH, "State of the Arts Report Software Testing" (1979)
/IRES/ Ireson, W.G. (Ed.),"Reliability Handbook", McGraw Hill (1966)
/KING/ King, J.C., "Symbolic Execution and Program Testing", CACM (July 1976), pp. 385-394
/KNUT/ Knuth, D.E., "The Art of Computer Programming", geplant: Vol. I bis VII, AddisonWesley Publishing Co., Reading, Mass. (1973 etc.)
/LITT/ Littlewood, B., "How to Measure Software Reliabilty and How Not to", IEEE Trans. on Reliability (June 1979), pp. 103-110
/MICR/ Microelectronics and Reliability, Vol. 19 (1979), Special Issue on Reliability, Pergamon Press
/MIL1/ MIL-STD-1679 (U.S. DoD/Navy), "Military Standard System Software Development" (Dec. 1978)
/MIL2/ MIL-STD-721 C (U.S. DoD), "Definitions and Terms for Reliability and Maintainability" (12 June 1981)
/MLL1/ Miller, E., "Testing and Test Documentation (Workshop Report)", IEEE Computer (March 1979)
/MLL2/ Miller, E.F. et al, "Automated Generation of Testcase Data sets", Proc. of the Internat'l. Conference on Reliable Software (1975), pp. 52-58
/MLLS/ Mills, H.D., "On the Statistical Validation of Computer Programs", FSC-72-6015, IBM Federal Systems Dev., Gaithersburg, Md. (1972)
/MYE1/ Myers, G.J., "Software Reliability, Principles & Practices", J. Wileys, New York (1976)
/MYE2/ Myers, G.J., "Composite/Structured Design", Van Nostrand Reinhold, New York (1978)
/MYE3/ Myers, G.J., "The Art of Software Testing" Wiley-Interscience, New York (1979)
/PETE/ Peterson, R.J., "TESTER/1: An Abstract Mgdel for the Automatic Synthesis of Program Test Case Specification", in Proc. of Symposium on Computer Software Engineering, Polytechnic Inst. of New York (1976)
/PDV/ PDV-Bericht-Nr. 179, "Testen und Verifizieren von Prozeßrechner-Software", KfK-PDV (Kernforschungszentrum Karlsruhe) (Dez. 1979)
/PROC/ Proc. of Annual Symposiums of "Fault Tolerance Computing" since 1970 by IEEE & IFIP
/RAM1/ Ramamoorthy, C.V. "Testing Large Software with Automated Software Evaluation Systems", IEEE Trans. on Software Engineering (March 1975) pp. 46-58
/RAM2/ Ramamoorthy, C.V., "Techniques in Software Quality Assurance", Tagungsband German Chapter of ACM "Software-Qualitätssicherung, Teubner Verlag, Stuttgart (March 1982) pp. 11-34
/STRA/ Strachey, C., "Towards a Formal Semantics", in "Formal Language Description Languages for Computer Programming", Steel, T.B. (ed.), North Holland (1966), pp. 198-220
/VDI / VDI-Bericht Nr. 307, "Zuverlässigkeit und Qualität in der Luft- und Raumfahrt" (1978)
/VOGE/ Voges U. et al, "SADAT - An Automated Testing Tool", IEEE Trans. on Software Engineering (May 1980), pp. 286-290
/WEGN/ Wegner, P. (ed.), "Research Directions in Software Technology", insbes. Kap. "Program Verification", The MIT Press, Cambridge, Mass. etc. (1979)
/WEIG/ Weigel, P. "Qualitäts-Sicherung von EDV Software", (in Handbuch der Qualitäts-Sicherung, Masing, W. (Herausgeber), Carl-Hanser-Verlag (1980)

Bemerkung

Für kritische Durchsicht, Korrekturvorschläge und Bemerkungen möchte ich meinem Kollegen Herrn W. Horsmann meinen Dank aussprechen. In einem gemeinsamen Bericht sollen demnächst die diskutierten Methoden ausführlich dargestellt und der vorgestellte Ansatz erweitert werden.

<u>M</u>ethoden zur Erstellung und Prüfung von
Software für sicherheitsrelevante
Prozeßrechnersysteme

Ulrich Kammerer
Rheinisch-Westfälischer Technischer Überwachungs-Verein e.V.,
Steubenstraße 53
4300 E s s e n 1

Zusammenfassung

Es wird ein Überblick gegeben über die Fragen und Lösungsmöglichkeiten
beim Einsatz von Mini- und Mikrorechnern für technische Anwendungen,
bei denen erhöhte Verfügbarkeit oder Sicherheit erreicht werden soll.
Fertige Rezepte oder Regeln existieren aufgrund der Variationsbreite
fehlertoleranter Rechner und der Applikationen nicht.
Eine frühe Abklärung eines Vorhabens mit allen beteiligten Stellen ist
daher empfehlenswert, insbesondere wenn eine unabhängige Verifikation
und Validation gewünscht wird.

Abstract

A survey on questions and answers concerning the use of mini- and mi-
crocomputers in high-reliability technical applications is given. In
Ready-to-use recipes or rules don't exist due to the broad scope of both
fault-tolerant computers and applications.
An early involvement of all parties concerned in a project is recommend-
able especially in cases where an independent verification and validation is desired.

Einleitung

Der Einsatz von Prozeßrechnern zur Erfüllung von Aufgaben, die für die
Sicherheit und Verfügbarkeit von technischen Anlagen z. B. in Kernkraftwerken oder im Bergbau von Bedeutung sind, hat jahrelang darunter

gelitten, daß Software nicht mit ausreichender Transparenz erstellbar
war, bzw. daß es an Methoden fehlte, die bei dem erreichten Grad von
Transparenz eine ausreichende Prüfbarkeit erlaubten.
Dabei haben die einzelnen Industriezweige unterschiedliche Fortschritte beim Einsatz von Prozeßrechnern, incl. Mikrorechnern, gemacht. Der
unterschiedliche Stand rührt zum Teil von den tatsächlichen oder ver-
meintlichen Prüferfordernissen der einzelnen Branchen, zum Teil vom
unterschliedlichen Wagemut der Hersteller im Umgang mit dem technischen und dem genehmigungstechnischen Neuland her.

Die von Software für Prozeßrechner zu fordernde Sicherheit ist sehr
unterschiedlich. Sie richtet sich nach dem Gefahrenpotential oder Risiko, das mit der Aufgabe verbunden ist. Bild 1 gibt einen Überblick
über Anwendungsfälle, grob abgestuft nach dem Risiko; es dient zur
Illustration, daß man abstufen muß und kann - bezüglich der exakten
Rangfolge gibt es keine Aussage, da hierfür der zugrunde zu legende
Risikobegriff zu quantifizieren wäre. Neben einer Rangfolge aufgrund
der Gefährdung von Menschen kommt eine Skala nach Rechner-Ausfallko-
sten in Betracht: um Kosten zu minimieren, können ebenso wie aus Si-
cherheitsüberlegungen harte Anforderungen an Rechnersysteme in automatisierten Anlagen resultieren. Beide Forderungen können kombiniert
auftreten - sie sind teilweise widersprüchlich, nämlich wenn man aus
Sicherheitgründen lieber einmal zuoft abschaltet; sie gehen teilweise
aber auch in dieselbe Richtung, nämlich wenn man zuverlässige Rechnersysteme anstrebt.

Objekt- und Projektsystem, Phasenmodell

Es bedurfte einer gewissen Zeit, um sich im Kreise der mit Prozeßdatenverarbeitung allerorts befassten Fachleute klar zu werden, daß die
Qualitätsprüfung von Software als einem äußerst komplexen Produkt
nicht ausschließlich am Endprodukt erfolgen kann. Diese Situation ist
nicht einzigartig für Software. Sie besteht allgemein bei der Qualitätsprüfung für komplexe Produkte. So werden seit alters Herstellungs-
methoden, Werkzeuge und Hersteller-Personal z. B. für die Herstellung
von Schweißnähten unabhängig von einer Prüfung der Schweißnaht selbst
geprüft - und dies obwohl Schweißnähte, wie man sagt, "zu 100 %" als
Endprodukt und am Endprodukt prüfbar sind.

Die Prüfung des fertigen Produkts ist bei "geistigen Produkten" im
allgemeinen wegen deren Komplexität nicht zu 100 % möglich. Die Ein-

schätzung hängt stark davon ab, ob man dem Hersteller Qualitätsarbeit zutrauen kann.
Eine Rückkopplung von Erfahrung, wir nennen das "Betriebsbewährung", kann ein Schritt sein, solches Vertrauen zu schaffen oder zu erhalten. Es gibt aber weitere und bessere Methoden zur Bildung von Vertrauen, die sich am <u>Produktionsprozeß</u> orientieren.

Für den Erfolg eines Projektes ist eine überschaubare Produktionsstruktur maßgebend. Das beginnt bei Management-Fragen - denn nur Projekte, die vom Management ernst genommen werden, haben gute Erfolgs-Chancen /1/ - dazu gehören klare Personalzuordnungen zu definierten Teilaufgaben und ein klarer Plan für die Zeitabfolge von (zu definierenden!) Projektschritten. Für die Software-Erstellung, genereller für die Systementwicklung von der Aufgaben- und Zieldefinition bis hin zu Abnahmeprüfungen sollte ein klarer Phasenplan mit Definition der zulässigen Kommunikationswege zwischen den Entwicklern bestehen, der sich in die Betriebsphase hinein bruchlos fortsetzen läßt. Bild 2 ist ein Beispiel eines solchen "Phasenmodells". Es wurde bei der Entwicklung des französischen Reaktorschutzsystems SPIN angewandt, das derzeit im Kernkraftwerk Palluel in Betrieb geht und für weitere 22 Anlagen vorgesehen ist. Phasenmodelle gibt es verschiedene, und es gibt darunter wohl kein bestes; wichtig ist aber, innerhalb eines Projektes eines und nur eines zu haben, das man sinnvollerweise zu Beginn mit allen Beteiligten abstimmt, zusammen mit der Definition der zum Abschluß jeder Phase gehörenden Dokumenten. Bild 2 zeigt, daß Verifikationsschritte nach jeder Phase erfolgen. Man prüft also Zwischenprodukte, die einer Freigabe bedürfen, bevor weiterentwickelt wird. Die Prüfung erfolgt durch ein vom Entwicklungs-Team unabhängiges Prüf-Team; dies kommt bei größeren Firmen aus der Firma selbst, es kann aber auch von extern, z. B. von einem TÜV kommen. Ein externes Prüf-Team ist i. a. dann immer erforderlich, wenn die Software einer Genehmigung bedarf.

Wichtig für die Zuverlässigkeit von Software ist in jedem Falle, daß Schriftstücke von der Entwicklerseite erstellt werden und zwar so, daß sie von anderen Fachleuten, den Prüfern, verstanden werden.
Im allgemeinen dient dies nicht nur der Zuverlässigkeit des Endprodukts, sondern auch dessen späterer Wartbarkeit /2/ im Betrieb. Damit wird aber weiterhin der Kostenersparnis über den gesamten Lebenszyklus der Software gedient, vor allem wenn man Ausfallkosten einer rechnerbetriebenen Produktionsanlage in Rechnung stellt.

Nach unserem Wissensstand ist es heute weitgehend Stand der Technik, nach einem Phasenmodell vorzugehen. Wir wurden und werden aber auch heute noch mit bereits fertiger Software konfrontiert. In solchen Fällen ist bei hoher sicherheitstechnischer Bedeutung eine positive Begutachtung besonders schwierig und bringt ein unnötig hohes Begutachtungsrisiko - vom Erfolg und vom Zeitaufwand - mit sich.

Spezifikation

Der erste Verifikationsschritt und die Validation gehen von der Spezifikation ("Lastenheft") aus. Häufig enthält bereits diese Spezifikation Fehler oder Unbestimmtheiten. Die Frage ist, wie man damit lebt oder sie behebt.

Daß Spezifikationen, zumindest was deren funktionalen Anteil angeht, nicht ohne Menschen erstellt werden können, ist unzweifelhaft. Hier geht es um die Integration eines Rechnersystems in eine technische Anlage, um das Wechselspiel der Aufgabenzuweisung zwischen Rechner und Anlage.

Das erfordert vom Prüfer zu allererst eine semantische, sprich verfahrenstechnisch-sachverständige Analyse der Spezifikation und ihrer Lücken, wobei möglichst Experten verschiedener Fachrichtungen zuzuziehen sind.
Verbleibende Unbestimmtheiten können bei diversitärer Implementierung der Folgeschritte auffallen - sofern diese Stellen verschieden interpretiert werden.
Um Unbestimmtheiten möglichst zu vermeiden, stehen sogenannte Spezifikationssysteme, wie z. B. EPOS, X-SPEX u. a. /3/, /4/, /5/ zur Verfügung. Sie sind eine sehr nützliche Ergänzung der Prüfung durch "unbewaffnete" Menschen, da sie nicht gutgläubig Lücken und kleine Widersprüche durch Sachkenntnis überbrücken, sondern ausgesprochen widerborstig und einsilbig und dumm sind - es versteht sich daher, daß die TÜV-Gutachter von solchen Systemen lernen können. Sie eignen sich zur Erzeugung von Korrektheit, Eindeutigkeit, zum Abprüfen auf vom einzelnen Entwickler nicht bedachte Fehlertypen und lohnen sich zumindest bei größeren Projekten bezüglich Zuverlässigkeit des Endprodukts und der Entwicklungskosten. Durch ihre jeweilige methodische Eigenheit, z. B. datenorientiert, ereignisorientiert, kontrollflußorientiert, können sie sogar zu einer gewissen Diversität des Spezifizierens ein

und derselben Aufgabe führen und dem Entwickler wie dem Prüfer ein und dieselbe Lösung aus verschiedenen Blickwinkeln zeigen.

Aus der Spezifikation ergibt sich die zuverlässigkeitstechnische Bedeutung der Aufgabe und ihrer Teile (Mikrofunktionen /6/). Sie muß an die Hardware- und Software-Module, die zu ihrer Erfüllung konzipiert werden, weitergereicht werden. Manche Spezifikationssysteme erlauben die Deklaration einzelner Sicherheits- oder Zuverlässigkeitsforderungen, die danach formal auf Erfüllung abgeprüft werden können. Dies erleichtert die Verfolgung der o. g. Mikrofunktionen oder "Fäden" der Spezifikation /6/ bei der Prüfung auf Erfülltheit.

Man könnte sich hier fragen, wie zuverlässig die Spezifikationssysteme selbst sind. Auch sie enthalten Software, sind selbst spezifiziert worden und nicht a priori fehlerfrei. Eine Validation von Spezifikationssystemen ist meines Wissens bisher nicht erfolgt; der weitere Einsatz solcher Systeme sollte jedoch u. E. daran nicht scheitern. Sie können durch laufenden Einsatz für verschiedenartige Anwendungen bei Sammlung von Fehlermeldungen und deren Weitergabe an die Anwender nach und nach verbessert werden. Ihr Einsatz ist nützlich und sicherheitsgerichtet, da er menschliche Unzulänglichkeiten reduzieren hilft.

Nach diesen Betrachtungen zu Fehlern in der Spezifikation und ihrer Vermeidung soll für das folgende eine fehlerfreie Spezifikation vorausgesetzt werden. Wie bereits oben erwähnt, ergibt sich aus der Spezifikation die zuverlässigkeitstechnische Bedeutung der Aufgabe und der darin eingeschlossenen Mikrofunktionen.
Für die Bestimmung der erforderlichen Fehlertoleranz _innerhalb_ des Rechnersystems aus der Zuverlässigkeit der Gesamtanlage ist häufig von der sogenannten "analytischen Redundanz" /7/, /25/ Kredit nehmbar. Sie ergibt sich aus dem Zusammenspiel des Rechnersystems mit der technischen Anlage, die sich gegenseitig prüfen; hierdurch können Fehler im Rechnersystem tolerabel werden.
Die analytische Redundanz kann durch Modellierung der technischen Anlage im Rechner aktiviert werden, der anhand des Modells und der erfaßten Meßwerte durch eine simulierende Rechnung auf Fehler in der Anlage _oder_ den Meßwerten _oder_ seiner Rechnung aufmerksam wird. Wie weit durch analytische Redundanz Zuverlässigkeitsforderungen an das Gesamtsystem Rechner-technische Anlage erfüllt werden, also nicht zu Anforderungen an die Zuverlässigkeit des Rechnersystems selbst führen, sollte durch die Spezifikation klargestellt werden. Ebenso sollten

bereits in der Spezifikation die Fehlertoleranzforderungen an das Rechnersystem selbst möglichst explizit genannt sein.

Fehlertoleranz: Software und Hardware

Vor der Behandlung der Besonderheiten der nächsten Phase, der Software-Erstellung und Prüfung, muß kurz auf den Querbezug zwischen Software und Hardware eingegangen werden.

Bekannt ist, daß z. B. fehlererkennende und behebende Speicher /8/ rein hardwaremäßig ausgeführt werden können. Die Fehlererkennung und -behebung könnte ebensogut durch einen Prozessor mittels eines Software-Moduls erfolgen. Vielfach ist der tatsächliche Lösungsweg dem Käufer gar nicht bekannt - Software und Hardware sind austauschbar. Dies ist jedoch für das Thema Fehlertoleranz nicht der entscheidende Querbezug von Hardware und Software. Wichtiger ist, daß Hardware-Fehlertoleranz und Software-Fehlertoleranz im allgemeinen nur zum Teil "stand-alone" realisiert werden können: Zusätzlich können durch Hardware manche Fehler in der Software erkannt und tolerabel gemacht werden, z. B. durch einen watchdog, und durch Software können Fehler in der Hardware tolerabel gemacht werden - das ist das Thema von "Selbstüberwachungsprogrammen".

Ein einfaches Beispiel für die Verkopplung von Hardware- und Software-Zuverlässigkeit ist die Adreßraumvergabe: Ein einziges von der Hardware falsch gesetztes Adreßbit kann in einem System zum Zusammenbruch führen, im anderen System zum Adressieren einer Fehlerroutine, die den Fehler erkennt und Abhilfen einleiten kann. Hardware kann für sich teilweise fehlertolerant gemacht werden durch Redundanz mit identischen Geräten und Hardware-Vergleichern. Dies reicht zur Erkennung von Zufallsfehlern. Software kann für sich fehlertolerant werden durch Diversität - damit werden systematische Fehler abgefangen, und da Software keine Zufallsfehler enthält, ist dies eine im Ansatz vollständige, aber manchmal zu teure Lösung. Systematische Hardwarefehler schließlich sind rein durch Hardware allein im allgemeinen nicht abfangbar; ein Hardware-Vergleicher von diversitärer Hardware ist z. B. kaum realisierbar; hier ist Software, z. B. zur Synchronisierung des Vergleichs, unentbehrlich.

Eine säuberliche Trennung von Software- und Hardware-Fehlertoleranz ist also nach alledem nicht sinnvoll, und sie soll daher für die Betrachtung der nächsten Phase auch nicht erfolgen.

Software für fehlertolerante Systeme: Implementierung und Prüfung

Was ist das Ergebnis einer Prüfung von Software? Zunächst: Was ist es nicht? Es ist nicht das Auffinden aller enthaltenen Fehler, so daß nach deren Korrektur und eventuell nochmaliger Prüfung die Fehlerfreiheit bescheinigt werden kann. Es ist aber eine Prüfung nach dem Stand der Technik - was die angewandten Prüfungen angeht, und es ist eine Prüfung auf den Stand der Technik - was die Prüfung auf die Anwendung von Software-Konstruktionsprinzipien angeht, z. B. Stichwort "strukturierte Programmierung", und eine Prüfung auf den Stand der Technik, ob Selbstüberwachungsprogramme im adäquaten Umfang eingebaut wurden und ob Wiederanlaufroutinen nach Fehlererkennung durch die Hardware eingebaut wurden.

Eine Auswahl von Prüfmethoden ist in Bild 3 enthalten. Eine Diskussion im einzelnen kann hier aus Platzgründen nicht erfolgen und ist in der Literatur zu finden (/9/ bis /14/).

Zahlreiche Methoden sind noch nicht standardisiert; computergestützte Werkzeuge sind nur zum Teil vorhanden /15/. Die Prüfmethoden sind Beratungsthema in technischen Arbeitskreisen, z. B. in EWICS-TC7, wo wertvolle Arbeit zur Abklärung der Methoden und ihrer Wertung geleistet wird. Obwohl für die Prüfmethoden selbst im allgemeinen eine Validation nicht erfolgt ist, sind sie für die Prüfung von Software geeignet - hier gilt dasselbe, was oben für die Spezifikationssysteme als Hilfsmittel gesagt wurde.
Das Bild 3 ist nicht erschöpfend - dennoch sollte nicht das Mißverständnis entstehen, daß bei jedem zu prüfenden Softwarepaket alle genannten oder alle dem Prüfer bekannten Methoden angewandt werden: vielmehr ist eine dem Problem und dem Risiko angepaßte, maßgeschneiderte Methodenauswahl zu treffen - und dasselbe gilt für den Prüfumfang. Bei einfachen Anwendungen kann der Aufbau einer "diversitären", eventuell vereinfachten Lösung durch den Gutachter anhand der Spezifikation genügen, die dann Vergleichsdaten für dynamische Tests liefert; bei komplexeren Problemen ist eine vorherige statische Analyse erforderlich, um darauf aufbauend die Auswahl von Testdaten für dynamische Tests begrenzen zu können.

Für Prozeßrechner-Anwendungen kommt zu solchen Tests im Rechenzentrum stets eine Testphase mit der Anlage, i. a. beim Einfahren der Anlage, wobei Sicherheit und Verfügbarkeit der Anlage im Vordergrund der Testplanung stehen. Bei Anwendungen mit hohem Risiko, Personengefährdung oder wirtschaftlich hohes Risiko, wird man im allgemeinen schwerlich ohne Prüfmöglichkeit während einer Einlaufphase oder während des Betriebs selbst auskommen. Hier sind vor allem diversitäre Prozeßdatenverarbeitungssysteme von Nutzen /16/, /17/, /18/, /19/. Sie erlauben systematische und zufällige Fehler in Hardware und Software im Betrieb zu erkennen und um den Preis einer Abschaltung der Anlage im Einzelfall noch nach Auslieferung des Prozeßrechnersystems zu korrigieren. Dies erlaubt, die Tests vor Auslieferung begrenzt zu halten und die Betriebsbewährung in der Zielanlage selbst abzuwarten /20/. Daß dennoch etliche Tests bereits vor Auslieferung erforderlich sind im Interesse einer guten Verfügbarkeit der technischen Anlage, versteht sich von selbst und wird heutzutage von allen an einem solchen Projekt beteiligten Stellen anerkannt. Durch Parallelerstellung von technischer Anlage und Prozeßrechnersystem sind solche Tests ja auch ohne weiteres möglich. Die Diversität dient wie o. g. schon der Testphase vor Kopplung mit der Anlage, in der Anlage gibt sie die "letzte Sicherheit".

Wir sehen in dieser Methode eine sehr wirksame Unterstützung zur Erstellung von sicherheitsrelevanter und genehmigungsfähiger Software. Darüber hinaus ist die Methode bei Verwendung von auch diversitärer Rechner-Hardware geeignet, <u>sämtliche</u> Hardware- und Software-Fehler eines Systems aufzuspüren. Man sollte sich auf Seiten der Software-Ersteller ja nicht dem Glauben hingeben, auf der Hardware-Seite wären Rechner 100 % prüfbar. Auch für die Hardware, bei der ca. 10^7 Design-Entscheidungen pro chip heutiger Integrationsdichte, zu treffen sind ist ein logischer vollständiger Test ebenfalls nicht mehr möglich. Hier werden ebenso systematische Entwurfsfehler gemacht wie bei der Software-Erstellung, und die Qualitätsprüfung dürfte sich ebenso nicht auf das Endprodukt allein beschränken.

Natürlich wird in voll-diversitären Systemen nicht nur die Hardware für sich auf Fehler geprüft und die Software für sich auf Fehler geprüft, sondern jegliches Zusammenspiel zwischen diesen System-Komponenten. Die manchmal schwierige/willkürliche Unterteilung zwischen Software- und Hardware-Fehlern steht gar nicht mehr an: das Gesamtsystem prüft sich selbst.

<u>Ausblick</u>

Das Bestreben der Technischen Überwachungsvereine muß es sein, zuverlässigen Prozeßrechner- (einschließlich Mikrorechner-) Systemen auch in der bestehenden Situation, wo es für Rechnersysteme trotz /21/ keine allgemein-anerkannten Regeln der Technik gibt und bestehende Regeln der konventionellen Meß-, Steuer- und Regelungstechnik zum Teil die positive Beurteilung erschweren, den Einsatzweg geordnet zu ebnen. Dabei ist der TÜV natürlich nur einer der Akteure, quasi ein mitdenkender Partner, der hier und da am Anfang einer Entwicklung Ideen einbringen oder verstärken kann /17/ und der darauf warten muß, daß ein Echo in Form von untermauernden und detaillierenden Forschungsergebnissen kommt, und der darauf warten muß, daß Entwickler Lösungen bringen, die in eine Sicherheits- und Zuverlässigkeitsphilosophie integrierbar sind /22/, /23/, /24/. Fehlertoleranzkonzepte, die für den kommerziellen Bereich entwickelt wurden, sollten auf Anwendbarkeit für technische Anwendungen geprüft werden.

Dies erfordert einen frühen und kontinuierlichen Dialog mit Forschern und Entwicklern und ein hohes Maß an Objektivität, Offenheit und Sachkenntnis, aber auch Wettbewerbs-Neutralität und Diskretion. Die Aufgabe, Software für technische Anlagen zu verifizieren und zu validieren, samt ihrer Spezifikation, ist noch nicht allgemein gelöst; aber das Klima dafür ist weit besser als vor fünf Jahren - nicht zuletzt durch die enormen technisch-wirtschaftlichen Fortschritte und durch das Wirken von Arbeitskreisen wie dem TC7 von EWICS, dem ich, ohne das im einzelnen jeweils nennen zu können, einen guten Teil der hier vorgetragenen oder angetickten Ideen verdanke.

Literatur

/1/   Thomas, N.C. and E.A. Straker, Software Quality - A Practical
      Approach, Proc. IFAC/IFIP Workshop Safecomp'83, Cambridge, UK,
      Sept. 1983, edited by J. Baylis, Pergamon Press (1983), p. 137

/2/   Rata, J. M. und L. Remus, Hardware/Software Maintenance, Proc.
      IFAC Workshop Safecomp'82, Purdue University, Oct. 1982, edited
      by R. Yunker

/3/   W.K. Epple, Rechnerunterstützte Spezifikation von Prozeßautoma-
      tisierungssystemen, Regelungstechnische Praxis, März 1984, p.133

/4/   R.J. Lauber, Specification Languages and Computer Aided Develop-
      ment Support Techniques to Achieve Reliable and Safe Systems:
      Present Status and Future Directions, Proc. IFAC Workshop Safe-
      comp '82, Purdue University, Oct. 1982, edited by R. Yunker

/5/   Dahll, G. und J. Lahti, The specification system X-SPEX - Intro-
      duction and Experience, Proc. IFAC/IFIP workshop Safecomp'83,
      Cambridge, UK, Sept. 1983, edited by J. Baylis, Pergamon Press
      (1983), p. 111.

277

/6/ M.S. Deutsch, Software Verification and Validation, Prentice
     Hall, Englewood Cliffs (1982), ISBN O-13-822072-7

/7/ P. M. Frank, Detektion von Sensorausfällen mit Methoden der Zu-
     standsschätzung, GMR-Bericht 1, Verfahren und Systeme zur techni-
     schen Fehlerdiagnose, Aussprachetag Langen, April 1984, p. 209

/8/ Schneeweis, W. und D. Seifert, Zuverlässigkeitstheoretische Bewer-
     tung von Coderedundanz in fehlertolerierenden Rechnersystemen,
     Informatik-Fachberichte 54, GI-Fachtagung Fehlertolerierende Rech-
     nersysteme, München März 1982, Springer-Verlag (1982)

/9/ Voges, U. und J.R. Taylor, Systematic Software Testing, in: Com-
     puter in der Industrie, R. Oldenbourg, Wien München (1983), Hrsg.
     V. Haase/W. J. Jaburek, p. 163

/10/ Ehrenberger, W.D. und B. Krzykacz, Probabilistic Testing, in: Com-
     puter in der Industrie, R. Oldenbourg, Wien München (1983), Hrsg.
     V. Haase/W. J. Jaburek, p. 185

/11/ Trauboth, H. und U. Voges, Verfahren zur Entwicklung zuverlässi-
     ger Software für rechnergestützte Sicherheitssysteme, Atomwirt-
     schaft 1983, p. 43

/12/ S. Bologna etal., EWICS-TC7-Position-Paper: Guideline for Verifi-
     cation and Validation of Safety Related Software, Working Paper
     333 (1983)

/13/ W. Ehrenberger, Zur Theorie der Analyse von Prozeßrechnerprogram-
     men, GRS-MRR 118 (1973)

/14/ Voges, U. und W. Ehrenberger, Vorschläge zu Programmierrichtlini-
     en für ein Reaktorschutzrechnersystem, KFK-Ext. 13/75-02

/15/ NBS Special Publication 500-93: Software Validation, Verifica-
     tion, and Testing Technique and Tool Reference Guide, US Dept.
     of Commerce, P.B. Powell, editor (1982)

/16/ Gmeiner, L. und U. Voges, Experimentelle Untersuchung zur Soft-
     ware-Diversität, KFK-PDV-Bericht 179, Dez. 1979, p. 126

/17/ U. Kammerer, Zum Potential von Mikrorechnern in Reaktorschutzsy-
     stemen, KFK-PDV-Bericht 179, Dez. 1979, p. 140

/18/ K.H. Kapp et al., Sicherheit durch vollständige Diversität, GI,
     VDI/VDE-GMR, KFK-Fachtagung Prozeßrechner München, Informatik-
     Fachberichte 39, p. 216, Springer (1981)

/19/ K.P. Plögert, Rechnergestützte Sicherheitsanalyse, Regelungstech-
     nische Praxis 23, p. 394 (1981)

/20/ U. Kammerer, Einsatzbedingungen für Mini- und Mikrorechner in
     Kernkraftwerken, RWTÜV Schriftenreihe Heft 22, Mikroelektronik
     und Mikroprozessoren in Kraftwerken, p. 46 (1983)

/21/ Systematische Übersicht über Empfehlungen, Richtlinien und Normen
     für den Einsatz von Prozeß- und Mikrorechnersystemen, Hrsg.: VDI/
     VDE-GMR, Prof. Welfonder (1982)

/22/ J.H. Wensley, Fault-Handling in the AUGUST Systems Series 300,
     Proc. IFAC Workshop Safecomp'82, Purdue University, Oct. 1982,
     edited by R. Yunker

/23/ W.E. Forster, Alternative Designs for Fault Tolerant Systems,
Proc. IFAC Workshop Safecomp'82, Purdue University, Oct. 1982,
edited by R. Yunker

/24/ H.G. Nix, On-line-Fehlerdiagnose bei sicheren Steuerungen, GMR-
Bericht 1, Verfahren und Systeme zur technischen Fehlerdiagnose,
Aussprachetag Langen, April 1984, p. 221

/25/ H. Hofmann, Sicheres Leit- und Informationssystem für Kernkraftwerke, Abschlußbericht zum Fördervorhaben, BMFT 150367 (KWU,
Siemens, BBC, 1981)

Bild 1:   Prozeßrechner für technische Anlagen
          mit unterschiedlichem Risiko
          (Grobgliederung)

Risiko

   ↑   Einige militärische Systeme

       Flugzeug-Landesysteme

       Schutz kerntechnischer Anlagen

       Schutz chemischer Anlagen

       Eisenbahn-Signalanlagen

       Diagnose für Flugzeugtriebwerke

       Begrenzungsrechner in kerntechnischen
       Anlagen

       Feuerungsanlagen in fossilen Kraft-
       werken

       Straßenverkehrs-Signalanlagen

       ABS-Systeme

       Aufzugssteuerungen

       Pressensteuerungen

       Infusionspumpen

       Industrierobotersteuerungen

       Patientenüberwachung

       Haushaltsgeräte/Büromaschinen

       Dokumentationsrechner

       Elektronische Verkehrslotsen

Bild 3:   Prüfverfahren für Prozeßrechner-Software

          Programm-Inspektion

          Programm-walkthrough

          Statische Programmanalyse

          Symbolische Ausführung

          Programmbeweis

          Black-Box-Tests
          - nach Eingangsdatenklassen
          - mit Grenzdaten

          White-Box-Tests verschiedenen
          Abdeckungsgrads

          Code-Instrumentierung

          Tests mit statischen Eingangsdaten

          Abprüfung auf Existenz von

Bild 2: Ein Phasenmodell

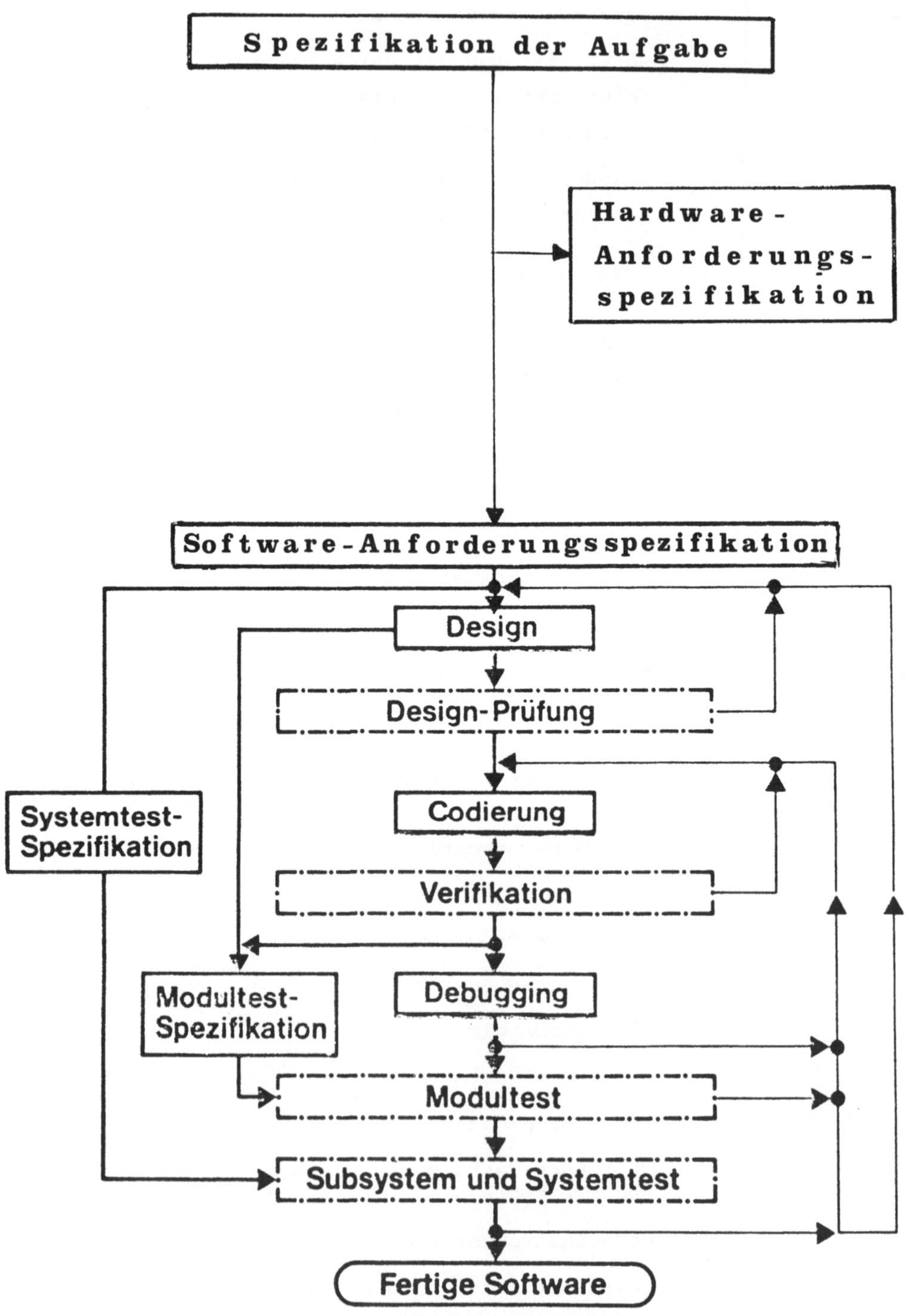

Beurteilung von Verfahren zur Tolerierung
von Softwarefehlern

R. Lauber und S. Zhou

Institut für Regelungstechnik und Prozeßautomatisierung

der Universität Stuttgart

Zusammenfassung:

Bei Systemen mit hohem Schaden- bzw. Sicherheitsrisiko lassen sich als Ergänzung zu
rechnerunterstützten Spezifikationssystemen, die auf weitgehende Fehlerfreiheit ausgerichtet sind, zusätzlich Verfahren zur Tolerierung von Softwarefehlern einsetzen.
Die beiden wichtigsten der bisher bekannten Verfahren - das "Recovery-Block-verfahren"
und das "N-Version-Programming-Verfahren" werden anschaulich erläutert. Zusätzlich
wird ein neues Verfahren der "Zyklischen Abwechslung" vorgestellt, das sich besonders
für die Automatisierungstechnik eignet. Zur quantitativen Beurteilung der Wirksamkeit dieser Verfahren wird die Fehlertoleranzfähigkeit definiert. An Hand dieses Kri-
teriums sowie weiterer Kriterien wie z.B. Adaptionszeit und Realisierungsaufwand,
werden die vorgestellten Verfahren untereinander verglichen.

1. Einleitung

Komplexe Systeme, die Rechner zur Informationsverarbeitung enthalten, sind zunächst

einmal fehleranfälliger als einfache Systeme. Grundsätzlich gibt es zwei Strate-

gien, nach denen man vorgehen kann, um trotz dieser erhöhten Komplexität vorgege-

bene Verfügbarkeits- oder Sicherheitsanforderungen zu erfüllen: Die Strategie der

Intoleranz gegenüber Ausfällen bzw. Fehlern (auch als Perfektionsstrategie bezeich-

net) und die Strategie der Toleranz von Ausfällen bzw. Fehlern mit gleichzeitiger

Verhinderung ihrer unerwünschten Auswirkung.

Bei hohen Anforderungen an die Verfügbarkeit oder an die Sicherheit dominiert im

Bereich der Hardware die Toleranzstrategie: Durch den Einbau von redundanten Bau-

gruppen oder Geräten (eventuell durch zusätzliche Softwaremaßnahmen unterstützt)

wird die Auswirkung von Ausfällen während des Betriebes nach außen hin unwirksam

gemacht.

Im Bereich der Software ist es gerade umgekehrt: Hier dominiert die Intoleranz-

Strategie. Dies liegt einerseits daran, daß Entwurfs- und Softwarefehler - im Ge-

gensatz zu Hardwareausfällen - nicht physikalisch bedingt sind und daher im Grund-

satz vermeidbar erscheinen. Tatsächlich gelingt es heute, mit Hilfe von rechnerge-

stützten Methoden, wie z.B. EPOS (_Entwicklungs- und _Projektmanagement-_orientier-

tes _Spezifikationssystem) [LALE83],[LAUB84], einen sehr hohen Grad an Fehlerfrei-

heit zu erreichen.

Andererseits ist bei der Toleranz-Strategie im Bereich der Software als Redundanz-
maßnahme eine verschiedenartige Informationsverarbeitung erforderlich. Diese Ver-
schiedenartigkeit wird als Diversität bezeichnet. Sie hat das Ziel, zu bewirken,
daß sich mögliche Entwurfs- und Softwarefehler in den diversitären Zweigen verschiedenartig auswirken.

Diversitäre Software ist nun aber aus verschiedenen Gründen problematisch: Sie
ist u.a. nicht nur teuer, sondern auch schwer wartbar. Daher wird man wohl auch
in der Zukunft versuchen, ohne diversitäre Software auszukommen. Insbesondere
wird man alle Möglichkeiten rechnerunterstützter Systeme nutzen, um möglichst
fehlerfreie Software zu erstellen.

In manchen Anwendungsfällen - z.B. im Bereich der Prozeßautomatisierung - ist jedoch das Risiko beim Ausfall wichtiger Teilfunktionen so groß, daß hierbei die Anwendung der Toleranz-Strategie auch gegenüber Software-Fehlern in Betracht zu ziehen ist. In den letzten Jahren wurden verschiedene Verfahren zum Aufbau fehlertoleranter Programme veröffentlicht. Über die Wirksamkeit und über den Realisierungsaufwand für diese Methoden gibt es jedoch nur wenige Untersuchungen. Daher ist es
nicht erstaunlich, daß diese Verfahren noch kaum Eingang in die praktische Anwendung gefunden haben.

Ziel der vorliegenden Arbeit ist es zunächst, die beiden wichtigsten, bisher bekannten Verfahren anschaulich zu erläutern und dabei ein neues, zusätzliches Verfahren vorzustellen. Darauf aufbauend soll die Wirksamkeit der behandelten Verfahren
durch die Angabe eines quantitativen Maßes für die Fehlertoleranzfähigkeit bewertet und verglichen werden. Abschließend wird dann die vergleichende Bewertung
auch auf andere Kriterien, wie z.B. auf die Adaptionszeit und auf die Realisier-
barkeit, ausgedehnt.

2. Erläuterung einiger Verfahren zur Tolerierung von Softwarefehlern

2.1 Das "Recovery-Block"-Verfahren

Bei diesem Verfahren [HORN74] werden, wie in Bild 1 gezeigt, diversitäre Programm-
Alternativen einem "Abnahmetest" (Acceptance-Test) unterzogen, bevor die Ergebnisse ausgegeben werden. Falls die erste Programm-Alternative den Abnahmetest nicht
besteht, wird auf einen fehlerfreien Zustand (im allgemeinen auf einen bereits in
der Vergangenheit eingenommenen Zustand) zurückgegangen. Dazu müssen die Zustands-
daten gerettet werden. Anschließend wird auf die nächste Programm-Alternative
übergegangen usw.

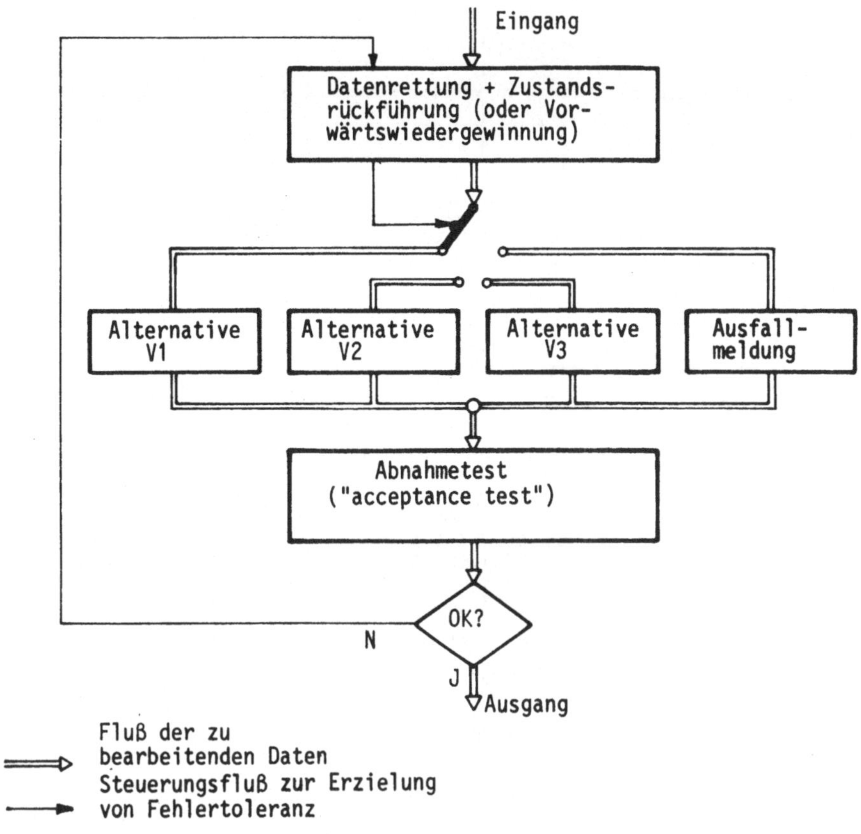

Bild 1: Schematische Darstellung des "Recovery-Block"-Verfahrens

Die verschiedenen diversitären Programm-Alternativen brauchen bezüglich des Umfangs
der Verarbeitung nicht gleichartig zu sein. Vielmehr ist es möglich, die aufeinanderfolgenden Alternativen jeweils weniger leistungsfähig auszuführen. Auf diese
Weise ist eine abgestufte Fehlertoleranz ("graceful degredation") möglich. Dadurch
wird nicht nur die Erstellung diversitärer Programm-Alternativen erleichtert, sondern es ist auch eine zunehmende Zuverlässigkeit der nachfolgenden Programm-Alternativen wegen ihrer zunehmenden Einfachheit möglich.

2.2 Das "N-Version-Programming"-Verfahren

Dieses in Bild 2 dargestellte Verfahren [AVCH77] lehnt sich an die in der Geräte-
technik bekannten "2-aus-3-Schaltungen" an: Die Ergebnisse mehrerer diversitärer
Programm-Alternativen werden einem Programm "Mehrheitsbilder und -entscheider" zu-
geführt und dort miteinander verglichen. Dieses Programm übernimmt damit die Funktion eines Hardware-Voters. Dabei ist sowohl der Ablauf der verschiedenen Programm-
Alternativen als auch der Vergleich der Ergebnisdaten zu synchronisieren. Falls die
Mehrheit der Programm-Alternativen identische Ergebnisdaten erzeugt, so werden
diese ausgegeben. Anderenfalls wird eine Ausfallmeldung erzeugt.

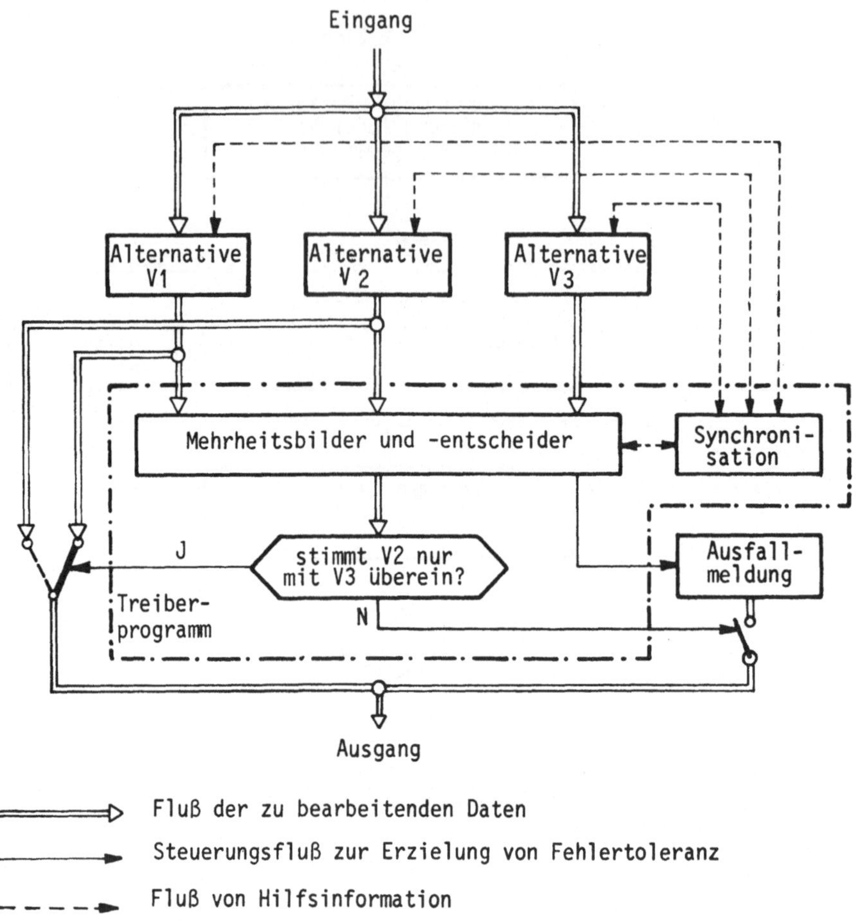

Bild 2: Schematische Darstellung des "N-Version-Programming"-Verfahrens

Da die verschiedenen Programm-Alternativen bei diesem Verfahren den gleichen Verarbeitungsumfang aufweisen müssen, um vergleichbare Ergebnisdaten zu liefern, ist eine abgestufte Fehlertoleranz damit kaum realisierbar.

2.3 Das Verfahren "Zyklische Abwechslung"

Bei diesem neuen Verfahren, das vom zweiten Verfasser dieses Beitrags entwickelt wurde,[ZHOU84]werden ebenfalls diversitäre Programm-Alternativen verwendet, die jedoch abwechselnd eingesetzt werden. Der Grundgedanke hierbei ist, daß es bei der Automatisierung kontinuierlicher technischer Prozesse (sog. Fließprozesse) in vielen Fällen möglich ist, die Fehlerauswirkungen eines Stellsignals bis zu einem gewissen Grad durch nachfolgende Stellsignale auszugleichen (zu kompensieren).

Dies gilt z.B. bei Regelsystemen mit entsprechenden Zeitkonstanten. Hierbei können die Auswirkungen eventueller Softwarefehler in den Regelalgorithmen als "Störungen" im Regelkreis aufgefaßt werden, die durch nachfolgende Stellgrößen "ausgeregelt" werden können.

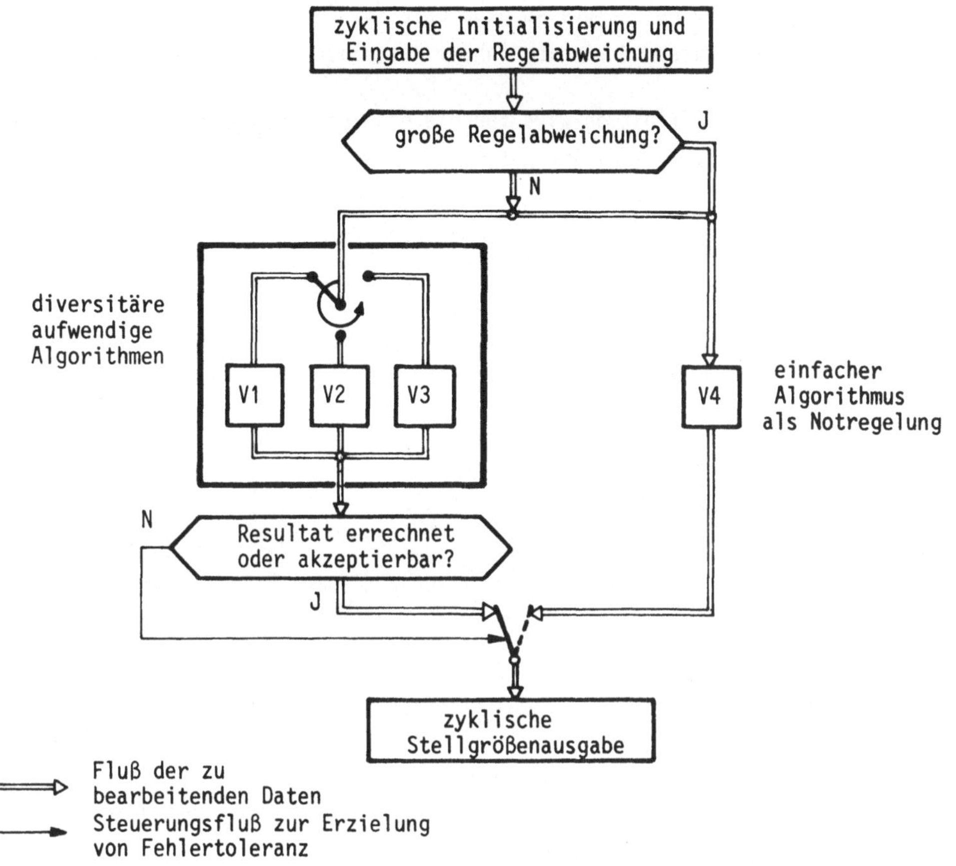

Bild 3: Schematische Darstellung des Verfahrens "Zyklische Abwechslung"

Es muß dabei allerdings stets eine Notregelung mit einer minimalen Regelgüte
erhalten bleiben, was durch einen einfachen Algorithmus (in Bild 3 als V4 bezeichnet) erreicht werden kann.

Die zyklische Abwechslung diversitärer Programm-Alternativen läßt sich sehr leicht
mit Hilfe der üblichen Sprachkonstrukte höherer Programmiersprachen implementieren.

3. Berechnung der Fehlertoleranzfähigkeit der untersuchten Methoden

3.1 Quantitative Definition der Fehlertoleranzfähigkeit

Der Begriff der Fehlertoleranzfähigkeit, der sich hier auf Softwarefehler bezieht,
läßt sich in Anlehnung an die Begriffe der Zuverlässigkeit und der Fehlertoleranz
eines Systems definieren [NTG 3004, ECHT83, KOPE76]. Die Fehlertoleranzfähigkeit
eines Programms, das in Ebenen entworfen wurde, wird definiert als die Wahrscheinlichkeit, daß dieses Programm auch mit einer begrenzten Zahl fehlerhafter Unter-
programme für eine vorgegebene Anzahl von Eingabefällen unter festliegenden Ein-

gabebedingungen die beabsichtigte Aufgabe erfüllt. Voraussetzung hierbei ist, daß
Hardware, Systemsoftware und Eingabe fehlerfrei sind.

Zur Anwendung dieser Definition wird für die oben erläuterten Verfahren ein Zwei-
Schichten-Modell eingeführt (siehe Bild 4).

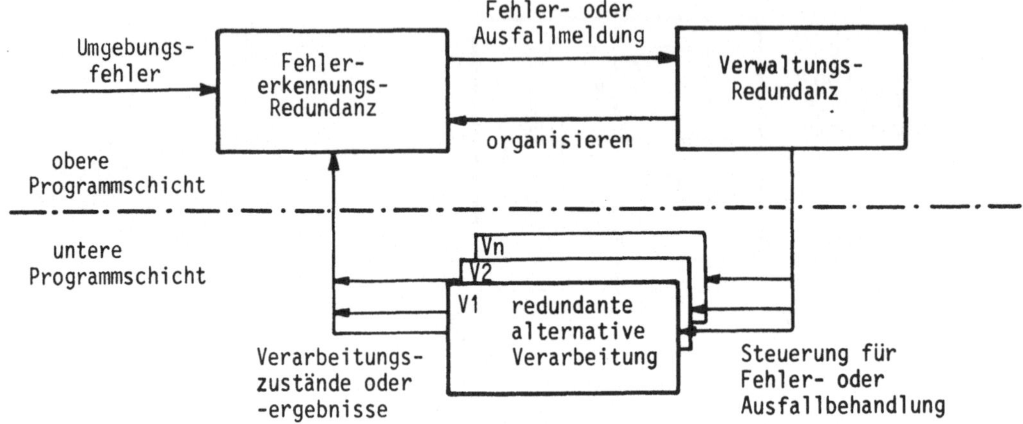

Bild 4: Zwei-Schichten-Modell zur allgemeinen Beschreibung von Programmsystemen,
die Softwarefehler tolerieren

Darin werden die Programme, die - bei den verschiedenen Verfahren in unterschiedlicher Weise - zur Fehlererkennung und zur Organisation des Ablaufs dienen, einer
"oberen Programmschicht" zugeordnet. Die diversitären Programm-Alternativen bilden eine "untere Programmschicht".

Damit lassen sich folgende Wahrscheinlichkeits-Kennwerte zur Beschreibung der
Fehlertoleranzfähigkeit definieren:

- p_i sei die Wahrscheinlichkeit, daß ein Programm i in der unteren Programmschicht fehlerfrei arbeitet

- q sei die Wahrscheinlichkeit, daß die Programme der oberen Programmschicht
fehlerfrei arbeiten.

Für die oben behandelten Verfahren wird die Fehlertoleranzfähigkeit $Q\,(p_i,q)$ als
die Wahrscheinlichkeit definiert, daß das gesamte fehlertolerante Programmsystem
die beabsichtigte Aufgabe erfüllt (unter den oben bereits genannten Randbedingungen).

3.2 Berechnung der Fehlertoleranzfähigkeit für das "Recovery-Block"-Verfahren

Bezeichnet man mit p_i die Wahrscheinlichkeit, daß die Programm-Alternative i
(i=1,2,3) der unteren Programmschicht fehlerfrei arbeitet und mit q die Wahrscheinlichkeit, daß alle Programme der oberen Programmschicht (die hier gemäß

Bild 1 aus dem Programm für den Abnahmetest, den Programmen für die Zustandsrück-
führung und Datenrettung, sowie aus den Programmen für die Organisation des Ablaufs besteht), so ergibt sich der in Bild 5 dargestellte Entscheidungsbaum.

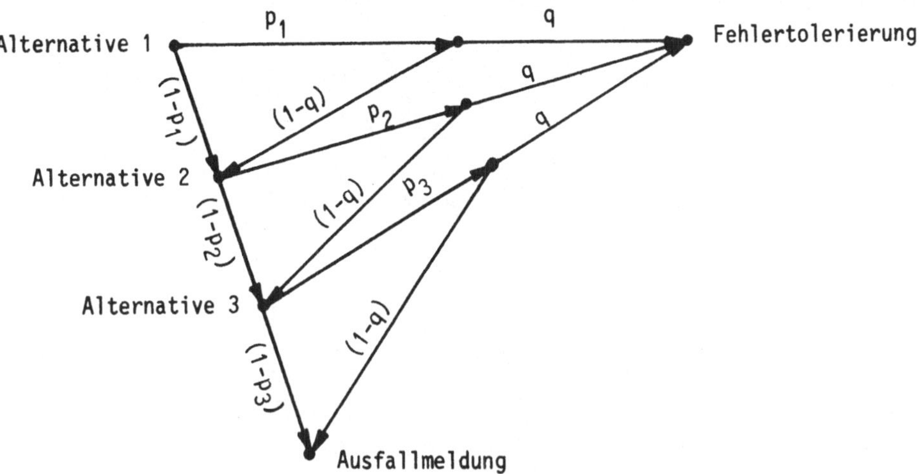

Bild 5: Entscheidungsbaum für das "Recovery-Block"-Verfahren bei drei Programm-
Alternativen

Daraus ergibt sich für die Fehlertoleranzfähigkeit:

$$Q\,(p_i,q) = p_1 q + (1-p_1 q)\,p_2 q + (1-p_1 q)\,(1-p_2 q)\,p_3 q$$
$$= q\,(p_1 + (1-p_1 q)\,p_2 + (1-p_1 q)\,(1-p_2 q)\,p_3)$$

Nehmen wir vereinfachend an, daß die Wahrscheinlichkeiten für die Fehlerfreiheit
der Programm-Alternativen gleich einem Wert p seien:

$$p_1 = p_2 = p_3 = p$$

so ergibt sich die vereinfachte Beziehung

$$Q\,(p,q) = 1 - (1-pq)^3$$

Die graphische Darstellung dieser Beziehung zeigt Bild 6a.

3.3 Die Berechnung der Fehlertoleranzfähigkeit für das "N-Version-Programming"-Verfahren

In ähnlicher Weise wie oben bezeichnen wir die Wahrscheinlichkeit, daß eine Programm-Alternative i (i=1,2,3) in der unteren Programmschicht fehlerfrei arbeitet,
mit p_i. Die Wahrscheinlichkeit, daß die Programme der "oberen Programmschicht"
(Mehrheitsbilder und Entscheider, Kommunikation und Synchronisierung, Ablaufsteuerung) fehlerfrei arbeiten, sei q. Dann ergibt sich der in Bild 7 dargestellte Entscheidungsbaum.

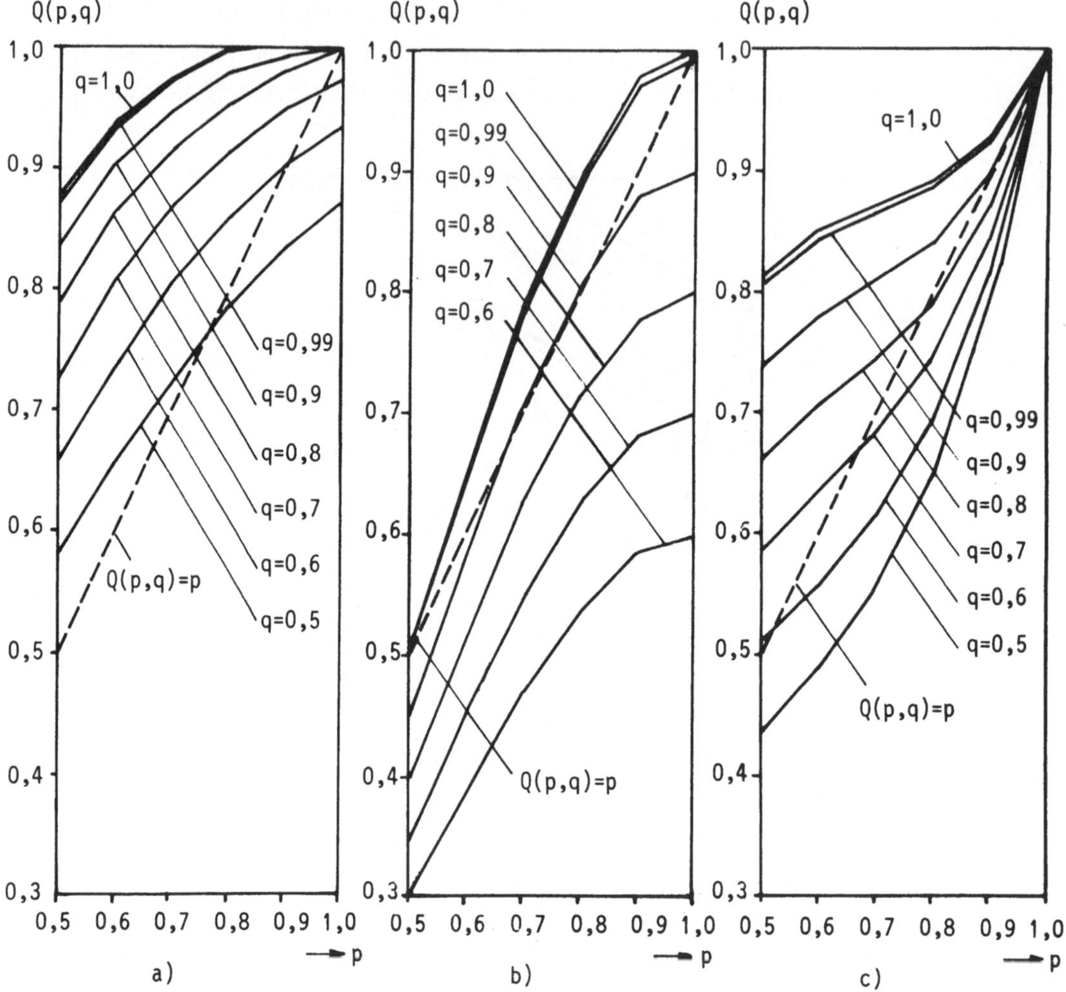

Bild 6: Darstellung der Fehlertoleranzfähigkeit $Q(p,q)$

    a) "Recovery-Block"-Verfahren
    b) "N-Version-Programming"-Verfahren
    c) Verfahren der "Zyklischen Abwechslung" (bei Tolerierung der Fehleraus-
       wirkungen von 2 der 3 Programm-Alternativen)

Daraus ergibt sich für die Fehlertoleranzfähigkeit die Gleichung

$$Q(p_i,q) = q(p_1 p_2 p_3 + (1-p_1)p_2 p_3 + (1-p_2)p_1 p_3 + (1-p_3)p_1 p_2)$$

Für den vereinfachten Fall (s.o.)

$$p_1 = p_2 = p_3 = p$$

folgt die vereinfachte Gleichung

$$Q(p,q) = q(3-2p)p^2$$

Diese Beziehung ist in Bild 6b graphisch dargestellt.

Interessant ist ein Vergleich dieser analytisch hergeleiteten Beziehung mit Ergebnissen von Experimenten, die an der University of California in Los Angeles bei der Entwicklung und Implementierung eines fehlertoleranten Programmsystems mit dem "N-Version-Programming"-Verfahren durchgeführt wurden [KEAV83]. Für die dort untersuchten Programm-Alternativen wurde der durchschnittliche Wert von p=0,735 ermittelt.

Die mittlere Fehlertoleranzfähigkeit des Programmsystems wurde mit Q=0,815 angegeben (wobei q=1 vorausgesetzt wurde).

Setzt man den Wert p=0,735 in die obige Formel ein, so ergibt sich die Fehlertoleranzfähigkeit

$$Q(p,1) = Q(0,735;1) = 0,8265$$

Es zeigt sich also, daß die hier eingeführte analytische Berechnung der Fehlertoleranzfähigkeit recht gut mit den Experimenten nach [KEAV83] übereinstimmt.

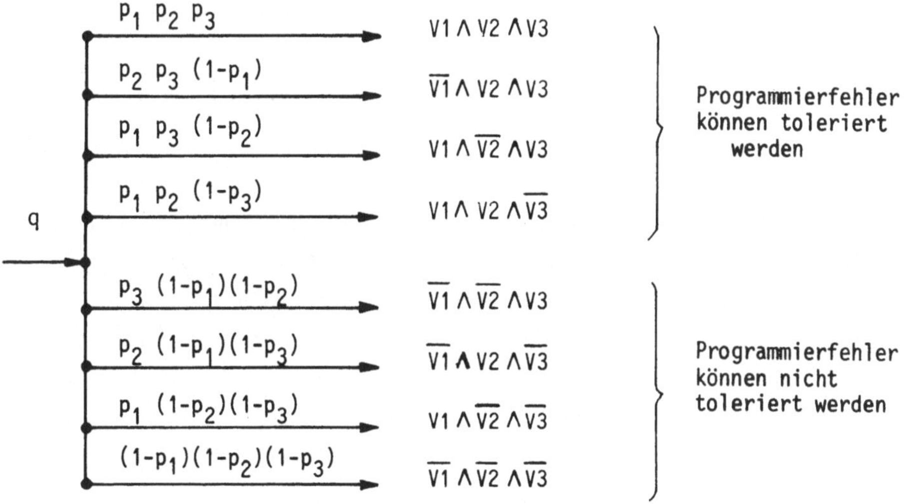

Bild 7: Entscheidungsbaum für das "N-Version-Programming"-Verfahren bei drei Programm-Versionen V1, V2 und V3

3.4 Berechnung der Fehlertoleranzfähigkeit für das Verfahren der "Zyklischen Abwechslung"

Wird wieder, wie oben bereits in den Abschnitten 3.2 und 3.3, die Wahrscheinlichkeit, daß eine der zyklisch abwechselnd eingesetzten Programm-Alternativen fehlerfrei arbeitet, mit p_i bezeichnet, und mit q die Wahrscheinlichkeit bezeichnet, daß die Programme, die die zyklische Abwechslung bewirken, fehlerfrei sind, so ergibt sich der in Bild 8 dargestellte Entscheidungsbaum.

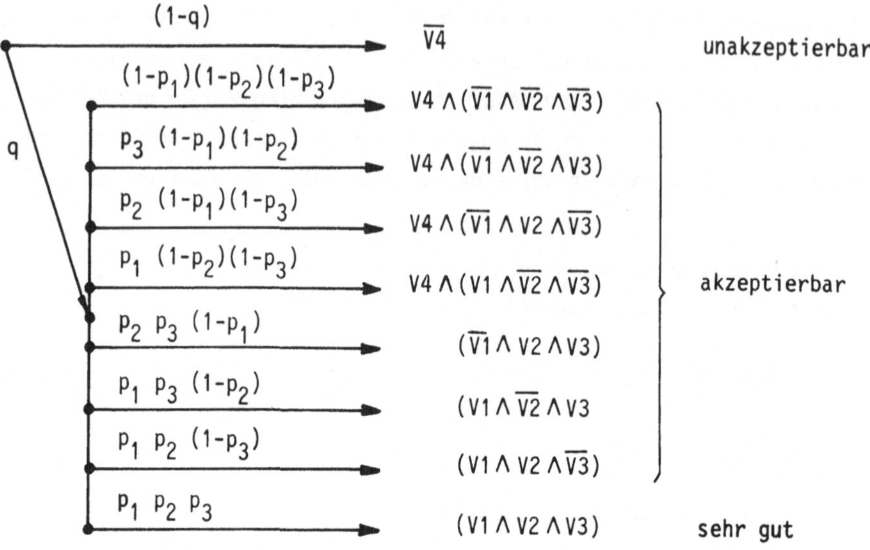

Bild 8: Entscheidungsbaum für das Verfahren der "Zyklischen Abwechslung" bei drei
einsetzbaren Programm-Alternativen und einem Programm zur Notregelung

Daraus lassen sich die in Bild 6c dargestellten Kurvenverläufe berechnen, falls

$$p_1 = p_2 = p_3 = p$$

angenommen wird und unter der Voraussetzung, daß die in Abschnitt 2.3 genannten
Randbedingungen erfüllt sind (d.h. das Ergebnis ist anwendungsabhängig).
Es zeigt sich, daß beim Ausfall einer Programm-Alternative ein Verlauf von
Q(p,1) wie bei dem "N-Version-Programming"-Verfahren auftritt (bei dem ja der
Ausfall einer von 3 Programmversionen toleriert wird). Beim Ausfall von zwei Pro-
gramm-Alternativen entspricht der Verlauf von Q(p,1) dem des "Recoery-Block"-Ver-
fahrens (das den Ausfall von 2 der 3 Programm-Alternativen toleriert).

4. Zusammenfassende Beurteilung der behandelten Verfahren

Der Einsatz von Verfahren zur Tolerierung von Softwarefehlern wird wegen des hohen erforderlichen Aufwandes nur dort in Frage kommen, wo ein besonders hohes
Risiko den Aufwand rechtfertigt. Bei der Auslegung eines fehlertoleranten Programmsystems kommt es dann darauf an, das jeweils geeignetste und wirksamste
Verfahren auszuwählen. Zur Erleichterung einer solchen Auswahl werden in Tabelle
1 die drei in diesem Beitrag behandelten Verfahren bezüglich verschiedener Kriterien bewertet.

Methoden Kriterien	"Recovery- Block"	"N-Version- programming"		"zyklische Abwechslung"
Fehlertoleranzfähigkeit	hoch	mittel		mittel — hoch (hängt vom An- wendungsfall ab)
Adaptionszeit	lang (bei Einrechner- systemen)	bei Einrech- nersystemen: lang bei Mehrrech- nersystemen: kurz		kurz
Aufwand für die erforder- liche Erweiterung der Rechner-Hardware und der Rechner-System-Software	hoch	sehr hoch		gering
Schwierigkeiten bei der Realisierung des fehlertoleranten Programmsystems	dem Anwender unzugänglich, schwierig	dem Anwender unzugänglich, schwierig		dem Anwender zugänglich, einfach
Einsatzgebiete	allgemein	allgemein		für Automati- sierungsaufgaben in Fließprozessen

Tabelle 1:   Zusammenfassende Beurteilung der behandelten Verfahren

<u>Literatur:</u>

AVCH77   Avizienis, A., Chen, L.:
          On the Implementation of N-Version Programming for Software
          Fault-Tolerance during Program Execution,
          Procceedings of COMPSAC 77, Chicago, November 1977, S. 149-155.

ECHT83   Echtle, K., Görke, W., Marhöfer, M.:
          Zur Begriffsbildung bei der Beschreibung von Fehlertoleranzverfahren
          Institut für Informatik IV, Universität Karlsruhe, 1983

HORN74   Horning, J.,J. et al:
          A Program Structure for Error Detection and Recovery
          Lecture Notes in Computer Science, Vol. 16
          Springer-Verlag, Berlin-Heidelberg-New York, 1974, S. 171-187

KEAV83   Kelly, T. P. J., Avizienis, A.:
          A Specification-Oriented Multi-Version Software Experiment
          Digest of Papers FTCS-13, Milano, Juni 1983, S. 120-126

KOPE76   Kopetz, H.:
          Softwarezuverlässigkeit
          Carl Hanser Verlag, München-Wien, 1976, S. 20-21

LALE83   Lauber, R., Lempp, P.:
          Integrated Development and Project Management System
          Proceedings of COMPSAC 83, IEEE Computer Society Press,
          Los Alamitos, Calif., S. 412-421.

LAUB84   Lauber, R. (Herausgeber):
          EPOS - Kurzbeschreibung. Darstellung der wichtigsten Eigenschaften
          des Entwicklungs- und Projektmanagement-orientierten Spezifikations-
          systems EPOS.
          Forschungsinstitut für Regelungstechnik und Prozeßautomatisierung,
          Pfaffenwaldring 47, 7000 Stuttgart 80, (1984)

NTG3004   NTG-Empfehlung 3004:
          Zuverlässigkeitsbegriffe im Hinblick auf komplexe Software und
          Hardware. Nachrichtentechnische Zeitschrift, Band 35, Heft 5,
          VDE-Verlag, Berlin 1982, S. 327-333

ZHOU84   Zhou, Shidao:
          Vergleich verschiedener Methoden zur Erzielung von Fehlertoleranz
          für zyklisch aufgerufene Automatisierungsprogramme
          eingereicht: Internationale Fachtagung Prozeßrechner 84,
          Karlsruhe, September 1984.

Formale Methoden oder pragmatisches Vorgehen
für die Software-Fehlertoleranz und -Zuverlässigkeit?

M. Seifert

Wissenschaftliches Zentrum, IBM
Tiergartenstr. 15, 6900 Heidelberg

Zusammenfassung

An der Abschlußdiskussion nahmen "auf dem Podium" F. Belli, B. Eggers,
W. Ehrenberger, R. Duschl, E. Schmitter, und S. Shrivastava mit z.T. mehreren
kurzen Beiträgen teil, die durch viele Wortmeldungen der Workshop-Teilnehmer
ergänzt oder auch in Frage gestellt wurden.
Im folgenden wurden neben einzelnen Beiträgen der Teilnehmer auch
Wortmeldungen zusammengestellt. (Diese Zusammenstellung ist nicht
vollständig.)

Die wesentlichen Themen der Diskussion waren die Beherrschung der Komplexität
der Software und der Einsatz von Diversität.

1. Ergebnisse von Sitzungen

Beitrag von F. Belli

Wie die Sitzung "Methodik" zeigte, besteht im Gebiet Software-Fehlertoleranz
und vor allem -Zuverlässigkeit zwischen Lehre, Forschung und Praxis eine
Kluft, die in Grundzügen jedoch "künstlich" ist. Denn die formulierten
Zielsetzungen sind die gleichen und die eingeschlagenen Annäherungen sind
nicht gegensätzlich, sondern eher komplementär, auch wenn dies von den
Beteiligten nicht bestätigt wird.
Einer der Gründe dieser Kluft könnte in der begrifflichen Vielfalt liegen, die
in dieser (in Relation zur Hardware) jungen Disziplin herrscht. Diese
Vermutung wird z.B. dadurch verstärkt, daß in der Industrie in Anlehnung an
DIN verwendete Begriffe in anderen Gebieten noch keinen Niederschlag gefunden
haben.

Eine andere Beobachtung zeigt, daß die in der Praxis verwendeten, teilweise
"hausgemachten" heuristischen Verfahren in der Forschung noch kein großes
Interesse gefunden haben.
Das ist etwas verwunderlich, denn die Erfahrung zeigt, daß die Heuristik mit
ihrer Pragmatik oft die Motorik der Forschung bildet und daher als wertvoller
Nährboden der Forschung betrachtet werden kann.

Schließlich wird festgestellt, daß für Software die Methoden der
Fehlertoleranz und der Zuverlässigkeit noch nicht ganz "glücklich verheiratet"
werden können. Es sind aber Bemühungen zu beobachten, welche die
Software-Zuverlässigkeit und die -Fehlertoleranz methodisch bewerten.

Beitrag von M. Seifert

In der Sitzung "Verteilte Systeme" fanden die Konzepte 'verteilte atomare

Aktionen' und 'Remote Procedure Call', die momentan in vielen Projekten ein
aktuelles Thema sind, ebenfalls Beachtung. In der Diskussion wurde auf die
Beziehung von atomaren Aktionen zum Remote Procedure Call (RPC) eingegangen.
Ungeklärt ist, welches jeweils die Basis des anderen ist.
Atomare Aktionen könnten zu ihrer Realisierung einen RPC als einheitlichen
Mechanismus für Interprozeßkommunikation und lokale atomare Aktionen benutzen.
Umgekehrt ließe sich ein mächtiger RPC auf verteilte atomare Aktionen
aufbauen.

Für alle Problemkreise des Workshops läßt sich eine Aussage von Leslie Lamport
zu Arbeiten in der Informatik ("Define your problem before you state your
solution") auf die Fehlertoleranz übertragen: "Define your fault model before
you state your fault-tolerance technique".
Dies wird oft noch unterlassen, indem bei der Lösung Fehlertoleranz allgemein
(für Hard- und Softwarefehler) geschildert wird, während implizit im
Fehlermodell nur bestimmte Fehlerklassen (meistens einzelne Hardwareausfälle)
berücksichtigt werden.

Beitrag von R. Duschl

Die Sitzung "Existierende Systeme" sollte einen Einblick geben, inwieweit und
mit welchen technischen Lösungen einige Firmen die Anforderungen von
fehlertoleranten Anwendungen bereits heute mit konkreten Produkten erfüllen
können.

Redundanzverfahren waren lange Zeit nur auf Rechneranwendungen im
Anlagenbereich beschränkt, z.B. für die Fernsprechvermittlung oder die
Automatisierungssysteme.
In den letzten Jahren hat jedoch im kommerziellen Bereich die starke
Verbreitung der Dialog- und Transaktionstechnik einen ständig steigenden
Nachfragetrend nach kostengünstigen fehlertoleranten Systemen ausgelöst.

Beitrag von E. Schmitter

Die Beiträge und Diskussionen zur Sitzung "Rechnerunterstützung" lassen sich
auf zwei Kernfragen konzentrieren:

1. Inwieweit helfen neue Rechnerarchitekturen, Software-Fehlertoleranz und
    Software-Zuverlässigkeit zu verbessern?
    Hier steht man am Anfang einer Entwicklung, und es blieb letztlich offen,
    ob die Konzepte die Erwartungen erfüllen können.

2. Inwieweit berücksichtigen heutige Software-Entwicklungsmethoden die
    Möglichkeiten der Verifikation von Software?
    Die Entwicklung automatischer Tools (wie Automatische Analyse- und
    Testsysteme) ist zur Zeit wegen Mangel an wirkungsvollen Alternativen
    notwendig; doch nach Ausssagen von Fachleuten vollzieht sich bereits ein
    wesentlicher Wandel im Software-Engineering, der dem Rechnung trägt.

Die Antworten auf diese Fragen bleiben offen und zeigen einmal mehr die Breite
der Problematik, die sich aus den Anforderungen nach Fehlertoleranz und
Zuverlässigkeit in Rechensystemen ergeben.

2. Erfahrungen aus Projekten

Beitrag von S. Shrivastava

Aus den vielfältigen Erfahrungen der Gruppe um B. Randell in Newcastle wurden
Überlegungen zur Zuverlässigkeit in 'geschichteten Systemen (layered systems)'
zu Diskussion gestellt.

Wesentliche Punkte waren:

• Welche Funktionalität sollte eine Schicht bezüglich der Behandlung von
  Ausnahmen haben?

• Wo soll der Hauptaufwand für die Zuverlässigkeit geleistet werden?
  Hier wurde noch einmal beispielhaft auf die Beziehung zwischen atomaren
  Aktionen und Remote Procedure Call eingegangen.

• Es gibt keine geschlossene Theorie für solche Entwurfsentscheidungen, aber
  zu empfehlen ist u.a.:

  1. niedere Schichten einfach halten, nicht unbedingt Fehler maskieren;

  2. eine vollständige Anforderungsspezifikation muß vorliegen, um einen
     optimalen Entwurf zu erreichen.

3. Allgemeine Diskussion

3.1 Komplexität der Software

Beitrag von B. Eggers

Folgende Punkte sind für die Diskussion von Bedeutung:

1. Aus theoretischer Sicht ist das erste Problem der Softwarezuverlässigkeit
   darin zu sehen, daß man nach einer Metrik als semantischer Distanzfunktion
   und deren Explikation suchen muß. Dies gilt insbesondere für semantische
   Fehler mit großer Nähe zu korrekten Programmen.

2. Um zu erfahren, was die Prinzipien sicherer Programmierung sind, muß man
   den "Programmierern über die Schulter schauen, um deren Tätigkeit zu
   klassifizieren".

3. Nach Belady und Lehman muß man zur Beurteilung eines Softwarelebenszyklus
   diejenige Entropie erkennen, die beschreibt, wieviel Arbeit man gegen ein
   Softwaresystem aufbringen muß, um es am Leben zu erhalten.

4. Nach Endres und Mills ist das Prinzip hilfreich, wonach eine
   Organisationsstruktur der Software-Erstellung sich optimal in der Struktur
   der produzierten Software widerspiegelt.

5. Die Frage eines pragmatischen Komplexitätsmaßes großer Systeme sollte.
   geklärt werden.

3.2 Diversität

Beitrag von W. Ehrenberger

Softwarediversität, so hat der Verlauf der Tagung gezeigt, findet sowohl praktisches, als auch theoretisches Interesse. Es ist nicht unumstritten, ob sie auch einen Vorteil bringt; denn der erheblich gestiegenen Sicherheit diversitärer Systeme stehen doppelte Entwicklungskosten und Wartungskosten gegenüber - falls wir zunächst bei zweifach diversitären Systemen bleiben.

Es ist zunächst von Interesse, sich mit den gemeinsamen Fehlern in zwei diversitären Programmen, bzw. mit den zwei diversitären Programmen gemeinsamen Versagensfällen auseinander zu setzen. Für die Wahrscheinlichkeitsdichtefunktion dieser gemeinsamen Fälle gilt unter mäßigen Voraussetzungen:

$$p_{12}\left(\begin{array}{c}n_{12}\\N\end{array}\middle|\begin{array}{c}n_1\\n_2\end{array}\right) = \frac{\binom{n_1}{n_{12}}\binom{N-n_1}{n_2-n_{12}}}{\binom{N}{n_2}}$$

Hierbei sind:

p_{12} Wahrscheinlichkeit, daß genau n_{12} Programmeigenschaften bzw. Betriebsfälle von N in den beiden diversitären Programmen gemeinsam fehlerhaft sind bzw. zum gemeinsamen Versagen führen

N Anzahl der Programmeigenschaften, die jedes Programm hat, bzw. Anzahl der unterschiedlichen Anforderungen an das diversitäre Programmsystem

n_1 Anzahl der fehlerhaften Programmeigenschaften im Programm 1, bzw. der Versagensfälle des Programms 1

n_2 Anzahl der fehlerhaften Programmeigenschaften im Programm 2, bzw. der Versagensfälle des Programms 2

n_{12} Anzahl der gemeinsam fehlerhaften Programmeigenschaften bzw. der gemeinsamen Versagensfälle

Hinsichtlich der Wahrscheinlicheit daß irgend eine beliebige Programmeigenschaft in beiden Programmen fehlerhaft programmiert ist oder daß beide Programme für eine beliebige Eingangsdatenkombination gemeinsam versagen, ist zu erwarten:

$$E\,(p_{12}) \approx \frac{n_1}{N} \cdot \frac{n_2}{N}$$

Für die Varianz gilt: $V(p_{12}) \approx E(p_{12})$.

Für die Zahl der gemeinsam falschen Programmeigenschaften oder der gemeinsamen Versagensfälle gilt:

$$E(n_{12}) = N \cdot p_{12}$$

Der Wert der Diversität zeigt sich vor allem dann, wenn die Programme so komplex sind, daß eine systematische Verifikation der Richtigkeit nicht mehr infrage kommt. Dies gilt vor allem für sehr große Programme oder -Systeme. Man muß dann zu probabilistischen Verifikationsverfahren greifen. Diese verlangen im allgemeinen eine sehr grosse Anzahl von Testfällen, deren Durchführung sehr teuer ist. Bei diversitären Systemen verringert sich die Anzahl der nötigen Testfälle auf die Quadratwurzel der Anzahl der Fälle, die im nicht diversitären Fall notwendig wären. Die damit verbundene Kostenersparnis kann höher sein, als die Kosten für eine nochmalige Entwicklung eines Programmsystems.

Diversität ist natürlich nur sinnvoll, wenn man eine Anwendung hat, bei der es eine sichere Seite gibt. Hinsichtlich ihrer Verfügbarkeit sind zweifach diversitäre Systeme schlechter, als singuläre.

Diversität ist nur für große Systeme von Interesse. Wichtig ist vor allem die Zweifachdiversität; denn bei mehrfach diversitären Systemen steigen die Entwicklungskosten schneller, als die Einsparungen.

Band 44: Organisation informationstechnik-gestützter öffentlicher Verwaltungen. Fachtagung, Speyer, Oktober 1980. Herausgegeben von H. Reinermann, H. Fiedler, K. Grimmer und K. Lenk. 1981.

Band 45: R. Marty, PISA – A Programming System for Interactive Production of Application Software. VII, 297 Seiten. 1981.

Band 46: F. Wolf, Organisation und Betrieb von Rechenzentren. Fachgespräch der GI, Erlangen, März 1981. VII, 244 Seiten. 1981.

Band 47: GWAI – 81 German Workshop on Artificial Intelligence. Bad Honnef, January 1981. Herausgegeben von J. H. Siekmann. XII, 317 Seiten. 1981.

Band 48: W. Wahlster, Natürlichsprachliche Argumentation in Dialogsystemen. KI-Verfahren zur Rekonstruktion und Erklärung approximativer Inferenzprozesse. XI, 194 Seiten. 1981.

Band 49: Modelle und Strukturen. DAG 11 Symposium, Hamburg, Oktober 1981. Herausgegeben von B. Radig. XII, 404 Seiten. 1981.

Band 50: GI – 11. Jahrestagung. Herausgegeben von W. Brauer. XIV, 617 Seiten. 1981.

Band 51: G. Pfeiffer, Erzeugung interaktiver Bildverarbeitungssysteme im Dialog. X, 154 Seiten. 1982.

Band 52: Application and Theory of Petri Nets. Proceedings, Strasbourg 1980, Bad Honnef 1981. Edited by C. Girault and W. Reisig. X, 337 pages. 1982.

Band 53: Programmiersprachen und Programmentwicklung. Fachtagung der GI, München, März 1982. Herausgegeben von H. Wössner. VIII, 237 Seiten. 1982.

Band 54: Fehlertolerierende Rechnersysteme. GI-Fachtagung, München, März 1982. Herausgegeben von E. Nett und H. Schwärtzel. VII, 322 Seiten. 1982.

Band 55: W. Kowalk, Verkehrsanalyse in endlichen Zeiträumen. VI, 181 Seiten. 1982.

Band 56: Simulationstechnik. Proceedings, 1982. Herausgegeben von M. Goller. VIII, 544 Seiten. 1982.

Band 57: GI – 12. Jahrestagung. Proceedings, 1982. Herausgegeben von J. Nehmer. IX, 732 Seiten. 1982.

Band 58: GWAI-82. 6th German Workshop on Artificial Intelligence. Bad Honnef, September 1982. Edited by W. Wahlster. VI, 246 pages. 1982.

Band 59: Künstliche Intelligenz. Frühjahrsschule Teisendorf, März 1982. Herausgegeben von W. Bibel und J. H. Siekmann. XIII, 383 Seiten. 1982.

Band 60: Kommunikation in Verteilten Systemen. Anwendungen und Betrieb. Proceedings, 1983. Herausgegeben von Sigram Schindler und Otto Spaniol. IX, 738 Seiten. 1983.

Band 61: Messung, Modellierung und Bewertung von Rechensystemen. 2. GI/NTG-Fachtagung, Stuttgart, Februar 1983. Herausgegeben von P. J. Kühn und K. M. Schulz. VII, 421 Seiten. 1983.

Band 62: Ein inhaltsadressierbares Speichersystem zur Unterstützung zeitkritischer Prozesse der Informationswiedergewinnung in Datenbanksystemen. Michael Malms. XII, 228 Seiten. 1983.

Band 63: H. Bender, Korrekte Zugriffe zu Verteilten Daten. VIII, Seiten. 1983.

Band 64: F. Hoßfeld, Parallele Algorithmen. VIII, 232 Seiten. 1983.

Band 65: Geometrisches Modellieren. Proceedings, 1982. Herausgegeben von H. Nowacki und R. Gnatz. VII, 399 Seiten. 1983.

Band 66: Applications and Theory of Petri Nets. Proceedings, Edited by G. Rozenberg. VI, 315 pages. 1983.

Band 67: Data Networks with Satellites. GI/NTG Working ference, Cologne, September 1982. Edited by J. Majus a Spaniol. VI, 251 pages. 1983.

Band 68: B. Kutzler, F. Lichtenberger, Bibliography on Abstrac Types. V, 194 Seiten. 1983.

Band 69: Betrieb von DN-Systemen in der Zukunft. GI-Fa spräch, Tübingen, März 1983. Herausgegeben von M. A. (VIII, 343 Seiten. 1983

Band 70: W. E. Fischer, Datenbanksystem für CAD-Arbeitsp VII, 222 Seiten. 1983.

Band 71: First European Simulation Congress ESC 83. Pr dings, 1983. Edited by W. Ameling. XII, 653 pages. 1983.

Band 72: Sprachen für Datenbanken. GI-Jahrestagung, Han Oktober 1983. Herausgegeben von J. W. Schmidt. VII, 237 S 1983.

Band 73: GI - 13. Jahrestagung. Hamburg, Oktober 1983. ceedings. Herausgegeben von J. Kupka. VIII, 502 Seiten. 198

Band 74: Requirements Engineering. Arbeitstagung der GI, Herausgegeben von G. Hommel und D. Krönig. VIII, 247 S 1983.

Band 75: K. R. Dittrich, Ein universelles Konzept zum flexiblen mationsschutz in und mit Rechensystemen. VIII, 246 pages.

Band 76: GWAI-83. German Workshop on Artificial Intellig September 1983. Herausgegeben von B. Neumann. VI, 240 S 1983.

Band 77: Programmiersprachen und Programmentwicl 8. Fachtagung der GI, Zürich, März 1984. Herausgegeber U. Ammann. VIII, 239 Seiten. 1984.

Band 78: Architektur und Betrieb von Rechensystemen. 8. GI-Fachtagung, Karlsruhe, März 1984. Herausgegeben von H. stein. IX, 391 Seiten. 1984.

Band 79: Programmierumgebungen: Entwicklungswerkzeug Programmiersprachen. Herausgegeben von W. Sammer ur Remmele. VIII, 236 Seiten. 1984.

Band 80: Neue Informationstechnologien und Verwaltung. Pr dings 1983. Herausgegeben von R. Traunmüller, H. Fiedler, K. mer und H. Reinermann. XI, 402 Seiten. 1984.

Band 81: Koordination von Informationen. Proceedings, Herausgegeben von R. Kuhlen. VI, 366 Seiten. 1984.

Band 82: A. Bode, Mikroarchitekturen und Mikroprogrammie Formale Beschreibung und Optimierung. 6,1-227 Seiten.

Band 83: Software-Fehlertoleranz und -Zuverlässigkeit. He gegeben von F. Belli, S. Pfleger, und M. Seifert. VII, 297 Seiten.